U0392787

人工湿地技术及应用

——以黄河流域为例

朱蓉 薛博 刘奕杰 编著

化学工业出版社

·北京·

内容简介

　　《人工湿地技术及应用——以黄河流域为例》共11章，以湿地生态系统为核心，从湿地的定义和类型分布、国内外湿地研究现状、人工湿地在污水处理中的应用及其污染物去除原理特性和人工湿地基质填料、植物类型筛选优化等方面进行了详细阐述。此外还对湿地的设计计算、黄河流域的水资源状况及典型人工湿地案例、湿地的建设管理、运行维护、项目验收等进行了归纳总结。能够为湿地生态系统的保护及其在生态建设中的实际设计应用提供一定的理论指导和技术支撑。

　　本书系人工湿地工程设计及运行参考书，旨在通过实际工程案例的形式，供给水排水科学与工程、环境工程等专业的工程技术人员和高等院校师生参考。

图书在版编目（CIP）数据

　　人工湿地技术及应用：以黄河流域为例/朱蓉，薛博，刘奕杰编著．—北京：化学工业出版社，2022.1
　　ISBN 978-7-122-40163-2

　　Ⅰ．①人…　Ⅱ．①朱…②薛…③刘…　Ⅲ．①黄河流域–人工湿地系统–研究　Ⅳ．①X703

　　中国版本图书馆CIP数据核字（2021）第216319号

责任编辑：王海燕　姜　磊
文字编辑：白华霞
责任校对：宋　玮
装帧设计：关　飞

出版发行：化学工业出版社（北京市东城区青年湖南街13号　邮政编码100011）
印　　装：北京建宏印刷有限公司
710mm×1000mm　1/16　印张 $25\frac{3}{4}$　字数485千字
2022年2月北京第1版第1次印刷

购书咨询：010-64518888　　售后服务：010-64518899
网　　址：http://www.cip.com.cn
凡购买本书，如有缺损质量问题，本社销售中心负责调换。

　　定　　价：198.00元

编委会名单

前言

随着社会经济的飞速发展，生态环境问题逐渐成为全球关注的热点。在十八大报告中，我国将生态文明建设纳入国家发展战略体系，十九大报告和"十三五"及"十四五"规划也进一步加强、推动生态文明的建设并制定了一系列相关法规制度。其中水资源生态保护、污水处理再利用等越来越重要。被誉为"地球之肾"的湿地生态系统因其具有保护生物多样性、调节径流、改善水质及调节小气候等一系列优点，被认为是环境生态治理发展的关键部分。据相关报道，截至2020年我国湿地保护率达到50%以上。

本书以湿地生态系统为核心，主要分为11个章节，从湿地的定义和类型分布、国内外湿地研究现状、人工湿地在污水处理中的应用及其污染物去除原理特性和人工湿地基质填料、植物类型筛选优化等方面进行了详细阐述。此外还对湿地的设计计算、黄河流域的水资源状况及典型人工湿地案例、湿地的建设管理、运行维护、项目验收等进行了归纳总结。以期为湿地生态系统的保护及其在生态建设中的实际设计应用提供一定的理论指导和技术支撑。

目前，我国对新型人工湿地技术设施的设计尚无规范性技术文件。因此本书查阅相关文献资料，结合大量实际典型案例对湿地的技术原理和工程设计建设进行了总结和优化。由于编者的水平有限，书中难免存在不妥之处，恳请专家读者予以批评指正。

编者

2021年10月

目录

1 湿地概述

4 人工湿地植物的筛选与优化

8　湿地项目的建设管理　　247

9 湿地项目的运行维护   327

10 项目设施移交方案　377

11　项目保险方案 387

1

湿地概述

1.1　湿地简介

联合国环境规划署（UNEP）、世界自然资源保护联盟（IUCN）和世界自然基金会（WWF）联合修订的《世界自然保护大纲》（World Conservation Strategy）中提出，全球的三大生态系统分别是海洋、森林和湿地。专家学者对大自然的描述准确而富有诗意，他们把湿地比喻为"地球之肾"，主要原因是其功能丰富且富有生物多样性，使得湿地成为全球最有意义的生态系统和人类最重要的生存环境之一。

湿地是生态环境和自然资源的重要组成部分，具有一系列重要的生态功能和不可替代的综合功能，如控制土壤侵蚀、保护海岸、美化环境、净化水质、蓄洪防旱、调节气候、补充地下水、降解环境污染物和涵养水源等。湿地仅占地球表面积的6%，却为地球上20%的已知物种提供了良好的生存环境，具有不同寻常的生态功能，对促进社会的可持续发展和保护人类生存环境具有不可代替的意义。据联合国环境规划署2020年的权威研究数据表明，1hm² 湿地生态系统每年创造的价值高达1.4万美元，是热带雨林的7倍，是农田生态系统的160倍[1]。

1.1.1　湿地定义来源

湿地（Wetland）一词于1956年美国鱼类和野生动物管理局《39号通告》中被提出，其中定义湿地为"被间歇的或永久的浅水层覆盖的土地"。通过对湿地和深水生态环境进行分类，美国鱼类和野生动物管理局于1979年又对湿地进行了重新定义，认为"湿地是陆地生态系统和水生生态系统之间过渡的地带，该地带水位常年接近地表，或者为浅水所覆盖"。

国际上公认的湿地定义是根据《关于特别是作为水禽栖息地的国际重要湿地公约》(以下简称《湿地公约》)得来的，其于1971年2月2日由来自18个国家的代表在伊朗的小城拉姆萨尔(Ramsar)签署。该公约主张以湿地保护和"明智明用"为原则，在不损坏湿地生态系统的范围之内可持续地利用湿地。该公约以湿地保护和资源合理利用为框架，通过国家行动和国际合作共同来保护湿地及其生物多样性，特别是水禽和它赖以生存的环境。湿地的定义有多种，按照《湿地公约》定义，湿地是指天然或人工、暂时性或长久性的沼泽地、泥炭地或水域地带，静止或流动的淡水、半咸水、咸水水体，包括低潮时水深不超过6m的水域；同时，还包括邻接湿地的河湖沿岸、沿海区域以及位于湿地范围内的岛屿或低潮时水深不超过6m的海水水体[2]。

1.1.2 《湿地公约》发展历程

20世纪60年代，鉴于欧洲有许多湿地被开垦，使许多水禽丧失了栖息地，所以签订湿地保护公约的想法应运而生。1962年11月12～16日，国际水鸟与湿地研究局（IWRB，现在的"湿地国际"）、世界自然资源保护联盟（IUCN）和国际保护鸟类理事会（ICBP）在法国开会，对一系列保护湿地的问题进行了研究。历经数年协商，最终由荷兰的马修斯教授（G. V. T. Matthews）起草了湿地公约文本，其核心内容是保护水禽。1971年2月2日，伊朗体育与渔业部长艾斯坎德尔（Eskander Firouz）组织召开了国际会议，18个国家在公约文本上签了字[3]。但由于签约国迟迟没有完成本国的批准手续，直到1975年12月21日公约才正式生效。在1982年3月12日议定书进行过修正。各签约国承认环境与人类的相互依存关系；考虑了湿地调节水分循环和禽栖息地的基本生态功能；认可湿地所具有的巨大经济、文化、科学和娱乐价值；有必要抓紧采取行动阻止湿地的逐步侵蚀及丧失；由于季节性迁徙的水禽可能超越国界，因此湿地被视为国际性资源；各国的政策与国际行动相结合必能够对湿地及其动植物进行有效的保护[4]。

为了让大多数的人重视拉姆萨尔《湿地公约》，了解湿地生态功能对人类健康的正面影响。从1997年起，每年的2月2日被认定为世界湿地日，目的是提高公众保护湿地的意识。在这一天，政府部门可以通过组织群众开展各项活动来获得人们对湿地效益的认可，从而更好地保护湿地。

例如2008年世界湿地日的主题为"healthy wetland, healthy people"（健康的湿地，健康的人类）。

湿地生态系统具有较高的生态价值，其提供的物质、水源和药材等可以使人类直接受益；但如果湿地管理不当，将会影响并危害人类健康，例如一系列的瘟疫、水污染等问题将可能导致人类失去生命。截至2019年3月，《湿地公约》共有缔约方170个，已认定的国际重要湿地达2341处，总面积达25242.4万公顷[5]。

我国直到1992年才加入《湿地公约》，但政府高度重视湿地保护并切实加强了恢复工作，国家林业和草原局还专门成立了"湿地公约履约办公室"，目的是履行公约规定的各项义务，从而推动湿地保护和执行工作。通过各方一系列工作，全国湿地保护体系基本形成，大部分湿地得到了抢救性保护，局部湿地的生态状况也明显改善，对全球湿地保护和经济效益做出了巨大贡献。

我国有国际重要湿地57处，截至2018年《湿地公约》官网可查询到的国际重要湿地合计32处。但许多湿地由于未被探索，至今无人问津。

1.1.3 湿地城市认证

随着城市建设不断发展，湿地现在已然成为城市生态系统消失比较快的部分。为使城市湿地资源保护与人居建设和谐发展，由突尼斯和韩国两个国家提交的湿地城市认证的决议草案在《湿地公约》的框架下获得了通过。

《湿地公约》框架提出，湿地城市认证的主要目的是为了给一些与湿地具有紧密关系的城市提供良好的宣传机会，更好地打造新的世界级城市名片，并由此推进其城市和谐人居环境的建设。宜居城市最直观的特征就是有宜人的生态环境，而城市湿地承担着一部分水资源的储蓄、保持良好的生物多样性、改善城市小部分气候以及防洪抗涝的功能，与此同时还发挥着城市景观的重要作用。独特良好的湿地景观对于振兴一个城市的旅游业来说非常有利，能够吸引外部投资，可以改善社区风貌形态，提升城市良好的外观形象，从而更好地实现城市人居环境良好的、可持续的发展[6]。

《湿地公约》认证的湿地城市是指在行政管辖范围内或邻近区域拥有国际重要湿地和其他湿地的城镇（城市和农村）。湿地城市通过部分行政和人力资源的结合，能够充分合理地利用湿地，尊重湿地的生态环境和文化传统，并为此开展湿地科普宣教活动，最终营造一个创新型、有活力、可持续、社会和经济发展良好的城市形象。《湿地公约》指出任何一座城镇都有资格申请成为湿地城市，即任何一个联合国人居中心规定的人类居住地都可能成为潜在的申请对象。

需要指出的是，湿地城市认证中的"城市"其实是采用了联合国人类住区规划署的定义，即可以是一个城市或者其他任何类型的人类居住地。湿地城市认证中的城市是较为广义的人类居住点，不限于通常所说的城市或城镇。湿地城市认证中的"湿地"主要包括城市湿地和城郊湿地。城市湿地是位于城市、城镇、卫星城边界内的湿地；城郊湿地是毗连城市区域、位于城市和农村之间的湿地[7]。

湿地城市也被称为生态城市，而生态城市是城市新的发展形势。生态城市在建设和发展中，会密切依托周围的环境，以促进环境与城市建设的和谐发展。在合理运用生态工程和环境工程等的基础上，通过一系列的现代化技术手段，让经济和环境得到协调统一发展，保证了资源价值得到充分挖掘，并减缓了资源枯竭的问题。生态城市展现出了改善环境的能力，为人们提供了稳定和良好的居住环境，实现了低污染、低耗能的目标。

对于申请城市而言，获得认证之后将被授予湿地城市称号，能够在国际上获得更多宣传机会，有利于该城市湿地保护政策的执行，还能提升城市整体形象，并在人们关注生态环境质量的背景下促进城市绿色发展。

1.2 湿地定义及类型

根据《湿地公约》定义，湿地是指天然或人工、暂时性或长久性的沼泽地、泥炭地或水域地带，静止或流动的淡水、半咸水、咸水水体，包括低潮时水深不超过6m的水域；同时，还包括邻接湿地的河湖沿岸、沿海区域以及位于湿地范围内的岛屿或低潮时水深不超过6m的海水水体[2]。湿地是地球上重要的生存环境，是一种独特的生态系统，同时也是世界上最富生物多样性的生态景观之一。湿地具有一系列的不可替代的作用，主要表现在维护区域生态平衡、改善气候、控制污染、调节径流和美化环境等方面。因为观察到类似湿地的土地具有明显的去除污染物的能力，早期已经有人开始利用湿地净化污水。

湿地分为自然湿地和人工湿地。

1.2.1 自然湿地

自然湿地指天然存在于地表之上、生态性质和结构包含水体（水深大于6m的海水区除外）及水陆过渡带并具有多种环境功能的生态系统，例如天然的河流、湖泊、沼泽以及沿海滩涂等。自然湿地的显著特点是空间结构复杂、异质性强、自然度大。历经数年的开发和利用，自然湿地具备了某些人工选择的成分，但基质基本没有改变或者说改变不甚明显。对于这样的湿地生态系统，其自然演化的状态比较明显，系统中的自然过程（如湿地的自身发展、湿地植物的演替等）较为平缓，水质相对优良（因水的自净能力强），土壤污染较轻，自然资源丰富，系统内食物链长，食物网复杂，营养结构均衡，生物多样性水平高。自然湿地的生态系统稳定性能好，生态和环境功能强大[8]。

自然湿地分为近海与海岸湿地、沼泽湿地、湖泊湿地和河流湿地。全世界湿地的分布受到水文要素和气候条件的影响，从而决定了全球湿地分布总体格局。在赤道附近，大气获得太阳能更多，空气被加热，使得密度降低而上升，但上升时温度降低又致使水蒸气凝结成雨而降下，所以众多湿地分布在赤道附近；另外，在南北回归线附近，来自赤道的气团下降形成下沉气流，降雨稀少，所以南北纬20°～30°之间较少有湿地分布。

1.2.2 人工湿地

人工湿地是一种由人工建造和调控的湿地系统，通过其生态系统中物理、化学和生物作用的优化组合处理污水。人工湿地一般由人工基质和生长在其上的水生植物组成，形成基质-植物-微生物生态系统。

按照人工湿地布水方式的不同或水流方式的差异，可以将人工湿地系统分为潜流人工湿地、表面流人工湿地和复合人工湿地。这三种类型的人工湿地通常种植挺水植物，与沼泽中的自然湿地相似[9]。

（1）潜流人工湿地 潜流人工湿地包括洼地或渠道以及相应的防渗设施。湿地床包括一些埋深比较适当、长有水生植物的孔隙基质（如沙砾、沙和土等）。表面流从外观上看与自然湿地十分接近，水生植物生长扎根于底部土壤里，水流从茎叶的空隙流出。此类人工湿地的污水在湿地床表面下经水平和垂直方向渗滤流动，通过植物传递到根际的氧气十分有助于污水的好氧处理，能充分利用填料表面生长的生物膜、丰富的植物根系及表层土的生化作用等提高处理效果和处理能力[10]。另外，根据水流方向，潜流人工湿地可以分为水平潜流人工湿地和垂直流人工湿地两种类型。

（2）表面流人工湿地 表面流人工湿地包括一块洼地或渠道、防渗设施以及一些用来支撑挺水植物根系的土壤。流经此类湿地的水位一般都较浅，水面与大气接触，水体一般呈水平推流式流动。在污水处理过程中污水从入口以一定速度缓慢流过湿地表面，部分污水或蒸发或渗入地下，出水由溢流堰流出。这种湿地靠近水表面部分为好氧层，较深部分及底部通常为厌氧层，具有投资少、操作简便、运行费用低等优点，但占地面积大，水力负荷小，去除污水的能力有限[11]。氧主要来源于水体表面扩散、植物根系的传输，但植物根系的传输能力十分有限。湿地系统运行受气候影响较大，在夏季容易滋生蚊蝇，产生不良气味，在冬季容易结冰。

（3）复合流人工湿地 该系统中水流不但呈垂直方向流动，而且还有水平方向的流动。一般这类湿地可延长污水在土壤中的水力停留时间，从而使出水水质得以优化。

从水力学角度来划分，人工湿地又可分为水面湿地和渗滤湿地。

人工湿地与自然湿地的区别就是，它是对自然湿地净化过程的模拟，是为了

人工湿地技术及应用——以黄河流域为例

更好地利用湿地生态系统中废水处理的功能，提高对污水净化过程的模拟，达到良好的污水净化效果而建造的，其净化功能要比自然湿地更高效。人工湿地主要由人工控制各种处理参数（如进出水量、水力停留时间、植物收割等），并进行水质监测，且出水水质必须达到国家相关标准。

人工湿地中生长的主要植物可分为水生植物、湿地植物、陆生植物三大类，其对不同类型人工湿地特征污染物的去除效果不同，具有各自的优缺点[12]。

植物因良好的净化功能为污水生态处理的良好材料，根据主要植物形式可分为：挺水植物、漂浮植物、浮叶植物与沉水植物类型。

（1）挺水植物 此类植物的体积较大，多数都生长在水面上，根系生长在泥土中。挺水植物一般见于浅水处，靠近岸边的潮湿区。例如芦苇、香蒲等均属于挺水植物，是人工湿地中使用最广泛的植物材料。目前所指的人工湿地系统一般就是挺水植物系统。

（2）漂浮植物 漂浮类型的植物，茎叶常常会漂浮在水面上，而根系停留在水体中悬垂，往往会在挺水植物中依附，也可能在水面上聚集生长。例如满江红、凤眼莲等，在人工湿地中的应用范围较广。

（3）浮叶植物 对于此类植物，根系一般会生长在水底的泥土当中，叶柄细长、中空，叶片会漂浮在水面上。一般情况下其会生长于挺水植物的周围区域，具有良好的生态净化作用。

（4）沉水植物 此类植物主要生长在水面以下的中下区域，属于大型的水生植物。一般情况下，其根系在底部的泥土中生长，所有的茎叶均沉没于水体下面，深水区域中生长的适应性较高。例如茨藻科植物、金鱼藻科植物等。此类植物的耐污性较低，由于其茎叶在水体下面沉没，和湖水之间会充分接触，在水质污染严重时，其透明度降低，水下光照减少，在茎叶表面会有污染物依附，很容易导致其光合作用受到影响，滋生细菌。

1.3 湿地功能特点

湿地一般具有三大功能，分别是水文功能、生物地球化学循环功能和生态功能，不同的功能可以通过不同的指标表示出来（表1-1）。对于人类和自然经济社会来讲，湿地的存在价值在于人类可以利用湿地获取相应的服务和产品，这一特点是衡量湿地功能的重要标尺。

表1-1　湿地的功能、效应、社会价值和湿地功能指标

功能		效应	社会价值	指标
水文功能	短期贮存地表水	降低下游洪峰	降低洪水危害	河道两边的泛滥平原
	长期贮存地表水	维持基本流量，流量的季节性分配	旱季维持鱼类栖息地	泛滥平原上坑洼不平的地形
	维持高水位	维持水生植物群落	维持生物多样性	水生植物
生物地球化学循环功能	元素的迁移和循环	维持湿地中的营养库	木材生产	植物生长
	溶解物质的滞留和去除	减少营养元素向下游迁移的数量	保持水质	营养物的输出量低于输入量
	泥炭积累	滞留营养物、金属和其他物质	保持水质	泥炭厚度增加
生态功能	维持特有的植物群落	为动物提供食物、巢区和遮蔽物	养育皮毛兽和水禽	成熟的湿地植被
	维持特有的能量流动	养育脊椎动物种群	维持生物多样性	脊椎动物的高度多样性

对湿地系统的功能进行准确评价，对于在流域水平上管理湿地是十分重要的。随着湿地面积和功能发生变化，湿地在流域内的整体价值也将发生变化。当湿地系统的某一功能受经济开发的影响而严重降低时，应采取相关措施恢复和保护该功能。湿地是我国实施可持续发展战略的重要资源之一，在以后较长的时期内，我国持续快速发展对湿地所提供的各种支持的需求越来越强烈。由于经济的快速发展和人口的持续增长，我国湿地面临的威胁与日俱增，湿地的严重退化影响了其对我国国民经济的支持能力，从而对经济社会发展大局产生了不利影响。因此，确定有效的湿地功能评价方法，认识湿地功能及其变化趋势，对于全国湿地保护与退化湿地恢复具有重要的现实意义。表1-2所列为湿地功能和相应标准。

表1-2　湿地功能和相应标准

湿地功能	标准
水生物多样性与丰度	常年存在明水面；水生植物散布，水质符合水生生物生长要求
调节洪水流量和贮存供水	流出水量可被调节；流出水量小于流入水量；面积大于$200hm^2$，并且至少有70%的植被盖度
释放地下水	可渗透的基底；只有出流口
补充地下水	可渗透的基底；常年有入流口但无出流口；季节性泛滥
营养物去除与迁移	沉积物滞留在系统；植被生长良好；水流缓慢
输出生产力	常年有出流；初级生产力高；具有易侵蚀的潜在条件；水流常年或阶段性出流

湿地功能	标准
娱乐	允许公众使用
固定沉积物	潜在的沉积物来源；水流速度减缓；植被良好
滞留沉积物和有毒物	潜在的沉积物和有毒物来源；无出流或出流有限；植被良好
唯一性和遗产地	濒危种和受威胁种的重要生存环境；具有历史意义和考古意义
野生动物多样性和丰度	大型或中型、植被类型多样的绿洲和冲积平原

1.4 中国湿地发展历程及规划

自新中国成立之初我国就开展了关于沼泽湿地的研究工作，并在一定程度上积累了研究成果，但真正把湿地作为一类具有共同属性的生态系统加以管理和研究，则始于加入《湿地公约》以后。1992年，我国政府加入了《湿地公约》，这是一个里程碑式的进步，对我国的湿地保护进程起了积极的推动作用。1994年，我国政府将"中国湿地保护与合理利用"项目纳入了《中国21世纪议程》优先项目计划，把湿地保护提到国家优先发展的地位。2000年《中国湿地保护行动计划》的颁布，为我国实施湿地保护、管理和可持续利用等，提供了行动指南。2004年6月，国务院办公厅发出《关于加强湿地保护管理的通知》，这是我国政府首次把湿地保护和管理工作纳入明文规范中。为落实国务院办公厅通知精神，国家林业局（现国家林业和草原局）召开了"全国湿地保护管理工作会议"。2004年9月，经国务院批准，国家林业局公布了《全国湿地保护工程规划（2002—2030年）》。2004年12月，湿地国际组织授予我国国家林业局"全球湿地保护与合理利用杰出成就奖"，我国一系列湿地保护的成就获得了国际社会的普遍认可。湿地保护的内容曾经被列入中国国民经济发展的"十一五"规划。此后的5年里，中国政府计划投入95亿人民币，用于100多个湿地保护工程。近年来，随着我国政府对湿地保护的重视，湿地保护工作已经不断地得到加强，在湿地调查和研究、立法和规划、自然保护区建设、湿地恢复重建、国际合作和宣传教育等方面也取得了十分显著的成就[13]。

2017年3月，国家林业局、国家发展改革委和财政部联合印发了《全国湿保护"十三五"实施规划》。目前，我国湿地保护的蓝图已经绘就：①截至2018年，我国湿地面积不低于8亿亩（1亩＝15公顷＝667m²），湿地保护率达50%以上；②到2035年，湿地面积达到8.3亿亩，恢复退化湿地14万公顷，新增湿地面积20万公顷（含退耕还湿）；③到21世纪中叶，湿地生态系统质量全面提升，建立比较完善的湿地保护体系、科普宣教体系和监测评估体系，明显提高湿地保护管理能力，增强湿地生态系统的自然性、完整性和稳定性。新时代，中国湿地将成为美丽中国的最美画卷！

湿地生态系统是水陆相互作用形成的独特生态系统，是目前遭受威胁比较大的生态系统，近10年来我国湿地面积以每年约500万亩的速度在减少。我国面积超过10km²的湖泊已由新中国成立初期的635个减少到现在的231个。

2018年，中国湿地面积8.04亿亩，占国土面积5.6%，居亚洲第一、世界第四。湿地生态系统中，有湿地植物4220种，动物2312种，其中水鸟271种。

截至2020年，我国已建成国家湿地公园705个，地方湿地公园411个。我国大陆海岸线长达18000km，沿海地区的人口约占全国人口的40%、大城市约占50%以上、国内生产总值约占60%。根据第二次全国湿地资源调查数据，我国共有滨海湿地579.59万公顷，占全国湿地面积的10.85%，分布于东部沿海11个省（市、区）和港澳台地区。从鸭绿江到海南岛，中国滨海湿地共有40个国家级保护区、16处国际重要湿地和许多国家重要湿地，受保护的滨海湿地面积达139.04万公顷，占滨海湿地总面积的23.99%，低于全国43.5%的湿地平均保护率。中国滨海湿地中的水鸟有24种为全球受威胁物种，占整个东亚至澳大利西亚迁飞路线全球受威胁物种数的67%。但是，根据国家林业和草原局、中国科学院等机构的监测结果，在过去的半个世纪里，中国已经损失了53%的温带滨海湿地、73%的红树林和80%的珊瑚礁。

2015年6月，在国家林业局湿地保护管理中心、保尔森基金会共同倡导下，成立了"中国沿海湿地保护网络"，该网络旨在打造沿海省份滨海湿地保护和管理长期性的合作与交流平台，以促进网络成员达成协调一致的滨海湿地的保护行动。

在人口爆炸和经济发展的双重压力下，20世纪中后期大量湿地被改造成农田，加上过度的资源开发和污染，湿地面积大幅度缩小，湿地物种受到严重破坏。

由于北方常年干旱以及受到人类生产、生活的影响，湿地面积逐步减小，功能慢慢退化，目前这种态势尚未得到根本遏制。从全国来看，各方各级应当更加重视湿地的保护，将其与社会经济发展的各项工作统筹考虑，更好地落实湿地保护的责任。从公众层面，全民要加强培养湿地保护意识，建立湿地保护长效机制，强化宣传教育，并且积极跟进湿地保护法制建设。从国家层面，政府要切实加大投入，实施好湿地保护恢复的各项工程，要扩大湿地面积，增强湿地生态系统的长期性和稳定性，最终改善生态和民生。

1.5 中国湿地现状概述

1.5.1 中国湿地类型

中国是世界上湿地类型比较齐全的国家，基本涵盖了《湿地公约》中的各种类型湿地，包括近海与海岸湿地、河流湿地、湖泊湿地、沼泽湿地和人工湿地等。

湿地生态系统介于陆生生态系统和水生生态系统之间，同时具有陆生生态系统和水生生态系统的部分特征。由于湿地本身的变异性、复合性和模糊性，加上人类利用的多目标性，国际上的湿地学术界还没有一个公认的湿地分类标准。但总体上可以分为"成因分类法"和"特征分类法"两大类，前者是美国Cowardin在1979年提出的分类方法，后者是比较有代表性的Brinson的水文动力地貌学方法[14]。借鉴国外湿地分类方法，并根据我国湿地的特点，总结出了适用于我国湿地的分类系统。中国湿地分类根据中国的湿地现状以及《湿地公约》分类系统，初步确定了全国湿地分类框架，共分为5大类37个类型。各湿地类型及其划分如表1-3所列。

表1-3　中国湿地类型

近海与海岸湿地	河流湿地	湖泊湿地	沼泽湿地	人工湿地
浅海水域 潮下水生层 珊瑚礁 岩石海岸 沙石海岸 淤泥质海滩 潮间盐水沼泽 红树林 河口水域 三角洲 海岸性咸水湖 海岸性淡水湖	永久性河流 季节性或间歇性河流 洪泛平原湿地	永久性淡水湖 季节性淡水湖 永久性咸水湖 季节性咸水湖	藓类沼泽 草本沼泽 灌丛沼泽 森林沼泽 内陆盐沼 季节性咸水沼泽 沼泽化草甸 地热湿地	水产池塘 水塘 灌溉地 农用泛洪湿地 盐田 蓄水区 采掘区 废水处理场所 运河、排水渠 地下输水系统

（1）近海与海岸湿地

① 浅海水域　低潮时水深不超过6m的永久水域，植被盖度＜30%，包括海湾、海峡。

② 潮下水生层　海洋低潮线以下，植被盖度≥30%，包括海草层、海洋草地。

③ 珊瑚礁　由珊瑚聚集生长而成的湿地，包括珊瑚岛及有珊瑚生长的海域。

④ 岩石海岸　底部基质75%以上是岩石，盖度<30%的植被覆盖的硬质海岸，包括岩石性沿海岛屿、海岩峭壁。本次调查指低潮水线至高潮浪花所及地带。

⑤ 沙石海滩　潮间植被盖度<30%，底质以沙、砾石为主。

⑥ 淤泥质海滩　植被盖度<30%，底质以淤泥为主。

⑦ 潮间盐水沼泽　植被盖度≥30%的盐沼。

⑧ 红树林　以红树植物群落为主的潮间沼泽。

⑨ 河口水域　从近口段的潮区界(潮差为零)至口外海滨段的淡水舌锋缘之间的永久性水域。

⑩ 三角洲湿地　河口区由沙岛、沙洲、沙嘴等发育而成的低冲积平原。

⑪ 海岸性咸水湖　海岸带范围内的咸水湖泊。

⑫ 海岸性淡水湖　海岸带范围内的淡水湖泊。

（2）河流湿地

① 永久性河流　不仅包括河床，同时也包括河流中面积小于$100hm^2$的水库(塘)。

② 季节性或间歇性河流　季节性或间歇性流动的河流和溪流。

③ 洪泛平原湿地　河水泛滥淹没(以多年平均洪水位为准)的河流两岸地势平坦地区，包括河滩、泛滥的河谷、季节性泛滥的草地。

（3）湖泊湿地

① 永久性淡水湖　常年积水的海岸带范围以外的淡水湖泊。

② 季节性淡水湖　季节性或临时性的泛洪平原湖。

③ 永久性咸水湖　常年积水的咸水湖。

④ 季节性咸水湖　季节性或临时性积水的咸水湖。

（4）沼泽湿地

① 藓类沼泽　以藓类植物为主，盖度100%的泥炭沼泽。

② 草本沼泽　植被盖度≥30%、以草本植物为主的沼泽。

③ 灌丛沼泽　以灌木为主的沼泽，植被盖度≥30%。

④ 森林沼泽　有明显主干、高于6m、郁闭度≥0.2的木本植物群落沼泽。

⑤ 内陆盐沼　分布于我国北方干旱和半干旱地区的盐沼。由一年生和多年生盐生植物群落组成，水含盐量达0.6%以上，植被盖度≥30%。

⑥ 季节性咸水沼泽　在沿海地区海水入侵或海水倒灌，土壤中存在大量含盐分较多的水，虽然部分水分蒸发，但土壤中水分仍然较多，形成咸水沼泽；在内陆咸水湖区，水分蒸发后，咸水湖周围也会形成咸水沼泽。

⑦ 沼泽化草甸　包括分布在平原地区的沼泽化草甸以及高山和高原地区具有

高寒性质的沼泽化草甸、冻原池塘、融雪形成的临时水域。

⑧ 地热湿地　由温泉水补给的沼泽湿地。

（5）人工湿地

① 水产池塘　例如鱼、虾养殖池塘。

② 水塘　包括农用池塘、储水池塘，一般面积小于$8hm^2$。

③ 灌溉地　包括灌溉渠系和稻田。

④ 农用泛洪湿地　季节性泛滥的农用地，包括集约管理或放牧的草地。

⑤ 盐田　晒盐池、采盐场等。

⑥ 蓄水区　水库、拦河坝、堤坝形成的一般大于$8hm^2$的储水区。

⑦ 采掘区　积水取土坑、采矿地。

⑧ 废水处理场所　污水场、处理池、氧化池等。

⑨ 运河、排水渠　输水渠系。

⑩ 地下输水系统　人工管护的岩溶洞穴水系等。

1.5.2　中国湿地面积

中国湿地面积大、分布广，总面积约5360.26万公顷，从寒带到热带，从沿海到内陆，从平原到高山，都有湿地分布。我国湿地率为5.58%，低于世界8.60%的平均水平，达到世界人均湿地面积的1/5。另外，作为重要水稻生产国家，中国有水稻种植面积$3005.70hm^2$，这些水稻种植面积并未计入中国湿地面积。中国主要湿地类型及其面积如图1-1所示。

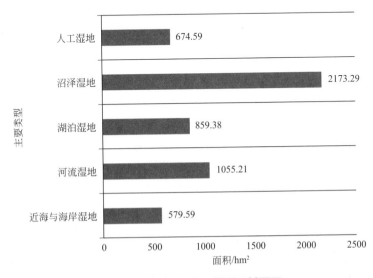

图1-1　中国湿地主要类型及其面积

1.5.3 中国湿地资源的分布及其面积

中国湿地资源的分布及其面积见表1-4。

表1-4 中国湿地资源的分布及其面积[15]

主要湿地分布区	范围	面积/万 hm²	湿地类型
东北地区	黑龙江、吉林、辽宁和内蒙古东北部	750	主要以沼泽湿地为主
长江口以北沿海地区	长江、黄河入海口区以及渤海湾地区的河口、三角洲	100	以沙质和淤泥型海滩湿地为主
长江口以南沿海地区	福建、广东、广西、海南、香港等沿海地区	80	以岩石性海滩湿地为主,分布有红树林沼泽
长江和黄河中下游地区	长江和黄河中下游及周边地区	690	以湖泊湿地和河流湿地为主
西北内陆区	新疆、甘肃、宁夏等内陆区	250	以盐湖和咸水沼泽为主
青藏高原区	青海、西藏及四川西北部地区	470	主要以沼泽湿地、泥炭地和湖泊湿地为主

注:人工湿地稻田约800万 hm²,分布于亚热带和热带地区,淮河以南广大地区的稻田约占90%。其他人工湿地约200万 hm²,多分布于东部沿海地区。

1.5.4 中国湿地发展的障碍

近年来,中国政府始终致力于保护和恢复湿地工作,但目前湿地保护工作仍面临一定困难。一些地方对湿地重开发轻保护、重获取轻给予,导致湿地资源过度开发利用,超过了湿地生态系统自身的承载能力,湿地生态系统退化,形势十分严峻。中国湿地发展的障碍主要体现在以下几个方面。

① 法制建设不健全,没有专门立法,湿地保护效力有限。

由于中国尚未对湿地的保护和利用进行总体规划,湿地生态保护、开发利用、恢复改造和执法监督等存在多头管理、责任不清等问题。不同区域对于湿地保护、利用和管理的目标不同,利益也不同,从而各自为政、各行其是,造成部门之间的各种矛盾,出现问题也难以协调和解决,严重影响了对湿地的保护和合理利用。

② 民众对于湿地保护意识不强,遭占用及改造的保护区退塘还林面临阻力。

由于民众对湿地资源的认知和保护观念薄弱,湿地保护区存在人与自然"争地"的普遍现象。由于不合理开垦和改造,大量天然湿地转变成农用耕地或城市建设用地,造成了内陆地区天然湿地面积的萎缩。另外,民众在工农业建设以及生活中对湿地水源的截留和利用使湿地水资源急剧减少，导致湿地供水不足而退化、萎缩。

③ 对于湿地的科学专业性认识不深刻，出现湿地保护及修复不到位的问题。

在开发利用湿地过程中，由于缺乏系统的湿地专业知识，导致湿地动植物生存环境被人为改变，使湿地原有生态系统的稳定性和有序性被破坏。尤其是湿地上游水利工程建设，特别是大型水库的建设，不仅要淹没数以万计的农田，而且使江河天然生态系统被打破，导致某些生物丧失其生存场所，濒临灭绝。

对于湿地保护刻不容缓，功在当代，利在千秋。

1.6 人工湿地研究现状

1.6.1 国外湿地研究现状

美国对人工湿地认知时间较早，举办过多次人工湿地的国内和国际会议。通过学术交流，研究成果颇多，主要涉及生物处理特点和效率、湿地植被因子分析、湿地损失原因分析、湿地生物多样性、湿地开发利用、湿地自然资源保护和管理等方面内容。比较前沿的研究是对人工湿地保护已不仅仅局限于现状的维系，开始重点进行退化和受损湿地生态系统的恢复和重建研究。

欧洲如芬兰、瑞典、荷兰、挪威、丹麦、英国等拥有大面积的沼泽湿地，因而对沼泽、泥炭等研究具有悠久的历史和很高的水平。目前，欧洲湿地研究所涉及的范围也很广，包括湿地生态系统、湿地的微量元素的迁移、湿地在全球变化中的作用、湿地的环境净化功能等方面内容。

大多数国外研究机构和学者对人工湿地的研究主要集中于其生态系统的物理、化学与生物过程的机理研究。物理过程研究主要将系统热力学运用于湿地生态系统能量流动研究中；化学过程则注重研究大量元素、重金属元素和微量元素的迁移、转化和循环，研究元素与生态功能的关系以及农药迁移与降解的过程与机理；生物过程集中对湿地初级生产、有机质分解与积累过程及动态进行研究。近年来，研究方法已经从定性研究向定量研究发展，更加侧重生物过程与物理、化学过程相结合，研究领域的深度和广度都已提高。

J. Vymazal等[16]使用人工湿地处理巴西西南部农村生活污水，该系统由厌氧单元、4个地下人工湿地和2个光电反应器组成。结果显示，原水受污染情况严重，

COD、BOD$_5$和TP分别为1074.5 mg/L、903.7 mg/L和16.6 mg/L，经处理后上述表征参数大大降低，分别为15.7mg/L、4.7mg/L和1.3mg/L，完全符合巴西和国际的环保标准要求。P. Srivastava等[17]使用不同类型的组合人工湿地处理生活污水，其中系统Ⅰ为"厌氧反应器—垂直潜流人工湿地—水平流人工湿地"，系统Ⅱ为"厌氧反应器—水平潜流人工湿地—水平流人工湿地"。实验结果良好：两系统对COD、BOD、TKN和SS的去除率分别为80%、78%、81%和82%；63%、69%、79%和89%。国外研究学者分析了人工湿地的处理性能和生态病理学，对比了处理前后的原水和出水的细胞毒性、毒性以及诱变性。

B. E. Logan等[18]使用垂直流人工湿地处理酸性蓝113（AB113）和碱性红46（BR46）的染料废水。结果表明，种植的芦苇可以提高湿地对含氮染料的去除效果，且处理高浓度的污染物（AB113、BR46或两者混合液）时，废水与人工湿地接触时间越长，处理效果越好。垂直流人工湿地全年都表现出良好的反硝化能力，且对于NO$_3^-$-N及两种混合染料的去除率都为85%～100%。有国外研究学者在应用人工湿地处理染料废水时，还考察了植物、微生物的联动作用对纺织废水的增强降解作用。

1.6.2　国内湿地研究现状

现阶段国内南方地区使用人工湿地对生活污水（特别是偏远地区、分散式农村以及小城镇的排放污水）进行处理较为普遍。用湿地进行处理不仅效果优良且具有显著的环境效益以及经济效益。一些学者采用人工快渗与人工湿地相结合的湿地生态系统来处理农村生活污水，研究结果证实该工艺对COD、TN及TP的平均去除率可以达到79%、78%和92%。国内有学者采用预处理与人工湿地相结合的方法来处理城镇生活污水，稳定运行的检测结果显示出水COD在27～68mg/L，可达到城镇污水处理厂污染物排放标准的一级A标准，运行费用在0.2～0.4元/t，经济效益十分明显。对于欠发达的农村生活污水的处理，人工湿地具有显著的环境效益和经济效益，对于我国生态文明建设的意义十分重要。

人工湿地可对航道等流域的污水和生态系统进行修复。人工湿地对梅子河水质的改善结果显示人工湿地建成运行的两年间在调节汛期洪水、净化河道水质和改善周边生态环境方面起着十分重大的作用。根据实地检测发现，河道上游污水处理厂出水经过河道湿地四级处理后COD由56mg/L下降为23mg/L。所以应用人工湿地来治理河流面源污染能取得良好收益。

除了上述两个主要研究方向外，国内对人工湿地的研究和应用还包括以下的内容。应用人工湿地对养殖废水进行处理，并使其得到循环利用，这对实现养殖业的可持续发展具有里程碑式的意义。表面流人工湿地处理养殖废水的净化实验效果也十分明显，水质净化程度可从富营养化水平变为中营养化水平，而且出水水质中的COD、TN以及TP等可达到地表水 I 类水质标准。有研究学者采用"水平潜流+表面流"复合人工湿地工艺对污水处理厂尾水进行深度处理，研究表明实验效果良好且系统运行较为稳定。人工湿地净化处理系统对BOD$_5$、COD、SS、TN和TP平均去除率分别为47.4%、35.7%、58.3%、52.8%和53.6%。另外，人工湿地也被应用于深度处理造纸厂污水尾水，人工湿地出水水质满足《制浆造纸工业水污染物排放标准》（GB 3544—2008）要求，出水COD及SS分别低于50mg/L及20mg/L。

湿地功能评价目前尚无公认的等级标准和体系。湿地功能评价方法众多，可分为三种类型：

① 根据湿地的市场价值评价湿地；

② 根据湿地功能不同将其划分成不同层次，评价者可根据自己的着眼层次进行评价，并考虑其他层次的功能特点；

③ 定性标准定量打分方法，即对湿地的功能及特征各要素和因子进行打分，从而评定湿地功能的等级[19]。

根据国务院印发的《水污染防治行动计划》（即"水十条"）精神内涵，在推动经济社会发展的过程中，必须充分考虑水资源、水环境承载能力，以水定城、以水定地、以水定人、以水定产。只有解决好水的问题，才能协调和实现社会经济的可持续发展。从流域方面看，流域环境问题的关键是水污染防治。"水污染防治，防在前、治在后，预防是环保的第一要务。相对于防，治是个显性的指标；相对于治，防容易被忽视。"

1.7 湿地技术研究进展及展望

1.7.1 湿地技术研究进展

国内外对于污水的常规处理技术主要包括混凝、沉淀、光催化氧化、膜滤、臭氧氧化和高梯度磁分离等，这些技术相对来讲是比较成熟的，而且处理污水的效果也是比较好的，在现阶段的污水处理中发挥着十分巨大的作用。人工湿地技术作为一种环保的污水处理技术，近年来发展迅速。因地制宜地采用人工湿地等自然生物方法进行污水处理已然成为国际上新的发展趋势，也更加符合可持续发展的理念。

　　人工湿地技术在应用中具有很多的优势，其建设与运行成本较低，无能耗，管理维护简便，并具有污水资源化利用、能够为野生生物提供栖息地等多重生态效益。与常规污水处理工艺相比，人工湿地技术存在的主要问题如下。

　　① 受环境影响大，处理不稳定；尤其是冬季处理效果差。由于湿地脱氮系统是多因素综合控制过程，往往受气候、植物种类、负荷以及其他一些立地条件等因素的影响。

　　② 占地面积相对大，其每吨水占地面积平均约为 $4 \sim 5m^2$，占地面积是同等规模二级污水处理厂的 $4 \sim 10$ 倍。这里的占地面积有相对较大的压缩空间，可以通过优化工艺技术模式或相关参数（如使用组合工艺、优化植物配置）来提高污水的处理效率，减小处理污水所需要的单位面积。

　　国内外学者近年来对湿地生态系统服务功能的研究主要集中在概念及其分类体系研究，以及价值分类及其评估研究两大类。20世纪70年代，生态系统服务功能作为科学术语被首次提出；1997年学者Daily[20]阐述了生态系统服务功能的概念，即生态系统及生态过程所提供的能够满足和维持人类生活需要的条件和过程；另外Costanza等[21]将生态系统提供的产品和服务统称为生态系统服务功能，并将其分为17类，同时指出生态系统服务功能与生态系统功能的对应关系；国内外学者广泛认同的是联合国千年生态系统评估对生态系统服务功能的定义，即人类从生态系统中直接或间接所获取的大量效益。基于对生态系统服务功能的定义，湿地生态系统服务功能是指人类从湿地生态系统中直接或间接得到的能够满足人类生活需要的所有利益，是人类利用湿地生态系统功能的一种表现。千年生态系统评估将生态系统服务功能分为4大类：供给功能、调节功能、支持功能以及文化功能。不同的学者结合各自的研究角度对湿地生态系统服务功能进行了分类，将湿地生态系统服务功能划分为提供产品、防洪减灾、调节作用、保护生物多样性以及社会文化载体5大类。

　　湿地连接和构筑起"山水林田湖草"生命共同体，为建造生态文明，对湿地应该施以更好的保护与管理，未来"美丽中国"可期。湿地滋润生命，遥感监测湿地。大数据和人工智能时代的遥感信息技术，为湿地从定性到定量化研究、湿地资源监管应用服务带来了新机遇。

　　2020年8月15日，由北京师范大学、广州大学、中国科学院东北地理与农业生态研究所等单位联合主办和承办的"第二届中国湿地遥感大会"于线上云平台顺利召开。会议围绕"大数据时代的湿地遥感"主题，开设1个主会场和8个专题分论坛，聚焦"遥感大数据与湿地分类、高分遥感湿地精准监管、湿地植被与红树林、河流与湖泊水环境、河口三角洲生态、海岸带湿地资源、湿地保护与修复、城市湿地与生态服务"等领域方向，邀请和召集到国内外50多家单位107位科研与管理人员交流湿地遥感理论、方法和技术应用等最新研究成果和最新应用实践。

遥感技术近20年来已广泛用于河流、湖泊、红树林等湿地资源调查和监测识别研究中，运用遥感技术开展湖泊、红树林等湿地资源多尺度、全要素、全方位和长时间序列监测技术成熟，对湖泊、红树林等湿地系统保护、生态修复和可持续利用，以及"山水林田湖草"生态建设、湖长制和河长制实施、"美丽中国"和生态文明建设具有重要作用。

1.7.2 湿地技术研究展望

现阶段，对于湿地系统的净化机理了解不够深入。截至目前，对于污水进入湿地系统后污染物的迁移、转化以及降解过程与机理的认识尚不充分，尤其是对植物群落在整个处理系统中所起的作用不甚了解，同时对植物与基质、微生物、动物的协同作用等研究不足。设计标准和运行参数需要做进一步的优化设计：各地的气候条件、负荷率、湿地规模、植物种类的构成及废水的类型构成等变化很大，因而对人工湿地设计比较难的是得出一些统一的设计和运行参数，人工湿地的设计大部分都是依据经验。

处理系统抗有毒物质能力不强：人工湿地对重金属离子和难降解有机化合物的去除与除磷类似，并不是真正从人工湿地系统中除去，而是在系统中逐渐积累，当积累至饱和程度时，多余的重金属离子将作用于人工湿地的微生物群落，从而抑制反硝化等微生物代谢过程，削弱人工湿地生物脱氮、除磷和除有机物等主要功能，因此必须控制废水中重金属等有毒污染物的负荷，以保证人工湿地长期有效地运行。

经过多年相关研究以及实践应用，人们对人工湿地积累了一定的运行经验，但对其中的一些作用机制并不十分明确。与其他工艺相比，人工湿地构成要素之间的相互作用机制比较复杂，今后还应从以下几个方面进行深入研究：

（1）湿地中微生物的厌氧氨氧化作用及其影响因素研究；

（2）湿地中如持久性残留毒物的高活性痕量物质的毒理学特性研究，从理论上解释为什么人工湿地能够获得如此好的持久性毒物去除效果；

（3）研究废水灭菌机制，尤其是对生物溶菌；

（4）研究植物生长对水力学特性的影响；

（5）对于特种废水处理植物的研究；

（6）在根据不同氧化态下，研究不同物质循环的作用。

所以，应在了解人工湿地之间相互作用的基础上，通过将基础理论知识与工艺可利用性相结合，使得湿地能够获得更为广泛的应用[22]。

参考文献

[1] 陈德智.中分辨率卫星遥感影像湿地信息提取[D].北京：北京大学，2006.

[2] 王丹.生态规划理念下的城市湿地公园规划的探讨[J].建筑工程技术与设计，2006.

[3] 梅宏.滨海湿地保护法律研究[D].厦门：厦门大学，2013.

[4] 马艳蓉.湿地旅游开发及管理研究——以银川为例[D].北京：北京林业大学，2006.

[5] 胡润珺，钱逸凡，朱勇强，等.世界主要国家国际重要湿地信息公开及湿地名录建立[J].湿地科学与管理，2019,15(3): 21-26.

[6] 雷茵茹，徐慧博，崔丽娟，等.赋予城市新身份:《湿地公约》湿地城市认证系统[J].湿地科学与管理，2018,14(3): 23-26.

[7] 王会，刘明昕，赵亚文，等.国际湿地城市认证及我国推进的建议[J].世界林业研究，2017,30(6): 6-11.

[8] 李松梧.自然湿地与人工湿地生态功能比较[J].湿地科学与管理，2012,8(2): 64.

[9] 高韵辰.小型潜流湿地模型中共代谢作用去除类固醇雌激素的研究[D].南京：东南大学，2014.

[10] 崔莺.基于生态学特性的人工湿地植物的选择与配置研究[D].福州：福建农林大学，2013.

[11] 范淼.人工湿地污水处理系统在新疆沙漠绿化中的工程应用[D].西安：西安建筑科技大学，2018.

[12] 王江辉，郭威，王鹏飞，等.人工湿地污水处理技术简介[J].河南建材，2013, 2: 23-25.

[13] 李方方.多源遥感数据不同湿地植被LAI反演研究[D].阜新：辽宁工程技术大学，2017.

[14] 袁名欢.基于SAR数据的隆宝湿地水冰变化规律研究[D].北京：中国科学院大学，2014.

[15] 孙志高，刘景双，李彬.中国湿地资源的现状、问题与可持续利用对策[J].干旱区资源与环境，2006, 20(2): 83-88.

[16] Vymazal J. Horizontal sub-surface flow and hybrid constructed wetlands systems for wastewater treatment. Ecol. Eng, 2005(25): 478-490.

[17] Srivastava P, Yadav A K, Mishra B K. The effects of microbial fuel cell integration into constructed wetland on the performance of constructed wetland. Bioresour Technol, 2015(195): 223-230.

[18] Logan B E , Zikmund E, Yang W, et al. The impact of ohmic resistance on measured electrode potentials and maximum power production in microbial fuel cells. Environ Sci Technol, 15 (2018) 8977-8985.

[19] 徐守国，郭辉军，田昆.湿地功能研究进展[J].环境与可持续发展，2006, 5: 12-14.

[20] Daily G C. Nature's services: societal dependence on natural ecosystems[M]. Washington D C: Island Press. 1997.

[21] Costanza R, d'Arge R, de Grool, et al. The value of the world's ecosystem services and nature capital[J]. Nature, 1997, 387: 253-260

[22] 柳俊.农村生活与农田灌溉混合污水人工湿地处理模式与效果分析[D].长沙：中南林业科技大学，2015.

2

人工湿地
污水处理技术

2.1 人工湿地的组成与分类

2.1.1 人工湿地的组成

人工湿地的分类方式多种多样，从工程应用的角度出发，根据污水在人工湿地当中水流不同的流动方式一般分为三种类型，即表面流人工湿地、水平潜流人工湿地和垂直流人工湿地。

人工湿地的组成主要是填料基质、植物和微生物，三个要素相辅相成，共同构成一个有效的生态统一体，从而达到对水质净化的作用。人工湿地通过多种途径去除水中污染物，但无论是填料的吸附、微生物的降解或是植物的吸收等，都和所用的基质填料的性质息息相关。填料在为水生植物生长提供载体和各类营养物质的同时，也为微生物的生长提供稳定的附着环境。同时，在拦截、过滤、吸附、沉淀等作用下实现对污染物的去除。由此可见填料是污水处理的主要场所。

人工湿地是20世纪70～80年代研究人员通过模拟自然湿地，经过人为设计和优化的具有可控性和工程化特点而发展起来的新型污水处理工艺。它是由一些沉水性及浮水性植物以及独特的土壤、微生物等综合形成的生态系统，通过物理、化学、生物等一系列反应过程实现对污水的净化。图2-1所示为我国人工湿地数量变化趋势。

自然湿地系统一般由五部分组成，包括具有一定透水能力的基质，如土壤、砾石、沙等；在饱和水环境和厌氧基质中生长的植物，如芦苇等；在基质表面以下或以上流动的水体；脊椎动物和无脊椎动物；好氧微生物或厌氧微生物群落[1]。

人工湿地是人为的对自然湿地的强化和模拟，同自然湿地相类似，人工湿地同样由水体、基质、植物及微生物等几大部分组成。由于人工湿地主要用来处理

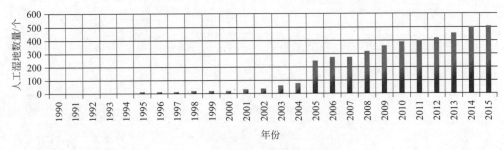

图2-1　我国人工湿地数量变化趋势

  人工湿地技术及应用——以黄河流域为例

污水，所以在湿地系统中不存在脊椎动物和无脊椎动物，这是与自然湿地系统的明显差异。一般在人工湿地系统中种植的植物都具有处理性能好、成活率高、耐污水能力强、根系发达等特点，同时还具有一定的经济价值和观赏价值。植物通过向湿地系统输送氧气，提高水在土壤中的传导能力，最主要的是可以为微生物提供一个良好的根区环境以利于微生物的生长。常用到的水生植物包括芦苇、菖蒲、千屈菜、水葱、黄花鸢尾等。土壤、砾石和沙目前被用于人工湿地的基质，基质可以为植物提供物理支持，同时也是微生物的生长附着场所，具有较强的吸附与交换能力并可作为各种反应的界面。污水在人工湿地中流动可以为植物和微生物运输营养物质，微生物对污水处理产生了非常重要的作用。微生物的生物膜具有吸附及产生各种新陈代谢的功能，可将可溶性有机物最终转化为CO_2和H_2O等稳定无机物，并可通过硝化与反硝化作用将类似的氮素物质从系统中去除。

随着我国经济社会的快速发展，城市化和工业化进程逐步扩大，生态环境受到的污染也越来越严重，在应对水环境治理方面人工湿地的应用范围逐渐增大。根据研究人员对我国人工湿地出水应用情况的调查表明，我国人工湿地的出水主要有6种使用方法，主要包括农业灌溉、补充地表水体、灌溉造林等（图2-2）。

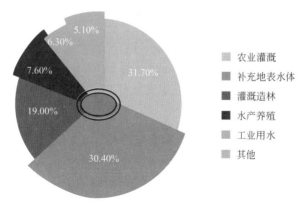

图2-2　我国人工湿地出水应用方式

2.1.2　人工湿地的分类

结合当前国内外人工湿地研究领域的相关成果，发现人工湿地的分类大致从两个方面的因素来考虑。首先要基于人工湿地在设计之初的目的和应用范围以及湿地模型的不同构造；其次要依据人工湿地的水文和植物特征，包括水流位置、方向、床体浸水饱和度和布水方式等。由于人工湿地系统中植物是承担湿地净水作用的主要载体，因此根据植物特征进行人工湿地分类主要考虑的是植物固着性、植物生长特性及挺水植物变体等。

2.1.2.1　根据设计目的和应用范围分类

（1）修复型人工湿地　是指曾经是完好的自然生态湿地，后期遭到自然或人为破坏致使其生态系统功能严重退化，后经过人为干预逐渐恢复为一种接近自然湿地的生态系统。

（2）净化型人工湿地　是指运用自然湿地系统的运行原理，人为建造的，实现对某些物理或生物过程的强化以去除污水中污染物的湿地系统。

（3）再创型人工湿地　是指出于某种特定的目的（非改善水质），采取一系列措施，改造本不是湿地的区域而创造的湿地系统。

2.1.2.2　根据水文和植物特征分类

（1）水流方向　人工湿地污水处理系统中的水流方向主要取决于进水口与出水口的相对位置，据此可将其分为水平流和垂直流两种形式。表面流人工湿地的水流方向均为水平流；潜流人工湿地水流方向则可以为水平流和垂直流，因此潜流人工湿地又通常可以分为水平潜流人工湿地和垂直潜流人工湿地。目前，随着人工湿地形式的不断改进，垂直流人工湿地又分为下流式垂直流人工湿地和上流式垂直流人工湿地。

（2）水流位置　水流位置在人工湿地的分类中主要用以区分表面流人工湿地和潜流人工湿地。当水体主要分布在基质表面流动时，将其定义为表面流人工湿地。这类湿地与天然的沼泽湿地比也同样具有更多的裸露水面。与表面流人工湿地相对应的是潜流人工湿地，这类湿地其水体主要在湿地内部多孔介质中流动，表面并无明显的裸露水面。

（3）床体浸水饱和度　在人工湿地运行控制中，利用出水控制阀门调控床体液面使床体持续处于饱和状态的湿地称为淹没型湿地。该类型的湿地形式主要有水平潜流人工湿地、表面流人工湿地及上流式垂直流人工湿地。传统下流式垂直流人工湿地，因其排水管网往往位于湿地底部排水层，并处于常开状态，因此该类人工湿地床体处于非饱和状态。

（4）布水方式　人工湿地系统在进水过程中的布水方式会直接影响人工湿地表面的淹没程度。水平潜流人工湿地的布水一般位于湿地前段的布水区，考虑到水平潜流人工湿地表面溢流问题，其进水引流管可以布置在湿地布水区表面，也可以埋置在湿地布水区中间。然而对于下流式垂直流人工湿地而言，其布水多采用湿地表面铺设布水管网进行均匀布水的方式。与下流式垂直流人工湿地布水方式相对应的是上流式垂直流人工湿地，其进水管直接伸入湿地底部砾石层。

（5）植物固着性　"固着性"是应用于湖泊生物学领域的一个专业术语，固着性植物是指那些与浮游植物相对、固着在环境深水底部的植物。由于潜流人工湿地无自由裸露水体，因此这一分类特征仅仅适用于表面流人工湿地系统。

（6）植物生长特性　由于潜流人工湿地系统没有裸露的水面且栽种的植物也多为挺水植物，因此这一分类多用于表面流人工湿地系统。人工湿地可以依据植物生长方式的不同分为挺水植物型、沉水植物型、浮叶植物型以及自由漂浮植物型。挺水植物不仅可以以一种固着方式生长或扎根于基质，同时它们也可以生长在浮于水面上的活动垫子上，即浮床人工湿地。

（7）挺水植物变种　大多数挺水植物都是草本植物，而这也是本分类体系的默认特征。而有的湿地系统栽种的是木本挺水植物，因此这种人工湿地系统常被定义为非标准的人工湿地类型。

主要人工湿地类型见表2-1。

表2-1　主要人工湿地类型

类型	特点
表面自由流	①大型开放水域，模拟天然沼泽；②吸引各种野生动物；③用于废水的后处理；④承受脉冲流量和水位变化能力强；⑤建设和运营成本低
水平潜流	①水流动于表面之下；②建设成本高于表面自由流；③常规尺寸大小要小于表面自由流；④常用作二级处理；⑤对高寒冷气候有耐受性；⑥运行时需要考虑基质堵塞问题
垂直流	①进水方式多种；②氧容易转移且氧化能力强；③管道进水能量分配均匀；④耐受高寒冷气候性；⑤考虑基质堵塞问题
强化系统	①常用于处理高浓度废水；②污染物去除性能高；③通常具有较高的运营成本，但占地面积最小
组合系统	以最大化地发挥优势和降低成本为基础，将不同类型的人工湿地按照顺序组合起来的一种处理系统

2.1.3　人工湿地系统的分类体系

2.1.3.1　标准型人工湿地系统

标准型表面流人工湿地可分为以下3种形式：

① 挺水植物表面流人工湿地；

② 漂浮植物表面流人工湿地；

③ 浮床人工湿地。

标准型潜流人工湿地可分为以下3种形式：

① 水平潜流人工湿地；

② 下流式垂直流人工湿地；

③ 上流式垂直流人工湿地。

2.1.3.2 强化型人工湿地

参照传统标准型人工湿地的结构和运行方式，通过改变传统人工湿地的内部构造、结构形式，并且加大能量输入和添加特殊介质，以进一步提高湿地的运行效果和克服传统人工湿地在占地面积和能量输入等方面的局限性的标准型人工湿地的变体即强化型人工湿地。当然，另外一类强化型人工湿地可将不同的标准型人工湿地系统优化组合，形成总系统污染物去除率更高的组合系统，通常被称为组合人工湿地系统。

2.1.3.3 组合人工湿地系统

组合人工湿地系统的诞生主要是考虑到湿地系统组合后可以将各单种人工湿地类型的优缺点予以互补。例如考虑到人工湿地对氮的去除主要是依靠微生物的硝化（好氧环境）和反硝化（厌氧环境或兼性环境），水平潜流人工湿地因其复氧效果较差而使得反硝化作用差。相反，垂直流人工湿地却因较好的复氧效果使得硝化作用较好而反硝化较差。

人工湿地的类型分类见图2-3，其应用出水回流技术效果对比、人工曝气技术效果对比见表2-2和表2-3。

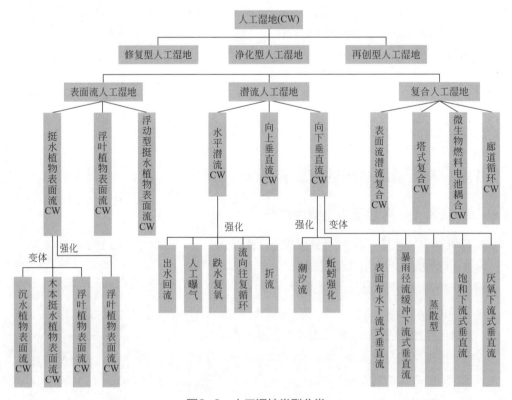

图2-3 人工湿地类型分类

表2-2 人工湿地应用出水回流技术效果对比

人工湿地类型	试验规模	污水类型	湿地面积/m²	水力负荷/[L/(m²·d)]	回流比	COD 进水/(mg/L)	COD 出水/(mg/L)	COD 去除率/%	NH₄⁺-N 进水/(mg/L)	NH₄⁺-N 出水/(mg/L)	NH₄⁺-N 去除率/%	备注	来源
垂直流	中试	D	2.25	168	0.6	438±88	68±36	85	58±9	16±5	72		
垂直流	中试	P	1	40	1	613~1193		43	529~1005		81	沸石	
垂直流	中试	P	1	40	2.5	613~1193		48	529~1005		92	沸石	
垂直流	中试	P	1	40	5	613~1193		47	529~1005		95	沸石	
垂直流	工程	D		0.4m/d	1	736±240	73±7	92	48±5	15±2	77		
垂直流	工程	D		0.4m/d	0.5	867±127	146±11	90	70±5	33±10	57		
水平流	中试	O	42.5	69	1	6684	685	90	16.2	7.3	55		
水平流	中试	S	2.25		0.5	458.4	63.6	85	25.1	14.9	38		
垂直流	中试	P	4	100	0.25	440.5	190.3	56.8	111.6	64.4	42.3		
垂直流	中试	P	4	100	0.5	410.6	136.8	66.7	101.5	56.9	43.9		
垂直流	中试	P	4	100	1	360.6	93.4	74.1	94.5	40.6	57		
垂直流	中试	P	4	100	1.5	330.5	61.8	81.3	85.9	32.9	61.7		
潮汐流	小试	P	0.03	420	1	1359	337	75.2	121	63	47.9		
潮汐流	小试	L	0.03	430	1	2464		77.3	121		61.8		

注：D—生活污水；P—猪场废水；O—橄榄油厂废水；S—人工合成废水；L—填埋渗沥液。

表2-3 人工湿地应用人工曝气技术效果对比

人工湿地类型	试验规模	污水类型	湿地面积/m²	水力负荷/[L/(m²·d)]	COD 进水/(mg/L)	COD 出水/(mg/L)	COD 去除率/%	NH₄⁺-N 进水/(mg/L)	NH₄⁺-N 出水/(mg/L)	NH₄⁺-N 去除率/%	曝气类型	来源
垂直流	小试	S	0.03	70	217±13	11±7		40±0.9	0.3±0.5			
垂直流	小试	S	0.03	70	429±14	17±13		40±0.4	0.3±0.5			
垂直流	小试	S	0.03	70	836±17	22±13		40±0.4	1.7±1.0			
垂直流	工程	D	2500	1600	53±29	31±19	50	5.14±3.1		85		
垂直流	小试	S	0.03	70	352±12	10±4	97	46.1±1.2	0.6±0.2	99	连续曝气	
垂直流	小试	S	0.03	70	352±12	13±6	96	46.1±1.2	1.3±0.3	97	间歇曝气	
垂直流	小试	R	0.018	190	65~158	20	80	3.5~10.6	1	87	连续曝气	
垂直流	小试	R	0.018	190	65~158	25	78	3.5~10.6	1.9	78	间歇曝气	
垂直流	小试	R	0.018	380	65~158	20	75	3.5~10.6	0.9	80	连续曝气	
垂直流	小试	R	0.018	380	65~158	27	65	3.5~10.6	2.0	65	间歇曝气	
垂直流	小试	R	0.018	760	65~158	25	73	3.5~10.6	2.5	65	连续曝气	
垂直流	小试	R	0.018	760	65~158	32	64	3.5~10.6	3.2	54	间歇曝气	
水平流	中试	D	2.1	65	570±72		94±0.9	35.7±9.7		89±7	限制曝气	
水平流	中试	D	2.1	65	570±72		87	35.7±9.7		72	限制曝气	

注：污水类型包括生活污水（D）、人工合成废水（S）、污染河水（R）、猪场废水（P）、橄榄油厂废水（O）、填埋渗沥液（L）。

2.2　人工湿地中有机物的去除

利用自然湿地净化与处理污水的原理，加以人为控制因素，通过选定能够在存有污染物的环境中实现存活的各类生物，依靠人工模拟出的一种生态系统，利用形成的生态功能实现对污染物质的高效处理，该技术即为人工湿地污水处理技术（图2-4）。对于有机物的去除，人工湿地也表现出一定的优异性。人工湿地中有机物主要分为污水中的有机质、植物根系分泌物、农药和腐殖质等几类，这些有机物主要以挥发态、溶解态和固态形式存在。小颗粒有机物依靠沉淀、絮凝以及基质或植物根系的过滤作用而被截留。挥发性有机物则不能被直接吸附，先溶解于水体再被基质吸附。

(a)　　　　　　　　　　　　　　　(b)

图2-4　人工湿地污水处理示意图

人工湿地对污水的净化过程可以分为三类，分别为生物净化、物理净化和化学净化，同时净化功能还受到其他因素的影响。具体表现在以下4个方面。

① 湿地地处水陆过渡与交汇地带，土壤中水分饱和度较为充足，对污染物可以起到大量的稀释、扩散和分解作用，因此对受污水体净化作用较为明显。

② 湿地中的土壤与水充分结合，渗透性好，密度小，因此对固定污染物的吸附和过滤会产生积极作用。湿地中好氧和厌氧区域共存，厌氧和好氧交错分布形成的区域对分解和转化化学物质会产生有效作用。

③ 湿地中生长的植物对水体的流速以及周边的风速都可产生减缓效应，同时这些植物还可以遮挡阳光，可以有效防止藻类植物大肆生长。这些植物的根茎不

仅可以吸收污染物而且还可以为微生物输送赖以生存的氧气。

④ 湿地系统中，对微生物来讲无论是数量还是种类都很多，这对有机物的分解并转化为无机物有较大的帮助。

2.2.1 人工湿地有机物的去除机理

人工湿地系统在对有机物的降解去除方面效果十分显著，有机物的去除存在多种途径，常见的有挥发、光催化氧化、吸附、沉淀和生物降解等过程。这些途径皆是人工湿地中有机物去除的常见方法（表2-4）。其中的不溶性有机物则通过沉降、植物拦截、土壤过滤等作用被快速截留下来，截留下来的有机物可以被微生物二次利用。可溶性有机物则可以通过基质与植物的吸收以及微生物的代谢过程被去除。

表2-4　人工湿地去除污染物机理一览表

机理		有机物		悬浮物	氮素	磷素	重金属	细菌和病毒	说明
		易降解	难降解						
物理	沉降	○	○	●	○	○	○	○	颗粒物的重力沉降
	过滤	○		⊙				○	颗粒物经土壤、植物的根部被过滤
	吸附	○		⊙					颗粒物之间的引力
	挥发				⊙				NH_3挥发
化学	沉淀	○				●	●		与不同溶解的化合物结合或生成不溶物
	吸附	○	⊙			●	●		在基质和植物表面吸附
	分解	○	●					●	不稳定化合物在紫外线照射或氧化、还原条件下分解
生物	细菌代谢	●	●	●					通过悬浮的、底栖的植物附着的细菌去除胶体颗粒和溶解性有机物；硝化和反硝化作用
	植物代谢	○	⊙		⊙	⊙	⊙	●	植物的吸收和代谢
	自然死亡							●	在不适应环境条件下的自然死亡

注：●主要作用；⊙次要作用；○一般作用。

此外，植物的吸收对有机物的去除也会产生一定的作用，但污水中大部分有机物的最终归宿是被异氧微生物转化为小分子有机物及CO_2和H_2O。异养菌以有机碳作为生存的主要碳源，与自养菌相比异养菌具有更高的新陈代谢速率。在有机物的降解去除中，异养菌占主导作用[1,2]。

与好氧代谢过程相比，厌氧代谢过程进行缓慢且发生步骤复杂，主要由专性厌氧异养细菌和部分兼性细菌完成。厌氧代谢过程包括四个阶段。第一阶段，纤维素、淀粉等结构复杂的有机物被水解为单糖，然后再酵解为丙酮酸；蛋白质经过水解转化为氨基酸，氨基酸脱氨基成为氨和有机酸；脂质水解为各种低级脂肪酸和醇，如乙醇、乙酸、丙酸及CO_2和硫化氢等。第二阶段主要是在微生物的作用下将第一阶段的产物进一步分解为乙酸、氢气。第三阶段主要由两组生理状况不同的专性厌氧产甲烷菌群来完成，其中一组将乙酸脱羧生成甲烷和CO_2，另一组是将氢气和CO_2合成甲烷或将氢气和一氧化碳合成甲烷。第四阶段为同型产乙酸阶段。去除途径的分析中，相对重要性变化较大，这取决于被降解的有机物的结构与种类、湿地类型、水力停留时间等湿地运行条件与环境条件、人工湿地系统内的植物类型以及基质种类等。

2.2.2 有机物降解去除过程

2.2.2.1 植物降解

研究发现目前存在的多种水生植物都存在对有机物的代谢转化过程，人工湿地系统中常见的植物有芦苇、宽叶香蒲等湿地水生植物和一些杨属植物。污水中有机物种类纷繁，结构复杂，哪些有机物可以被植物吸收降解主要取决于植物生长的需要（表2-5）。

2.2.2.2 微生物降解

在人工湿地系统中，微生物担负着在人工湿地中去除有机物的主要任务。溶解性有机物是湿地系统中微生物生命活动的重要碳源，无论是合成代谢还是分解代谢，都有有机物的参与。在酶的参与分解下，微生物分解代谢如式（2-1）所示，有机物$C_xH_yO_z$被分解为CO_2和H_2O，并且为微生物的合成代谢提供能量，微生物的合成代谢过程如式（2-2）所示。

$$C_xH_yO_z+(x+y/4-z/2)O_2 \longrightarrow xCO_2+y/2H_2O-\Delta H \tag{2-1}$$

$$nC_xH_yO_z+nNH_3+n(x+y/4-z/2-5)O_2 \longrightarrow (C_5H_7NO_2)_n+n(x-5)CO_2+n/2(y-4)H_2O-\Delta H \tag{2-2}$$

表2-5　各种植物类型及其特性

植物类型	一般特性及举例	处理过程中的作用或重要性	生境作用或重要性	设计及运行中需要考虑的事项
浮水植物	根系或类根结构悬挂于浮叶之下，随水流移动，不直立出水面。如普通浮萍和大叶浮萍等	主要作用是吸收水体中的营养及遮挡阳光，阻碍藻类生长。过密时会限制氧气向水体的扩散	过密会限制氧气向水体的扩散，并且阻碍沉水植物获得光照。为动物提供庇护场所和食物	浮萍在北美是一种自然的外来物种，不需要特别设计
浮叶植物	叶片一般漂浮于水面，也可能沉在水下。其根部直达底部，不能挺立出水面。如水百合、石莲花等	为微生物提供着生表面，白天向水体释放氧气。过密时会限制氧气向水体的扩散	过密时会限制氧气向水体的扩散，并阻碍沉水植物获得光照。为动物提供庇护场所和食物	设计水深应能促进这类期望植物（如浮水植物、沉水植物和挺水植物）的生长，而阻碍其他类型植物的生长
沉水植物	一般全部淹没在水中，叶片可能漂浮在水面。根扎在底部，中挺立。如伊乐藻、菹草等	为微生物提供着生表面，白天为水体提供氧气	为动物（特别是鱼类）提供庇护场所和食物	藻类可以遮挡阳光从而阻碍沉水植物的生长，因此敞水区的设计滞留时间要比藻类生长需要的时间短
挺水植物	草本植物，扎根于底部，直立出水面。能忍耐洪涝或水分饱和的土壤。如香蒲、芦苇等	提供增强絮凝和沉淀表面；遮光，阻碍藻类生长；挡风，消浪；促淤；冬季覆盖保温	为动物提供庇护场所和食物，为人类提供景观	水深设计要适合所选定种类植物的要求
灌木	木本，低于6m，耐洪涝或水分饱和的土壤条件。如山茱萸、冬青树等	处理功能不明确：只有丘陵地区不饱和或偶尔饱和的植物修复区的处理数据，对持续饱和的湿地是否适用尚不清楚	为动物（尤其是鸟类）提供庇护场所和食物，为人类提供景观	防渗层有可能被灌木根截穿
乔木	木本，高于6m，耐洪涝或水分饱和的土壤条件。如枫木、柳树等	处理功能不明确：只有丘陵地区不饱和或偶尔饱和的处理数据，对持续饱和的湿地是否适用尚不清楚	为动物（尤其是鸟类）提供庇护场所和食物，为人类提供景观	防渗层有可能被树根截穿

人工湿地技术及应用——以黄河流域为例

微生物分解代谢产物可直接排入外部环境，合成代谢产物作为细胞物质进入细胞（图2-5）。酶作为细胞合成和分解代谢过程中的重要物质发挥着不可替代的作用。细胞在合成和分解代谢过程中都有酶的参与，例如土壤酶能促进有机质的分解。这样，在酶的作用下可以通过测定微生物数量及活性判断水质净化效果，同时也可以将酶活性作为人工湿地净化效果的评价标准。目前我国在生产活动中依然使用大量的杀虫剂、防腐剂及农药等，受污染河水中经常会出现大量的结构复杂的有机物，如烃类、苯环类等难降解有机物质[3]。这类物质毒性大，结构复杂，采用一般处理方法难以使其降解，而且其在生态环境中持续时间长，通过生物的积累和传递，可对人类健康造成潜在危害。

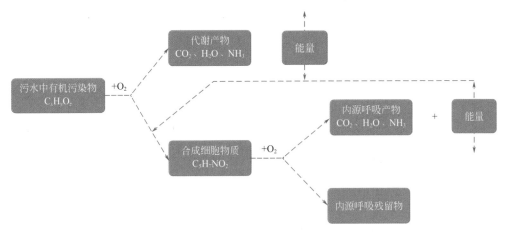

图2-5　微生物分解与合成代谢模式

　　在人工湿地系统中，微生物是承担人工湿地系统净化污水任务的主要执行者，而人为创建的水生环境又适合微生物的生长与繁殖。因来源不同的污水（如市政污水、工业废水、农业废水等）其污染物主要成分、理化性质各不相同，因此微生物对污染物质的降解过程通常也不相同。人工湿地中植物根部经过输氧所提供的好氧环境，以及缺氧和厌氧环境给微生物的生存创造了条件并对有机物质的分解产生了积极作用。在此过程中有机物可被微生物直接吸收或转化为自身组成成分，同时为满足植物生长需求提供可吸收的物质。这一过程产能效率高，是最重要也是最普遍的生物氧化方式。对有机污染物有分解作用的微生物种类很多，通常包括细菌、真菌、放线菌等。

　　在有氧条件下，氧气作为最终电子受体，好氧菌、兼性菌等微生物通过对有机污染物的氧化作用，最终生成稳定无机物如CO_2和水等，同时释放出能量[3-5]。有氧呼吸过程主要分两阶段进行，当葡萄糖作为主要能量物质时，第一步葡萄糖转化为中间产物丙酮酸，接着丙酮酸被完全有氧分解为无机物。当环境属于缺氧或无氧条件时，某些无机化合物作为最终电子受体，在氧化有机物生成甲烷、乙酸的过程中，同时也释放出一定的能量，此过程产能效率偏低。人工湿地系统中植物和微生物对有机物的降解主要受到温度、pH等环境条件的影响，因为植物和微生物可以释放多种酶[1]，而酶作为催化剂可以有效地促使降解有机物过程中的各个生物化学反应的进行。

在人工湿地系统中，微生物可降解的污染物类别与污染物自身的物理化学性质密切相关。对于有机物能否被有效降解，主要因素就是有机物的化学结构，如各类官能团等。研究表明，有毒有机物的消除主要是利用微生物的介导过程，分为好氧和厌氧两种。对于难降解有机物的处理方式通常有：自然修复、植物修复和微生物修复。植物修复是指通过植物根系产生根际效应，微生物吸收、转化及降解水中难降解有机物的技术[4]。作为微生物的碳源，不同种类微生物需要相互协同利用碳源，因为单一种类微生物不具备完整降解难降解有机物的酶系统，需相互协同作用，或以难降解有机物作为非基质通过共代谢方式进行降解，从而达到去除难降解有机物的目的。

2.2.3　人工湿地对有机物去除效果的影响因素

2.2.3.1　人工湿地类型

（1）潜流人工湿地　污废水中的可溶性有机物通过生物膜的吸附与微生物的降解代谢过程可得到有效去除，基于此潜流人工湿地对有机污染物有较好的去除能力。污废水中的不溶性有机物则通过湿地的沉淀、过滤可以很快地从污水中截留下来，从而被微生物及一些原生动物和后生动物所利用。潜流人工湿地对有机物的去除具有相对稳定性，季节以及气温的变化对有机物降解的影响相对较小。

（2）水平潜流人工湿地　在水平潜流人工湿地中，易生物降解的有机物可以同时通过好氧和厌氧两种途径降解，然而好氧和厌氧过程对有机物降解的定量化表征受到多种因素的影响而难以确定。水平潜流人工湿地中污废水以水平方式在系统中流动，其中悬浮态物质通过基质和植物根系的截留作用可被去除。此外，附着于基质和植物根系表面的生物膜可以对溶解态污染物发生降解作用，污水中有机污染物的去除效率可以超过60%。水平潜流人工湿地为厌氧环境，氧的来源渠道较为单一，植物根系的泌氧作用是水中溶解氧的主要来源。这一特点会使基质床体和植物根系周围生成一个厌氧-好氧环境，从而有利于硝化-反硝化作用的进行。这也是水中氮元素去除的主要途径，由于植物根系泌氧作用有限，产氧量较小，水中的溶解氧不足，所以对氮的去除效果不及垂直流人工湿地明显[5-8]。通过基质的吸附与沉淀对湿地中的磷可实现有效去除，基质在水平潜流人工湿地中除磷的效果可以较大程度地发挥出来。基质的种类与性质不同对磷的去除效果也会产生差异，但是总体除磷效果较好。另外，水平潜流人工湿地中水流运行的特点可以使水面不在空气中暴露，所以就不会引起臭味及蚊蝇问题。同时，当外界环境温度较低，甚至是寒冷的时候，水平潜流人工湿地可以产生相当程度的保温作用，在一定程度上维持湿地系统对污水的净化功能。水平潜流人工湿地拥有自身的优势，如湿地抗负荷能力强、占地面积相对较小、对污染物质去除能力较高等，因此在人工湿地污水处理方面应用较为广泛。水平潜流人工湿地常处于饱和水状态，其复氧能力较差，所以和垂直流人工湿地相比，水平潜流人工湿地的有机物去除效率略低。

（3）表面流人工湿地　表面流人工湿地中的表面水在一年或者一年中绝大多数时间都会存在，这就使得湿地与污水可以充分接触，而且接触面积较大，污水水力停留时间较长，这一特点有利于对污水中悬浮物和有机物的有效去除。

2.2.3.2　环境

（1）温度　温度变化的特点和幅度主要与湿地系统所处区域自然气候条件有关，温度会随着经纬度、季节和昼夜交替的变化而产生变化。温度变化对湿地系统的影响不仅表现在对湿地系统微生物的代谢速率的影响，还表现在对其他重要因子（如水的分层、初级生产以及营养循环等）的影响。这些环境因子通常会对微生物种群、群落动力学反应以及群落的结构和功能产生显著影响，从而对有机物的降解效率发挥作用。这就说明，从人工湿地运行条件的控制来讲，温度是影响有机物降解效率的一个重要因素。

（2）溶解氧　根据溶解氧（DO）在湿地系统中各区域富集程度的不同，可以将溶解氧分布区域分为好氧、微好氧、兼性厌氧和厌氧等溶解氧地带，微生物在生长过程中对氧气的不同需求使得这些区域都可为微生物生长提供相应的环境。例如，水平潜流人工湿地系统内部通常为厌氧环境，但是在植物根区附近却会存在不同程度的好氧环境。一般来讲，在水平潜流人工湿地系统以及升流式饱和垂直流人工湿地系统中，好氧反应主要发生在植物附近的根部和根表面的氧化区域；而厌氧过程则主要发生在其他深层水体的还原区，如反硝化过程、硫酸盐还原和产甲烷过程等都在此类区域发生。在溶解氧对含碳有机物降解的影响方面，溶解氧可以为湿地系统中的微生物提供好氧、厌氧或者兼性厌氧的生长环境，这样可以大幅提高微生物的数量和活性，以便对含碳有机物的降解提供充足动力[7]。研究表明，对人工湿地溶解氧浓度进行干预和调节可以促进改善湿地系统中微生物群落生长和繁殖的条件，提高微生物的生长活力，加快微生物的繁殖速率。并且系统中溶解氧浓度的升高，可以使微生物的有氧呼吸速率增大，对系统中有机物的降解速率明显增强。

（3）pH　研究表明，对湿地系统的水环境pH进行调节可以使微生物的适应性不断增强。微生物生长活性受生长环境pH的影响较大。当pH较低时，水体呈弱酸性，此时湿地中真菌类微生物的活性表现较强烈，而当pH较高时则会影响湿地系统对氮磷的去除程度。pH条件不同，湿地植物的生长活性也有所不同。同时土壤中离子的电离也受到pH的影响，主要体现在影响土壤对污水中有机物的吸附去除作用。

（4）盐度　盐度对人工湿地中微生物的生长及水中净化产生一定的作用。当废水中的含盐量较高时，高浓度的无机盐废水对生物处理会产生明显的毒害作用，主要表现为湿地系统的环境渗透压升高会对微生物的细胞膜和体内的酶产生破坏作用，进而对微生物的生理活动造成抑制。高浓度无机盐废水在生物处理方面与无机物的类型和浓度有关。一般在人工湿地废水处理中，无机盐浓度升高会对生物反应速率造成多种影响，影响类别主要有刺激作用、抑制作用和毒害作用三大类。

2.2.3.3　人工湿地深度

人工湿地系统的结构深度对有机物的去除也会产生一定的影响，对于水平潜流人工湿地结构深度的影响表现得更加明显。在一定范围内，水位深度较浅的人工湿地对有机物的去除更加有利，但同时由于水位深浅与水力停留时间密切相关，因此还要充分考虑人工湿地其他因素对有机物的去除的交互影响。

2.2.3.4　*植物*

湿地中的植物可以对污水中的氨氮和硝态氮产生吸收作用以供植物自身的生长。在湿地生态系统中，植物对营养吸收的潜在速率由植物自身组织中的养分浓度和其净生产率决定。湿地植物对营养物质的去除贡献率可以占到总氮去除率的10%～16%，通过收割可以把污水中的氮素进行一定程度的去除[10]。湿地植物可以进行有效的氧传递作用，这为微生物提供了生长空间，为脱氮效果起到一定程度的作用。水生植物的根茎为微生物生长提供了附着位点，植物的根茎表面可以产生巨大的比表面积，这样极大地提高了微生物的生长生存空间，为藻类的光合作用和细菌及原生动物群落提供附着位点。污水中有机污染物降解的主要途径就是微生物自身的生长反应，而酶则参与了微生物对有机物降解作用的大部分生化过程。不同种类的植物对污染物的吸收和利用会产生不同的作用。人工湿地中植物有多方面的作用。首先，植物的存在可以有效维持和提高污水在人工湿地系统中的停留时间，为系统有效降解污染物质提供了充足的时间。植物也可以明显减轻系统中的污水短流作用，使污水尽可能多地流经系统中各个区域，避免因系统中某些区域污水流速过快而造成系统中水流不均[8-10]。其次，植物的根系对维持湿地中良好的水力输送能力可以起到积极作用，可改善湿地系统的堵塞问题，延长人工湿地的使用年限。植物光合作用产生的氧气通过植物根茎输送至根区，在根区附近形成了富氧、缺氧或者厌氧环境，这样可以为有机物降解过程中各种微生物的生长提供适宜的环境。在人工湿地系统中微生物附着于植物的根系和填料表面。在冬季当气温低时，种植密度较大的植物群可以产生一定的保温作用。这样可以减轻温度对人工湿地污水处理技术的影响，可使人工湿地的运行时间一定程度上得以延长。这一效果在北方地区冬季应用较为普遍，而且对污水处理技术产生的作用明显。常见的北方人工湿地植物及其特性见表2-6。

表2-6 常见的北方人工湿地植物及其特性

植物名称	特性
水葫芦	有较强的耐污去污能力；多用于生活污水的处理
睡莲	具有一定的耐污性；根系发达且有较强的输氧能力
莲藕	耐污；输氧能力强；繁殖能力强
芦苇	去污能力强；根系发达；繁殖能力强；对土壤无特别要求
香蒲	具有良好的去污能力；对低温恶劣环境有较强的适应性
美人蕉	具有一定的观赏价值；广泛用于各地栽培
水葱	具有观赏价值；能产生一定的去污效果
水竹	对磷有较强的需求且根系发达；寒冷地区冬季管理较简单
茭草	去污能力较强
水葵	对氮磷有很高的去除率，目前只在我国南方地区进行试验
黄菖蒲	有观赏价值，但根系不是特别发达，常与其他植物混合种植
灯芯草	冬季能够继续生长，且对磷的去除率特别高

人工湿地中植物是系统的生产者，对COD_{Cr}的去除主要通过植物根系吸收污水中的有机物质并转化为植物生长所需养分。相关研究表明，植物根系释放的分泌物、酶等与人工湿地污水中的COD_{Cr}去除率有明显的关系，种植有植物的人工湿地系统中微生物数量显著增加。

（1）植物根区为好氧微生物输送氧气　植物根区产生的有氧区域为好氧微生物群落提供了一个适宜的生长环境，在植物根区以外则属于厌氧区域，有利于兼氧或厌氧微生物群落的生存。在反硝化反应和厌氧发酵中，有机物可得到降解。

（2）根系分泌物为附着微生物提供碳源和营养物质　湿地植物根部可将大部分碳水化合物释放到根际，形成根际沉积。根际沉积物包括分泌物、细胞脱落物质和胶质等。作为连接植物、微生物和土壤的纽带，在由"植物-微生物-土壤"构成的根际微生态系统中，根际沉积物对于植物保持碳素平衡、根际微生物的生长代谢至关重要。

（3）植物种类对微生物的影响　研究表明，湿地中的芦苇存在优势菌属，例如假单胞菌属、产碱杆菌属、黄杆菌属等。对亚硝酸盐细菌的生长，芦苇根际比香蒲根际具有更适合的条件。同时，种植的植物不同则湿地系统根区微生物数量不同，其湿地净化效果也不同。

2.2.4　有机物非降解去除过程

在人工湿地污水处理过程中，可以通过吸附、挥发等方式利用有机物的非降解过程去除部分有机物。在非降解过程中可能仅仅是降低了污水中污染物的浓度，将污染物进行了转移。所以，在评估这些污染物对环境产生的潜在危害时，要对污染物从水体中转移到其他介质（如大气、土壤等）中的可能性进行分析。

2.2.4.1　挥发与植物蒸腾对难降解有机物的去除

污染物除了从水中直接挥发到大气中之外，也可以通过一些湿地植物的根系吸收污染物并通过蒸腾流将其转移到大气中，这个过程被称为植物挥发。挥发性有机类物质通常被定义为在25℃的条件下，蒸气压大于2.7Pa的物质[11]。在一些水生植物中，这类污染物的转移过程一般通过通气组织发生。亨利系数被定义为对有机污染物挥发作用进行预测的一项价值指标，它全面解释了挥发性污染物从水中到大气中的转移过程和程度[11]。此外，在非饱和土壤区域，扩散过程意味着VOCs的有效排放。直接挥发和植物挥发被认为是适合处理如丙酮和苯酚等亲水性化合物的过程。相对应的，挥发可能是挥发性疏水性化合物的重要去除过程。由于甲基叔丁基醚的特点是较低的亨利系数、高的水溶性以及在厌氧条件下的顽拗性[12]，在处理该有机物的人工湿地中，极有可能造成该化合物释放到大气中。因此，对于一些挥发性有机物来讲，蒸腾流的吸收和挥发到大气都会通过茎叶，这可能是一个主要的污染物去除过程。

人工湿地系统中植被强化了水流向上移动到不饱和区域的过程，水的向上流动会使这一区域的挥发作用明显增强。挥发类有机物的大气半衰期如果像甲基叔丁基醚一样短暂，那么其毒理学危险度也会相应降低，同时在湿地系统中水与大气之间的污染物转移过程会处于一个可调可控的状态。挥发类有机物的挥发作用同样会导致空气污染和污染物的扩散，这一事实及相应的风险评估，被认为是难以利用植物去除挥发类有机物的有力证据。

植物挥发作用与水平潜流人工湿地系统存在一定的特殊关联作用。在水平潜流人工湿地系统，挥发类有机物的挥发总是需要通过床体的不饱和区以及水层流饱和区。不饱和区和饱和区可能会降低挥发性污染物的传质作用，使污染物的扩散速率放缓，从而抑制了直接挥发。因此，污染物的直接挥发作用在表面流人工湿地中可能更加明显。

2.2.4.2 植物的吸收作用

植物作为人工湿地系统的重要组成部分，其生长过程需要吸收污水中大量的营养物质，除了有机物外，还包括氮、磷以及部分金属离子等。湿地植物的光合作用会产生氧气，植物通过自身各类组织将氧气输送到根区，经过根区的扩散作用，在根区形成了好氧、缺氧及厌氧的交替生长环境，这类生长环境能够促进硝化和反硝化作用以及微生物对磷的积累作用，有助于提高人工湿地对氮、磷以及有机污染物的去除效果。成熟的人工湿地经过多年的运行，湿地系统中的植物会具有较为密集的植物茎叶和强大的根区系统，这样通过植物茎叶和根区系统可以截流过滤污水中的悬浮物以及大颗粒物质。对于不溶性有机物来讲，则可以通过湿地沉淀-过滤作用，从废水中截留下来而被微生物利用；对于可溶性有机物来讲，则可通过植物根系中生物膜的吸附、吸收等过程实现有效去除。

2.2.4.3 吸附和沉淀

吸附是由基质与有机物分子之间产生的范德华力或其他分子之间的作用力把有机物从水中剥离，替代基质表面的水分子的过程。基质吸附能力主要与基质本身特质、被吸附离子种类、pH值、基质表面积等因素有关。溶解性有机物由腐殖质、蛋白质降解物、植物分泌物和湿地床中死亡生物降解物质组成。DOM是湿地微生物碳的主要来源，DOM可能含有羟基、氨基等活性官能团[1]，能与多种金属离子结合，从而抑制水中颗粒物质对重金属物质的吸附作用，增强基质对重金属的吸附能力。同时DOM对提高其他污染物的溶解度、提高光解速率、提高基质对有机物的吸附能力、降低污染物对环境的毒性等都有重要作用。

2.2.5　有机物降解动力学模型

随着人工湿地处理污水的能力日渐被社会各界关注，国内外水环境研究领域的学者们为了进一步研究人工湿地有机污染物的降解机理，建立了反应动力学模型。目前，使用较多的污染物降解模型有：一级动力学模型、衰减方程、零级动力学模型以及生态动力学模型。一级动力学模型是依据系统内稳态时污染物质的量的平衡状况而提出的静态模型[2-5]，该模型由于参数的确定、计算过程较为容易，至今仍被广泛地应用于国内外人工湿地设计中有机物、氮磷的去除计算。

一级动力学模型推导的根据建立在将潜流人工湿地系统中污水的流态视为稳定的活塞流的基础之上，并且认为在理想状态下污染物质降解与污水的推进距离和流动时间有关。人工湿地系统中，对污水净化起主要承担作用的是微生物群体，适宜的水生环境对微生物的生长较为有利。污水成分复杂，来源渠道多种，市政污水、农田灌溉退水、工业废水等污水中的污染物成分和理化性质有所不同，因此微生物降解产生的效果也大不相同。人工湿地中微生物在由植物根系组织输氧所提供的好氧、缺氧、厌氧环境中生存并对有机污染物质进行分解氧化作用。其中的部分有机物可被微生物直接吸收并转化为自身组成成分。好氧氧化可以满足植物的生长需要，其产能效率高，是目前最普遍和最重要的生物氧化方式。细菌、真菌、放线菌等微生物均可对分解有机物产生作用。

在有氧状态下，以氧气作为最终电子受体，在好氧、厌氧、兼性微生物的作用下，有机物被氧化降解为无机物、二氧化碳和水，并释放出能量。葡萄糖作为为生命体提供能量的主要物质，在有氧呼吸中其分解主要分两个步骤进行。葡萄糖被转化为丙酮酸，丙酮酸作为中间产物参与下一阶段的反应，最终丙酮酸被彻底有氧分解为无机物。在缺氧及无氧状态下，某些无机化合物可以作为最终电子受体，氧化有机物，生成乙酸、甲烷等，同时会释放一定的能量。湿地系统中植物、微生物对有机物的降解会受到来自环境条件（如温度、pH等）的影响。主要原因在于植物和微生物可以释放多种酶，这些酶可以促使降解有机物的过程中各类生物化学反应的进行。

在人工湿地系统中溶解氧含量对含碳有机物的降解去除效率的影响主要表现在可以为系统中的微生物提供适宜的好氧、兼性厌氧及厌氧生活环境，使微生物有足够的活力实现对含碳有机物的降解。实践证明，人为地调节人工湿地系统溶解氧浓度，可使湿地系统中好氧微生物群落生长繁殖条件得到改善，微生物数量会发生显著变化。同时由于系统中溶解氧浓度的升高，也会促使微生物的有氧呼吸速率增大，这也会使系统对有机物的降解效率明显提高。

2.3 人工湿地的脱氮过程及强化措施

人工湿地系统中氮的循环与转化通过多种途径实现，主要包括有机氮氨化、生物硝化、生物反硝化、氨氮挥发以及植物与微生物组织摄取、基质吸附和厌氧氨氧化等多种理化反应和生物反应过程。其中，在特殊基质的湿地中基质可通过材料的吸附沉淀等作用产生较好的脱氮效果，同时在基质使用初期，会对脱氮起到明显作用。当人工湿地连续多年运行且各项条件逐渐趋于成熟时，微生物作用下氮的转化和去除被认为是含氮物质脱氮的主要途径。其他脱氮途径如厌氧氨氧化等一般在处理含氨氮量高的废水中会产生明显的作用。人工湿地中氮的去除机理见表2-7。

表2-7　人工湿地中氮的去除机理

脱氮机理	方式	备注
物理	沉积挥发	固体物质的重力沉淀，对湿地中氮去除的影响很小。氨气从湿地中挥发，pH值是影响湿地中氨氮挥发的重要因素
化学	吸附	氨氮吸附通常是可逆的而且速度较快，但吸附并非湿地中氮去除的长期途径
生物	微生物作用与植物吸收	氨化和硝化-反硝化，低氮条件下植物摄取的氮量较显著

造成水体富营养化程度加剧，氮化合物含量高是其中较为重要的原因。含氮化合物在氮循环系统中各存在形式的转化要消耗水体中的溶解氧，从而可以有效抑制水体中微生物的快速繁殖。在自然界中含氮化合物通常以氮气、无机氮化合物、有机氮化合物等形态存在。在湿地污水处理系统中，氮素的去除主要依靠微生物生化反应，植物对硝酸盐氮的吸收作用也是脱氮的有效途径。湿地系统中填料的吸附截留等去除作用以及氨态氮的挥发作用都可以对含氮化合物进行有效脱氮，但是脱氮效果却有差异。比较几种脱氮作用，氨氮的挥发作用通常对脱氮效果影响较小。

（1）微生物对氮素降解的影响　湿地系统中氨化菌的氨化作用也是微生物脱氮的主要途径，此外还有硝化细菌（包括硝化菌、亚硝化菌）的硝化作用和反硝化作用。微生物对有机污染物的降解过程绝大多数都需要酶的参与以促进反应的进行。微生物脱氮生物化学反应过程也不例外，同样需要多种酶的催化。技术研究表明：微生物对氮素的去除作用会受到多种影响微生物酶活性的环境条件的影响，例如植物的种植可以明显提高湿地系统中微生物的数量[2]。

（2）植物对氮素降解的影响　人工湿地中的脱氮途径除了生物化学反应以外，还有植物的吸附和吸收作用。有机氮化合物在氨化细菌的作用下，分解转化为氨氮。在人工湿地中植物生长不可缺少的营养物质且可以被植物直接吸收的是无机氮化合物，通过对湿地植物进行收割即可除氮。但是收割植物除氮的能力会受到植物种类、收割频率、人工湿地进水水力负荷等因素的影响而产生较大的波动[2]。研究人员对从湿地收割的植物组织中氮的含量进行研究，发现湿地中总氮的去除率与植物地上组织部分生物量呈正相关关系。但植物经收割后会导致其在一段较长的时间内进行光合作用的强度急剧减弱，从而也会降低湿地系统中植物光合作用产氧、植物根茎输氧与根区的泌氧能力，这样就会导致人工湿地系统脱氮效率显著降低。此外植物的生长受周期条件的影响，在不同季节植物的生长速度可能会较快，也可能会较慢，这些因素都会影响植物对人工湿地脱氮的效率。

（3）填料对氮素降解的影响　湿地系统中的填料其自身的吸附作用在湿地脱氮中占有重要地位。填料是人工湿地中微生物繁殖以及植物生长的载体，为植物生长、微生物降解污染物的生物化学反应提供场所。填料对系统除氮的主要机理是其对含氮污染物的物理吸附作用，这与填料本身的吸附能力和填料的渗透性等物化性质有直接关系。相关研究表明，填料的选择对氨氮的吸附影响较为明显。实际上，填料的选择会影响系统中氨化细菌、硝化菌、反硝化菌的分布，从而也会影响系统对氮素的去除效果。

（4）溶解氧对氮素降解的影响　在水平潜流湿地脱氮过程中溶解氧是最主要的限制性因素。通常，水平潜流湿地内的植物和大气的复氧作用较为薄弱，湿地系统整体处于厌氧环境中，氧化还原电位小于300mV。微生物在脱氮时对氧含量的要求有较大的差异，硝化是需氧过程，反硝化和厌氧氨氧化则是厌氧过程，当氧环境单一时也会导致湿地内生物脱氮过程不畅。

2.3.1　硝化过程

硝化作用是指氨氮在微生物作用下被氧化为亚硝态氮并且可以被再氧化为硝态氮的过程。硝化作用主要由自养型细菌分两阶段完成，其反应的化学计量表达式如下：

$$NH_4^+ + \frac{3}{2}O_2 \longrightarrow NO_2^- + 2H^+ + H_2O \tag{2-3}$$

$$NO_2^- + \frac{1}{2}O_2 \longrightarrow NO_3^- \tag{2-4}$$

总反应式：
$$NH_4^+ + 2O_2 \longrightarrow NO_3^- + 2H^+ + H_2O \qquad (2-5)$$

硝化反应的第一阶段为亚硝化过程，即氨氮被氧化成亚硝态氮的阶段。微生物学理论研究表明参与亚硝化阶段活动的亚硝酸细菌主要有5个属，分别为亚硝化毛杆菌属、亚硝化囊杆菌属、亚硝化球菌属、亚硝化螺菌属和亚硝化枝干菌属。其中，在亚硝化过程中主要以亚硝化毛杆菌属的作用居于主导地位[2,13,14]。第二阶段为硝化过程，即通过亚硝化过程转化为亚硝态氮后又被氧化为硝态氮的阶段。除上述的自养型微生物外，土壤中还有大量多种异养型微生物，异养型微生物也可以将氨和有机氮化物氧化为N_2O和N_2，但是其硝化能力可能低于自养型硝化细菌，目前关于其在人工湿地中硝化过程中的具体作用的研究仍不充分。

人工湿地的构造形式不同，氨氮的硝化去除效果也有所不同。例如，在表面流人工湿地、垂直流人工湿地以及组合人工湿地中，均有较强的硝化过程发生，同时也可以去除大量氨氮，但是反应程度有所不同。一般来讲，垂直流人工湿地的复氧效果较潜流人工湿地要好，所以在垂直流人工湿地中的硝化作用强度一般要大于水平潜流湿地。而且运行条件的不同也会造成硝化作用强度的不同，如垂直流人工湿地中采用的潮汐运行方式和水平潜流湿地前期的曝气预处理均可以提高系统的硝化强度。

理论证实，硝化细菌表现最活跃的生存温度为28～36℃，然而在湿地污水处理过程的研究中发现，当环境温度为0～5℃时也存在着明显的硝化作用。

2.3.2 反硝化过程

反硝化过程是指反硝化细菌将硝酸盐中的氮通过一系列中间产物还原为氮气分子的生物化学过程。反硝化过程对于自然界的氮循环具有重要意义，是循环过程中的关键一环。在人工湿地污水处理方面，反硝化过程与硝化过程一起构成了生物脱氮的主要方式。反硝化过程的环境制约因素包括氧环境、氧化还原电位、温度、pH值和有机碳源等。硝化作用需要复氧环境，但是反硝化作用需要厌氧环境，这就造成在同一环境中理论上的同步硝化和反硝化成了制约湿地脱氮的重要因素。反硝化作用最适宜的pH值为6～8。当pH值低于5时，反硝化作用虽然可以进行，但是其速率明显下降，当pH值低于4时，反硝化作用则被完全抑制。反硝化作用的适宜温度为30～35℃，当温度低于2～9℃时，反硝化作用明显减弱。人工湿地系统的反硝化强度因湿地运行方式、进水污染物成分组成以及湿地植物种类的不同而表现也不一致。反硝化过程中需要有机碳源作为电子供体，因此湿地床体中有机物的积累有助于提高反硝化作用强度。

2.3.3　植物摄取

氮元素是植物生长的必需营养元素，一般无机氮可被人工湿地中的植物吸收并合成植物自身物质，通过对湿地植物地上部分定期收割可将部分无机氮从人工湿地系统中彻底去除。植物对无机氮的吸收与去除受到植物组织产量和组织内含氮量的限制。通过植物吸收方式强化湿地脱氮效果的应用在热带区域较为适宜，因为热带地区季节性变化较小，湿地植物可常年生长，植物也可以进行多次收割，从而可提高植物组织对无机氮的吸收去除效率。

2.3.4　氨化作用

氨化作用是微生物将含氮有机物转化为氨氮的过程，一般而言氨化作用在好氧、厌氧及兼性厌氧的环境下均可发生。通常在好氧条件下，氨化作用更容易进行。人工湿地系统的氨化过程主要是指含氮有机物（如蛋白质等）被湿地床体中微生物分解而转化为氨的过程。

2.3.5　氨氮挥发

人工湿地系统中的部分氨氮可以通过挥发的方式从系统中逸出。氨挥发量受气候条件、水利条件以及植物生长状态等因素的影响。湿地氨挥发包括湿地地面氨挥发和植物叶片氨挥发两部分，其中湿地地面氨挥发需要水体在pH值大于8时才会发生，通常人工湿地水体的pH值为6～7，所以依靠地面挥发的氨氮可忽略不计[11]。当人工湿地以石灰石等介质填充时，湿地系统的pH值会升高，此时挥发的氨氮需要考虑。

2.3.6　人工湿地脱氮影响因素

2.3.6.1　温度

温度对人工湿地中植物的生长发育、微生物的新陈代谢等生理活动会产生较大的影响。而微生物的分解代谢和植物的吸收作用是人工湿地中脱氮的主要途径，因此环境温度的适宜性是影响人工湿地脱氮效率的重要因素。温度影响因子对人工湿地脱氮性能产生的作用主要有两个方面：一是对微生物生长繁殖的影响；二是对植物生长发育的影响。当在环境温度较低的条件下时，氮的去除能力仅仅可以维持在3%～15%左右，而一般硝化作用的最佳温度范围是30～40℃。另外，温度的波动对植物的影响是很明显的，例如植物在冬季摄取氮素的能力要远低于夏季。冬季温度降低，大量植物枯萎死亡，植物的呼吸作用减弱，甚至停止吸收并且逐渐向系统中释放氮素；微生物活性降低，不能及时地将植物和微生物释放出的氮降解，从而会导致系统脱氮效率降低。

2.3.6.2 pH

微生物正常的生命活动只有在一定的pH值条件下才能进行，因此对微生物而言生长环境保持合理酸碱性对其脱氮作用的正常进行至关重要。一般氨化细菌在pH值为6.5～8.5时可以表现出最佳的生命状态，硝化作用的最佳pH值范围是7.5～8.6，反硝化作用的最佳pH值范围是7～8。当反硝化菌在pH值为7～8的条件下时，反硝化速率最高。维持适宜的pH值是人工湿地在运行中要密切注意的，pH值过高或者过低都会影响反硝化的进行。

NH_3和NH_4^+是水中氨态氮的两种存在形式，NH_3和NH_4^+之间平衡转化主要受pH值的影响。传统的物理脱氮法氨的吹脱去除技术就是在污水中加以曝气吹脱的物理作用，使污水的pH值升高，以促进氨从水中逸出。开阔水面没有植物覆盖和遮挡，此时藻类的大量繁殖会加剧pH值的上升，使氨态氮反应向NH_3转移，这样有利于氨态氮向大气的挥发。人工湿地经过优化设计会使系统中该过程对总氮的去除率最高达到50%以上[14]。影响人工湿地系统pH值大小的主要因素是湿地系统所应用的填料介质以及废水的性质。当人工湿地建设完成并投入运行后，运行期间湿地的pH值一般变动不大。当人工湿地的pH值为7.5～8.0时，比较有利于硝化过程的进行。当人工湿地中填充的介质材料性质较为特殊时，会对整个湿地系统的pH值产生较大影响，可能会导致湿地系统的pH值偏离这个范围，同时也会使氨氮的存在形式发生变化，硝化过程将会受到影响。

2.3.6.3 溶解氧

在人工湿地系统中，一方面，植物和微生物在进行呼吸作用等生命活动过程中要消耗一定量的氧气，这就会导致系统中溶解氧（DO）含量降低，从而使整个系统处于缺氧状态。因此，DO含量同样是制约硝化作用正常发生的主要因素。另一方面，微生物的反硝化作用是一个严格的厌氧过程，当氧含量超过一定的限值，如系统中DO的浓度超过0.2mg/L时，反硝化作用就难以正常发生。一般来说，水平潜流湿地内植物和大气的复氧作用较弱，系统内通常整体是厌氧的，氧化还原电位小于300mV，而微生物脱氮过程对氧含量的要求有很大的差异。硝化是一个需氧过程，反硝化、厌氧氨氧化则是厌氧过程，单一的氧环境也会导致湿地内生物脱氮过程不畅。通常适于硝化反应的DO浓度应该高于2mg/L，否则DO将成为反应的限制因素。对于传统的水平潜流人工湿地而言，实践和研究表明从植物根部渗透的少量氧气相对于城市污水的实际负荷所需氧气来说微不足道。

2.3.6.4　水力停留时间

延长停留时间，污水中的含氮化合物可以与系统内的微生物及基质表面发生充分接触，这样脱氮效率也会随之上升。随着停留时间的延长，系统中总氮、NH_4^+-N 和 TKN 的浓度呈指数降低，并且人工湿地系统中所去除的 NH_4^+-N 和 TKN 去除量的97%与停留时间有关[2,13,14]。

2.3.6.5　重金属

人工湿地随着长时间运行，基质容纳重金属离子的能力会逐渐趋于饱和，其中以水溶态和交换态形式存在的重金属离子会对反硝化等微生物过程产生抑制作用，进而削弱脱氮功能。

2.3.6.6　碳源

在反硝化过程中碳源是影响其正常进行的一个重要因素。当在湿地前端碳源充足时，水中的氮主要以有机氮和氨氮的形式存在，而有限的 DO 也被用来降解有机物，硝化过程难以进行。只有当 BOD 降低至 50mg/L 以下时系统中才能发生明显的硝化过程。因为人工湿地对有机物的去除效果较好，所以反硝化过程可能会造成碳源的不足。

2.3.6.7　植物多样性

研究表明，物种多样性能够提高生态系统的功能。生物量随物种多样性增加呈现反向取样效应，而磷损失随着物种多样性增加而降低。人工湿地植物多样性能促进植物生物量、微生物氮固持的增加，最终强化基质中硝化作用和反硝化作用。同时，多样性也能够使各物种间产生互补效应，增强对资源利用的完全程度，进而降低出水和基质氮含量。

选择湿地植物时主要从植物对气候的适应性、供给湿地系统溶解氧的量以及微生物附着点的数量来考虑。如果湿地主要功能之一为脱氮，那么植物吸附脱氮的能力也尤为重要。因此，在建设人工湿地对植物种类进行筛选时要重点考虑并且选择地上生物量较大、根系相对发达、对不同形式氮都能有较强吸收能力的植物。例如，芦苇的根系深度可以达到 60～70cm，适合种植于多数潜流人工湿地中。其他水生植物如菖蒲和水葱都属于深根散生型植物，抗逆性较强，具有一定的观赏价值，而且在冬季可以安全越冬，适合于北方地区人工湿地的配种。

2.3.7 人工湿地强化脱氮措施

2.3.7.1 湿地基质的选择

基质的类型与其性质对微生物的生长数量有着直接影响，而通过微生物的硝化-反硝化等代谢过程降解含氮化合物是人工湿地脱氮的主要途径。表面疏松、比表面积大、通气性好、有利于空气中氧气进入湿地[12]，具备这些特点的基质可以为硝化细菌提供充足的氧气，有利于硝化作用脱氮。一些多孔基质由于含水率高，能使湿地形成厌氧环境，有利于反硝化作用除氮。基质的作用表现在两个方面，除了可以作为微生物生长繁殖的空间以外，还可以为微生物脱氮提供良好的适应性环境。此外，基质自身还能通过吸附和过滤作用除氮。例如，以沸石作为基质时，湿地系统微生物的生长作用比以砾石和碎石作为基质时更好。

目前，在人工湿地应用领域常见的基质填料主要有：沸石、石灰石、石英砂、煤灰渣、高炉渣、草炭、粉煤灰、活性炭、陶瓷、硅石、自然岩石与矿物材料等。每种填料性能各有优缺点[1]，在使用时要根据污水水质及经济适用性原则进行选择，以充分发挥填料的作用。为了使各类填料能充分发挥其各自的优势，潜流湿地床体通常由多种填料组成，填料级配对填料的性质也会产生较大的影响。填料良好的颗粒级配对去除有机污染物质产生积极的作用，同时良好的级配也可以避免基质在运行中发生堵塞。要选择获取容易、吸附和降解有机物效率高、价格低廉并且没有毒害的材料作为基质填料。在人工湿地设计初期，要把对污染物去除能力的强弱作为选用湿地基质填料的一项基本要求，同时要考虑在湿地工程建设当地可以获得的基质，这样既可以降低成本延长生态工程的使用期限，又可以提高对污水中有机污染物的去除能力，强化净水能力。此外，基质由于其自身性质各有差异，导致其渗透系数也大不一样，因此在设计人工湿地时要根据设计要求选择合适的基质类型。尽量采用多种基质材料合理搭配，这样可以把基质自身的优势发挥出来，从而提高去污能力。氮磷饱和基质中氮磷的最大解析量与解析比见表2-8。

表2-8 氮磷饱和基质中氮磷的最大解析量与解析比

参数	粉煤灰陶粒	砾石	沸石	石灰石
氨氮理论最大吸附量/（mg/g）	0.1633	0.0257	2.2267	0.0219
氨氮最大解析量/（mg/g）	0.0289	0.0071	0.0062	0.0035
氨氮解吸百分比/%	17.6975	27.6265	0.2784	15.9817
解析后氨氮浓度/（mg/L）	35.2436	13.8536	15.7605	9.7674
磷理论最大吸附量/（mg/g）	0.3725	0.0175	0.0473	0.1305

参数	粉煤灰陶粒	砾石	沸石	石灰石
磷最大解析量 /（mg/g）	0.0146	0.0073	0.0069	0.0030
磷解吸百分比 /%	3.9195	41.7143	14.5877	2.2989
解析后磷浓度 /（mg/L）	17.8049	14.2439	17.5399	8.3721

人工湿地系统中，填料层的厚度与填料粒径组合配比等都会对进水中有机污染物去除效率产生较大的影响。填料通过自身的沉积、截留过滤、吸附等物理作用使进水中的一部分有机物被直接去除，同时填料的表面也是植物和各类微生物生长附着的介质。目前已经确定，填料是影响不可滤污染物质积累的重要影响因子之一，通过大-中-小颗粒粒径组合的填料对污染物质去除效率更高。填料在沉积、过滤截留、吸附等方面存在一定的饱和度，当填料的吸附能力达到其饱和程度后，也就是说填料对含碳有机物的吸附去除作用积累到一定程度后，填料去污能力会变得较差。

2.3.7.2　人工增氧

调节湿地内液面高度、进水曝气及动力增氧等方法都可以起到提升湿地系统内氧含量的目的。在湿地前端利用强化供氧的方式提高湿地内部溶解氧含量，解决系统内氧气不足的状况时，要注意把水汽比作为一项重要因素来调节。当水汽比太大时，湿地中好氧和厌氧的交替状态容易被破坏，使微生物反应速率过快而影响到脱氮的效果；而当水汽比太小时则无法向湿地系统提供充足的氧气，则不能满足微生物硝化作用的需要。间歇进、出水方式能有效提高湿地上层大气的复氧能力，所以改变湿地的进水方式，将连续进水改为间歇进水也会起到增氧的作用。间歇进水可以提高床体内的含氧量，对植物根系放氧不足产生明显的缓解作用。采取间歇进出水的方式可以明显提高污染物去除率。而且在间歇期，可使吸附在填料中的含氮污染物得到生物降解，使填料再生。

2.3.7.3　添加碳源

现有的外加碳源主要分为两大类：一是以甲醇、葡萄糖、乙酸等液态有机物为主的传统碳源；二是以一些低廉的固体有机物（如含纤维素类物质的天然植物及一些生物降解聚合物等）为主的新型碳源。人工湿地中的碳源包括进入湿地污水中所含的碳源、湿地系统中的内源碳和外加碳源（表2-9）。理论证实，碳源分子越小，对微生物吸收碳源越有利。基于此，甲醇和乙醇等低分子物质被认为是理想的外加碳源。甲醇、乙醇等物质尽管有自身的优点，但也存在一些不可忽视的缺陷。甲醇脱氮效率虽然较高，但是其本身存在一定的毒性，这样就会对环境造成潜在的危害。同时甲醇的运营成本高，出水COD往往也较高。乙醇和乙酸等有机物同甲醇相比虽无毒性，但运行成本高，出水的有机碳含量超标仍是阻碍其进一步开发使用的瓶颈问题。

表2-9　碳源分类及其描述

碳源类型	不同类型碳源特点
污水中碳源	目前城市污水C/N比值较低，对反硝化作用造成了严重影响
系统内碳源	植物根系释放，死亡植物分解、微生物分解及湿地内部沉积有机物的缓慢释放；产生的有机碳作为湿地碳源供应是远远不够的
外加碳源	易生物降解的液体碳源，如甲醇、乙酸、醋酸钠等
	糖类物质，如葡萄糖、果糖、蔗糖等
	天然植物材料，如植物秸秆（芦苇秆、麦秆）、植物枯叶、植物提取液，以及富含纤维素的棉花、稻壳等
	可生物降解多聚物（BDPS），如聚β-羟基丁酸（HPB）、聚己内酯（PCL）

在水体脱氮过程中为了降低脱氮成本，近年来一批研究人员通过多种试验途径寻找无毒、廉价的碳源来代替传统碳源。一些天然固体有机物因其富含纤维素类物质正逐渐被用来作为外加碳源。纤维素类碳源由于来源充足、价格低廉且取材相对方便，所以目前应用得较为广泛。目前所涉及的富含纤维素类物质的固态有机碳源主要有棉花、麦秆、纸等物质。然而在试验中发现，利用天然固体有机物作为反硝化系统的碳源，同样存在一些无法有效解决的问题。面临的问题主要有碳源的释放不能得到有效控制、需要较长的水力停留时间、出水水质容易受到外界环境温度影响等。

人工湿地的重要组成部分之一就是植物。植物在生长过程中会产生大量的生物质，同时生长过程中也会吸收污水中营养元素。生物质的产量可以做出如下估计，在热带植物中干物质产量可以达到6500～8500g/(m²·d)，在温带植物中干物质产量可以达到3000～4500g/(m²·d)。植物生物质中含有大量的木质纤维素，在木质纤维素分解菌的作用下可释放出单糖和其他营养元素，可作为反硝化碳源。木质纤维素中纤维素和半纤维素较易降解，因此植物中的纤维素和半纤维素含量越多，植物生物质就越容易释放碳源。

2.3.7.4　出水回流

有机碳源是反硝化作用主要的电子供体，潜流湿地大部分区域处于缺氧和厌氧的状态。通常在碳源充足情况下，湿地沿程均具有较强的反硝化潜力，能保证反硝化脱氮过程的有效进行。但随着有机污染物的沿程降解，湿地后段部分的反硝化过程往往存在碳源不足的问题，这是制约反硝化的关键因素。人工湿地回流，回流混合液中的反硝化细菌利用原污水中的有机物作为碳源，将回流水体中的大量硝态氮还原成NO_2和N_2，以此实现脱氮的目的。同时，回流对进水可以产生一定程度的稀释，有利于减轻污水负荷。若回流时采用低扬程水泵，通过跌水或水力喷射等方式还可增加水中的溶解氧含量以提高其硝化效率并减少出水中可能出现的臭味等。出水回流的运行方式对污水中污染物与湿地内附着在植物根系与填料表面生物膜的相互接触，有利于促进湿地净化效果。

2.3.7.5 湿地结构改进

从改进湿地结构入手，为了进一步提高湿地脱氮效果，研究人员在垂直流人工湿地中插装竖直通气管，并采用慢灌快排方式使系统充分换气。利用这一装置极大地提高了湿地对氨氮的去除效果。在水平潜流人工湿地中的通气管采用分层铺设，再辅以间歇进水、连续进水、间歇出水的方式实现了自动增氧功能，这样的结构详实，可以显著提高湿地的抗冲击负荷能力及净化能力。通气管向周围介质进行氧扩散的范围有限，鉴于此考虑在湿地底部进行强化曝气，由此可以明显改善湿地的缺氧环境，提高对氮素和有机物的去除效率。

2.4 人工湿地中硫的循环与转化

自然界中硫的循环过程十分复杂，硫的生物循环是硫循环过程中最重要的环节（图2-6）。硫元素在人工湿地系统中主要存在四种循环转化价态，四种价态的硫化物在人工湿地系统中既可以是氧化电子供体，也可以作为电子受体在厌氧环境中进行生物反应过程，还可与金属反应形成络合沉淀金属硫化物从而进行非生物反应过程。在城市污水和工业废水中硫酸盐是其常见成分。硫元素的化学氧化还原性较为活跃且其降解菌群广泛存在，使得硫的循环转化过程在湿地中广泛存在。

湿地进水中硫元素化合物形态主要以硫酸盐为主，硫酸盐的溶解度较大，不易随温度和pH值等的变化而发生变化。在湿地表层或者植物根区等复氧效果较好的好氧环境中，硫酸盐可参与无机矿物聚合沉淀和微生物或植物的组织细胞合成。在厌氧环境条件下，硫酸盐还原菌可利用有机物作为碳源和能源（电子供体），以硫酸盐作为最终电子受体将硫酸根还原为硫化物，此过程也是促进生物硫循环的重要途径。污水在人工湿地床体处理的过程中，床体中各污染物的浓度均有可能因为降雨、湿地植物蒸腾作用引起水分损失、湿地基质吸附以及无机盐的络合沉淀等过程的发生而变化，所以在探讨污染物在人工湿地污水处理过程中的生物降解机理，仅通过污染物浓度变化的监测是无法真正揭示各污染物的微生物循环转化过程的。

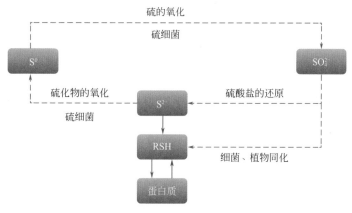

图2-6　生物硫循环示意

2.4.1　植物生长对硫的摄取

湿地植物能够吸收利用的硫其主要形式是SO_4^{2-}，植物体内硫酸盐的同化过程包括硫酸盐的吸收、转运、活化、还原及半胱氨酸的合成。半胱氨酸合成是无机硫同化形成有机硫的关键步骤。SO_4^{2-}与H^+按照1:3的比例以同向协同运输方式被主动吸收，质膜上的ATP将细胞内H^+泵出。

2.4.2　硫化氢与金属离子络合及氧化

硫化物可以与水溶液中的二价金属离子络合形成沉淀，这样既可以降低硫化物毒性，又可以同时去除废水中的重金属离子，在矿山废水处理方面的研究较多。而且硫化物也可以作为电子供体与系统中其他的电子受体进行反应，进而被氧化为单质硫或者硫酸根离子，从而降低毒性。

2.4.3　硫循环的影响因素

硫循环过程中，影响硫酸盐微生物还原过程的因素主要包括温度、溶解氧浓度、有机物浓度等。人工湿地系统内部环境十分复杂，根区作用使得多种微生物共存并推动硝化、反硝化、有机物好氧降解、有机物甲烷化降解、硫酸盐还原以及硫化物氧化等多种生物代谢过程同时进行。硫酸盐是生活污水、市政废水、酸性矿山废水以及多种硫酸盐工业废水中的常见成分，在人工湿地系统处理上述废水时，有机物可以作为电子供体将硫酸盐还原为硫化物。尽管随着进水有机碳浓度的升高，湿地系统的反硝化能力加强，但湿地氨氮去除率下降，硝化过程受到影响。

人工湿地中硫元素存在及分布形式有多种类型，例如单质硫（元素硫）、硫化物、硫酸盐、亚硫酸盐、硫代硫酸盐、有机硫等。人工湿地中涉及的氧化还原反应种类多、范围广，根据氧化还原特征可将其分为硫氧化反应、硫还原反应和硫歧化反应。硫的氧化态及硫的还原态范围广，中间价物质多，因此硫氧化反应底物多样。除了单纯的化学氧化外，人工湿地中最主要的硫降解途径是微生物参与的硫氧化，在此过程中涉及的酶体系较为复杂。硫化氢氧化过程主要以酶为主，涉及的硫化氢氧化酶包括硫化氢脱氢酶和醌氧化还原酶。硫单质氧化主要由反向Dsr酶系催化完成。硫代硫酸盐的氧化有连四硫酸途径以及无中间产物生成的多种硫氧化途径，其中所涉酶类包括连四硫酸水解酶、硫代硫酸盐脱氢酶、亚硫酸脱氢酶和Sox酶系统的多种酶[1-5]。在硫的氧化反应过程中，好氧化能细菌、厌氧光合细菌以及古菌等均可利用从电子传递链中获得的能量或者光能氧化低价含硫物质，同时固定CO_2。无色硫细菌、绿色硫细菌和紫色非硫细菌是常见的三类硫氧化细菌。

硫酸盐还原过程即指硫酸盐作为电子受体被还原的过程。这一过程包括运输、激活、APS还原以及亚硫酸盐还原四个过程，反应过程所涉及的酶主要有硫酸腺苷转移酶、焦硫酸酶、APS还原酶、亚硫酸盐还原酶等[12]。除了传统的硫酸盐还原细菌外，一些古菌也具有还原硫酸盐的能力，因此统称为硫酸盐还原原核生物。自然界中的微生物为适应复杂多变的环境，一些细菌存在多种代谢体系，被称为生态位扩充类微生物。研究表明，存在一部分硫酸盐还原菌在具备还原硫酸盐能力时，也能利用亚硝酸盐作为氮源合成细胞组织或将其作为电子受体还原至氨氮。这些生态位扩充现象使人们对人工湿地碳循环、氮循环、硫循环有了更深入的了解。

硫自养反硝化菌在自然界存在时间较长，是一种古老又重要的微生物，在氧化硫的同时可以将硝酸盐、亚硝酸盐还原至氮气，可实现碳、氮、硫三种元素的同步去除。硫自养反硝化菌在处理低碳氮比污水、强化脱氮效果、降低温室气体NO_2排放、降低处理成本等方面具有比较显著的效果。

硫歧化是指在同一生化反应中中间化合价态的含硫物质的价态同时得到升高和降低的过程，硫的歧化过程反映了微生物功能的两面性。硫歧杆菌属以及硫歧化脱硫化弧菌和硫歧化脱硫化泡碱螺体等目前均被明确报道为硫歧化菌。

硫酸盐是污水中常见的成分，以往研究往往忽略硫循环在湿地中构建微生物群落、有效发挥其生态功能方面的作用。现在许多研究表明硫循环在平衡pH、竞争反应底物、降低基质抑制及同其他功能菌协同作用完成污染物质的去除等方面发挥较大作用。硫循环中含硫物质价态的变化可分为硫氧化、硫酸盐还原以及硫歧化三个过程。硫酸盐还原菌（SRB）并不是特指能将硫酸盐还原的微生物，而是泛指可以将氧化态的硫化物（亚硫酸盐、硫代硫酸盐）等还原的一类微生物。湿地中SRB相对丰度约为0.4%～1.6%，实验发现在4～6月相对含量较高，8月相对丰度仅为0.45%，主要分布在脱硫杆菌属、脱硫球菌属、脱硫叶菌属、脱硫微菌属、脱硫弧菌属、互营杆菌属等菌属中，且菌属在硫循环中所占比例无太大差异。

2.5 磷的去除机理及影响因素

水体中的磷元素是使自然水体富营养化程度加剧的主要元素之一，人工湿地因具有投资少、能耗低、运行和维护简单等优点而被用于多种水体的净化。污水中磷一般分为正磷酸盐、聚合磷酸盐和有机磷酸盐三种，主要以溶解态和颗粒态两种形式存在。污水进入人工湿地系统中，经过系统中复杂的物理、化学和生物作用，磷会发生各种形式的循环和转化（图2-7）。

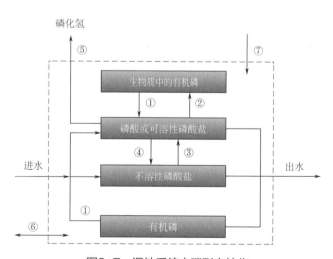

图2-7 湿地系统中磷形态转化

① 矿化；②植物和微生物吸收；③脱附和溶解；④沉积、吸附和沉淀；⑤产生磷化氢气体；⑥与周围水体（如地下水）交换；⑦降水降尘中带来的磷。不溶性磷酸盐包括磷-黏土/金属含水氧化物复合体和离散相的磷酸盐矿物

2.5.1　磷的存在形态和影响因素

无机磷和有机磷是人工湿地基质中磷的两种主要存在形态，根据溶解性差异每种形态磷可分为可溶态磷和难溶态磷两类。基质对可溶态磷的吸附和降解过程是动态平衡过程，基质类型及磷存在形态不同，其吸附-降解特性也会有所不同。生物残体以及微生物的生理生化反应会产生核酸、磷蛋白、磷酸肌酐、磷酸糖等有机磷化合物。

基质中磷的存在形态受外界环境条件（如水体温度、pH值、盐度、溶解氧、生物因子以及酶活性等因素）影响。此外，基质自身理化特性（如金属粒径大小、有机质含量、金属离子含量等因素）同样也会对磷的去除有较大影响。黏土颗粒与沙土基质相比具有较大的比表面积，因此在其他条件不变的情况下，能够通过吸附和交换过程形成较多的结合态无机磷。在达到最大吸附容量前，基质对铁、铝等金属离子的吸附量随离子浓度的增加吸附容量会增大，二者之间存在一定的正相关性。基质中的有机质与有机磷之间具有较强的偶合关系，随着有机质的增加，基质表面磷竞争吸附位点的数量会减少，从而导致吸附态磷的含量降低。此外，湿地类型和内部沉积环境以及人类活动也会造成基质中不同形态磷的分布差异。磷在湿地生态系统中以多种形式存在，且多为较稳定的不溶解态，不同形态磷在湿地生态系统中的转化方式和主要的存储途径存在差异，且受环境因子和人类活动等因素的影响。溶解活性磷能够直接被生物用于自身生理代谢过程，而有机磷及其他许多不溶解态的磷需要经过微生物作用转化为可溶态活性磷后才可以被利用。

2.5.2　磷在人工湿地中的去除机理

人工湿地对磷的去除主要是通过植物的吸收和积累作用，以及微生物的正常同化和聚磷菌的过量摄磷。在湿地系统中，由于土壤蒸发、植物蒸腾作用导致湿地中部分水分损失，而降水导致湿地水量增加，湿地与周围水体存在水量交换，因此进水量可能与出水量差异较大。

（1）物理作用　多指磷沉积作用，湿地的磷沉积作用是指可溶性磷酸盐通过物理作用致使磷储存在湿地内部的过程。湿地表层具有较为松散的枯枝落叶层，因此湿地系统通常具有良好的静止沉积条件。

（2）化学作用　湿地系统依靠化学作用除磷的机理主要是吸附和络合沉淀[15]，但是化学作用中最主要的除磷方式，其机理是配位交换的沉淀反应和定位吸附。吸附会促使溶液中磷的快速去除，不像离子交换，吸附后的反应进程是缓慢的。

湿地基质中含钙（Ca）物质与有机物的含量对磷的吸附能力有直接影响。从磷的吸附形态转化过程来看，黄褐土、下蜀黄土和蛭石吸附的磷主要转化为Fe-P，沙子、沸石、粉煤灰和矿渣主要转化为Ca-P。基质中游离的氧化铁、胶体氧化铁和铝的含量越高，其磷酸铁盐和磷酸铝盐数量越多，湿地系统净化磷的能力就越强。

人工湿地除磷机理见表2-10。

表2-10　人工湿地除磷机理一览

方式	除磷机理	备注
物理	沉积	固体物质的重力沉淀
化学	沉淀	不溶物的形成或共沉淀
	吸附	吸附在基质或植物表面
生物	微生物作用	微生物吸收量取决于生长所需，积累量和环境中的氧状态有关
	植物吸收	适宜条件下植物摄取量较显著

2.5.3　磷去除的影响因素

（1）温度　在磷的去除过程中，温度的升高会使磷从土壤向水体中迁移，这样会进一步造成水体的营养化，同时也不利于人工湿地系统对磷的去除。温度升高，微生物活力增强，会加速有机质的分解，导致氧气的损耗和氧化还原电位的降低，使Fe^{3+}被还原为Fe^{2+}，磷从正磷酸铁和氢氧化铁沉淀物中释放出来。

（2）pH　pH通过影响湿地沉积物磷的释放从而影响磷的去除效果。酸性条件可促进HCl-P的释放；碱性条件可促进NaOH-P的释放，而且在不同的营养状态条件下，其影响程度不同。

（3）氧化还原电位（ORP）　通常情况，P不像N、Fe、Mg那样随电位的改变而直接发生变化，但是在一定的条件下它可在土壤沉积物中与无转化的几种元素相结合从而会受到间接的影响。

（4）藻类　藻类也是影响磷去除的一种因素。例如，研究发现滇池沉积物在藻类生长影响下，具有较强的P释放潜力，释放速率可达19.2mg/（$m^2 \cdot d$）；当藻类生长时，对磷的大量需求是通过OH^-对沉积物铁结合态磷阴离子置换，以及对金属铁离子的有机螯合以增加铁结合态磷的解吸两种主要途径来获得的，藻类吸收利用磷的主要来源为沉积物中铁结合态磷。

（5）其他因素　有机类农药和化肥的使用、污水灌溉等活动也可增加湿地中磷的输入，同时也会带来其他废物，并对湿地磷的循环产生区域性的影响。

2.6　重金属的去除机理与强化措施

人工湿地生态系统中重金属含量及其累积情况因其所处的系统位置不同而有明显的差异。常见的重金属去除机理主要包括过滤、物理沉淀、吸附、化学沉淀、微生物交互作用以及植物的吸收等。对人工湿地而言，植物对重金属的吸收和生物富集作用、填料的吸附沉淀作用以及金属离子与某些物质形成硫化物沉淀是湿地重金属去除的主要方式。基质、水体、水生植物、好氧及厌氧微生物种群和水生动物是构成人工湿地的五大部分，这五大部分对重金属的去除分别起着不同的作用。污废水中重金属主要依靠沉淀、化学吸附和植物吸收等途径得到有效去除，因此对于人工湿地来说，植物、填料、微生物等对重金属废水的处理具有十分重要的作用。

重金属废水来源广泛，种类多，重金属离子对生态环境会产生严重危害。目前，常采用的去除措施有化学沉淀法、离子交换吸附法、电解法、膜分离法等。人工湿地系统对污废水中的重金属离子的去除途径主要包括填料的吸附沉淀、植物的吸收截留以及微生物的吸收转化等。大量研究表明，在人工湿地截留重金属过程中，填料基质和微生物对重金属离子去除的综合贡献率为89%～94%，而植物贡献率为5%～10%。

2.6.1　重金属的去除过程

重金属离子在湿地系统中可以通过植物的富集和微生物的转化来降低其毒性，人工湿地对重金属的去除主要依靠填料自身的吸附和积累作用，以及湿地中植物的富集作用。在湿地植物组织内富集的重金属浓度比周围水中的浓度高出10万倍以上。

（1）物理过程　重金属的物理去除过程主要是指吸附、过滤和沉淀对重金属净化的过程。湿地系统中来水富含重金属成分，当其经过基质层以及密集的植物茎叶和根系时，水中悬浮物质被过滤截留，从而沉积于基质中。这种转移过程一般为动态平衡体系，重金属可以从水体向沉积物转移，同时沉积物中重金属成分在某种条件下也有再次向水体中转移的可能。

（2）化学过程　吸附作用是各类化学过程中最重要的一种，污染物质经过吸附作用会短期或长期保持固定。在重金属的去除过程中，吸附主要是金属离子从水溶液向土壤中转移的过程。吸附分为两个阶段，包括分配和吸持。分配作用主要是指土壤中的有机质对外来化学物质或污染物的溶解作用；而吸持主要是指化学污染物在固相表面吸附的现象，是一种固定点位的吸附作用。分配作用通常有四种形式，即与腐殖质发生离子交换、与土壤胶体吸附、与腐殖酸或富里酸螯合或结合、发生化学反应产生沉淀。吸附在黏土胶体或腐殖质上的重金属不会发生降解，会随着时间和沉积环境的变化而发生。氧化和水解反应是好氧湿地中最重要的金属去除机制，在湿地系统中Fe、Al、Mn等元素经过水解和氧化反应生成各种氧化物、羟基氧化物和氢氧化物。大部分重金属污水中所含的金属污染物主要是Fe、Al和Mn[12]。

2.6.2 重金属去除的强化措施

湿地系统对重金属的去除能力具有持续性，湿地结构的适宜物理学和生物学参数的选取、植物覆盖类型及基质的选择等都是人工湿地去除重金属强化措施所要考虑的内容。人工湿地污水处理系统对于重金属的去除，其净化过程主要包含物理、化学和生物等一系列反应。

2.6.2.1 植物选择

对重金属具有一定的解毒和累积能力的植物一般称为常规累积植物，当毒性较大超过植物自身的解毒能力时则会造成植物的枯败甚至死亡。人工湿地重金属超累积植物对重金属具有很强的解毒和积累能力，在重金属污染处理中起着重要的作用。一般而言，某种植物在重金属含量较高的环境可以维持生存状态，这类植物可能就是重金属超累积植物。目前在矿山排水处理中，我国部分地区已将重金属超累积植物用于排水处理体系中，并且逐步开展了对重金属超积累植物在水环境治理中更深层次的应用。

超累积植物在人工湿地重金属离子处理中的运用有着较大的发展潜力，但是由于目前发展还不成熟，在具体实践中依然存在一定的问题。例如，该类植物种类较少且单一，只有镍超累积植物占据大多数，同时其对多种重金属污染的土壤缺乏适应性。此外，植物本身修复周期长，大部分超积累植物都属于草本植物，生长缓慢，生物量小，适应性差，离开原生长地区后，对新环境的土壤、气候等条件很难适应。

2.6.2.2 湿地基质的选择

湿地土壤基质中Zn、Cu、Pb、Cr等重金属含量比湿地生态系统中水和植物的重金属含量更高。因此，湿地基质的组成及其特性会对重金属累积量造成影响。

湿地填料层通过离子交换吸附无机盐，提高填料的吸附容量，可以减少占地面积，提供缓冲层以缓冲气候对植物系统的影响，所以填料的选择对人工湿地中重金属的去除具有非常大的影响。一般以天然矿物作为湿地填料，其优点主要有来源广、吸附容量大、无二次污染等。在实践中，还可以通过比较填料的吸附容量而作为基质选择的一个重要条件，由于湿地中植物种类多样，大部分植物对重金属的耐受浓度有限，浓度稍大可能会导致植物生长受抑制甚至出现死亡。所以选择适合的填料可以为其提供一个缓冲作用，使植物免受重金属的毒害。

参考文献

[1] 吴树彪, 董仁杰. 人工湿地生态水污染控制理论与技术 [M]. 北京：中国林业出版社, 2016.
[2] 杨洋. 人工湿地去除污染河水有机物的研究 [D]. 西安：西安建筑科技大学, 2013.
[3] 付少杰. 辽河保护区大型湿地对典型有机物去除效果研究 [D]. 西安：长安大学, 2017.
[4] 范钰. 人工湿地污水处理技术的研究 [D]. 上海：上海师范大学, 2017.
[5] 葛媛. 潜流人工湿地中基质作用及污染物去除机理研究 [D]. 西安：西安建筑科技大学, 2017.
[6] Zhang L, Wang W, Hu J, et al. A review of published wetlandresearch, 1991—2008: Ecological enginnering and ecosystem restoration [J]. Ecological Engineering, 2010, 36: 973-980.
[7] 谢龙, 戴昱, 等. 水平潜流人工湿地有机物去除模型研究 [J]. 中国环境科学, 2009, 29（5）：502-505.
[8] 葛光环, 寇坤, 陈爱侠, 等. 表流人工湿地中芦苇对重金属的吸收和累积 [J]. 环境工程, 2019,（39）12: 60-63.
[9] 叶建峰. 垂直潜流人工湿地中污染物去除机理研究 [D]. 上海：同济大学, 2007.
[10] 高平平. 人工湿地污染物去除规律与机理及其动力学模型研究 [D]. 西南交通大学, 2009.
[11] 徐建胜, 白雪原, 姜海波, 等. 东北寒区人工湿地污水处理规划设计：以吉林省金川镇为例 [J]. 湿地科学与管理, 2020,（16）2: 15-18.
[12] 王芬, 段洪利, 刘亚飞, 等. 人工湿地处理含盐富营养化水的植物的根际与非根际菌群分析 [J]. 环境工程学报, 2020: 1844-1851.
[13] 胡渭平, 范伟, 张章, 等. 表面流人工湿地对 Cr^{6+} 和有机污染水体的生态修复研究 [J]. 湖北大学学报（自然科学版）, 2015, 37（5）：411-414.
[14] Xie Z, Xu X, Yan L. Analyzing qualitative and quantitative changes in coastal wetland associated to the effects of natural and anthropogenic factors in a part of Tianjin, China [J]. Estuarine, Coastal and Shelf Science, 2010, 86: 379-386.
[15] Kumar J L G, Zhao Y Q. A review on numerous modeling approaches for effective, economical and ecological treatment wetlands [J]. Journal of Environmental Management, 2011, 92: 400-406.

3

人工湿地基质的
选择与优化

3.1 人工湿地基质的定义及功能

人工湿地基质又称人工湿地的填料，是人工湿地系统中十分重要的构成部分，人工湿地基质不仅是微生物附着、植物生长的重要载体，还是人工湿地中污水的过水通道，同时对削减污水中的污染物质具有十分重要的作用。因此，在人工湿地中基质承担着净化污水，为湿地中水生植物提供载体及生长所需的营养物质，为微生物提供生存条件，为污水的水体流动提供良好的水力通道等作用。它不仅是微生物与植物的纽带，也是微生物与植物发挥作用的基础以及人工湿地发挥其水力传导作用的重要条件[1]。

人工湿地的基质层是通过将不同粒径的基质填料组合并按照一定厚度铺成的基质床。人工湿地中大部分的污染物去除过程都发生在基质层中，人工湿地中的基质具有沉淀、过滤和吸附等功能，它能将污水中的悬浮物及氮、磷等有机污染物去除，同时为微生物、植物生长以及氧气传输提供必要条件。

人工湿地中的基质层主要有以下功能：

① 为水生植物的生长提供载体；

② 为微生物生长代谢提供附着载体；

③ 为气体的扩散提供通道；

④ 通过不同的絮凝、沉淀、过滤和吸附等作用来净化水中污染物质，不同类型的基质可以为微生物和植物提供不同的生长环境，对污水中不同污染物的处理效率产生影响。

3.2 人工湿地基质的分类

3.2.1 人工湿地基质的类型

人工湿地中的基质按来源划分主要可分为三大类别：天然矿物质、工业副产物及人工合成基质。其中天然矿物质主要包括：沸石、硅藻土、植物土壤、火山岩、页岩、高岭土、铁矿、砾石、石灰石等；工业副产物主要包括：煤渣、粉煤灰、无烟煤等；人工合成基质包括：生态基质、陶粒、活性炭等。人工湿地中应用较广的基质的特征、优劣势以及基质的外观等见表3-1。

表3-1　代表性基质特性汇总

基质类型		特征	优势	劣势	基质外观
天然矿物质	沸石	是一种架状结构的碱土金属（含水）铝硅酸盐矿物质	吸附能力强，价格较低，对COD和氨氮净化效率较高	对磷的去除效果随种类不同差异较大	
	石灰石	石灰石的主要组成是$CaCO_3$，大量用于建筑材料，也是许多工业的重要原料	价格低廉，具有易得性，机械强度较好，除磷效率较高	不适宜微生物附着，除氮效率较不稳定，物理吸附速率低	
	砾石	砾石是指粒径平均值大于2mm的矿物碎屑物或岩石。地表的岩石暴露在外并经风化作用而形成；或岩石经水流侵蚀破碎后，经冲刷沉积后形成	水力条件较好，结构稳定，应用广泛	易产生堵塞	
	火山岩	火山岩是经过选矿、破碎、筛分等工艺流程加工而成的颗粒状滤料，火山岩滤料的主要元素为锰、硅、铁、铝等矿物质和微量元素	比表面积大，开孔率高，化学性质稳定	不利于植物的生长	
	页岩	页岩是由黏土等物质经过脱水并胶结而形成的岩石，以黏土物质（水云母、高岭石等）为主	对磷的吸附能力较强	通透性较差	
工业副产物	煤渣	煤渣是工业固体废物的一种，是发电厂、工业和民用锅炉及其他燃烧煤炭而产生的废弃物。其主要成分是SiO_2、氧化铝、氧化铁、氧化镁等	煤渣具有蜂窝状细孔结构，比表面积大，透水性好并具有一定吸附性	吸附容量小，易造成二次污染	
	钢渣	钢渣是炼钢过程中的一种副产品，钢渣的主要矿物组成为硅酸三钙、硅酸二钙等	钢渣经过粉磨后比表面积比较大，密度较大，可作为废水处理的滤料，脱氮除磷效果明显	钢渣中含有大量的碱性氧化物而显碱性	

基质类型		特征	优势	劣势	基质外观
人工合成基质	陶粒	陶粒主要是由黏土、粉煤灰、河底泥、煤矸石等为原料在回转窑中生产的轻骨料。陶粒具有优异的性能	陶粒具有表面积大、化学稳定性好、固定生物量大、生物亲和力好等优点	各种类型陶粒之间存在差异	
	活性炭	活性炭是由木炭、煤炭等含碳的物质经热解、活化工艺而制成的，具有丰富的孔隙结构、大的比表面积和发达的表面化学基团	活性炭的比表面积巨大，有很高的物理吸附和化学吸附功能	活性炭对水的预处理要求高，而且活性炭的价格昂贵	

3.2.2 天然矿物质填料

3.2.2.1 沸石

沸石是一种架构的 $Al_2O_3 \cdot xSiO_2 \cdot yH_2O$ 矿物，沸石内部存在大量有序排列、大小均匀、彼此贯通并与外界相连的孔穴和孔道，这种独特的内部结构决定了其具有良好的吸附性能。沸石是一类具备良好性能的非金属矿物材料，在工业中有着广泛的应用。沸石明显的特征包括比表面积大、孔隙率高，其耐辐射性、耐热性、耐酸性、催化性、吸附性等性能优良，常被用于环境保护、建材工业、石油化工、农牧业、轻工业等。沸石可用作水质吸附剂、干燥剂、离子交换剂、吸附剂、催化剂等，而在工业上广泛被当作分子筛使用，主要用于气体净化、废水及石油净化、海水淡化、硬水软化等。

我国有着十分丰富的天然沸石资源，目前已探明沸石的储量达40亿吨并有超400处矿点，年生产能力为800万吨。其价格便宜，净化污染物质的性能稳定可靠，具有综合治理水源中污染物质的功能，失效后容易再生，热稳定性好。

作为传统人工湿地的基质，土壤、沙、砾石等对污染物的吸附性难以满足改良现代环境污染的需求。而沸石滤料作为一种选用高品位天然沸石经过活化、改性复合而成的多功能污水处理新材料，具备极大的比表面积、极强的离子交换和吸附能力，对污水中的有机污染物具有吸附和催化降解能力，对重金属等污染物具有极强的吸附固化能力，在污水中具有很好的化学稳定性，而且不分解、不变质，不污染水体，可有效去除水中的COD、BOD_5、NH_3-N、TP、悬浮物等，以及去除水中的重金属（Cd、Cr、Hg、Pb、As等）、放射性物质，具有脱色、除臭除味等功效。国内外研究试验证明，沸石作为人工湿地填料中的单种基质，对氨氮的吸附、吸收一直处于最好的效果。沸石独有的分子筛结构，具有对氨氮的选择吸附性能，沸石对氨氮的交换能力远大于离子交换树脂和活性炭。另外，在人工湿地系统构建过程中，沸石作为微生物载体，利于硝化细菌生长附着在其表面，硝化细菌的硝化作用可使污水中氨氮浓度下降，促使吸附平衡发生逆转，已吸附在沸石上的氨氮被水中其他阳离子交换，被交换下来的氨氮被硝化细菌利用，沸石的氨氮容量即得到恢复。

影响沸石吸附性能的主要因素较多：沸石的种类、粒径、改性方法，污水的温度、pH值、离子强度、污染物浓度，工艺的水力停留时间等。沸石是一种新型的环境应用型材料，当前在应用及改性工艺上还不太成熟，还需要做大量的研究才能广泛应用于实践工程。

① 由于沸石种类很多，因而在实际应用时必须经过实验合理选用。

② 实际污染废水由于来源不同，成分复杂，因而需根据具体情况确定合理的操作条件。通过中试及生产性实验研究沸石对各种水质的最佳处理工艺条件及工艺有关的运行参数。

③ 必须根据不同条件确定合理、有效、经济的再生方法和活化方法。

④ 发展和寻求沸石改性的方法或与其他物质结合，以达到充分发挥其功能和综合利用、互补不足的目的。如组合使用沸石与活性炭的最佳吸附方法；结合半导体材料的光催化氧化作用与沸石的吸附作用处理受污染水体的高效工艺；引入半导体光催化氧化剂或通过担载金属等对沸石进行改性，或者以沸石作为光催化氧化剂的载体，将沸石的吸附性能和半导体的光催化氧化性能有效结合起来，利用各自的优势处理受污染水体。

3.2.2.2 火山岩滤料

火山岩是一种自然形成的矿物原料，火山岩滤料经过选矿、破碎、筛分等方法制备而成，其主要成分为Si、Al、Ca、Na、Mg、Ti、Mn、Fe、Ni、Co和Mo等多种矿物元素和微量元素，外观为近圆形颗粒，颜色为红色、黑色、褐色，孔隙率高，质量轻。根据不同需求可生产不同粒径级配颗粒，微生物特别适合于在火山岩滤料的表面代谢生长，形成生物膜。

火山岩主要生产粒径有：1～2mm、2～4mm、4～6mm、5～10mm、10～20mm、20～40mm、30～50mm、50～80mm。火山岩的微观物理结构为表面粗糙多微孔。

火山岩滤料的微观化学结构特点如下。

① 微生物化学稳定性。火山岩生物滤料具有生物惰性，不参与生物膜的生物化学反应。

② 表面电性与亲水性。火山岩滤料表面带有正电荷，有利于微生物固着生长，

亲水性强，附着的生物膜量多且生长速度快。

③ 对微生物膜活性的影响。作为生物膜载体，火山岩滤料对所固定的微生物无害、无抑制性作用，不影响微生物的活性。

火山岩滤料在水力学方面的特点：

① 孔隙率平均在40%左右，对流体的过流阻力小。

② 比表面积较大，孔隙率高，利于微生物在滤料表面的附着生长。孔隙率高的特点有利于微生物代谢过程中所需的氧气与营养物质及产生的废物等在多孔结构中输送。

3.2.2.3 石灰石

石灰石是自然界中储量最大、应用范围最广的非金属矿物之一，石灰石被广泛应用于建筑原料，也是许多工业物的主要原料。石灰石的主要成分是碳酸钙（$CaCO_3$）、钙镁碳酸盐［$CaMg(CO_3)_2$］或碳酸钙（$CaCO_3$）和碳酸镁（$MgCO_3$）的混合物。

石灰石具有多孔结构，其吸附能力很强。石灰石从适用性、经济性、易得性方面与其他类型填料相比具有较大的优势，且具有去磷效果好等优点，被大规模应用于人工湿地基质中。

3.2.2.4 砾石

砾石指的是风化岩石经水流长期搬运而成的无棱角的天然粒料。按粒径大小，砾石可细分为粗砾、中砾和细砾三种。常用粒径为2～60mm。

砾石作为自然界中来源较为广泛的天然矿物质，其价格低廉，已被广泛用于人工湿地填料。

3.2.2.5 页岩

页岩是由黏土脱水经胶结形成的岩石。页岩主要成分为黏土类矿物（高岭石、水云母等），具有明显的薄层状构造。同时，页岩属于沉积岩，不透水，通透性能较差。由于页岩中的SiO_2含量较高，页岩表现出对含磷污染物较强的吸附去除能力。页岩用于人工湿地基质时，表面会形成大量的磷沉淀。

3.2.3 工业副产物

3.2.3.1 钢渣

钢渣是钢铁厂在生产过程中产生的工业废料，它是高温冶炼钢铁过程中产生的残留混合物。钢渣经过淬冷工艺以后，最大粒径可能超过1cm，而最小粒径则有可能小于0.5mm。钢渣颗粒表面一般包裹有微细颗粒凝胶体，钢渣由烧结或金属铁凝结形成。钢渣强度高，较坚硬，颗粒形状呈菱角状，具有气孔状和蜂窝状构造特征。

钢渣中的Ca、Si、Al、Fe等元素的含量均很高，这表明其具有较高的火山灰活性，而且氧化钙的含量为40%左右。同时，钢渣中含有一定量的钒和钛，化学稳定性强，机械强度较高。钢渣是一种较理想的新型水处理过滤材料，因为它具有传统滤料的过滤性能，同时具有一定的吸附性能。钢渣可以依靠吸附作用去除水中的杂质颗粒，同时可依靠吸附作用去除溶解性有机物和部分重金属元素。

利用钢渣作为水处理滤料，是一种以废治废的方式，钢渣价格便宜，社会效益和经济效益十分显著。钢渣的机械强度高，加工、使用方便，钢渣适用于作为水处理工艺中的滤料及污水的三级处理过滤材料，很适合作为人工湿地中的基质。

3.2.3.2　煤渣

国内的能源构成为"富煤、少气、缺油"的现状，煤炭资源在我国能源构成中占据首要地位。据统计，1t煤燃烧会产生250～300kg的粉煤灰及20～30kg的煤渣。煤炭在燃烧中固态减少，气态逸出，因此煤渣具有细孔结构，比表面积较大，同时煤渣中含有碳颗粒，因此煤渣具有吸附性强、透水性好、廉价的特点。

煤渣的蜂窝状细孔结构使得其比表面积相对较大，并具有吸附性。煤渣的比表面积相对较大，这决定了煤渣具有一定的吸附容量和吸附活性。同时，煤渣中含有Si、Al、Fe、Ca的氧化物以及一定量的镁、钾、钠、钛、铬等氧化物。

煤渣在水处理过程中主要起作用的是吸附功能。煤渣具有比表面积较大、孔隙率高的特点，这有利于物理吸附。此外，煤渣中含有大量的硅、铝氧化物，可与具有一定极性的分子发生吸附作用，有助于进行化学吸附。同时煤渣表面带有离子，可以与水中污染物离子进行交换吸附。

因此，煤渣作为煤炭燃烧过程中工业废渣中的一种，用作吸附滤料可以达到以废治废的目的。

3.2.4　人工合成基质

3.2.4.1　陶粒

目前对陶粒的定义尚无统一的规定，只是将其作为轻集料的一种。参照人工轻集料的定义，陶粒是指粒径一般在5～20mm，堆积密度小于1100kg/m³，表面有陶质或釉质，具备一定的筒压强度，可用于取代混凝土中的碎石和卵石的轻集料[2]。陶粒作为一种新型的建筑工程材料，是利用黏土等为主要原料，掺入少量成孔剂和黏结剂，经加工成粒或粉磨成球，最终通过烧结等工艺过程而制成的一种人造轻骨料。

按照不同的分类依据，陶粒可分为不同类型。按主要原料不同，陶粒可分为黏土陶粒、页岩陶粒、煤矸石陶粒、粉煤灰陶粒、垃圾陶粒、污泥陶粒等[3]。

陶粒作为一种轻集料，便于成型、孔道分布均匀，并且具有化学稳定性良好、耐热、比表面积大、质量轻、抗热冲击性质优良等特性[4]。陶粒发明和生产之初，主要用于建筑功能材料这一传统领域，随着人们对陶粒性能认识的深入，陶粒的应用早已超出建筑工程材料范围，其现已被广泛应用于冶金、石油、化工、环保、园艺、农业等领域。

当前国内陶粒的类型主要以页岩陶粒和黏土陶粒为主。黏土陶粒的黏土原料绝大部分来自耕地，是一条不符合我国国情的原料路线[5]。获取页岩陶粒原料则须开山取石，破坏环境，不符合生态保护和可持续发展的战略[6]。近年来，国内外已有不少关于将工业废料（煤矸石、粉煤灰等）、垃圾、污泥等制成轻质建筑材料的报道。利用污泥烧制陶粒有利于改善环境污染，具有较好的社会效益和经济效益，是实行生态环保及可持续发展的一个重要技术方向，已经成为业内共识[7]。

近年来，陶粒作为水处理填料得到了广泛的应用，主要用作过滤材料和膜生物处理工艺中的生物载体。

3.2.4.2　活性炭

活性炭是一种经特殊处理的含碳物质，它具有无数微小的孔隙，因此其表面积巨大。其比表面积约为 $500 \sim 1500 \mathrm{m}^2/\mathrm{g}$，这种特性使活性炭有很强的物理吸附和化学吸附性能，同时活性炭还具有耐酸碱腐蚀、耐热的特点，其不溶于水和有机溶剂。活性炭是一种优良的环境友好型吸附剂。

活性炭的种类有很多，一般根据其生产制造情况分为颗粒状及粉末状。粉末状的活性炭吸附能力较强，且容易制备，价格也相对低廉，但粉末状活性炭不易再生，不能重复利用。相对于粉末状活性炭，颗粒状活性炭价格相对较贵，但具有可再生的性能，可以重复使用，且使用时操作管理方便。因此颗粒状活性炭在水处理工艺中应用更为广泛。活性炭可去除水体中有机污染物，特别是合成类有机物。活性炭填料应用在水处理中主要是利用其表面具有多孔性固体结构，可以吸附、净化去除水中的有机物或有毒物质。

活性炭对有机物的吸附能力受其孔径分布和有机物特性的影响，其中有机物特性的影响主要是指有机物的极性和分子大小的影响。同样大小的有机物，溶解度越大、亲水性越强，活性炭对它的吸附性越差；反之，活性炭对溶解度小、亲水性差、极性弱的有机物（如苯类化合物、酚类化合物等）具有较强的吸附能力。理论上，活性炭的颗粒越小，孔隙扩散速率越快，活性炭的吸附能力就越强。

活性炭吸附和净化水中污染物的能力优越，价格相对较贵，在湿地系统中基质的用量较大，因此不适合大规模应用，多用于小型水处理工艺，在人工湿地中应用较少。

3.3　人工湿地基质的选择原则

基质是人工湿地的核心部分，其理化性质会直接影响水中污染物的净化效果，而在人工湿地中通过在基质层床体中填加比表面积较大的基质填料，可以为微生物提供更多的附着生长条件，并改善湿地床体的水力条件。

基质主要根据人工湿地进水水质、基质的理化特性和经济效益进行选择，选择的基质应具备以下的特点：
① 比表面积大、多孔；
② 质量轻、松散容积小，且具有一定的机械强度；
③ 无毒、无污染，化学性质稳定；
④ 水头损失小，吸附能力强。

3.4　人工湿地基质的性质

3.4.1　人工湿地基质的理化性质

人工湿地中不同基质的物理化学性质不同，导致基质表面附着的微生物膜的类别、微生物种类、微生物活性、生物数量和挂膜速度也不尽相同，因此基质的净化效果和水力传导性也不相同。

人工湿地中的基质主要以生物作用和物理化学作用去除水中的污染物，在诸多理化性质中影响去除效果的主要为孔隙率与粒径大小，这两种基质的理化性质将直接影响基质对水体中以COD、SS为代表的污染物的去除。

人工湿地基质的粒径越小，越有利于微生物的挂膜，因为其比表面积越大，微生物可以附着的面积越大，因此在理论意义上的净化能力越高。但是基质粒径的大小影响基质层的水力传导性，基质粒径小更容易造成进水短流，容易在人工湿地中形成死水区，从某种程度上也会降低人工湿地的净水能力。研究发现，不同粒径无烟煤（6～8mm、3～5mm、2～4mm）和沸石（4～8mm、2～4mm、1～2mm）对COD的去除均表现为大粒径优于小粒径；而砾石去除能力则为4～8mm＞8～16mm＞2～4mm[8]。因此，基质的粒径大小对水中污染物质去除效果的影响并不像一些文献中的论述（粒径越小，污染物净化效果越好）这么绝对。选择人工湿地适合的粒径要综合考虑湿地水力传导性、湿地水力负荷、进水有机负荷等因素。

常规污染物中除了COD、SS外，需要人工湿地净化去除的还有氮和磷。其中基质去除磷的机理包括拦截过滤作用、物理与化学吸附作用、离子交换作用以及微生物转化降解作用等。因此，可以从基质的元素含量上面考虑基质选择，以增强人工湿地对污水中污染物的去除。

3.4.2 人工湿地基质的粒径大小

应用并填充于人工湿地工程中基质的大小和种类较多样丰富，根据既有试验数据及工程实践经验，有石灰石、页岩、油页岩、沸石、黏性矿物（蛭石）、硅灰石、高炉渣、砾石、煤渣、草炭、陶瓷滤料等许多种类可供选择。从颗粒极细的土壤到直径为120mm的大砾石（卵石）都可以作为备选材料。

一般来说，粒径过小的基质水力传导系数小，易堵塞导致表层漫流，但其具有更大的比表面积，易于形成生物膜；颗粒粒径大的基质水力传导系数大，但对微生物而言，比表面积小不利于微生物附着生长，不利于生物膜的形成，形状有棱角的基质对植物根系的生长和蔓延不利，一般采用粒径适中的基质比较合适。人工湿地在使用前需要保持基质清洁，粉末等细小颗粒物质的存在会堵塞基质的孔隙，降低水力停留时间，影响湿地的正常运行。

人工湿地基质的粒径大小与分布对人工湿地床体的孔隙体积和水流形式具有重要影响。根据《河北省人工湿地污水处理技术规程》（征求意见稿）中的规定，在水平潜流人工湿地的进水区，人工湿地填料层的结构设置应沿着水流方向铺设粒径从大到小的填料，颗粒粒径宜为16～6mm；在出水区，应沿着水流方向铺设粒径从小到大的填料，颗粒粒径宜为8～16mm。垂直流人工湿地，填料粒径一般选择8～16mm。

3.5　人工湿地中基质的净化机理

人工湿地的基质依照不同的粒径级配、不同的基质类型铺设在人工湿地基质层内，基质为植物和微生物提供生长环境和附着载体[9]。基质对污染物质的净化作用包括沉淀、过滤和吸附等作用，基质层可高效地净化来水中的悬浮颗粒物质。不同的基质对不同的污染物有净化效果，目前研究多聚焦在适合人工湿地工程应用的基质筛选，以实现人工湿地对污染物质的净化效果的提高并维持人工湿地对污染物质去除效率的长期稳定性。例如在研究垂直流人工湿地基质中选择沸石、煤渣和砾石[10]，讨论了垂直流人工湿地的三种不同基质对养猪场废水的处理效率。结论显示，应用在垂直流人工湿地的不同基质对有机物的去除效率差别不明显，但对总氮和氨氮的去除沸石-煤渣组合基质＞沸石单一基质＞砾石基质，分析原因为沸石-煤渣组合基质由于其孔隙率较高，基质的氧传递能力较强，这种环境更有利于微生物进行硝化作用。

人工湿地对污水中磷的去除与基质的理化性质相关性最大，主要是因为污水的含磷酸盐物质与基质中的某些金属阳离子进行反应生成沉淀或被吸附，从而被去除[11]。基质对磷的去除作用主要与基质中钙、铝、铁和镁等金属元素的含量（尤其是钙的含量）相关，当污水 pH 值大于 7 时，并且基质中钙及其氧化物的含量较高时，基质对磷的吸附效率较高[12]。

人工湿地中的基质对污染物的净化作用大部分为物理作用，除此之外，基质的另一个重要作用是为微生物和植物的生长、代谢、繁殖供给营养和附着载体，因此基质还具有生态效应。植物一方面利用污水中的营养物质，另一方面植物根系吸收了基质层沉积物中所含的营养物质。基质为微生物提供了附着空间，其中附着微生物的生长、代谢作用也是人工湿地去除污水中的污染物质的重要的环节，微生物依附在基质和植物根系表面，并聚集形成生物膜，对污染物质进行吸收降解。微生物降解污水中有机污染物，其中含氮污染物在硝化菌和反硝化菌的共同作用下被转化为氮气而被去除。此外，植物的根茎输送空气中的氧气至人工湿地填料层的内部，为好氧型微生物的生长、代谢提供了有氧环境[13]。在氧的传输过程中，水生植物根系附近会形成"好氧—缺氧—厌氧"环境区域，这种环境有利于硝化菌和反硝化菌的硝化-反硝化作用，并可为聚磷菌的除磷作用提供环境。人工湿地中主要的水生植物种类包括浮水植物、浮叶植物、挺水植物和沉水植物等[14]。

3.5.1　人工湿地中基质除磷效果的影响因素

在人工湿地对磷的去除途径中，基质的除磷作用是主要的一种途径，而基质的除磷过程分为物理作用和化学作用。基质除磷作用主要为化学吸附过程，即污水中的溶解性含磷污染物与基质中的钙、镁、铝等元素发生吸附、络合反应，生成难溶解性物质而被去除。

3.5.1.1　基质理化性质的影响

基质本身的理化性质是其磷去除效率的根本影响因素，主要是物理、化学属性。不同的填料因其物理、化学性质不同对磷的去除能力也不同，从而影响人工湿地对磷的去除效果。

（1）物理性质　基质的物理性质主要包括水力传导、孔隙率、粒径级配、比表面积、密度等，而其中对磷的去除影响最显著的是基质的粒径。

① 粒径。基质的粒径会影响其对磷的吸附速率与吸附容量。研究表明[15]，当吸附剂粒径越小时，其比表面积就越大，溶质扩散速率就越快，达到吸附平衡所需的时间越短。

基质的粒径分布影响填料层的孔隙大小和孔隙率，因此粒径的大小、分布是引起人工湿地中填料堵塞问题的主要因素。基质的粒径小，水力条件较差，可能引起湿地床体内部形成漫流，导致污水中污染物质与填料层内基质接触不完全，大大降低了去除污染物的效率。填料层选择大粒径可有效地避免基质层发生堵塞的问题，但填料层的粒径过大会使人工湿地的水力停留时间减少，进而降低人工湿地的处理效率，因此选择基质的粒径需要兼顾处理效率（小粒径）和防止堵塞（大粒径）两者之间的平衡。

② 级配。对于采用多层填料的潜流人工湿地，选择不同粒径填料的级配十分重要。美国环境保护属根据其国内工程统计得出，以处理污水为目标的人工湿地，其基质层的填料的粒径主要在20～25mm范围内，该粒径范围的基质也是人工湿地基质领域的国内外研究热点；粒径为40～50mm的填料，一般被放置在人工湿地进、出水处；而粒径为5～10mm的小粒径填料一般铺设在床体中基质层表面[16]。研究人员[17]以25cm厚的4～8mm碎石和35cm厚的8～16mm碎石级配组合基质层替换原有人工湿地系统中60cm厚的0～4mm沙子基质层，成功地解决了原人工湿地系统中基质床体的堵塞问题，可见为有效防止系统基质堵塞需要选择合适的基质级配。

（2）化学属性　基质除磷的主要途径之一为基质的化学吸附作用，因此基质的化学性质对其除磷效率有显著影响。化学性质主要包括基质中钙、镁、铁的含量，以及有机物质的含量和吸持饱和度等。

① 基质中钙、镁、铁等物质的含量。目前一致认为人工湿地中基质除磷的能力受铁、钙、镁等元素影响显著。在酸性条件下，磷与基质中的铝离子、镁离子及其氧化物发生置换反应从而沉淀；碱性环境中，磷吸附在含 Ca^{2+} 的基质表面，形成难溶性的磷酸钙等物质。研究认为碱性条件下由钙含量高的基质构成的人工湿地、酸性条件下由铝、铁含量高的基质构成的人工湿地对磷吸附去除能力较强，而基质中若硅含量较高则其对磷的去除能力较差。

② 吸持饱和度。废水中的磷一般被吸附在填料表面，而这种吸附沉淀作用并非是不可逆的过程，当污水中磷的含量不高时，填料中部分已被吸附的磷就可以重新释放到污水中，因此在某种意义上填料被称为"磷缓冲器"。基质对磷的吸持饱和度主要为基质对磷的解吸释放率。研究人员[18]考察了饱和吸附后的磷解吸释放过程，发现沙子对磷的解吸率（9.43%）为最大，而粉煤灰和钢渣对磷的解吸率（分别为0.14%、0.35%）为最小；不同基质的解吸率也不同。

综上所述，基质自身的物理化学性质决定了其吸附磷的能力，不同基质除磷效果存在差异。因此，选择湿地基质时，要优先考虑基质的理化性质（如适合的粒径和级配），同时尽可能选择钙、铝、铁含量较高的基质。还可改造或合成理化性质优越的基质，合成基质不仅能提高人工湿地床体的净化能力，并可延长人工湿地处理单元的使用寿命。

3.5.1.2　外部环境因素影响

由于人工湿地的构成是一个功能较为完善的独立生态系统，其内部基质的自身理化性质不仅影响污水的除磷效果，同时人工湿地的设计运行情况、处理污水的pH值、温度、溶解氧、进水有机负荷、进水磷负荷、种植植物、微生物等诸多因素也影响污水的除磷效果。这些因素中pH值、水力条件、温度等对基质除磷有较为明显的影响。

（1）pH值　人工湿地床体中基质的除磷效果受pH值影响较为明显。不溶性磷酸盐的沉淀作用受pH值的影响，继而影响磷的处理效率。研究发现[19]，在潜流人工湿地处理系统中，pH=5时，总磷的去除效果较高，为95.6%；pH=9.5时，为94.39%；而pH=7.5时除磷效果明显下降。可见填料中金属离子的活性受溶液的pH值的影响。在酸性环境下，铁离子和铝离子能够与水体中的磷离子结合形成稳定的络合物；而在中性和碱性环境下，填料中的钙离子与磷离子结合形成沉淀物，此时填料的除磷能力主要受活性氧化钙的含量高低影响。因此pH值可以直接影响填料水解产物的类型和浓度。

（2）温度　有关温度对人工湿地除磷效果影响的研究多集中在冬季。潜流人工湿地在冬季运行时，废水的最低温度可能为1℃左右，而低温导致除磷效率降低。分析其主要原因可能为：①冬季植物枯死后，枯死植物内的磷会重新释放到其接触的水体中，使磷浓度升高；②在植物地面以上茎叶中储存的磷会转移一部分到根部，从而影响植物对磷的有效吸收；③冬季寒冷的地区，气温的降低会导致形成冻土层，这会影响人工湿地的正常运行，从而导致污染物的去除率降低。此外温度降低会导致水的黏度增加，使水体中含磷化合物沉淀速度变慢从而降低除磷效率。当温度从25℃降至5℃时，钢渣对磷的理论最大吸附量由1.21mg/g降到0.22mg/g[20]。

（3）水力条件　水力条件是指人工湿地中床体的水力停留时间和水力负荷。水力停留时间影响水中含磷物质向基质表面扩散的时间，因此水力停留时间的增加可提高磷的去除率。研究都表明增加水力停留时间可提高总磷的去除效果。但过长的水力停留时间，可能会引起人工湿地中污水的滞留并产生厌氧环境，从而降低微生物的活性，引起填料堵塞，进而影响总磷的去除效果。因此水力停留时间不是越长越好，其存在一个最佳区间。研究发现随着水力负荷由0.454m³/（m²·d）下降至0.091m³/（m²·d），总磷的净化能力提高约25%[21]。因此在一定区间内，水力负荷越小，水力停留时间越长，除磷效果越好。

（4）进水有机负荷　人工湿地系统进水的有机负荷会影响基质的除磷能力。基质对磷的去除（吸附）能力随进水中有机负荷的增高而降低。例如，当进水中COD的浓度达到100mg/L时，页岩对磷的吸附量下降了50%左右，而当进水中COD的浓度提高至200mg/L时，页岩对磷的吸附量下降了62%左右。首先，污水中的部分有机物与基质中的某种无机物质相结合，占用了基质表面的吸附空间；其次，溶解有机物与基质表面上的铁、铝化合物发生反应，生成其他溶解性化合物，将基质表面已吸附的磷重新释放出来。此外，还有学者认为COD对基质吸附磷的影响可能与基质上附着的生物膜厚度有关，COD的浓度越高，附着在基质表面的微生物膜量就越大，微生物膜的厚度可能会影响水中含磷物质向基质表面的扩散传质过程。

（5）进水磷负荷　人工湿地的进水磷负荷将影响磷的吸附和沉淀过程。在达到吸附、沉淀平衡前，进水磷负荷高的污水会加快磷的去除，而进水磷负荷低的则引起基质中磷的解吸释放。也就是说，基质对磷的吸附量与溶液中磷的初始浓度呈正比。研究表明：初始污水中磷的浓度从5mg/L提高到20mg/L时，炉渣对磷的吸附量由0.38mg/g提高到1.493mg/g；硅酸钙岩矿也表现相似的过程，初始污水中磷的浓度从14mg/L提高到1700mg/L时，其对磷素吸附量由0.19mg/g提高到1.2mg/g。但进水中磷的浓度过高容易导致基质很快达到吸附饱和，这样就缩短了湿地的使用年限，因而实际工程应用中人工湿地应尽量降低进水磷负荷。

（6）溶解氧（DO）　人工湿地处理单元床体中的DO浓度影响床体内部的氧化还原反应。一般认为，厌氧环境与处理单元中磷的释放有关，而好氧环境与处理单元中磷元素的净化有关。为增加处理单元中的溶解氧浓度，可采用设计优化的方法，如曝气、分段进水、出水循环，改善填料状况等。

（7）运行方式　人工湿地中的运行方式主要为连续流。一些研究表明：间断流比连续流除磷更有效。间断运行可为处理单元复氧，增强填料表面氧的传输，可以尽快地使填料表层的吸附容量及吸附性能得到恢复，从而使湿地单元对磷的去除效果得到提高。但间断流人工湿地系统的建造、运维价格超过连续流人工湿地系统，且气候寒冷地区运行的人工湿地可能会因水流和设备的冰冻而损坏设备。此外，人工湿地在运维过程中，建议选择合适的湿地植物并对水生植物进行定期收割，适当对表层填料进行更换，从而延长湿地使用年限，维持良好运行。

（8）植物及微生物的影响　微生物及植物对基质的除磷效率有一定程度的影响。有氧环境下，某些除磷能力较强的细菌，即高效除磷菌能超量摄取磷，能减轻基质除磷的负荷；在适宜的环境下，微生物能较快地分解进水中的有机物质，为基质吸附磷元素创造有利条件。进入人工湿地的含磷物质主要有颗粒磷、溶解有机磷、无机磷酸盐。细菌等微生物的生物化学反应及酶的催化均参与到无机磷的氧化还原、溶解有机磷的分解、无机磷酸盐的溶解性改变等过程。有机磷的酶促反应水解无机化的过程是磷被基质吸附沉淀和植物吸收利用的重要过程[22]。水生植物对基质的除磷效果也有间接影响。植物的根系产生的分泌物对某些嗜磷菌的生长有促进作用，可促进水中磷的解析转化，进而提高对磷的净化效率。因此，植物也可以降低填料除磷的负荷，延缓填料吸附饱和时间，延长填料的使用寿命。此外，若运营维护管理不当，如枯萎的根、凋落的枝叶在水中会有磷的解析释放，并且存在堵塞填料的风险，最终将降低除磷的效率。

综上所述，影响基质除磷效能的主要因素包括人工湿地的设计运行方式、pH值、温度、水力条件、进水有机负荷、进水磷负荷、溶解氧浓度、植物及微生物等因素。为提高人工湿地的除磷效率，可采用的主要措施包括：调节湿地的pH值至合适的范围，对低温环境下的人工湿地系统进行隔温保护，选择除磷效率高的植物并定期进行收割。

3.5.2 人工湿地中不同基质对磷的吸附作用

磷的存在是水体产生富营养化的因素之一，水体在自然环境中若存在微量磷就会引起藻类大量繁殖，严重影响水中的生态环境。目前，污水处理厂中的 A/O、A/A/O、SBR、氧化沟等技术工艺，均采用生物除磷工艺去除污水中的污染物，其缺点主要体现为无法增加磷的去除率。而为进一步提高磷的去除率，工程中常用的除磷工艺主要包括吸附工艺、人工湿地、混凝沉淀工艺、化学除磷工艺等。化学除磷工艺在污水中投加药剂，所投加药剂可以与磷发生沉淀反应，沉淀经过过滤后被去除。化学除磷工艺具有针对性高、净化效果好等特点，但需要投加药剂，且药剂消耗量大，因此运行成本较高。

吸附工艺除磷具有效率高、能耗低、运行稳定可靠的特点，具有很大的技术优势。吸附工艺去除磷的效率与吸附剂的选择有显著相关性，常用的吸附剂主要有钢渣、粉煤灰、沸石、硅藻土、活性炭等。

人工湿地目前被广泛应用于工程实践当中，被认为是一种非常有潜力的污水净化系统，但人工湿地中种植水生植物本身对磷的去除能力有限，基质的吸附是湿地除磷的主要途径[23]，所以基质对磷的吸附容量决定了湿地的除磷效果及稳定性。目前，用于人工湿地中的基质种类很多，主要有碎石、砾石、沸石、陶粒、麦饭石、页岩、煤渣、钢渣等。有研究表明，钢渣、煤渣等对含磷物质的吸附效果较好，而碎石、砾石等吸附效果一般。

关于恒温条件下固体表面的吸附现象，常用朗缪尔方程、弗罗因德利希方程以及 Redlich-Peterson 方程来表示基质平衡吸附量与相应介质中平衡质量浓度之间的关系。

朗缪尔吸附方程：

$$q = q_m K \rho_e / (1 + K \rho_e)$$

弗罗因德利希吸附方程：

$$q = k \rho_e^{\frac{1}{n}}$$

Redlich-Peterson 吸附方程：

$$q = K_R \rho_e / (1 + a_R \rho_e^g)$$

式中　q ——填料的吸附量，mg/g；

　　　q_m ——填料的饱和吸附量，mg/g；

　　　ρ_e ——吸附溶液的平衡浓度，mg/L；

　　　K ——平衡吸附系数；

n——温度有关的参数；

k——常数，表征填料的吸附能力；

K_R，a_R——常数；

g——方程指数。

针对不同的基质开展磷吸附性能研究，了解不同基质的磷吸附量，同时了解其解析释放作用，这对于优化人工湿地设计、基质的选择至关重要。

朗缪尔吸附方程反映理想单分子层吸附理论，目前常被用于定量分析生物吸附材料的性能。弗罗因德利希方程主要被用于物理、化学吸附过程，是非理想状态下的单分子或多分子的吸附理论，已被广泛用于活性炭或分子筛表面有机物及强交换性的物质分析。Redlich-Peterson等温吸附方程是结合上述两种公式方程建立的经验公式方程，它能表示较大含量范围内的等温吸附过程，可用于单一和多样系统中。

对于不同填料的磷吸附过程朗缪尔方程和弗罗因德利希方程的拟合见表3-2、表3-3。

表3-2　填料吸附磷的朗缪尔等温吸附方程及相关系数

填料	粒径/mm	朗缪尔方程	R^2	q_m/（mg/g）
活性炭	1～2	$y=0.0322x/(1+0.0863x)$	0.9423	0.4602
石榴石	1～2	$y=0.00335x/(1+0.0226x)$	0.9697	0.1480
焦炭	2～4	$y=0.0149x/(1+0.0929x)$	0.8754	0.1607
钢渣	2～4	$y=0.02077x/(1+0.01974x)$	0.9567	1.0520
火山岩	2～4	$y=0.00505x/(1+0.00578x)$	0.9338	0.8731
河沙	1～2	$y=0.0166x/(1+0.0714x)$	0.9127	0.2330
无烟煤	1～2	$y=0.04273x/(1+0.05633x)$	0.9647	0.7586
沸石	1～2	$y=0.0126x/(1+0.0360x)$	0.9932	0.3511
磁铁矿	1～2	$y=0.01638x/(1+0.0605x)$	0.9130	0.2708
麦饭石	1～2	$y=0.0094x/(1+0.0130x)$	0.9673	0.7238
麦饭石	2～4	$y=0.0034x/(1+0.0066x)$	0.9663	0.5104
锰砂	1～2	$y=0.0116x/(1+0.0297x)$	0.9669	0.3899
锰砂	2～4	$y=0.0084x/(1+0.0247x)$	0.9710	0.3440
高岭土	1～2	$y=0.00928x/(1+0.01038x)$	0.9857	0.8935
黏土陶粒	3～5	$y=0.0108x/(1+0.0220x)$	0.9614	0.4916

填料	粒径/mm	朗缪尔方程	R^2	$q_m/$ (mg/g)
砾石	2～4	$y=0.00775x/(1+0.0240x)$	0.9695	0.3220
砾石	4～6	$y=0.00834x/(1+0.0360x)$	0.9411	0.2317
无烟煤	2～4	$y=0.0452x/(1+0.08135x)$	0.8816	0.5558
石英砂	2～4	$y=0.00710x/(1+0.0109x)$	0.9877	0.6500
瓷砂陶粒	3～5	$y=0.0306x/(1+0.0459x)$	0.8921	0.6661
页岩陶粒	3～5	$y=0.0054x/(1+0.0458x)$	0.9875	0.1189
海绵铁	3～5	$y=0.0178x/(1+0.0364x)$	0.9348	0.4900
生物炭	2～4	$y=0.0123x/(1+0.0172x)$	0.9659	0.7146

注：$y=q/$ (mg/g) ，$x=\rho_e/$ (mg/L) 。

表3-3　填料吸附磷的弗罗因德利希等温吸附方程及相关系数

填料	粒径/mm	弗罗因德利希方程	R^2	n
活性炭	1～2	$y=0.0660x^{0.4012}$	0.9229	2.492
石榴石	1～2	$y=0.00799x^{0.555}$	0.8923	1.802
焦炭	2～4	$y=0.0317x^{0.3435}$	0.9688	2.91
钢渣	2～4	$y=0.02847x^{0.539}$	0.9567	1.855
火山岩	2～4	$y=0.0451x^{0.5954}$	0.9210	1.68
河沙	1～2	$y=0.00894x^{0.7750}$	0.9127	1.29
无烟煤	1～2	$y=0.0335x^{0.4027}$	0.9633	2.483
沸石	1～2	$y=0.0174x^{0.7077}$	0.9526	1.41
磁铁矿	1～2	$y=0.0324x^{0.4693}$	0.8816	2.13
麦饭石	1～2	$y=0.1012x^{0.4087}$	0.9155	2.44
麦饭石	2～4	$y=0.01769x^{0.6817}$	0.9578	1.467
锰砂	1～2	$y=0.00640x^{0.7496}$	0.9578	1.334
锰砂	2～4	$y=0.029x^{0.500}$	0.9259	2.000
高岭土	1～2	$y=0.0200x^{0.5457}$	0.9367	1.832
黏土陶粒	3～5	$y=0.0378x^{0.4057}$	0.9694	2.46
砾石	2～4	$y=0.01969x^{0.5322}$	0.8575	1.87
砾石	4～6	$y=0.02152x^{0.4652}$	0.7389	2.15

人工湿地技术及应用——以黄河流域为例

填料	粒径 /mm	弗罗因德利希方程	R^2	n
无烟煤	2 ~ 4	$y=0.0985x^{0.3572}$	0.9665	2.799
石英砂	2 ~ 4	$y=0.0107x^{0.7475}$	0.7618	1.337
瓷砂陶粒	3 ~ 5	$y=0.06545x^{0.4652}$	0.9420	2.15
页岩陶粒	3 ~ 5	$y=0.0135x^{0.4342}$	0.8412	2.303
海绵铁	3 ~ 5	$y=0.0390x^{0.5005}$	0.9287	1.998
生物炭	2 ~ 4	$y=0.0260x^{0.620}$	0.9659	1.613

注：$y=q/(\text{mg/g})$，$x=\rho_e/(\text{mg/L})$。

由表3-2和表3-3可知，大部分填料采用朗缪尔方程可以得到较好的拟合效果。而弗罗因德利希方程对钢渣、火山岩、页岩陶粒等的磷吸附曲线的拟合效果也较好，说明此填料的吸附作用均包括物理和化学吸附。从表3-2及表3-3，可知朗缪尔方程和弗罗因德利希方程对填料的等温吸附过程可进行很好的拟合。

朗缪尔方程中所示的理论饱和吸附量可侧面反映不同填料的除磷能力，可用于填料的筛选。其中，最大的钢渣的理论饱和吸附量为1.0520mg/g，其次为高岭土0.8935mg/g、火山岩0.8731mg/g、粒径1 ~ 2mm的无烟煤0.7586mg/g、粒径1 ~ 2mm的麦饭石0.7238mg/g、生物炭0.7146mg/g、瓷砂陶粒0.6661mg/g。以上可知，在理论饱和吸附量方面，可以优先选择麦饭石、高岭土、瓷砂陶粒、钢渣、无烟煤、生物炭、火山岩等作为人工湿地中的填料。同时，在选择填料时，应考虑填料对磷的解析释放率（表3-4）。很多填料对磷的吸附作用强，但解析释放率也较大，易造成二次污染。

表3-4　填料对吸附磷的解析释放率

填料	粒径 /mm	解析释放率 /%
沸石	1 ~ 2	9.62
磁铁矿	1 ~ 2	11.3
河沙	1 ~ 2	7.73
石榴石	1 ~ 2	18.6
石英砂	2 ~ 4	2
火山岩	2 ~ 4	31.3
高岭土	1 ~ 2	8.68
海绵铁	3 ~ 5	17.7

填料	粒径 /mm	解析释放率 /%
页岩陶粒	3～5	7.12
瓷砂陶粒	3～5	7.93
黏土陶粒	3～5	11.7
钢渣	2～4	6.25
活性炭	1～2	19.6
焦炭	2～4	19.1
生物炭	2～4	13.3
无烟煤	1～2	5.24
无烟煤	2～4	2.57
砾石	2～4	11.2
砾石	4～6	3.75
麦饭石	1～2	25.5
麦饭石	2～4	12.8
锰砂	1～2	8.67
锰砂	2～4	7.61

由表3-4可知，填料在达到吸附饱和后，火山岩对磷解析释放率最大，原因为火山岩本身表面粗糙，呈多孔蜂窝状结构。其次，粒径1～2mm的麦饭石的磷解析释放率达25.5%，麦饭石结构中的孔隙较多，溶出性较高。综合分析表3-2及表3-4，钢渣、高岭土和瓷砂陶粒的磷饱和吸附量较大，而解析释放率较低。因此，结合填料对磷吸附及解析的性能，钢渣、高岭土、瓷砂陶粒适宜作为人工湿地的填料。

3.5.3　人工湿地中不同基质对氨氮的吸附作用

研究[24]针对29种不同人工湿地中天然和非天然填料进行了氨氮吸附性能试验，以期筛选出适宜的人工湿地填料。对于不同填料的朗缪尔方程和弗罗因德利希方程的拟合见表3-5。

表3-5 填料吸附氨氮的等温吸附方程及相关系数

填料	粒径/mm	朗缪尔等温吸附方程			弗罗因德利希等温吸附方程		
		q_m/(mg/g)	K	R^2	k	n	R^2
锰砂	2～4	0.6830	0.0226	0.8920	0.0350	1.710	0.8633
海绵铁	3～5	0.0367	0.0728	0.8927	0.0068	2.790	0.6386
石英砂	2～4	0.4583	0.0043	0.9459	0.0025	1.140	0.9256
石灰石	2～4	0.2379	0.0058	0.9514	0.0018	1.160	0.8563
河沙	1～2	0.1532	0.0077	0.8131	0.0016	1.200	0.7539
磁铁矿	1～2	0.1315	0.0392	0.9718	0.0130	2.100	0.9246
沸石	1～2	1.3500	0.0145	0.9310	0.0369	1.455	0.8810
碎石	2～4	0.0980	0.0415	0.8510	0.0094	2.060	0.6590
鸡蛋壳	1～2	0.2788	0.0178	0.8900	0.0112	1.615	0.8560
瓷砖	2～4	0.0806	0.0331	0.8952	0.0060	1.887	0.7488
高岭土	1～2	0.1223	0.0092	0.8980	0.0017	1.264	0.8480
砾石	2～4	0.1910	0.0060	0.9681	0.0017	1.220	0.9524
红砖	1～2	0.0892	0.0478	0.9632	0.0108	2.270	0.8830
北京土壤	1	0.2950	0.0446	0.9019	0.0320	2.169	0.7166
大理黏土	1	0.9570	0.0217	0.9313	0.0447	1.652	0.8787
湖北土壤	1	0.6626	0.0304	0.9684	0.0470	1.869	0.8976
生物炭	2～4	1.3530	0.0080	0.9313	0.0220	1.363	0.9562
麦饭石	1～2	0.9292	0.0046	0.9244	0.0074	1.244	0.9146
活性炭	1～2	0.4178	0.0187	0.9664	0.0170	1.608	0.9667
钢渣	2～4	0.2987	0.0105	0.9753	0.0014	1.520	0.9283
锯末	1～2	0.7562	0.0276	0.9428	0.0467	1.782	0.8704
火山岩	2～4	1.7000	0.0078	0.9690	0.0124	1.300	0.9594
石榴石	1～2	1.1900	0.0094	0.9588	0.0194	1.330	0.9320
黏土陶粒	3～5	0.3125	0.0060	0.9693	0.0030	1.267	0.9662
瓷砂陶粒	3～5	1.6200	0.0145	0.9614	0.0430	1.440	0.9103
页岩陶粒	3～5	0.5690	0.0070	0.9415	0.0063	1.250	0.9157
无烟煤	2～4	0.7826	0.0140	0.8785	0.0187	1.390	0.7993
水泥砖	2～4	0.5528	0.0105	0.9789	0.0113	1.405	0.9721
焦炭	2～4	1.1100	0.0144	0.9610	0.0316	1.476	0.9271

由表3-5可知，不同类型的填料对氨氮的饱和吸附量（q_m）差异明显，其中对氨氮的饱和吸附量最大的为火山岩，而海绵铁最小，火山岩约为海绵铁的46倍。单从饱和吸附量方面考虑，沸石、麦饭石、火山岩、石榴石、无烟煤、生物炭作为湿地填料较为适宜。

进一步研究发现，人工湿地中填料在达到对NH_4^+-N的吸附饱和后，对NH_4^+-N的解析释放也是人工湿地选择填料的重要依据。填料对氨氮的解析释放率见表3-6。

表3-6　填料对吸附氨氮的解析释放率

填料	解吸释放率/%	填料	解吸释放率/%	填料	解吸释放率/%
黏土陶粒	68.11	石灰石	52.30	石榴石	27.00
页岩陶粒	22.49	高岭土	36.70	海绵铁	56.09
瓷砂陶粒	24.50	火山岩	35.51	石英砂	14.82
瓷砖	46.68	沸石	19.43	碎石	27.89
水泥砖	56.16	大理黏土	14.94	鸡蛋壳	31.64
红砖	44.26	北京土壤	41.28	麦饭石	29.46
生物炭	2.59	湖北土壤	23.39	无烟煤	45.93
钢渣	31.01	磁铁矿	19.58	锰砂	20.22
焦炭	8.11	锯末	24.65	砾石	50.97
活性炭	36.72	河沙	61.67		

比较表3-5和表3-6，发现有些填料虽对氨氮有较强的吸附能力，但稳定性较差，易解析释放氨氮。黏土陶粒、河沙、砾石、水泥砖、海绵铁、石灰石等对氨氮的解吸率较高，而海绵铁、黏土陶粒、河沙、石灰石、砾石对氨氮的吸附能力较差，不宜作为湿地填料。磁铁矿、沸石、石英砂、生物炭、焦炭、锰砂等填料解吸率较低，吸附稳定性相对较好。

填料对氨氮的吸附作用主要包括离子交换作用和物理吸附作用[25]，其中物理吸附作用主要是填料表面的静电力等作用产生的，这种作用易受外界扰动的影响从而发生氨氮的解吸释放。离子交换作用是指填料内部的阳离子与氨氮离子发生化学反应的交换过程，而通过离子交换作用被吸附的氨氮的稳定性较强。氨氮的吸附作用中物理吸附发生在填料晶体中硅酸铝结构表面，而离子交换发生在硅酸铝结构的内部，这两者之间的区别使得氨氮吸附过程中离子交换过程的稳定性强于物理吸附过程。根据表3-6可知，河沙、陶粒、石灰石的解析释放率均较高，说明它们对氨氮的吸附作用可能主要是物理吸附作用。而石榴石、石英砂、生物炭、焦炭、锰砂、火山岩、瓷砂陶粒、沸石、页岩陶粒、磁铁矿、碎石、高岭土、麦饭石、硅藻土等材料的解吸释放率均小于40%，说明这些填料去除水中氨氮的过程中离子交换作用略大于物理吸附作用；其中生物炭、焦炭、沸石的解吸释放率均小于20%，释放量远小于吸附量，离子交换作用在去除水中氨氮的过程中占主导，稳定性较好，解吸释放风险小。从解吸释放率出发，选择麦饭石、沸石、生物炭、焦炭作为湿地填料较合适。

3.6 基质的组合

人工湿地中若采用单一的基质，其净化能力及效率可能较有限，而不同基质还有互补的作用。组合除磷效率好的基质和除氮效率好的基质，可以显著增强人工湿地抗冲击的能力和污水的处理能力。同时某些基质之间还存在协同效应，几种基质组合的脱氮除磷效果比单一基质时的更好。研究人员[26]研究沸石、石灰石及两者组合三种基质的净化能力，发现沸石-石灰石的组合基质不仅不会降低沸石去除氨氮的能力，并且对TN、TP的净化效果均好于单独使用时。其他研究人员用陶粒、沙子、活性炭、粉煤灰、碎石（多孔大石及多孔小石）以及卵石基质作为研究对象，将这些基质中的5种进行任意组合，结果表明：除氨氮效果最好的组合是大石块、多孔大石、多孔小石、大陶粒和粉煤灰。研究人员采用细煤渣、粗沙、空心砖粉块、活性炭和粉煤灰作为基质，并按不同的比例组合上述几种基质以对低浓度生活污水进行处理，结果显示，细煤渣和粉煤灰组合对COD的去除率为70%；空心砖粉块和粉煤灰组合可以得到较好的综合处理效果，该组合能将溶液中89%的氨氮和81%的总磷去除。

此外，不同基质配置组合也会对微生物和植物根系在基质中的生存条件产生影响，并影响微生物和植物根系的代谢活动，从而影响污水中污染物的去除效率。研究发现，对氮元素的去除效率从大到小为土壤-沙子-泥炭组合＞土壤＞土壤-沙子混合＞沙子。这个规律与这些基质组合中微生物活性大小规律一致，说明不同基质组合会对微生物活性产生影响，从而影响除氮效果。因此，为提高人工湿地的除氮效果可加入能增加微生物活性的组合基质。

3.7 人工湿地基质的生态效应

人工湿地系统中基质去除污染物质主要依靠物理作用，基质另外的作用是提供微生物和植物所需的环境载体，因此人工湿地中的基质还具备生态效应。植物可以扎根于填料中，吸收水中的污染物质，将沉积在基质中的污染物转换成其生长所需能量。同时基质为微生物的繁殖提供了环境，微生物是人工湿地净化污水中污染物的重要媒介，微生物降解污水中的有机物，其中含氮物质在微生物的硝化作用和反硝化作用的协同下转化为氮气而被去除。再者，基质与微生物、植物的生态关系并不限于此，植物的茎和根传送氧气到人工湿地基质层的内部，氧气的补充为好氧型微生物的生存提供了先决条件，提高了人工湿地污染物质去除的效率。因此，在人工湿地中填料与微生物、植物三者之间维持着良好的生态效应，三者在去除污染物质的过程中互相协同，缺一不可。

氧气通过人工湿地中水生植物的茎和根被传递到人工湿地基质层的内部，在水生植物根系周围形成"好氧-缺氧-厌氧"的环境，这种环境条件有利于发挥硝化菌和反硝化菌协同去除氨氮的作用，并有利于聚磷菌的除磷作用。人工湿地中水生植物一般为浮叶植物、浮水植物、沉水植物、挺水植物等[14]。其中，沉水植物、浮叶植物和浮水植物（包括金鱼藻、浮萍、黑藻、睡莲和凤眼莲等）一般多种植在表面流湿地中。人工湿地工程中种植挺水植物较为广泛，该类植物可以在所有形式的人工湿地中应用，而应用较为广泛的挺水植物包括香蒲、水葱、千屈菜和芦苇等。人工湿地中植物对水中的重金属元素也有一定的富集作用，可通过定期收割人工湿地中水生植物去除已富集在水生植物内的重金属污染物质。

人工湿地中微生物一般生长在基质和水生植物根系表面，并聚集成生物膜，吸附降解污染物质。

植物的种属影响生长在其根系表面及周围的微生物。分析人工湿地中三种水生植物芦苇、香蒲和黑麦草的根系微生物群落[27]，结果显示芦苇根系周围微生物多样性最丰富，因此芦苇的根系富集微生物的效果最佳。

人工湿地的不同类型对其基质层中微生物的分布也有不同的作用。研究发现生物滤池、垂直流潜流人工湿地和水平流潜流人工湿地微生物群落有所不同，在水平流潜流人工湿地中检测出了厚壁菌门，另外生物滤池中检测出了放线菌[28]。同时研究人员调查了水平流潜流人工湿地、垂直流潜流人工湿地和表面流湿地中微生物活性、生物量和群落结构[29]，其中这三者的微生物生物量大致相同。在垂直流潜流人工湿地中，微生物的分布呈现出垂直方向的差异，在基质表面以下10cm范围内的微生物门、属更丰富，而当深度增加，生物量和群落数均下降，这与垂直流潜流人工湿地中溶解氧的垂直分布特点有关。在人工湿地中反硝化菌和硝化菌的数量影响含氮污染物质的去除，根据对湿地中不同植物系统中微生物种类的分析[29]，发现植物的存在促进好氧型微生物的繁殖生长，其中千屈菜根系附近氨化细菌数量最多，菖蒲根系附近亚硝化菌和硝化菌的数量最多，而芦苇根系附近反硝化菌数量最多。研究表明，人工湿地中微生物细菌群落主要由梭菌、支原菌、变形菌、真细菌和杆菌组成[30]。

3.8 人工湿地基质的堵塞

人工湿地是一种有效的有前景的污水处理工程技术，由于运行管理、维护不善极易造成基质堵塞，基质堵塞已成为影响人工湿地持续稳定运行的关键，堵塞问题也是限制其应用推广的主要因素之一。

人工湿地发生堵塞时，污水无法与基质充分接触，导致表面积水，污水不能进入基质的内部进行处理，减少了与人工湿地基质、植物和微生物的接触时间，导致人工湿地处理效率降低，最终出水水质恶化；同时，当基质发生堵塞时，可能改变了原有人工湿地的设计运行方式，潜流湿地被迫变成表面流湿地，增加了湿地的水力负荷，降低了人工湿地的水力停留时间，最终导致湿地表面积水，造成恶臭。

人工湿地的基质堵塞是一个较复杂的过程，其形成的影响因素较多，堵塞大致可划分为三个阶段。第一阶段，湿地基质层的渗透速率逐渐下降并接近正常运行的渗透速率。第二阶段，基质层的渗透速率有明显平稳的下降趋势。第三阶段，有越来越频繁的堵塞现象发生，直至完全堵塞。也可理解为堵塞分为三个过程，首先是污染物质的沉积，其次是沉积的污染物逐渐形成沉积层，最终是沉积层在物理作用下慢慢形成堵塞层。

3.8.1 堵塞人工湿地基质的主要物质

影响人工湿地发生基质堵塞现象的物质较多，成分也较复杂，水生植物的根系、脱落物、微生物菌群和微生物数量等都会不同程度地影响人工湿地的堵塞。

研究人员认为，堵塞物质主要包括污水中的悬浮物和沉积物，同时还有含水率较高的腐殖质和多聚物[30,31]。

3.8.2　堵塞发生的主要位置

大多数观点认为堵塞主要发生在人工湿地的基质层中上部。几种观点如下[32-34]：

① 基质堵塞发生在湿地表层10cm处；

② 堵塞物质多沉积在湿地表层6cm以上；

③ 堵塞部位是布水管下10～20cm之间；

④ 基质堵塞部位在表层以下15～30cm处。

3.8.3　影响基质堵塞的因素

人工湿地发生基质堵塞的成因复杂，有以下几个方面。

（1）有机负荷的影响　进水中过高的有机负荷是引起人工湿地基质发生堵塞的主要因素之一。对湿地基质的堵塞问题，进水有机负荷比有机物浓度的影响更大。基质层有机物累积现象同样是影响人工湿地系统平衡的重要因素，人工湿地对有机物的累积是导致基质层外部和内部产生堵塞的直接原因。

（2）基质结构的影响　基质层厚度、基质的种类、基质的粒径等都是影响基质发生堵塞现象的重要因素。基质层上部的覆土层应透气，应与下层的基质层粒径级配相协调，以保证固体颗粒不进入基质层。用大粒径的基质替代小粒径的基质可缓解基质堵塞问题。

（3）湿地水生植物的影响　不同根系的水生植物，对基质层的水力条件和水质净化均起到不同作用。在人工湿地设计过程中，应尽可能增加人工湿地系统生态、生物的多样性，以提高人工湿地生态系统的抗冲击能力、处理性能，延长其运行使用寿命。同时应尽可能选择根系发达的湿地植物，优先选择本土植物。

（4）悬浮物的影响　参考人工湿地相关的设计规范、规程，人工湿地前端进水的悬浮物浓度不应超过100mg/L。含有悬浮物的原水在流入人工湿地系统后，在基质、植物根系和微生物膜的拦截、过滤和吸附作用下，悬浮物颗粒可被有效地去除。基质层的物理、化学和生物的吸附作用，可去除污水中细小的悬浮物，形成人工湿地基质内外部的沉积物，从而使基质层的渗透速率下降。

参考文献

［1］曹笑笑，吕宪国，张仲胜，等.人工湿地设计研究进展［J］.湿地科学，2013,11（001）:121-128.

［2］李亚峰，刘艳军，李亭亭，等.改性粉煤灰处理模拟含磷废水实验［J］.沈阳建筑大学学报:自然科学版，2008,24（3）:451-454.

［3］岳敏.污泥的粉煤灰调理和污泥陶粒的制备及应用［D］.济南:山东大学，2011.

［4］祝成成.利用净水污泥制备陶粒及其对水中磷的吸附效能研究［D］.苏州:苏州科技学院，2012.

［5］贺君，王启山，任爱玲.给水厂与污水厂污泥制陶粒技术研究［J］.环境工程学报，2009,9:1653-1657.

［6］章金骏.污泥烧制陶粒的技术路径与控制因子研究［D］.杭州:浙江大学，2012.

［7］张国伟.河道底泥制备陶粒的研究［D］.上海:东华大学，2007.

［8］赵林丽.人工湿地不同基质和粒径对污水净化效果的比较［J］.环境科学，2018（9）:4236-4241.

［9］Wu H, Zhang J, et al. A review on the sustainability of constructed wetlands for wastewater treatment: Design and operation［J］. Bioresource Technology, 2014, 175C: 594-601.

［10］丁晔，韩志英，吴坚阳，等.不同基质垂直流人工湿地对猪场污水季节性处理效果的研究［J］.环境科学学报，2006, 26（7）:1093-1100.

［11］Sakadevan K, Bavor H J. hosphate adsorption characteristics of soils, slags and zeolite to be used as substrates in constructed wetland systems［J］. Water Research, 1998, 32（2）:393-399.

［12］葛媛.潜流人工湿地基质作用及污染物去除机理研究［D］.西安:西安建筑科技大学，2017.

［13］Vymazal J, Dunne E, Reddy K, et al. Constructed wetlands for wastewater treatment in europe［M］. Backhuys Publishers, 1998.

［14］Vymazal J. Emergent plants used in free water surface constructed wetlands: A review［J］. Ecological Engineering, 2013, 61: 582-592.

［15］胡静，董仁杰，吴树彪，等.脱水铝污泥对水溶液中磷的吸附作用研究［J］.水处理技术，2010, 36（5）:42-45.

［16］吴振斌，詹德昊，张晟，等.复合垂直流构建湿地的设计方法与净化效果［J］.武汉大学学报:工学版，2003, 36（1）:12-16, 41.

［17］莫凤鸢，王平，李淑兰，等.人工湿地系统的维护［J］.云南环境科学，2004, 23（增刊）:5-8.

［18］袁东海，景丽洁，高士，等.几种人工湿地基质净化磷素污染性能的分析［J］.环境科学，2005, 26（1）:51-55.

［19］周世超，王全金，李丽.潜流湿地对农村生活污水中磷的净化作用［J］.湖北农业科学，2010, 49（9）:2118-2121.

［20］雒维国，王世和，黄娟，等.潜流型人工湿地冬季污水净化效果［J］.中国环境科学，2006, 26（增刊）:32-35.

［21］王鹏，董仁杰，吴树彪，等.水力负荷对潜流湿地净化效果和氧环境的影响［J］.水处理技术，2009, 35（12）:48-52.

［22］李晓东，孙铁珩，李海波，等.人工湿地除磷研究进展［J］.生态学报，2007, 27（3）:1226-1232.

［23］Wu Z B, LiangW, Cheng S P. Studies on correlation between the enzymatic activities in the rhizosphere and purification of wastewater in the constructed wetland［J］. Acta Science Circumustantiae, 2001, 21（5）:622-624.

［24］卢少勇，万正芬，李锋民，等.29种湿地填料对氨氮的吸附解吸性能比较［J］.环境科学研究，2016, 29（8）:1187-1194.

［25］赵丹，王曙光，栾兆坤.改性斜发沸石吸附水中氨氮的研究［J］.环境化学，2003, 22（1）:59-63.

［26］徐丽花，周琪栾.不同填料人工湿地处理系统的净化能力研究［J］.上海环境科学，2002, 21（10）:603-605.

［27］武钰坤，刘永军，司英明，等.人工湿地不同植物根际微生物群落多样性比较研究［J］.生态科学，2012, 31（3）:318-323.

［28］Truu M, Juhanson J, Truu J. Microbial biomass, activity and community composition in constructed wetlands［J］. Science of Total Environment, 2009, 407（13）:3958-3971.

［29］奉小忧，宋永会，曾清如，等.不同植物人工湿地净化效果及基质微生物状况差异分析［J］.环境科学研究，2011, 24（9）:1035-1041.

[30] 周元清，李秀珍，李淑英，等. 不同类型人工湿地微生物群落的研究进展 [J]. 生态学杂志，2011, 30（6）: 1251-1257.

[31] 张翔凌. 不同基质对垂直流人工湿地处理效果及堵塞影响研究 [D]. 武汉：中国科学院研究生院，2007.

[32] 宋志鑫，丁彦礼，解庆林，等. 潜流人工湿地流场分布与基质堵塞关系研究进展 [J]. 湿地科学，2014, 05:677-682.

[33] 徐丽. 潜流型人工湿地系统污水处理效果及其基质堵塞问题解决方法的研究 [D]. 长沙：湖南农业大学，2014.

[34] 叶超，叶建锋，韩玮，等. 人工湿地堵塞问题的机理探讨 [J]. 净水技术，2012, 31（4）: 43-48.

4

人工湿地植物的
筛选与优化

4.1 概述

人工湿地由天然湿地发展而来，在20世纪70年代发展起来，借助人工手段进行模拟和控制，以确保其表现出同天然湿地类似的特征。这一技术将污水、污泥合理分配到人工湿地区域，污水与污泥在沿一定方向流动的过程中，主要利用人工介质、土壤、植物、微生物的物理、化学、生物三重协同作用，对污泥、污水进行处理。人工湿地作用机理包括吸附、滞留、过滤、氧化还原、植物遮蔽、残留物积累、蒸腾水分、沉淀、微生物分解、转化和养分吸收及各类动物的作用。人工湿地在确保水体中污染物良性循环情况下，充分发挥资源的生产潜力，防止环境的再污染，以获得污水处理与资源化的最佳效益。

人工湿地系统是由人为构建且与天然湿地具有相似作用的生态系统，湿地植物、水体、基质和微生物群落四者构成了人工湿地系统。下面简单介绍基质，植物和微生物。

（1）基质　在人工湿地中，支持植被的媒介是至关重要的，因为它在湿地的处理过程中形成了一个完整的环节。而土壤通常是天然湿地的支撑介质，人工湿地更多地依赖粗、细砾石等。除了支持植被外，基质还可储存湿地中存在的所有生物和非生物成分，为附着的微生物提供生长场所，并促进悬浮固体的过滤和沉降。人工湿地中应用的基质一般由土壤、灰渣、粉煤灰、沸石、细沙、粗沙、砾石、碎瓦片、煤渣、火山岩、鹅卵石等介质中的一种或几种组成。

（2）植物　人工湿地处理废水的基础是水生植物将氧气转移到其根部以及周围的水环境中的能力。虽然已经确定了许多其他的污染物去除过程，但湿地植物在这些过程中仍然起着很主要的作用。湿地植物的茎叶显著增加了生物膜的表面积，湿地中的植物还能够起到抑制藻类生长的作用，此外湿地基质中的根和茎为微生物生长提供了附着的场所，强化了微生物作用。

（3）微生物　各种各样的微生物是湿地生态系统的组成部分。微生物通过自身的代谢作用和吸附作用去除有机物，在水和废水中自然存在的微生物，如细菌、原生动物、真菌等，在湿地中繁衍生息，湿地为它们的生存和增殖提供了适宜的环境。在不同的环境条件下，微生物群落的数量分布也会不同。

其中植物作为湿地的重要组成部分，不仅可以通过密集的植物茎叶和根系截留水中的污染物，还可通过根系吸收、根系泌氧及根系分泌物对污染物的净化起直接或间接的作用。植物可以直接吸收湿地中的无机或有机污染物。植物根系泌氧可使湿地内部形成好氧、兼性厌氧、厌氧区域，为各种微生物提供适宜生境，有利于各种污染物的去除。此外，植物根系也可在生长介质中分泌根系分泌物，为根系微环境提供有机碳源，且数量相当可观。植物对微生物的影响在湿地污染物去除中的作用也十分重要。植物地上部分的茎叶可为多种植物附生菌及叶片病原菌提供载体，而植物庞大的根系可以为各种微生物提供附着点；植物根系泌氧作用能使根区形成好氧、兼性厌氧、厌氧区域，影响不同类型微生物在根区的分布；植物根系分泌物中的各种有机物为根区异养微生物提供碳源，促进异养微生物的生长；植物根系固氮菌的存在，能够影响湿地中氮的迁移转化；植物可以通过根毛的内吞作用将微生物运输到植物体内，植物内生菌的存在能够强化重金属等污染物的植物修复[1]。

4.2 人工湿地植物的分类

湿地植物的分类方式多种多样，按照其对水的依赖程度不同，可以分为陆生植物和水生植物。陆生植物按照对水的需求，可进一步分为湿生植物、中生植物及旱生植物；水生植物又可进一步分为沉水植物、浮水植物和挺水植物。就湿地所涵盖的植物范畴而言，笔者认为可以包括陆生植物中的湿生植物以及所有的水生植物，它们共同的特点是可以在水中及水体附近或常年潮湿的土壤中生长，这些植物都具有极强的耐水湿能力[2]。

注：本章以下所列举植物若无特别说明，均为适生于北方地域的植物种类。

根据目前人工湿地植物品种的特性及应用现状可将人工湿地植物划分为水生、湿生和陆生三大类型（表4-1）。

表4-1　按照人工湿地植物的应用现状进行的分类

类别	名称	特征	代表植物	适宜环境
水生类型	挺水植物	植物的根、根茎生长在水的底泥之中，茎叶浮出水面	芦苇、莲、水芹、菱白、荷花、香蒲	水体中或河海沿岸
	浮水植物	漂浮于水中生长或根固定在水底，叶浮在水面	水禾、槐叶萍、凤眼莲、浮萍、睡莲、荇菜、菱、萍蓬草、苦草、金鱼藻、狐尾藻、黑藻	
	浮叶植物	根附着在底泥或其他基质上，叶片漂浮在水面		
	沉水植物	根、根须或叶状体及叶片都生长在水面下的大型植物		

类别	名称	特征	代表植物	适宜环境
湿生类型	湿生草本植物	在水分过剩环境中能够正常生长的草本植物	姜花、海芋、春羽、龟背竹	土壤水分充足的沼泽地、河海沿岸
	湿生木本植物	在水分过剩环境中能够正常生长的木本植物	水杉、池杉、欧美杨	
陆生类型	陆生草本植物	可以适应潜流人工湿地环境的各种耐污的草本植物	萼距花、金盏菊、香石竹、萱草	一般陆生环境
	陆生木本植物	可以适应潜流人工湿地环境的各种耐污的木本植物	夹竹桃、木槿、小叶女贞、栀子花	

4.2.1 水生类型

水生类型植物以其生活方式和形态特征为分类依据，可以分为以下4种类型。

（1）挺水植物 挺水植物即植株上部的茎叶部分挺出水面，根或根状茎伸入水中或扎入泥土，这一类植物常分布在0～1.5m的浅水水域及潮湿沼泽区。在种植设计时，可将多种挺水植物混合配植，也可构建单种群大面积栽种的特殊景观。北方地区的挺水植物有荷花、千屈菜、野慈姑、泽泻、雨久花、木贼、风车草、水葱、水毛花、蔍草、菖蒲、马蹄莲、黄菖蒲、泽芹、菰、芦苇、美人蕉类、香蒲、水烛、灯芯草、水苦荬、红莲子草、石龙芮、花蔺、水芹、睡菜、水田碎米荠、芒、蒲苇等，人工湿地主要应用种类见表4-2。

表4-2 人工湿地应用的主要挺水植物

编号	中文名	学名	科属	生态习性
1	荷花	*Nelumbo nucifera*	睡莲科莲属	喜温暖湿润、光照充足
2	香蒲	*Typha orientalis*	香蒲科香蒲属	喜肥沃、有机质含量丰富的环境
3	水葱	*Scirpus validus*	莎草科蔍草属	喜肥沃、疏松的土壤，喜强光
4	茭草	*Zizania caduciflora*	禾本科菰属	喜肥沃、疏松、有机质含量高的土壤
5	芦苇	*Phragmites communis*	禾本科芦苇属	喜土壤肥沃、水分充足，喜强光
6	菖蒲	*Acorus calamus*	天南星科菖蒲属	喜土壤肥沃、水分充足，喜散射光
7	旱伞竹	*Cyperus alternifolius*	莎草科莎草属	喜高温高湿
8	梭鱼草	*Pontederia cordata*	雨久花科梭鱼草属	喜温，喜阳，喜肥
9	雨久花	*Monochoria korsakowii*	雨久花科雨久花属	喜温暖湿润，耐寒
10	再力花	*Thalia dealbata*	竹芋科水竹芋属	喜温暖、水湿、阳光充足，不耐寒

编号	中文名	学名	科属	生态习性
11	黄菖蒲	*Iris pseudacorus*	鸢尾科鸢尾属	喜光耐半阴，耐旱耐湿
12	慈姑	*Sagittaria sagittifolia*	泽泻科慈姑属	喜光，喜暖，喜肥沃的土壤
13	矮慈姑	*Sagittaria pygmaea*	泽泻科慈姑属	喜光，喜暖，喜肥沃的土壤
14	泽泻	*Alisma plantago-aquatica*	泽泻科泽泻属	喜温暖湿润环境
15	花叶芦苇	*Phragmites australis var.variegates*	禾本科芦苇属	喜温暖湿润环境
16	荻	*Miscanthus sacchariflorus*	禾本科荻属	喜温暖水湿、阳光充足，不耐寒
17	灯芯草	*Juncus effusus*	灯芯草科灯芯草属	喜温暖湿润环境

（2）浮水植物　浮水植物是指部分或全部植物体漂浮于水中的水生植物，是漂浮于水中生长或根固定在水底、叶浮在水面的水生高等植物。有些植物的根退化，全株漂浮于水面；有些植物的根较短，长不到基底去，所以能随水自由漂浮。人工湿地主要应用种类见表4-3。

表4-3　人工湿地应用的主要浮水植物（来源：整理自《人工湿地植物应用》）

编号	中文名	学名	科属	生态习性
1	凤眼莲	*Eichhornia crassipes*	雨久花科凤眼莲属	喜高温湿润环境
2	水鳖	*Hydrocharis dubia*	水鳖科水鳖属	喜温暖湿润环境
3	大藻	*Pistia stratiotes*	天南星科大藻属	喜高温高湿，不耐严寒
4	浮萍	*Lemna minor*	浮萍科浮萍属	喜温暖湿润环境

（3）浮叶植物　此类植物的根附着在底泥或其他基质上，叶片漂浮在水面，常分布于水深0.5～3m的区域，繁殖器官在空中、水中或漂浮于水面。人工湿地主要应用种类见表4-4。

表4-4　人工湿地应用的主要浮叶植物（来源：整理自《人工湿地植物应用》）

编号	中文名	学名	科属	生态习性
1	睡莲	*Nymphaea tetragona*	睡莲科睡莲属	喜强光
2	芡实	*Euryale ferox*	睡莲科睡莲属	喜温暖水湿，不耐霜寒
3	亚马逊王莲	*Victoria amazonica*	睡莲科王莲属	喜高温高湿，耐寒力极差
4	萍蓬草	*Nuphar pumilum*	睡莲科萍蓬草属	喜温暖、湿润、耐低温
5	莼菜	*Brasenia schreberi*	睡莲科莼属	喜温暖、湿润
6	菱	*Trapa bispinosa*	菱科菱属	喜湿润，不耐霜冻
7	浮叶眼子菜	*Potamogeton natans*	眼子菜科眼子菜属	喜温暖、湿润、耐低温
8	荇菜	*Nymphoides peltatum*	龙胆科荇菜属	性强健，耐寒又耐热

（4）沉水植物　沉水植物是指植物体全部沉于水下的水生植物。这类植物由于多分布于4～5m深的水中，故通气组织更加发达，叶片多为狭长状或丝状；花较小，植株以观叶为主，如金鱼藻、菹草、黑藻、苦草、水筛、穗花狐尾藻、大茨藻等，主要种类见表4-5。

表4-5　人工湿地应用的主要沉水植物（来源：整理自《人工湿地植物应用》）

编号	中文名	学名	科属	生态习性
1	菹草	*Potamogeton crispus*	眼子菜科眼子菜属	喜温暖、湿润
2	光叶眼子菜	*Potamogeton lucens*	眼子菜科眼子菜属	喜温暖，耐寒
3	金鱼藻	*Ceratophyllum demersum*	金鱼藻科金鱼藻属	喜温暖
4	苦草	*Vallisneria natans*	水鳖科苦草属	喜温，耐阴
5	海菜花	*Ottelia acuminata*	水鳖科水车前属	喜温暖
6	水车前	*Ottelia alismoides*	水鳖科水车前属	喜强光和干燥

由于沉水植物完全沉入水中，所以水的清澈度对植物的生长非常重要，水质过于浑浊将会影响沉水植物的光合作用，故在人工湿地建设初期，水质比较浑浊时，尽量以挺水、浮水植物为主。但在湿地稳定后可适当引入沉水植物，一方面沉水植物大多位于水体中下层，不仅可以稳定池塘底泥，同时还可增加水生植物的层次，提升湿地的观赏价值；另一方面，沉水植物全部浸入水中，可以吸收水中过量养分。

4.2.2　湿生类型

（1）湿生草本植物　指在水分过剩环境中能够正常生长的草本植物。该类植物一般耐涝能力强，能在湖岸边种植。如海芋（*Alocasia macrorrhiza*）、龟背竹（*Monstera deliciosa*）、姜花（*Hedychium coronarium*）等。

（2）湿生木本植物　指在水分过剩环境中能够正常生长的木本植物。该类植物一般耐涝能力强，能在湖岸边种植。如水杉（*Metasequoia glyptostroboides*）、欧美杨（*Populus canadensis* Moench）等。

4.2.3　陆生类型

（1）陆生草本植物　是指可以适应潜流人工湿地环境的各种耐污的草本植物，如金盏菊（*Calendula officinalis*）、香石竹（*Dianthus caryophyllus*）、萱草

（*Hemerocallis fulva*）等。

（2）陆生木本植物　可以适应潜流人工湿地环境的各种耐污的木本植物，如夹竹桃（*Nerium indicum*）、小叶女贞（*Ligustrum quihoui*）等。

除了以上介绍的大量的湿生、水生植物外，其实湿地环境中很多植物还具有耐旱的特点，这是由于在水分得不到补给或水中含有浓度较大的腐殖酸的情况下，植物细胞是难以吸收水分的，这时的湿地适生植物就会同时具有耐涝、耐旱的双重特性。表4-1～表4-5中生态习性一栏有特别标注一些湿地植物既喜湿润环境又较耐旱，这样的湿地植物将特别适于在水分无法正常供给的湿地中栽植[3]。

4.3　人工湿地植物的计量方法

4.3.1　株、芽、丛、兜的概念

一直以来人工湿地植物数量计算标准不一，目前主要有4种技术标准：株、芽、丛、兜。由于没有统一的标准，所以施工人员在施工过程中很难确定采用哪一种，往往出现误会。因此，为确定每种植物的计量方法，需要理解株、芽、丛、兜的概念。

（1）株　一般为露出地面的根数，单生，一般不带地下茎。例如说1株一般就是1个根苗，一般主要用来计算主干明显的苗木。在人工湿地植物中采用株表示的，如垂柳（*Salix babylonica*）5株、水杉5株、小叶女贞5株等。

（2）芽　植物的幼体，可以发育成茎、叶或花的那一部分，例如说1个芽一般就是指1个还没有长大的小苗，将来可以长成1株，也可以是1丛和1兜。芽一般与丛和兜一起使用，在人工湿地植物中采用芽（丛）表示的，如席草（*Schoenoplectus trigueter*）20芽（丛）、水葱（*Schoenoplectus tabernaemontani*）20芽（丛）等。

（3）丛　多株芽或苗聚集在一起生长叫丛，往往和株、芽一起使用，植物的幼体称为芽（丛）（一般为小苗），如席草20株（丛）、水葱20株（丛）等。

（4）兜　就是1株或1丛完整的植株，不管是1棵还是多棵，1兜只有1棵就相当于1芽或1株，多棵就是丛。往往种植较完整的1整株时可以成为1兜，如10兜（或株）莼菜（*Brasenia schreberi*）。

4.3.2　人工湿地植物苗木标注

植物规格是人工湿地设计与施工中植物经费预算中重要的经济参数，它直接关系到污水处理、景观效果和工程造价，因此备受重视。乔木规格一般用胸径、冠幅、分枝点、树高等来标注，灌木一般用高度、冠幅来标注，这是根据植物的生物学特性来标注的，既科学又实用。由于湿地植物多样，各种植物之间生物学特性的差异很大，给规格标注带来了一定难度，再加上目前大部分设计人员多为工程类专业，一般都缺乏对湿地植物的了解，不知道怎么来标注，如果按照错误的规格标注进行施工，会偏离植物的生物习性，严重影响工程施工中植物栽植后的效果。如丛生的按株标注，施工时将丛生的按照株分割，过细的分割将会造成植物自身的恢复困难，尤其是影响早期的成活率；如果将单生的按照丛生来标注，施工时将单生的苗按照丛种植在一起，植物长大后会造成拥挤，形成高脚苗，不利于单生植物株型的扩展。

4.3.2.1　人工湿地植物的分枝类型

结合当前的研究和生物学特性可将人工湿地植物划分为丛生、单生、复生三类。

（1）丛生　丛生形成的机理有两种类型。一种是因地下根状茎合轴型分枝形成，称为根茎合轴分枝类，如芦竹（*Arundo donax*）、再力花（*Thalia dealbata*）、梭鱼草（*Pontederia cordata*）、水葱（*Scirpus validus*）、姜花（*Hedychium coronarium*）、菖蒲属（*Acorus*）、鸢尾属（*Iris*）等；另一种是因茎基部分蘖形成，称为分蘖类，如灯芯草（*Juncus effusus*）等。

（2）单生　单生有两种类型。一种是地下根茎类，分生出的植株分布较均匀，呈散生状，如藨草（*Scirpus triqueter*）、荸荠（*Eleocharis dulcis*）、慈姑（*Sagittaria trifolia*）等；另一种是无地下根茎类，如石龙芮（*Ranunculus sceleratus*）、水蓼（*Polygonum hydropiper*）等。

（3）复生　复生的地下根状茎较长，萌发出散生的新植株，同时也有少数缩短的地下茎密集产生新芽，形成小丛植株，在地表上往往呈现短距离间断、小丛状分布和散生分布相结合的状态。如芦苇（*Phragmites australis*）、香蒲属（*Typha* spp.）植物等。

4.3.2.2　人工湿地植物计量

在掌握各种人工湿地植物分枝类型后，在应用中就可科学标注规格，现根据经验，按一般常用人工湿地植物污水处理与景观要求提出苗木规格的建议如下。

（1）丛生　分蘖类一般为30～50芽（丛），如灯芯草（*Juncus effusus*）

30～50芽（丛）、蒲苇（*Cortaderia selloana*）20～30芽（丛）等。根茎合轴分枝类标注差异较大：一般旱伞草（*Cyperus alternifolius*）20～30芽（丛）、黄菖蒲（*Iris pseudacorus*）3～5芽（丛）、芦竹（*Arundo donax*）3～10芽（丛）、水葱（*Scirpus validus*）10～30芽（丛）、花叶水葱（*S. validus* var. *zebrinus*）20～50芽（丛）、再力花（*Thalia dealbata*）10～20芽（丛）。

（2）单生　规格可标注冠幅、高度等。但对草本植物来说冠幅和高度主要根据种植的季节来确定，甚至对规格不作要求。如千屈菜（*Lythrum salicaria*）当年春季扦插繁殖的苗，当年种植后，夏季就能开花，到秋季植株高可达1.5m，冠幅0.5m。一般苗规格越小反而恢复得越快。但是木本植物一定要按照冠幅、高度来确定。

（3）复生　一般采用芽/丛标注，按照丛生处理可能更易操作，如芦苇（*Phragmites australis*）3～5芽（丛）、香蒲（*Typha orientalis*）3～5芽（丛）、小香蒲（*Typha minima*）3～5芽（丛），部分植株较大的按照单生处理较妥。

4.4　人工湿地中水生植物的作用

基质、水生植物和微生物是人工湿地的基本构成。其中，水生植物是其特点所在，也是湿地处理系统最明显的生物特征，它是人工湿地的主要组成部分，并在其中起着重要作用，主要体现在：

① 吸收利用、吸附和富集作用；

② 氧的传输作用；

③ 为微生物提供栖息地；

④ 维持系统的稳定；

⑤ 有机物的积累作用。

另外，水生植物还具有美观可欣赏性、可以通过收割回收以实现一定的经济效益、有助于酶在湿地系统的扩展等作用，可作为基质所受污染程度的指示物[4]。

4.4.1　吸收利用、吸附和富集作用

水生植物能直接吸收利用污水中的营养物质，供其生长发育。废水中的有机氮被微生物分解与转化，而无机氮（氨氮）作为植物生长过程中不可缺少的物质被植物直接摄取，合成蛋白质与有机氮，再通过植物的收割而从废水和湿地系统

中除去。无机磷也是植物必需的营养元素，废水中的无机磷在植物吸收及同化作用下可转化成植物的ATP、RNA、DNA等有机成分，然后通过植物的收割而去除。生根植物直接从沙土中去除氮磷等营养物质，而浮水植物则在水中去除营养物质。许多根系不发达的沉水植物，例如金鱼藻属（*Ceratophyllum*）植物也能直接从水中吸收营养物质。大型挺水植物的茎和叶以及浮水植物的根还可以用来减缓水流速度和消除湍流，以达到过滤和沉淀沙粒、有机微粒的作用。有人在城镇污水处理试验中发现，种植水烛（*Typha angustifolia*）和灯芯草（*Juncus effuses*）的人工湿地基质中氮、磷的含量分别比无植物的对照基质中的含量低18%～28%和20%～31%，可见水烛和灯芯草吸收利用了污水中部分的氮和磷物质。在海涂，芦苇（*Phragmites australis*）床湿地系统是削减进入海洋过量营养物质的强有力手段之一。池杉（*Taxodium ascendens*）人工湿地对污水中总氮和氨氮的净化效果显著，对重金属亦具有良好的去除作用。水生植物还能吸附、富集一些有毒有害物质，如重金属Pb、Cd、Hg、As、Ca、Cr、Ni、Cu、Fe、Mn、Zn等，其吸收积累能力为沉水植物＞飘浮植物＞挺水植物；不同部位浓缩作用也不同，一般为根＞茎＞叶，各器官的累积系数随污水浓度的上升而下降。研究认为，植物对有毒有害物质的吸收以被动吸收为主，增加植物和废水的接触时间，可提高植物对其的去除率。垂直流人工湿地处理低浓度重金属污水的试验表明，风车草（*Cyperus alternifolius*）能吸收富集水体中30%的铜和锰，对锌、镉、铅的富集也在5%～15%。Ellis等[5]的研究结果表明，湿地中宽叶香蒲（*Typha latifolia*）和黑三棱（*Spargnium* sp.）是摄取同化、吸附富集地面径流油类、Pb、Zn和有机物的较适宜植物种类。芥菜（*Brassis juncea*）根际附着大量的细菌后，能加速硒的富集和挥发。高粱（*Azospirillum brasilense*）也能利用根际细菌加速硝酸盐、钾和磷酸盐的富集。另外一些研究也显示了植物的吸收和吸附作用，栽种植物的湿地对污水中的营养物质及重金属的去除能力高于无植物系统的湿地。

4.4.2　氧的传输作用

湿地环境对很多微生物来说是一种严酷的逆境，最严酷的条件是湿地土壤缺氧。缺氧条件下，生物不能进行正常有氧呼吸，还原态的某些元素和有机物的浓度可达到有毒的水平。人工湿地中污染物所需的氧主要来自大气自然复氧和植物输氧。有研究表明，水生植物的输氧速率远比依靠空气向液面扩散的速率大，植物的输氧功能对人工湿地降解污染物耗氧的补充量远大于由空气扩散所得氧量。植物输氧是植物将光合作用产生的氧气通过气道输送至根区的过程，该过程可在植物根区的还原态介质中形成氧化态的微环境。输送过程以及氧在湿地中的分布状态如图4-1所示（以芦苇床为例）。这种输氧作用使根毛周围形成一个好氧区域，其中好氧生物膜对氧的利用使离根毛较远的区域呈现缺氧状态，更远的区域则完全厌氧。这种连续呈现好氧、缺氧、厌氧的状态，相当于许多串联或并联的 A/A/O 处理单元，这样植物在为湿地系统输氧的同时，还可以通过硝化作用、反硝化作用及微生物对磷的过量积累作用使氮、磷从废水中去除。因此，水生植物在人工湿地去除铵、亚硝酸盐、硝酸盐、磷酸盐、SS 和 BOD 等方面间接或直接地起着重要作用。

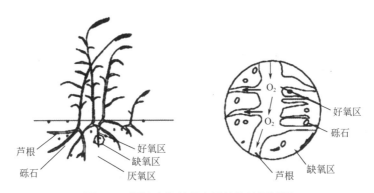

图4-1　湿地中氧的分布及植物输氧过程

4.4.3　为微生物提供栖息地

微生物是人工湿地净化污水的主要"执行者"，它们把有机质作为丰富的能源，将其转化为营养物质和能量。人工湿地中微生物的种类和数量是极其丰富的，因为人工湿地水生植物的根系常形成一个网络状的结构，并在植物根系附近形成好氧、缺氧和厌氧的不同环境，为各种不同微生物的吸附和代谢提供了良好的生存环境，从而为人工湿地污水处理系统提供了足够的分解者。很多湿地的大型挺水植物在水中部分能附生大量的藻类，这也为微生物提供了更大的接触表面积。研究表明，有植物的湿地系统细菌数量显著高于无植物系统，且植物根部的细菌比基质处高1～2个数量级。植物的根系分泌物还可以促进某些嗜磷、氮细菌的生长，促进氮、磷的释放、转化，从而间接提高净化率。

4.4.4　维持系统的稳定

维持人工湿地系统稳定运行的首要条件就是保证湿地系统水力传输，水生植物在这方面起了重要作用。植物根和根系对基质具有穿透作用，从而在基质中形成了许多微小的气室或间隙，减小了基质的封闭性，增加了基质的疏松度，使得基质的

水力传输得到加强和维持。成水平[6] 进行的人工湿地处理污水的试验中发现，经过
3～5个月的污水处理后，不种植物的对照土壤基质板结，发生淤积；而种有水烛和
灯芯草的人工湿地渗滤性能好，污水能很快地渗入基质。据报道，即使较板结的土
壤，在2～5年之内经过植物根系的穿透作用，其水力传输能力仍可与沙砾、碎石
相当。植物的生长能增强天然土壤的水力传输程度，且当植物成熟时，根区系统的
水容量增大。当植物的根和根系腐烂时，剩下许多的空隙和通道，也有利于土壤的
水力传输。有研究认为植物根系可维持湿地沙的疏松状态。也有研究表明，植物根
的生长和扩展，会在基质上层建立一个较密集的根区，从而使孔隙度下降[7]。

4.4.5 有机物的积累作用

人工湿地中有机物的来源主要是污水和植物，湿地系统中植物的年生长量是
相当高的，植物地上部分衰落时的残留物、根系及根系分泌物都有助于系统中有
机物积累量的增加，因而植物是系统中最大的额外有机物来源。研究实验表明，
种植植物的系统中积累的有机物量比在相同条件下没种植植物的高$1.2～2kg/m^2$，
高出部分的有机物可能是由植物所贡献的。有机物的积累容易造成湿地系统的堵
塞。湿地系统在未达到平衡状态之前，堵塞仅仅依靠有机负荷；而当湿地系统达
到平衡、有机物积累达到一定程度之后，沉积在湿地表面的有机物形成了一层黑
色黏膜，包括厌氧分解产物（如多糖类物质和聚脲类物质）以及由于受低温限制
而没有发生化学变化的有机化合物，这导致了系统孔隙的外部堵塞。这种堵塞有
很大部分原因是植物向系统贡献了较多的有机物，因此选择合适的植物和对植物
进行定期收割以尽可能减少植物有机质在基质中的积累是解决湿地系统堵塞问题
的关键。定期收割植物还在一定程度上促进了N、P等营养元素的去除，这使其在
湿地去除富营养化成分时起很大的作用。

4.5 人工湿地植物的选择原则

湿地净化效果与观赏效果和湿地中植物的选择之间密不可分。当需要降低湿
地中的N（反硝化）和BOD_5时，那么在选择植物时应当考虑该植物是否能够为微
生物提供依附的根系以及较强的传递氧气能力；当吸附湿地中的N、P营养元素
和重金属时，那么在选择植物时应当侧重于选择那些生长迅速、富集能力强的类

型；当湿地中污染物种类多，去除过程比较缓慢时，应当选择多种类型植物彼此搭配以达到净化目的。除此之外，在选择植物时也应考虑植物的适地适种、植物的收割管理等。所以，在人工湿地前期设计时就应考虑好植物种类，这对于后期湿地植物景观营造与湿地污水净化至关重要[8]。

（1）耐污能力强，去污效果好　在湿地植物筛选中，首先要考虑的就是植物的耐污能力和去污效果。应当在提前了解湿地的污水性质后进行植物选择，如果选择的植物不合适，轻则无法达到净化污水的目的，重则导致植物死亡。例如相关研究人员将人工湿地中的香蒲叶放在凯氏氮浓度为54.5mg/L的污水中，结果发现香蒲叶枯黄甚至死亡，且这个过程很难恢复。此外，实验人员将一个厌氧的硝化系统与芦苇和香蒲组成的人工湿地放在一起，用来处理屠宰场的污水，结果发现污水中磷的含量不降反升。黄时达等[9]对芦苇、灯芯草和菖蒲这三种植物进行污水净化能力比较实验，实验结果显示净化能力最强的是灯芯草；高吉喜等[10]研究7种湿地植物的净化效率，实验结果表明慈菇和菱白效果较好。以上这些研究为今后在选择净化能力好、耐污能力强的湿地植物时提供了相关参考依据。

（2）根系发达　许多专家学者通过实验均证明了水生植物的净化能力与根系的生长状况呈正相关的关系，且相关性显著。原因有二，其一是人工湿地的净化效果与微生物的生长、根际的降解密切相关，而微生物的生长、根际的降解则依赖根系分泌物；其二是稳定的生态系统是湿地健康可持续发展的关键，而生态系统的稳定又依赖于植物根系在稳定床体、涵养水源、防止水土流失、为微生物提供栖息地等方面的作用。综上可知，植物根系对于湿地来说至关重要。微生物是去除污染物的主要成员，而水生植物的根部是微生物的主要附着区域。湿地的净化效果与根系发达程度呈正相关，水生植物的根系越发达、根系越长，它在人工湿地中的净化范围越大，净化效率越高。

（3）适应当地环境　适地适树是树种选择的一项原则。人工湿地中的植物选择同样需要考虑湿地所处地区的气候、光照、降雨、土壤等条件，强行使用植物只会造成浪费。一些经济不发达的国家，为了在植物应用上达到发达国家的效果，强行使用他国植物，却忽视本国潜力植物，最终却没有达到预期的效果。成水平等[11]对香蒲、灯芯草的使用地区进行研究，发现它们在武汉及北纬30°附近的人工湿地生长较好，特别是灯芯草在冬季生长良好，因此是该区域首选的净水植物，而生长在深圳白泥坑水源保护的人工湿地中的灯芯草却因长势不好遭到淘汰。

（4）有一定的经济价值　在建造人工湿地时不仅要考虑它的生态美、景观美，也要考虑它的经济价值，这样有助于实现可持续发展，欧美国家在许多年前就已经采用这一模式，并取得优异成果，发展中国家本身在人工湿地发展方面就落后，这一理念目前还没有推广开来。黄时达等[9]在四川地区用灯芯草进行污水试验时发现其治理效果较好，同时发现当地农民将灯芯草作为经济作物种植，后期编织成草席出售并由此获得一定的经济收入。由文辉等[12]证明，将水雍菜和水芹菜轮作，每年在每单位平方米的种植范围内可减少TN 204.8g、TP 24.62g，同时可增获蔬菜50kg，试验发现Cu、Cd、Pb和Zn在水雍菜和水芹菜茎叶部的含量均处在可食用的范围内。综上可知，水生植物水雍菜和水芹菜兼具环境效益和经济效益。

（5）合理搭配不同植物物种 生态系统的稳定性与物种多样性呈正相关。但植物并非随意地杂糅，否则可能会适得其反，因此在植物搭配方面要更为合理，应避免植物之间的相互抑制。主要考虑以下两个方面：其一是植物之间对光、水、生长空间和营养等资源的竞争；其二是植物本身释放化感物质，抑制周围植物的生长。此外，植物在枯落后被微生物分解以及雨水处理后会释放一些化感物质，从而影响其他植物的正常生长，如宽叶香蒲新芽的萌发和新苗的生长会受自身枯枝烂叶腐烂的阻碍。

4.6 人工湿地植物种类简介及栽培特点

根据植物品种的特性与应用现状将人工湿地植物划分为水生、湿生、陆生三大类型，在此基础上分别对三大类型的植物种类、栽培特点等进行介绍，旨在为人工湿地技术人员提供植物分类、植物识别、工程配置等技术参考。

4.6.1 水生类型

4.6.1.1 挺水植物

挺水植物的根、根茎生长在水的底泥之中，茎、叶挺出水面；其常分布于0～1.5m的浅水处。常见的挺水植物有如下几种。

（1）芦苇（*Phragmites communis*）

① 水质净化特点。芦苇有保土固堤的作用，可以防止水土流失。大面积的芦苇不仅可以调节气候，还可以涵养水源，所形成的良好的湿地生态环境可为鸟类提供栖息地。芦苇的叶、茎、根状茎都具有通气组织，有净化污水的作用。

② 形态特征。芦苇（图4-2）多年生，根状茎十分发达。秆直立，高1～3m，直径1～4cm，具20多节，基部和上部的节间较短，最长节间位于下部第4～6节，长20～25cm，节下被腊粉。叶鞘下部短于其上部，长于节间；叶舌边缘密生一圈

图4-2 芦苇（*Phragmites communis*）

长约1mm的短纤毛，两侧缘毛长3～5mm，易脱落；叶片披针状线形，长30cm，宽2cm，无毛，顶端长渐尖成丝形。

③栽培管理。由于芦苇田不能翻耕和施底肥，土壤中养分不能完全满足芦苇生长的需要。应在芦苇刚进入生长盛期进行施肥。施用的肥料主要是尿素、磷肥、钾肥，还可施用植物生长调节剂丰产露等。叶面喷施0.5%的尿素（亩用量1kg）、0.4%的磷酸二氢钾，亩产分别达到1000kg和1100kg，比未喷施的分别提高32%和40%。

（2）千屈菜（*Lythrum salicaria*）　千屈菜（图4-3）又称水柳、水枝柳和水枝锦，为千屈菜科千屈菜属。原产欧洲和亚洲暖温带，因此喜温暖、光照充足、通风好的环境，喜水湿，我国南北各地均有野生，多生长在沼泽地、水旁湿地和河边，沟边。现各地广泛栽培。比较耐寒，在我国南北各地均可露地越冬。

①景观特点。千屈菜生长整齐清秀，花色艳丽，花期较长，是很好的水景景观装饰材料且其生物量稳定易管理。

②水质净化特点。有发达的根系，且根部着生有白色的气囊，具有很强的泌氧能力。

③形态特征。千屈菜为多年生挺水宿根草本植物。株高40～120cm。叶对生或轮生，披针形或宽披针形，叶全缘，无柄。长穗状花序顶生，多而小的花朵密生于叶状苞腋中，花玫瑰红色或蓝紫色，花期6～10月份。

④栽培管理。千屈菜生命力极强，管理也十分简单，但要选择光照充足、通风良好的环境种植。于浅水区种植，株行距30cm×30cm。生长期要及时拔除杂草，保持水面清洁。为增强通风可剪除部分过密过弱枝，及时剪除开败的花穗，促进新花穗萌发。在通风良好、光照充足的环境下，一般没有病虫害，在过于密植通风不畅时会有红蜘蛛危害，可用一般杀虫剂防除。不用保护可自然越冬。一

图4-3 千屈菜（*Lythrum salicaria*）

般2～3年要分栽一次。

⑤ 繁殖方法。千屈菜可用播种、扦插、分株等方法繁殖，但以扦插、分株为主。扦插应在生长旺期6～8月份进行，剪取嫩枝7～10cm，去掉基部1/3的叶子插入无底洞装有鲜塘泥的盆中，6～10d生根，极易成活。分株在早春或深秋进行，将母株整丛挖起，抖掉部分泥土，用快刀切取数芽为一丛另行种植。

（3）花菖蒲（*Iris kaempferi*） 鸢尾科鸢尾属，别名玉蝉花（图4-4）。

① 景观特点。花菖蒲色翠绿，叶片剑形，花色丰富多彩，既可观叶又可观花，是很好的水景景观装饰材料。

② 水质净化特点。根系发达。

③ 形态特征。多年生宿根挺水型水生花卉。根状茎短而粗，须根多并有纤维

图4-4 花菖蒲（*Iris kaempferi*）

状枯叶梢，叶基生，长40～90cm，线形，宽10～18cm。花葶直立，花期4月下旬至5月下旬，花色丰富，有红、白、紫、蓝等色。以日本栽培最盛，已育出一百多个品种。

同属植物有溪荪（*I. sanguinea*），产于我国东北、日本、朝鲜、俄罗斯。花大，天蓝色。自然生长于沼泽地、水边和坡地。

燕子花（*I. laevigata*）产于我国东北、日本、朝鲜、俄罗斯。花大，蓝紫色。叶明显无中肋，较柔软。

黄菖蒲（*I. pseudacorus*）原产于欧洲，我国各地常见栽培。花黄色，喜水湿，在水畔及浅水中生长，也可旱栽。有斑叶、大花、重瓣等变种。

西伯利血亚鸢尾（*I. sibirica*）原产于欧洲。根状茎粗壮，丛生性强。花蓝紫色，喜湿，也耐旱。

④ 产地和生长习性。产于我国东北、日本、朝鲜、俄罗斯。自然生长于水边湿地。性喜温暖湿润，强健，耐寒性强，露地栽培时，地上茎叶不完全枯死。对土壤要求不严，土质疏松肥沃时生长良好。

⑤ 栽培管理。选择地势低洼或浅水区种植，株行距为25cm×30cm，栽植深度以土壤覆盖植株根部为宜，栽植初期水尽量浅些，防止种苗漂浮，以利于尽快扎根。生长期可用速效肥雨中撒施，水位应保持10cm左右，不能浸没整个植株。常见的病虫害有花腐病、白绢病、叶斑病，可用波尔多液、代森锌、多菌灵防治。一般2～3年分栽一次。

⑥ 繁殖方法。花菖蒲可用播种和分株繁殖。播种分春播和秋播两种，播种易产生变异，用于选育品种。分株可在春季、秋季或花后进行。

（4）水生美人蕉（*Canna glauca* L.） 美人蕉科美人蕉属。

① 景观特征。水生美人蕉（图4-5）茎叶茂盛，花色丰富，艳丽，花期长，是观花、观叶良好的花卉植物。

图4-5　水生美人蕉（*Canna glauca* L.）

② 水质净化功能。根系发达，生长迅速，可大量吸收水中氮磷等营养物质。

③ 形态特征。水生美人蕉是多年生大型草本植物，株高1～2m。叶片长披针形，蓝绿色。总状花序顶生，多花；雄蕊瓣化；花径大，约10cm；花呈黄色、红色或粉红色；温带地区花期4～10月份，热带和亚热带地区全年开花。地上部分在温带地区的冬季枯死，根状茎进入休眠期，热带和亚热带地区终年常绿。

④ 产地和生长习性。原产于美洲。生性强健，适应性强，喜光，怕强风，适宜于潮湿及浅水处生长，于肥沃的土壤或沙质土壤中都可生长良好。生长适宜温度为15～28℃，低于10℃不利于生长。在原产地无休眠期，周年生长开花；在北方寒冷地区冬季休眠，根茎需温室保护越冬。

⑤ 栽培与管理。可选择池边湿地或浅水处挖穴丛植，将块茎埋入土中，覆土7～10cm，栽后保持湿度或浅水。水生美人蕉应选择在温暖湿润、阳光充足的环境栽培，及时清除杂草及基部的老叶、枯叶，保持株形整体美观。北方地区冬季寒冷，应在每年10月下旬前清除地上茎叶，挖出块茎，稍加晾晒，放到地窖中或温室内用沙土堆藏，温度保持在5～7℃。

⑥ 繁殖方法。可有性繁殖和无性繁殖。有性繁殖即用种子繁殖，培育新品种多用此法。在3～4月份于室内播种，其种皮坚硬，播前需用钢锉锉破种皮，用温水浸泡1d，然后将种子捞出控干水再播。播后覆土深度是种子直径的1～2倍，覆土后将表面整平压实，盆浸透水后盖上玻璃，保持湿度，温度在20～25℃，10～20d可发芽。真叶长出2～3片后移栽。无性繁殖用分割块茎的办法栽植。3～4月份取出土中块茎，清除杂物，用铁锹或快刀进行分割，每个块茎具有一个健壮的芽子，作繁殖材料。

4.6.1.2　浮水植物

浮水植物也称漂浮植物，是漂浮于水中生长或根固定在水底、叶浮在水面的水生高等植物。常见的浮水植物有凤眼莲、浮萍等。

（1）凤眼莲（*Echhornia crassipes*）　俗名水葫芦（图4-6），为雨久花科凤眼莲属，原产地为美洲。20世纪，因为人类的传播，凤眼莲被带往世界各地。我国的凤眼莲是在19世纪50年代由日本引进的，引入我国最根本的原因是其漂亮的紫色花朵具有极强的观赏性。

① 形态特征。浮水草本，高30～60cm。须根发达，棕黑色，长达30cm。茎极短，具长葡萄枝，葡萄枝淡绿色或淡紫色，与母株分离后长成新植物。叶在基部丛生，呈莲座状排列，一般5～10片；叶片圆形、宽卵形或宽菱形，长4.5～14.5cm，宽5～14cm，顶端钝圆或微尖，基部宽楔形或在幼时为浅心形，

　💧　人工湿地技术及应用——以黄河流域为例

图4-6 凤眼莲（*Echhornia crassipes*）

全缘，具弧形脉，表面深绿色、光亮，质地厚实，两边微向上卷，顶部略向下翻卷；叶柄长短不等，中部膨大成囊状或纺锤形，内有许多多边形柱状细胞组成的气室，维管束散布其间，黄绿色至绿色，光滑；叶柄基部有鞘状苞片，长8～11cm，黄绿色，薄而半透明。

② 生长习性。喜欢温暖湿润、阳光充足的环境，适应性很强。适宜水温18～23℃，超过35℃也可生长，气温低于10℃停止生长；具有一定耐寒性。喜欢生长于浅水中，在流速不大的水体中也能够生长，随水漂流。繁殖迅速。开花后，花茎弯入水中生长，子房在水中发育膨大。

③ 水质净化功能。凤眼莲是监测环境污染的良好植物，它可监测水中是否有As存在，还可净化水中Hg、Cd、Pb等有害物质。在生长过程中能吸收水体中大量的N、P以及某些重金属元素等，凤眼莲对净化含有机物较多的工业废水或生活污水等水体效果更加理想。

（2）浮萍（*Lemna minor* L.） 为浮萍科浮萍属飘浮植物。如图4-7所示。

① 形态特征。茎不发育，以圆形或长圆形的小叶状体形式存在；叶状体绿色，扁平，稀背面强烈凸起。叶不存在或退化为细小的膜质鳞片而位于茎的基部。根丝状，有的无根。很少开花，主要为无性繁殖，适应于温暖湿润的气候。在气温23～33℃条件下，植株生长最适，繁殖亦迅速，低温或高温都不利于植株的正常生长。在叶状体边缘的小囊（侧囊）中形成小的叶状体，幼叶状体逐渐长大从小囊中浮出。新植物体或者与母体相联在一起，或者后来分离。花单性，无花被，着生于茎基的侧囊中。

② 水体净化作用。在园林用途中，主要应用于庭园水景和盆栽观赏；能吸收水体中的N和P元素，起到净化水体的作用。

图4-7　浮萍（*Lemna minor* L.）

4.6.1.3　浮叶植物

浮叶植物生于浅水中，叶浮于水面，根长在水底泥土中，特点如下：

① 其体内多储藏有较多的气体，使叶片或植物体能平稳地漂浮于水面；

② 能遮蔽射入水中的阳光，抑制水藻的生长；

③ 能吸收水里的矿物质；

④ 漂浮植物的生长速度很快，能更快地提供水面的遮盖装饰。

不足：浮叶植物的根系部分因为缺乏氧气，容易发黑发臭。

常见的浮叶植物有睡莲、荇菜等。

（1）睡莲（*Nymphaea tetragona*）　睡莲（图4-8）是多年生浮叶型水生草本植物。

① 形态特征。根状茎短粗。叶纸质，心状卵形或卵状椭圆形，长5～12cm，宽3.5～9cm，基部具深弯缺，约占叶片全长的1/3，裂片急尖，稍开展或几重合，

图4-8　睡莲（*Nymphaea tetragona*）

全缘，上面光亮，下面带红色或紫色，两面皆无毛，具小点；叶柄长达60cm。花直径3～5cm；花梗细长；花萼基部四棱形，萼片革质，宽披针形或窄卵形，长2～3.5cm，宿存；花瓣白色，宽披针形、长圆形或倒卵形，长2～2.5cm，内轮不变成雄蕊；雄蕊比花瓣短，花药条形，长3～5mm；柱头具5～8辐射线。浆果球形，直径2～2.5cm，为宿存萼片包裹；种子椭圆形，长2～3mm，黑色。花期6～8月份，果期8～10月份。

② 生长习性。生于湖泊、池沼中，性喜阳光充足、温暖潮湿、通风良好的环境。耐寒，睡莲能耐-20℃的气温（水下泥土中不结冰）。为白天开花类型，早上花瓣展开，午后闭合。稍耐阴，在岸边有树荫的池塘，虽能开花，但生长较弱。对土质要求不严，pH值6～8均生长正常，但喜富含有机质的壤土。生长季节池水深度以不超过80cm为宜，有些品种可达150cm。

③ 水体治理中的作用。睡莲根能吸收水中的Hg、Pb、苯酚等有毒物质，还能过滤水中的微生物，是难得的水体净化植物材料，在城市水体净化、绿化、美化建设中备受重视。

（2）荇菜［*Nymphoides peltatum*（Gmel.）O.Kuntze）］ 荇菜（图4-9）属浅水性植物。茎细长柔软而多分枝，匍匐生长，节上生根，漂浮于水面或生于泥土中。叶片形似睡莲，小巧别致，鲜黄色花朵挺出水面，花多且花期长，是庭院点缀水景的佳品。

① 形态特点。多年生水生植物，枝条有二型，长枝匍匐于水底，如横走茎；短枝从长枝的节处长出。叶柄长度变化大，叶卵形，长3～5cm，宽3～5cm，上表面绿色，边缘具紫黑色斑块，下表面紫色，基部深裂成心形。花大而明显，是荇菜属中花形最大的种类，直径约2.5cm，花冠黄色，五裂，裂片边缘呈须状，花

图4-9　荇菜［*Nymphoides peltatum*（Gmel.）O.Kuntze］

冠裂片中间有一明显的皱痕，裂片口两侧有毛，裂片基部各有一丛毛，具有五枚腺体；雄蕊五枚，插于裂片之间，雌蕊柱头二裂。果实和种子也是荇菜属中较特别的一个种类，子房基部具5个蜜腺，柱头2裂，片状。蒴果椭圆形，不开裂。果实扁平，种子也是扁平状且边缘有刚毛；而同属的其他种类果实为椭圆体，种子则为透镜状。

② 生长习性。荇菜生于湖泊、沟渠、稻田、池沼、河流或河口等平稳水域。荇菜适宜水深为20～100cm；其根和横走的根茎生长于底泥中，茎枝悬于水中，生出大量不定根，叶和花飘浮于水面。水干涸后，其茎枝可在泥面匍匐生根，向四周蔓延生长。通常群生，呈单优势群落。荇菜适生于多腐殖质的微酸性至中性的底泥和富营养的水域中，适宜土壤pH值为5.5～7.0。

③ 分布情况。原产于中国，分布广泛，从温带的欧洲到亚洲的中国、印度、日本、韩国、朝鲜等地区都有它的踪迹。在中国新疆、西藏、青海、甘肃均有分布，常生长在池塘边缘，用来绿化水面。

4.6.1.4　沉水植物

沉水植物是由根、根须或叶状体固着在水下基质上，其叶片也在水面下生长的大型植物。它们的根有时不发达或退化，植物体的各部分都可吸收水分和养料，通气组织特别发达，有利于在水中缺乏空气的情况下进行气体交换，这类植物的叶子大多为带状或丝状。如：黑藻（*Hydrilla verticillata*）、金鱼藻（*Ceratophylla demersum*）、菹草（*Potamogeton crispus*）等。

常见的沉水植物有苦草、黑藻、金鱼藻、菹草、竹叶眼子菜等。

（1）苦草（*Vallisneria natans*）　别名蓼萍草、扁草（图4-10），为水鳖科苦草属，我国广泛分布，中南半岛、日本、马来西亚和澳大利亚也有分布。

图4-10　苦草（*Vallisneria natans*）

① 形态习性。无茎，有纤细的匍匐枝。叶基生，条形，长20～200cm，宽0.5～1cm，顶端钝，有细锯齿，中部以下全缘。生长于池塘、小河、溪沟中。广泛分布于世界温带地区，亦可栽培。苦草对水质的适应性较强，喜弱碱性水质，喜活水，不喜高温，耐寒，喜强光，生长对水质透明度要求较高。

② 工程应用。苦草常栽植应用于活水河道中，人工湿地工程中，苦草一般配置于末端强化工艺中，适宜的栽植季节为3月中旬至7月上旬，密度为8～10丛/m²，3～5株/丛。

（2）黑藻（*Hydrilla verticillata*）别名温丝草、灯笼薇、转转薇（图4-11），为水鳖科黑藻属，我国南北各地均有分布。

图4-11　黑藻（*Hydrilla verticillata*）

① 形态习性。茎分枝。叶4～8枚轮生，条状披针形，长1～2cm，边缘有细刺状锯齿或全缘，无柄，两面有红褐色小斑点。同属还有轮叶黑藻（*Hydrilla verticillata* var.*rosburghii*）、黑藻（原变种）（*Hydrilla verticillata* var.*verticillata*）。多生长在池塘、水沟、水田、湖泊中。我国南北各地均有分布，为世界广布种。可在玻璃水缸中种植供观赏。

② 工程应用。人工湿地工程中，黑藻一般配置于浅水生物塘及末端强化工艺中，适宜的栽植季节为3月中旬至7月上旬，密度为8～10丛/m²，5～7株/丛。

（3）金鱼藻（*Ceratophylla demersum*）见图4-12。属金鱼藻科金鱼藻属，分布于中国（东北、华北、华东、台湾）、蒙古、朝鲜、日本、马来西亚、印度尼西亚、俄罗斯及其他一些欧洲国家，北非及北美也有分布，为世界广泛种植。

① 形态习性。多年生沉水植物。茎细长，有分枝。叶无柄，一边有散生的刺状细齿，叶先端有二刺尖。根扎于泥土，茎叶生长于水中，浅水中可浮于水面，多生长于湖泊、池塘、水库、水沟等水域。全国各地均有分布，是优良的水生观

图4-12 金鱼藻（*Ceratophylla demersum*）

赏植物，可与养鱼结合，也可作为污水处理植物栽培。金鱼藻适应性较强，喜肥沃透明度较高的水体环境，喜光，喜静水环境。

② 工程应用。人工湿地系统中，金鱼藻常应用于末端强化塘或浅水生物塘系统中，适宜的栽培季节为3月中旬至8月上中旬，密度为8～10丛/m²，5～7株/丛。

（4）菹草（*Potamogeton crispus*） 别名虾藻（图4-13），属眼子菜科眼子菜属，我国南北均有分布。

① 形态习性。多年生沉水草本。具细长的根状茎，茎梢扁平，长可达1m以上，多分枝。披针形叶条状，长4～7cm，宽4～10mm，无柄，边缘有细齿，叶

图4-13 菹草（*Potamogeton crispus*）

缘呈波状。喜光照充足的环境，适应性较强，水体中常自然生长。莲草常在水深低于1m的优质水域环境中大量发生。植株常散生漂浮于水面。

② 工程应用。景观工程中，作为水域净化植物常有应用，对净化水质具有较好的作用。人工湿地中，一般配置于生物塘系统中。适宜的栽植时期为3月上旬至6月中下旬，密度为10～12丛/m²，4～6株/丛。

（5）竹叶眼子菜（*Potamogeton malaianus*） 别名马来眼子菜（图4-14），属眼子菜科眼子菜属，广布种，我国各地均有分布。

图4-14　竹叶眼子菜（*Potamogeton malaianus*）

① 形态习性。多年生沉水植物，地下茎发达。植株长可达1.5m以上。叶线状、披针形或长椭圆形，8～12cm长，叶片有长柄，托叶膜质，似竹叶，故称竹叶眼子菜。穗状花序顶生或假腋生。其生长喜光照，对水体的透明度要求较高。

② 工程应用。人工湿地工程中，常作为生物塘或末端强化塘工艺的配置植物应用，适宜的栽植时期为3月上中旬至6月，其生长要求水深1m以上。适宜的栽植密度为4～6丛/m²，5～7株/丛。

4.6.2　湿生类型

4.6.2.1　湿生草本

常见的湿生草本植物如下。

（1）野芋（*Colocasia antiquorum*） 别名滴水参、天南星、白附子、禹白附（图4-15），为天南星科海芋属。中国特有物种，产于河北、山东、吉林、辽宁、河南、湖北、陕西、甘肃、四川至西藏南部，辽宁、吉林、广东、广西有栽培。

① 形态特征。多年生湿生草本。地下茎球形，具肉质须根，肉质根上还有细

图4-15 野芋（*Colocasia antiquorum*）

须根。叶柄肥厚，常呈紫色，长50～100cm，基部呈开裂的叶鞘；叶片盾状着生，基部戟形或深心形，全缘，长可达50cm；从叶柄着生处分出三条主脉，上部一条为中肋，下部两条平行向下分叉，两边各有侧脉8～10条，有边脉沿叶缘呈环形。喜生河沟边湿润处或浅水地。

② 工程应用。丛植或片植于溪河边；可布置花境、岩石园，作为林下或林缘地被植物，丛植于高大建筑物背面阴湿处；也可在岸边潮湿处种植。

（2）水蓼（*Polygonum hydropiper*） 别名辣蓼、辣蓼草、红辣蓼、蓼子草（图4-16），为蓼科蓼属，生于湿地、水边或水中，我国大部分地区均有分布。

① 形态特征。一年生草本。茎红褐色，有膨大的节，多分枝。叶披针形或椭圆状披针形，有短柄，叶片长4～12cm，宽1～2cm，两端渐尖，全缘，常两面有腺点。顶生或腋生穗状花序，下垂；花被5，绿白色或淡红色，有腺点；雄蕊

图4-16 水蓼（*Polygonum hydropiper*）

6；花柱2～3。茎常为红褐色，花序有时为红色，下垂，有一定的观赏价值。

②工程应用　可以应用于人工湿地。

（3）水仙（*Narcissus* spp.）　别名凌波仙子、金盏银台、落神香妃、玉玲珑、金银台、姚女花（图4-17），属石蒜科水仙属。原产于中国，在中国已有1000多年栽培历史，水仙原分布在中欧、地中海沿岸和北非地区，中国的水仙是多花水仙的一个变种。

图4-17　水仙（*Narcissus* spp.）

①形态特征。多年生草本植物。鳞茎卵状至广卵状球形，外被棕褐色皮膜。叶狭长带状，全缘，面上有白粉。花葶自叶丛中抽出，高于叶面；花白色，芳香；花期1～3月份。水仙花性喜阳光、温暖，白天水仙花盆要放置在阳光充足的向阳处给予充足的光照。水仙在10～15℃环境下生长良好，约45d即可开花，花期可保持月余。

②工程应用。具有极高的观赏价值，可以水培，也可作为浮床栽培植物应用。

（4）三白草（*Saururus chinensis*）　别名水茛叶、水木通、五路白、白水鸡、白花照水莲、天性草（图4-18），属三白草科三白草属，分布于河北、河南、山东和长江流域及其以南各地。

①形态特征。宿根性多年生草本，株高25～100cm。叶互生，先端渐尖，基部耳状心形，在叶面下陷，背面隆起，绿色，花序下叶片常为乳白色或具乳白色斑。总状花序生于茎顶端与叶对生，淡黄绿色，花小，无花被，两性，蒴果小，顶端开裂。三白草性喜温湿环境，喜土壤肥沃，不耐荫蔽。喜生长于淡水湿地，多生于水田边、池塘边或水沟中。

②工程应用。三白草为乡土植物品种，园林水景工程中，作为景观植物配置应用较为广泛，效果也好。人工湿地工程中，一般作为垂直潜流湿地和表面流湿

图4-18　三白草（*Saururus chinensis*）

地系统的配置植物应用。适宜的栽植季节为3月上中旬至花前，适宜的栽植密度为 8 ～ 12株/m²。

4.6.2.2　湿生木本

常见的湿生木本植物如下。

（1）垂柳（*Salix babylonica*）　别名垂枝柳、倒挂柳、倒插杨柳（图4-19），属杨柳科柳属，分布于长江流域及其以南各省区平原地区，华北、东北有栽培，亚洲、欧洲及美洲许多国家都有悠久的栽培历史。

图4-19　垂柳（*Salix babylonica*）

① 形态特征。高大落叶乔木，高达18m，树冠倒广卵形。小枝细长下垂，淡黄褐色。叶互生，披针形或条状披针形，长8～16cm，先端渐长尖，具细锯齿，托叶披针形。喜光，喜温暖湿润气候及潮湿深厚的酸性及中性土壤。较耐寒，特耐水湿，但亦能生长于土层深厚的高燥地区。萌芽力强，根系发达，生长迅速。

② 工程应用。优秀的水景植物，应用广泛，也作固土护坡用。

（2）欧美杨（*Populus canadensis*） 别名加杨（图4-20），属杨柳科杨属，现广植于欧、亚、美各洲。19世纪中叶引入我国，各地普遍栽培，而以华北、东北及长江流域最多。

图4-20　欧美杨（*Populus canadensis*）

① 形态特征。本种系美洲黑杨与欧洲黑杨的杂交种，杂种优势明显，生长势和适应性均较强。性喜光，颇耐寒，喜湿润而排水良好的冲积土，对水涝、盐碱和瘠薄土地均有一定耐性，能适应暖热气候。对二氧化硫抗性强，并有吸收能力。生长快，在水肥条件好的地方，10年生以上的树木高可达20m以上，胸径可达30cm以上。萌芽力强。可采用种子或扦插繁殖，以扦插繁殖为主。

② 工程应用。耐水性好，可以作为人工湿地应用植物。

4.6.3　陆生类型

4.6.3.1　陆生草本植物

常见的陆生草本植物如下。

（1）羽衣甘蓝（*Brassica oleracea* var. *acephala*） 别名叶牡丹、牡丹菜、花包

图4-21　羽衣甘蓝（*Brassica oleracea* var. *acephala*）

菜、绿叶甘蓝（图4-21），属十字花科芸薹属，原产于地中海沿岸至安纳托利亚一带。现广泛栽培，在英国、荷兰、德国、美国种植较多。

① 形态习性。二年生草本。茎短缩，密生叶片。叶片肥厚，倒卵形，被有蜡粉，深度波状皱褶，呈鸟羽状，美观。花序总状，虫媒花。喜冷凉气候，极耐寒，可忍受多次短暂的霜冻，耐热性也很强，生长势强，栽培容易，喜阳光，耐盐碱，喜肥。播种繁殖。

② 工程应用。宜在花坛、花境、草坪中种植，可作为空旷地或林缘地被植物，也可在水边种植。还可以作为潜流人工湿地冬季套种植物。

（2）金盏菊（*Calendula officinalis*）　别名金盏花、黄金盏、长生菊、醒酒花、金盏、常春花（图4-22），属菊科金盏菊属，原产于欧洲南部，现世界各地都有栽培。

① 形态习性。一年生或越年生草本，全株具毛。叶互生，呈长椭圆形，基部抱茎。花为顶生头状花序，单生。花期以2～4月份最好，夏季也开花，其他各月均有零星花开。喜阳光充足环境，适应性较强，生长快，能耐-9℃低温，怕炎热天气。不择土壤，以疏松、肥沃、微酸性土壤最好。能自播，以播种繁殖为主，也可扦插繁殖。

② 工程应用。金盏菊是早春园林中常见的草本花卉，适用于广场、花坛、花带布置，也可作为草坪的镶边花卉或盆栽观赏，还可以作为潜流人工湿地冬季套种植物。

（3）虎耳草（*Saxifraga stolonifera*）　别名石荷叶、金线吊芙蓉、金丝荷叶、耳朵红、老虎草（图4-23），属虎耳草科虎耳草属，原产地为中国，分布于华东、

图4-22　金盏菊（*Calendula officinalis*）

中南、西南、河北、陕西、甘肃等地，朝鲜、日本也有分布。

① 形态习性。多年生常绿草本。根纤细；匍匐茎细长，紫红色，有时生出叶与不定根。叶基生，通常数片；叶片肉质，圆形或肾形，两面被柔毛。花茎高达25cm，直立或稍倾斜；圆锥状花序，花期5～8月份。喜阴凉潮湿，土壤要求肥沃、湿润，以茂密多湿的林下和阴凉潮湿的坎壁上生长较好。分株繁殖。

② 工程应用。可全年观叶，并可布置山水盆景。可在老绿地大乔木下种植作地被植物使用，也可在建筑或岩石旁栽植，更显效果。四季常绿，叶形美观，可种植于潜流人工湿地湿生环境。

图4-23　虎耳草（*Saxifraga stolonifera*）

（4）玉簪（*Hosta plantaginea*）　别名玉春棒、白鹤花、玉泡花、白玉簪（图4-24），属百合科玉簪属，原产于中国及日本，分布于中国四川、湖北、湖南、江苏、安徽、浙江、福建及广东，现欧美各国多有栽培。

图4-24　玉簪（*Hosta plantaginea*）

① 形态习性。多年生宿根草本，株高30～50cm。叶基生成丛，卵形至心状卵形，基部心形，叶脉呈弧状。总状花序顶生，高于叶丛，花为白色，管状漏斗形，浓香，花期6～8月份。耐寒冷，性喜阴湿环境，不耐强烈日光照射。多采用分株繁殖，亦可播种繁殖。

② 工程应用。可用于树下作地被植物，或植于岩石园或建筑物北侧，也可在林缘、石头旁、水边种植，具有较高的观赏效果，常用于湿地及水岸边绿化。

（5）萱草（*Hemerocallis fulva*）　别名黄花菜、金针菜（图4-25），属百合科萱草属，原产于中国、西伯利亚、日本和东南亚，主要分布于中国长江流域。

图4-25　萱草（*Hemerocallis fulva*）

① 形态习性。多年生宿根草本。具短根状茎和粗壮的纺锤形肉质根。叶基生，宽线形，对排成两列，长可达50cm以上，背面有龙骨状突起，嫩绿色。花葶细长坚挺，高60～100cm，有花6～10朵，呈顶生聚伞花序。花期6月上旬至7月中旬。耐寒，华北可露地越冬。适应性强，喜湿润也耐旱，喜阳光又耐半阴。对土壤选择性不强，但以富含腐殖质、排水良好的湿润土壤为宜。宜分株繁殖。

② 工程应用。花色鲜艳，栽培容易，且春季萌发早，绿叶成丛极为美观。多丛植于花境、路旁、水边。萱草类耐半阴，故可作疏林地被植物。

（6）紫鸭趾草（*Setcreasea pallida*） 别名紫竹梅、紫锦草（图4-26），属鸭趾草科鸭趾草属，原产于墨西哥。

① 形态习性。一年生草本，高20～50cm。茎多分枝，带肉质，紫红色，下部匍匐状，节上常生须根，上部近于直立。叶互生，披针形，长6～13cm，宽6～10cm，先端渐尖，全缘，基部抱茎而成鞘，鞘口有白色长睫毛，花期夏秋。喜温暖、湿润，不耐寒，忌阳光暴晒，喜半阴，对干旱有较强的适应能力，适宜

图4-26　紫鸭趾草（*Setcreasea pallida*）

于肥沃、湿润的壤土。

② 工程应用。紫鸭趾草耐水性较好，因此可以种植在潜流人工湿地环境。

4.6.3.2　陆生木本植物

常见的陆生木本植物如下。

（1）木槿（*Hibiscus syriacus*） 别名无穷花、沙漠玫瑰（图4-27），属锦葵科木槿属，原产于中国、印度、叙利亚，现在全世界均有栽培。

① 形态习性。落叶灌木或小乔木，高2～3m，多分枝。叶三角形或菱状卵形，有时中部以上有3裂。花大，单生于叶腋，直径5～8cm，单瓣或重瓣，有白、

图4-27　木槿（*Hibiscus syriacus*）

粉红、紫红等花色，花瓣基部有时呈红色或紫红色，花期6～9月份。喜阳光也能耐半阴，惟忌干旱，生长期需适时适量浇水，经常保持土壤湿润。萌蘖力强，耐修剪。幼苗生长快，开花结实也早。易栽培，播种或扦插繁殖。

②工程应用。用于公共场所花篱、绿篱及庭院布置，墙边、水滨种植也很适宜。木槿不仅花外形美观，而且耐污能力强，其根系在生长期生长迅速，发根速率快，由于耐水性极强，因此可以种植在潜流人工湿地环境。

（2）木芙蓉（*Hibiscus mutabilis*）　别名芙蓉花、拒霜花、木莲、地芙蓉、华木（图4-28），属锦葵科木槿属，原产于中国，黄河流域至华南各地均有栽培，尤以四川、湖南为多。

①形态习性。落叶灌木或小乔木，枝干密生星状毛，叶互生，花朵大，单生于枝端叶腋，有红、粉红、白等花色，花期8～10月份。喜温暖湿润和阳光充足的环境，稍耐半阴，有一定的耐寒性。对土壤要求不严，但在肥沃、湿润、排水

图4-28　木芙蓉（*Hibiscus mutabilis*）

　　人工湿地技术及应用——以黄河流域为例

良好的沙质土壤中生长最好。以扦插、分株或播种进行繁殖。

②工程应用。木芙蓉花色艳丽，秋季开花，花色丰富，是优良的观花树种。常于湿地驳岸造景，景观效果极佳。木芙蓉根系发达，对环境适应性强，因此在人工湿地配置时多应用于潜流人工湿地。

（3）夹竹桃（*Nerium indicum*）　别名柳叶桃、半年红（图4-29），属夹竹桃科夹竹桃属，原产于印度、伊朗和阿富汗，现广植于热带及亚热带地区，我国各省均有栽培。

图4-29　夹竹桃（*Nerium indicum*）

①形态习性。常绿大灌木，高达5m。叶3～4枚轮生，在枝条下部为对生，窄披针形，长11～15cm，宽2～2.5cm；侧脉扁平，密生而平行。聚伞花序顶生，花萼直立，花期6～10月份。喜光，喜温暖湿润气候，在湖南较耐寒，耐旱性与耐水性都强，适应性极强。繁殖栽培方式一般多为扦插或压条繁殖，也可水插，易生根。

②工程应用。多见于公园、厂矿、行道绿化，各地庭院常栽培作观赏植物。夹竹桃抗性极好，且生物量大，可作为表面流人工湿地系统的配置植物进行应用。

4.7　湿地对水体的改善与修复

4.7.1　人工湿地对工业废水的处理

广安市某工业园区污水处理厂计划分为三期进行施工，规划建设占地150亩（1亩 = 667m²），投资金额达3亿元，计划日处理水量2.5×10⁴t。首期工程已于2017正式开始运营，设计日处理水量约为1×10⁴t，实际日处理量约8000t。该工业园区以机械加工、发展医药、食品酒类为主导产业,电子电器、新型建材、轻纺服装、物流等为辅助产业。该工业园区污水原则上由企业自建污水处理设施处理至同时达到《污水排入城市下水道水质标准》(CJ 3082—1999)和《污水排放综合标准》(GB 8978—1996)三级排放标准后,排入工业园区污水管网,最后污水处理厂对排入的污水进行处理。排入污水满足一级 A 标准后进入生态深度处理工程的高效垂直流人工湿地进行净化处理,处理后的污水满足Ⅲ类水质标准后直接排放。人工湿地主要工艺设计参数见表4-6。人工湿地平面布置见图4-30。

表4-6　主要工艺设计参数

指标	参数	指标	参数
设计进水 COD	10mg/L	设计进水 BOD	4mg/L
BOD 表面负荷	0.006kg/(m²·d)	湿地实际建筑面积	24566 m²
湿地有效面积	20000m²	深度	1.4m,坡度 1%
填料	沙、鹅卵石、碎石	主要填料	砻笆岩填料
次要填料	页岩陶粒、泥土陶粒	辅助填料	钢渣、活性炭、固定化微生物专性填料
固体纯菌	好氧消泡菌、兼性消泡菌、除臭菌、厌氧菌(产甲烷菌)、硝化菌、反硝化菌		
水生植物	美人蕉、芦苇、风车草、再力花、香根草、千蕨菜		
布水负荷	$q=Q/S=1/2=0.5$m³/(m²·d)(Q 为设计日处理污水量;S 为湿地系统占地面积)		

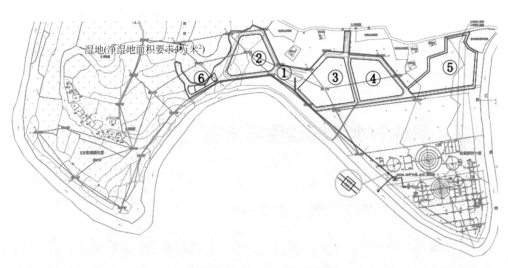

图4-30　人工湿地平面布置

①—分水池;②—A 区湿地;③—B 区湿地;④—C 区湿地;⑤—D 区湿地;⑥—跌水区

根据相关要求，处理后水质主要指标（不含TN指标）按《地表水环境质量标准》（GB 3838—2002）Ⅲ类标准水质指标确定，具体见表4-7。

表4-7　GB 3838—2002 Ⅲ类标准

指标	pH	COD$_{Cr}$/（mg/L）	BOD$_5$/（mg/L）	SS	NH$_4^+$-N/（mg/L）	TP/（mg/L）
标准值	6～9	≤ 20	≤ 4	—	≤ 1.0	≤ 0.2

2018年9月至2019年1月连续监测时间内，广安市某工业园区污水处理厂出水经过人工湿地系统深度处理后，出水COD、NH$_4^+$-N、TP等指标均能达到Ⅲ类标准要求。其中，出水COD浓度基本稳定在15mg/L左右，出水NH$_4^+$-N浓度基本维持在0.2～0.8mg/L之间，出水TP浓度稳定在0.1～0.2mg/L之间，各指标均低于Ⅲ类标准，排放达标。根据2018年9月到2019年1月期间对人工湿地系统进出水水质的长期跟踪监测，发现出水COD、NH$_4^+$-N、TP等指标基本均能达到Ⅲ类标准要求，且5个月均能稳定达标排放。其中COD去除率基本维持在40%左右；氨氮去除率（仅2019年1月）基本维持在40%以上；TP去除率基本维持在45%左右。由于温度的影响，虽然人工湿地系统在秋季的处理效果要好于冬季，但是出水在秋冬两季都能稳定达到Ⅲ类标准要求。综上，运用人工湿地技术对工业废水进行深度处理可行，同时具备较强的稳定性与达标率。

4.7.2　人工湿地对农村生活污水的处理

位于陕西省杨凌示范区西北部的五泉镇，北临渭河，向西则与宝鸡扶风县相接，地处关中平原腹地，辖毕公、椒生、绛南、绛中、蒋家寨、周李等诸多行政村，是陕西省一个以农业发展和人文旅游为特色的重点建设集镇。镇区总面积达32.2km^2，人口超过3万人。

本研究主要根据各村现存的污水管路设计与施工资料和对施工管理人员的采访，以及实地考察、监测等方式确定污水的发生与排放特征。调研村落包括周李村、姜塬村、毕公村等。毕公村整体地形呈现出北高南低的趋势。村政府门前南北向道路已进行硬化改造，马援祠广场内道路铺有地砖，其余村内道路均未改造。入村道路两边均设有宽度为50cm左右的排水明渠，大部分村民将院内日常生活污水通过此沟渠排放入原有污水处理设施，但仍有一部分村民将污水随意散排，使其流入周边土地。个别渠段不能得到及时清理维修，导致排水不畅。久而久之，由于垃圾堵塞，渠段周围易形成臭水坑，滋生蚊蝇。村内原有水处理设施为村委会向西200m处三格化粪池，现已废弃。为缓解村内用水紧张问题，在马援祠广场开凿涝池作为村中储水空间。但涝池地处低洼，且池底已做硬化处理，每到雨季，积水严重直至溢出，村委会前道路积水严重，积水倒灌问题严重困扰村民日常生活。村庄现有排水体制落后，雨水管网覆盖率低，径流污染严重。村庄的雨污水处理设施均未最大限度利用，处理量和处理效率低。

毕公、姜嫄、周李等村内超过80%的村民家中仍使用旱厕，农户定期通过淘粪车对厕所粪便清掏外运。随着生活水平的提高，一部分村民家中改用冲水厕所，粪便直接汇入排水管道，未建设具有粪便处理能力的水处理装置。调研结果显示，各村内排水方式均为雨污合流制，雨水口与污水管道相连，生活污水也经排水渠流入污水管道，最终一起流入周边农田或进入稳定塘。为达到对村内生活污水的净化作用和调蓄作用，各村均建有稳定塘，但调研发现最终进入稳定塘的污水已严重超出了其处理负荷，导致稳定塘基本无净化作用，逐渐转变成只具有储存污水的单一作用，无法达到原有设计处理目标。稳定塘内漂浮着各种生活垃圾，水体浑浊，散发恶臭，感官效果极差。污水渗入周边土地，严重污染地下水和地表水。

毕公村、周李村、姜嫄村的污水原水的氮磷含量差异不大，氨氮变化范围为1.0～1.9mg/L，总磷变化范围为3.0～4.0mg/L。三个村子污水原水的COD含量均严重超标，其平均值为698.2mg/L，甚至高达地表水Ⅴ类标准的数十倍。毕公村、周李村、姜嫄村的排污坑污水水质相差较大，周李村东集污坑的污水氮、磷水平低于其余三个集污坑取样点的水平，COD均在300mg/L以下。但是周李村的两个集污坑取样点的SS高于毕公村和姜嫄村。毕公村和姜嫄村的集污坑水样COD均高于500mg/L。各村排污坑污水取样点氨氮和总磷的平均含量与各村集水口原水基本持平。各取样点污水中的总磷平均值在3.5～4.0mg/L之间，均劣于地表水Ⅴ类标准。排污坑污水的COD平均值较集水口原水低300mg/L左右，排污坑污水取样点的SS含量相较于集水口原水普遍低50～100mg/L。这说明污水在各村庄现存的处理设施中能发生一定程度的沉降和降解作用。

试验材料为19个桶底直径27cm、桶高38cm、容积20L的塑料水培桶，塑料定植篮和厚3cm的聚苯乙烯泡沫板。设置3个试验组，分别用定植篮、泡沫板（直接漂浮于水面上）、人工气室（泡沫板和水面隔出3cm的孔隙，旨在培养出植物气生根）三种方法种植黄菖蒲、水葱、千屈菜、芦苇、麦冬五种植物，另设狐尾藻、水芙蓉、凤眼莲三种漂浮植物组和一个空白静置对照样。自然光照。试验期间植物生长状况良好。

针对湿地尾水后续水质深度净化问题和生活污水在处理过程中的产臭问题，为优化处理系统中的溶解氧环境，利用水培技术强化湿地植物。分别以定植篮、泡沫板、人工气室三种定植方式水培黄菖蒲、水葱、千屈菜、芦苇、麦冬，同时设有狐尾藻、水芙蓉、凤眼莲的漂浮植物系统对模拟关中地区农村生活污水进行静态水培试验。研究其对关中地区农村生活污水耐受性及净化效果，并分析不同植物水平和不同定植方式对水质净化效果的影响。同时对农村生活污水的产臭现象、原因和机理进行研究，分析可能出现的产臭物质，并对其进行收集，探究产臭现象及机理。

挑选长势良好，大小均匀的植物（株高均在25～30cm），用去离子水将根部泥土冲洗干净后，移入水培桶中，每桶均匀放入15～18棵。先用自来水培养两周，使其适应水生环境。待植物根部有浅色或白色须状水生根形成后，对其进行污水浓度梯度驯化。每阶段浓度驯化时间持续16d。本试验采用人工配水模拟关中地区农村生活污水，取样原水水质为：NH_4^+-N 35.5～45mg/L，NO_3^--N 2～3mg/L，TP 2.2～4mg/L，COD 35～500mg/L。初次配水16L后每天取水样1L，再补入1L相同浓度污水，并持续监测水质变化（表4-8）。

表4-8　水质指标试验分析方法

水质指标	分析方法
NH_4^+-N	纳氏试剂分光光度法
NO_3^--N	紫外分光光度法
NO_2^--N	N-（1-萘基）乙二胺分光光度法
COD	快速消解分光光度法
TP	钼锑抗分光光度法
DO/pH	SX751型四用测量仪

各供试植物系统对试验水质具有良好的处理效果，出水水质均能达到一级A排放标准；水培植物对三种浓度污水的净化效果表明，植物的最佳有机负荷为$3.91×10^{-3}$kg/（m^3·d）。三种定植方式的系统对NH_4^+-N的最终去除率在26%～73%之间，表现为定植篮＞人工气室＞泡沫板，以黄菖蒲最佳；对NO_3^--N的最终去除率在66%～98%之间，表现为泡沫板＞人工气室＞定植篮，以芦苇最佳；对TP和COD的最终去除率分别在20%～79%和47%～65%之间，均表现为定植篮＞人工气室＞泡沫板，分别以水葱和芦苇的处理效果最佳。漂浮植物对氨氮和硝态氮的去除率优于定植系统植物的平均水平。但是三种漂浮植物对总磷和COD的去除效果远低于挺水植物的水平，运行稳定性较差。种植不同植物的污水产臭程度不同；相较于产臭严重的麦冬，黄菖蒲、水葱、千屈菜、芦苇在反应过程中能够维持较好的氧化还原条件，有利于抑制臭味的发生；水培试验中各系统产臭量非常微小，对臭气收集的过程存在一定难度，建议通过更大规模的产气试验进行臭气收集并进一步分析研究。

鉴于此，拟建两级复合湿地设计（如图4-31所示），第一级为表面流潜流一体式湿地，第二级为兼氧湿地。为解决雨季雨水水量过大问题，第一级湿地设计为表面流潜流一体式人工湿地。表面流人工湿地过流阻力小，当来水水量大时，过流效果好。当水量过大时，潜流湿地在大水量作用下转为表面流运行，且泥沙被截留在湿地表面，可减小潜流湿地下部基质床堵塞风险。前端的表面流湿地兼具过滤、沉淀、截流的作用，减少了后续潜流湿地的堵塞问题。另外，针对由于沉砂池清掏不及时导致的沉砂池效果弱等问题，表面流湿地强化了对易堵塞湿地的颗粒态杂质的去除。

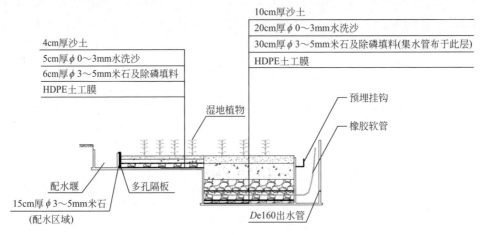

图4-31　两级复合湿地侧剖面图

人工湿地在选用湿地植物时宜选择适应性强、净化能力强、根系发达、对生态系统无害且具有一定物种优势的植物。与此同时，还可以对湿地植物进行合理的物种搭配，使其兼顾污水净化和景观效果双重目标，以此促进环境品位的提升。

4.7.3　人工湿地对城市河流的净化处理作用

作为全国五大淡水湖之一，巢湖物产丰富，舟楫便利，是长江下游重要的生态湿地、著名的鱼米之乡和抚育江淮儿女的母亲湖。20世纪80年代以来，巢湖污染逐步加重，逐步积聚的污染负荷超出了巢湖的承载能力，湖泊富营养化状况严重，成为国家水污染重点治理的"三河三湖"之一。由于历史原因，巢湖城区排水体系大多为雨污合流制，生活污水直接排河，部分城区河段（东环城河）还存在侵占河道种植蔬菜的现象，面源污染失控，再加上污染物持续释放，河道污泥富集严重。由此导致内城水系水质普遍较差，根据水质监测数据显示，双桥河、世纪大道中沟及西环城河污染十分严重，水质基本处于劣 V 类状况。1996年以来，

　　人工湿地技术及应用——以黄河流域为例

随着污染源治理，水质逐步好转，西半湖富营养化程度有所减轻。近年水质监测表明，巢湖水质总体为Ⅳ～Ⅴ类，富营养化水面已占全湖的60%左右。以忠庙—姥山—齐头咀一线为界，巢湖分为东半湖区、西半湖区。西半湖承接合肥市生活污水及工业废水，水体污染严重，水质一般在Ⅳ～Ⅴ类，总体处于中度富营养状态。东半湖处于轻度富营养状态，水质总体为Ⅲ～Ⅳ类，汛期水质相对较差，基本处于Ⅳ～Ⅴ类，偶尔出现蓝藻暴发，非汛期水质相对较好。

丁岗河水域面积约47956m^2，水深10～150cm，淤泥深50～150cm，水域宽约30～90 m，长约1.8 km，河道现有驳岸主要为自然驳岸和叠石驳岸，河道内部分区域芦苇、香蒲、粉绿狐尾藻等水生植物肆意生长，导致部分水域水体黑臭，水质指标显示为劣Ⅴ类水质，随着"巢湖市城市水环境质量改善研究与综合示范"的实施，水质逐渐得到改善。本部分选择安徽省巢湖市丁岗河作为研究对象，对人工湿地及其植物对城市水体的净化作用进行探究。针对河道污染现状，设计在整个工程区域利用已有沟渠、池塘系统规划构建复合人工湿地。通过涵管引西撇鸿沟河水至丁岗河湿地系统，旨在通过人工湿地的净化作用，去除所调入河水中的氮、磷和有机质，使改善后的水质达到地表水Ⅳ类，以满足城区河道补水要求。丁岗河区域拟采取复合流湿地系统和河道自净湿地系统相结合的水生态净化系统进行水质净化，具体工艺流程如图4-32所示。

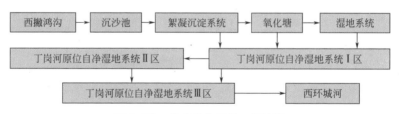

图4-32　生态净化系统工艺流程

本项目以巢湖市丁岗河作为研究对象，为满足丁岗河补水不足的问题，利用涵管将西撇鸿沟的河水输送至湿地系统，后流入丁岗河上游，从而使丁岗河水质得到补充和改善。根据填料的类型不同，湿地分为2组并联，每组湿地都由2个垂直流和2个潜流湿地串联组成（图4-33），每个湿地的尺寸均为4.0m×2.0m×1.5m，每个湿地都有单独的集水槽，湿地间用管道连接，便于取水和观察水质情况，回流设置在垂直和潜流中间，集水槽尺寸为0.7m×2.0m×1.5m，各填料厚度均为0.3m。第一组湿地配置为：美人蕉、再力花、菖蒲+碎石、砾石、沸石+两个垂直流+两个潜流+内循环。

丁岗河人工湿地位于巢湖东侧，需行使一定的泄洪排涝功能，水位时常变动，所以在湿地植物特别是水生植物选择上应尽量选择耐淹的品种（永久性和间歇性

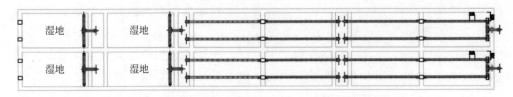

图4-33　湿地平面图（左侧2级为水平流，右侧为垂直流）

水淹），同时选择种植对各种污染物有综合吸收能力的品种。复合型人工湿地水生植物配置如表4-9所示。

表4-9　复合型人工湿地水生植物配置

水生植物	种植面积 /m²	种植密度	
		株 / 丛	丛 /m²
芦苇	336	3	6
香蒲	405	3	6
黄菖蒲	887	4	6
水菖蒲	993	4	6
再力花	396	2	9
石菖蒲	407	4	6
花叶芦竹	255	2	8
常绿鸢尾	779	4	5
水生美人蕉	1201	3	6
紫花梭鱼草	512	4	6

4.7.3.1　湿地长期运行对COD的去除效果

2018年经过6个月的取样、检测分析，得出复合流湿地对丁岗河上游河水中COD的平均去除率为29.32%，平均去除负荷为13.19g/（m²·d），COD的进出水浓度和去除率月际变化如图4-35所示。

从图4-34中可以看出，经过复合湿地的处理，丁岗河上游来水的COD均在地表Ⅳ类水标准范围内。总去除率随着COD进水浓度的增大而上升，垂直流湿地对COD的净化效果一般，平均去除率为10.61%。经过水平流湿地后，水质逐渐变

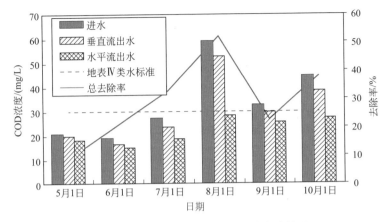

图4-34　湿地长期运行对COD的去除效果

好，水平流湿地的平均去除率为18.71%，而且湿地7月份和8月份去除率最高。从5月份开始一直到8月份，湿地的总去除率一直处于上升趋势，随着夏季的慢慢到来，植物生长进入旺盛期，湿地中各种微生物的繁衍也加快，分解有机物的速率也较快。到了9月份，由于温度的降低和光照的减弱，湿地总去除率呈现下降趋势，去除率为21.04%，不到8月份去除率的一半。实验表明，湿地对 COD 去除效果最好的月份为7月份和8月份，最高去除率在8月份，达到51.71%，水质得到很好的改善。

4.7.3.2　湿地长期运行对 TP 的去除效果

试验期间丁岗河复合人工湿地长期运行对TP的去除效果如图4-35所示，得出复合流湿地对丁岗河上游河水TP的平均去除率为43.13%，平均去除负荷为

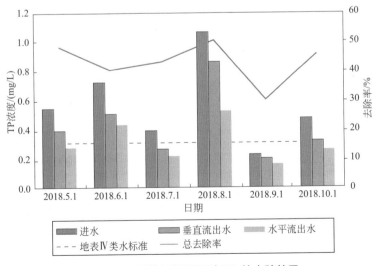

图4-35　湿地长期运行对 TP 的去除效果

0.295g/（m^2·d）。从图4-35中可以看出，经过复合人工湿地的处理，丁岗河上游来水的TP均有所改善，其中除了6月份和8月份超出地表Ⅳ类水标准0.136mg/L和0.231mg/L外，其余检测月份湿地的出水均在地表Ⅳ类水标准的范围内。垂直流和水平流湿地对TP的平均去除率分别为26.05%和17.08%。垂直流湿地占地面积较大且分为两级，对TP的净化效果好。

从总去除率来看，5～8月份湿地对TP的去除效果较好，均在50%左右，到9月份总去除率有很明显的下降趋势。5～8月份植物生长较旺盛，湿地对P元素的吸收效率也很高。下降的原因可能是因为出现了P的释放现象，P元素的去除主要依靠拦截、吸附和沉淀等物理作用，较大的水流速度可能会将湿地底部底泥中吸收沉淀的P元素冲刷出来，一部分会随着湿地出水被带出来。从湿地对P元素的综合效果来看，复合型湿地对TP的去除效果较好，稳定性也较好。

4.7.3.3　湿地长期运行对TN的去除效果

试验期间丁岗河复合人工湿地长期运行对TN的去除效果如图4-36所示，得出复合流湿地对丁岗河上游河水TN的平均去除率为35.85%，平均去除负荷为1.292g/（m^2·d）。从图4-36中可以得出，随着湿地进水TN浓度的波动，湿地对TN的净化效果也有较大的区别，但湿地出水的平均浓度为1.415mg/L，已达到地表Ⅳ水标准。其中8月份和10月份对TN的去除效果较好，去除率分别为58.44%和50.13%，垂直流湿地和水平流湿地的平均去除率分别为16.78%和18.68%。结果表明经过垂直流湿地的处理后，水质已经得到一定改善，结合水平流湿地，处理效果更好。

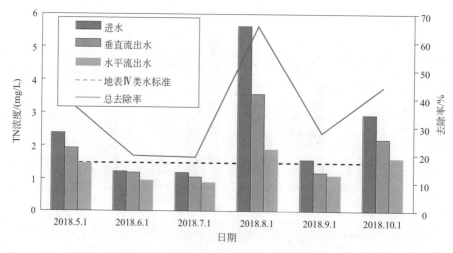

图4-36　湿地长期运行对TN的去除效果

4.7.3.4 湿地长期运行对氨氮的去除效果

试验期间丁岗河复合人工湿地长期运行对氨氮的去除效果如图4-37所示，得出复合流湿地对丁岗河上游河水氨氮的平均去除率为18.04%，平均去除负荷为0.1501g/（m²·d）。从图4-37中可以看出，丁岗河湿地氨氮的进水浓度已达到地表Ⅳ类水范围，经过复合湿地的处理后，水质变得更好，氨氮出水的平均浓度为0.548mg/L，比地表Ⅳ类水低了近1mg/L。从试验期间的5月份开始，湿地对氨氮的总去除率持续上升，说明随着植物逐渐进入生长旺盛期，湿地对氨氮的去除效率也慢慢提高。其中7月份和8月份去除效率最高，7月份和8月份的去除率分别为32.35%和21.97%。随着渐渐进入秋季，去除率出现下降的现象，到了10月份去除率仅为7月份的1/3。因为湿地氨氮的进水浓度均不高，因此湿地对氨氮的去除负荷均不高。

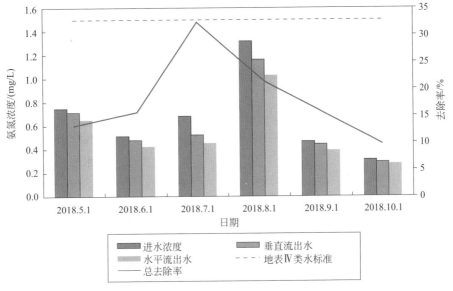

图4-37 湿地长期运行对氨氮的去除效果

参考文献

[1] 尹军，崔玉波.人工湿地污水处理技术［M］.北京：化学工业出版社，2006.
[2] 朱四喜，王凤有，杨秀琴，等.人工湿地生态系统功能研究［M］.北京：科学出版社，2018.
[3] 李文奇，曾平，孙东亚.人工湿地处理污水技术［M］.北京：中国水利水电出版社，2009.
[4] 陈永华，吴晓芙.人工湿地植物配置与管理［M］.北京：中国林业出版社，2012.
[5] Ellis J B, Revitt D M, Shutes R B E, et al. The performance of vegetated biofilters for highway runoff control ［J］. Sci Total Environ, 1994, 146-147: 543-550.

［6］成水平，夏宜珍.香蒲、灯心草人工湿地的研究——Ⅲ.净化污水的机理［J］.湖泊科学，1998，10（2）：66-71.

［7］邓辅唐，李强，卿小燕.湿地植物及其工程应用［M］.云南：云南科学技术出版社，2007.

［8］王世和.人工湿地污水处理理论与技术［M］.北京：科学出版社，2000.

［9］黄时达，杨有仪，冷冰等.人工湿地植物处理污水的试验研究［J］.四川环境，1995，14（3）：5-7

［10］高吉喜，叶春，杜娟等.水生植物对面源污水净化效率研究［J］.中国环境科学，1997，17（3）:247-251.

［11］成水平，况琪军，夏宜珍.香蒲、灯心草人工湿地的研究——Ⅰ.净化污水的效果［J］.湖泊科学，1997,9（4）：351-357.

［12］由文辉，刘淑媛，钱晓燕等.水生经济植物净化受污染水体研究［J］.华东师范大学学报（自然科学版），2000,3（1）：99-102.

5

人工湿地
设计与计算

人工湿地生态系统设计是指应用生态工程的原理和方法对湿地进行构建、恢复和调整，以利于湿地正常功能的运作和生态系统服务可持续性为目标的设计。

5.1 人工湿地的工艺系统

人工湿地的工艺系统见表5-1，表5-1介绍了各类湿地的组成、隔水要求、坡降要求、布水方式与布水设施、水流途径及集水设施等。

表5-1 湿地的工艺系统

工艺类型	垂直潜流湿地	自由水面湿地	天然湿地	水平潜流湿地
组成	芦苇、土壤及附着微生物	芦苇、土壤及附着微生物，并有漂浮植物、浮游动物	芦苇、土壤及附着微生物，并有漂浮植物、浮游动物	芦苇、渗滤基质及附着微生物
隔水层	天然隔层距地表15～20cm	天然隔层距地表15～20cm，依靠地下水顶托	天然隔层距地表15～20cm，依靠地下水顶托	人工塑料或水泥衬底
坡降	0	水面坡降4%～5%	水面坡降4%～5%	床底坡降2%～4%
布水方式	地表布水	地表布水	地表布水	地表布水
布水器	布水管	溢流堰	水管	砾石层布水器
水流途径	垂直入渗与水平入渗	地表推流	地表推流	水平渗流
集水设施	波纹PVC管，暗管或明渠	明沟	明沟	滤层卵石或暗管

5.2 人工湿地设计的基本原则

设计是一切工程实施前必须进行的重要步骤，也是工程施工过程中的主要依据，更是后期工程管理的基础。人工湿地系统工程的设计和其他工程设计一样，是保证生态工程实施成功与提高工程效益的关键步骤和依据。因此，人工湿地设计应全面实施拟自然湿地的生态设计理念，即设计与生态过程相协调，在实现人工湿地初始设计目的的同时，尽量将其对环境的破坏影响降到最小。这种理念意味着设计将始终围绕着保护、更新和重建湿地生态环境这一主题，在掌握生态系统运行原理的基础上，突出人工湿地污水净化的功能性特点，构建多样的湿地植被景观，并维持塑造湿地生态系统的多样性和稳定性，维持生物多样性等。遵循必要的设计原则，确定具体的设计路线和实施步骤，是进行系统设计的重要途径。在具体设计过程中体现生态设计理念应遵循如下基本原则。

5.2.1　湿地系统整体性保护原则

湿地系统与其他生态系统一样，由生物群落和五级环境组成，即特定空间中生物群落与其环境相互作用的统一体组成生态系统。整体性是生态系统的基本特性，各种自然生态系统都有其自身的整体运动发展规律，人为地随机分隔会给整个系统带来灾难。

人工湿地究其实质，还是对日益缩小和损失的自然湿地的一种补偿，因此贯彻湿地保护与补偿原则，就是要保护湿地环境的完整性。应尽可能恢复和营建足够大面积的人工湿地，来保持湿地水域环境和陆域环境的完整性，避免因湿地环境的过度分割而造成的环境退化。还应保护湿地生态的循环体系和缓冲保护地带，避免城市发展对湿地环境的过度干扰。

人工湿地的规划设计必须建立在对人与自然之间相互作用最大限度的理解之上。在湿地的整体设计中，应综合考虑调查研究中所掌握的各个因素，以整体和谐为宗旨，包括设计的形式、内部结构之间的和谐，以及它们与环境功能之间的和谐，如此才能实现生态设计。因此，设计的首要工作就是对场地的调查研究。

调查研究原有环境是进行实地设计前必不可少的环节。对原有环境的调查，包括对当地自然资源条件、社会经济条件、生态环境的调查和对周围居民情况的调查。例如对原有湿地环境的土壤、水、动植物等情况，以及周围居民对该景观的影响和期望等情况的调查。这些都是做好湿地设计的前提，因为只有掌握原有湿地的情况，才能对整体生态现状进行评价，才能在规划和设计中充分利用现有的环境资源，弥补系统的缺陷，从而在设计中保持原有自然系统的完整，充分利用原有的自然生态；而掌握了居民的情况，则可以在设计中考虑人们的需求。这样能在满足人们需求的同时，保证自然生态不受破坏，使人与自然融洽共存，真正保持湿地网络系统的完整性。

5.2.2　功能恢复原则

功能修复与强化是人工湿地系统构建的主要目标，可通过适度调节的手段实现生态修复，对湿地进行生态功能修复时，要注意保持功能平衡。生态系统的功能是以生态系统的结构为载体的，生态系统最主要的生态功能——能量流动与物质循环也依赖于生态系统的食物链。

而在大多数生态系统中，每一项生态功能往往都是由具有相似功能的若干物种组成的群体——功能群来完成的。因此，功能群作为更有意义的生态系统结构单元，已被广泛用于生态系统健康评价、生物多样性测度等研究工作。

5.2.3 维持生物多样性原则

湿地是陆地生态系统与水体生态系统的过渡地带，其同时兼具丰富的陆生和水生动植物资源。特殊的水文、土壤和气候提供了复杂且完备的动植物群落，对于保护物种、维持生物多样性具有难以替代的生态价值[1]。湿地可以为水中与陆地上的动物、植物提供多样的栖息地环境，而且还可以为很多鱼类的繁殖和鸟类的栖息、迁徙、越冬提供场所。

5.2.4 综合利用性原则

人工湿地系统设计涉及生态学、经济学、环境学等学科，具有较强的综合性，这就要求多学科的相互配合和统一配置。综合利用性原则有如下几点。

① 合理利用湿地调节气候、防控洪水的特质。湿地水多，所以具有调节气候的功能，可缩小日差气温，改善局部地区的气候特征[1,2]；湿地还是个巨大的储水系统，具有调节径流、防控洪水的生态功能。

② 合理利用湿地提供的水资源、生态资源和旅游资源。湿地内存储的淡水常常作为居民生活用水、工业生产用水和农业灌溉用水，湿地也是补充地下水的水源；湿地可以为水中和陆地上的动植物提供多样的栖息环境，兼具丰富的生态资源；很多类型的湿地风景秀美，具有独特的自然风光，是人们旅游、度假、休闲的好去处，发展旅游业前景可观。

③ 合理利用湿地开展教育和科研活动。湿地自身的特点和丰富的生态种群决定了其在自然科学教育中的价值和作用，有些湿地还保留了具有宝贵历史价值的文化遗址，是历史文化研究的重要场所。

5.2.5 结合自然与地域性原则

不同地域具有不同的气候环境，气候的差异和地域性的要求在湿地系统的设计中必须重视，必须因地制宜，综合考虑。

由于设计的湿地系统是景观或流域的一部分，因而必须将构建的湿地融入自然的景观当中，而不能使其独立于景观之外。湿地文化景观立足于湿地特有的生态特征，体现区域的传统民俗和风土人情等地方特色，展示湿地环境中特有的场景、意境等。不要将湿地设计过分强调为矩形盆地、渠道以及规则的几何形状，要根据不同的水文地貌条件设计湿地生态系统。

5.3 湿地设计的基本流程

5.3.1 场地的选择

（1）场地的选择原则　场地选择与评价是一个多目标决策问题。工程选址首先要考虑自然背景条件，包括土地面积、地形地貌、土壤、气象、水文以及动植物生态因素。原有的地形、地质和土壤化学条件能较大程度地影响湿地的造价和运行效能。过分复杂的场所地形会加大土方工程量，并相应增加湿地的基建费用。复杂的地面及地下地质条件也会增加建设成本，因为需要去除岩石，或是需要防渗衬层以减少与地下水的交换。此外，根据我国国情，经济制约和社会条件也在选择场地过程中具有举足轻重的作用。总之场地选择要使湿地处理方法在技术上可行，而且投资费用低。根据场地特征，人工湿地系统选址主要有以下几个原则。

① 必须符合城市整体规划与区域规划的要求；同时应贯彻以近期为主、远期发展的原则，因地制宜地选择废旧河道、池塘、沟谷、沼泽、荒地、盐碱地、滩涂等闲置用地。

② 选址宜在城镇水源下游，并宜在夏季最小风频的上风侧，与居民区保持适当的卫生防护距离。

③ 选址必须进行工程地质、水文地质等方面的勘测及环境影响评价，鉴于人工湿地生态系统的特殊性，评价过程中必须将其纳入整个城市生态系统范围内。

④ 系统所在位置应具有良好的土质，湿地基质宜就地取材。当采用人工填料时，场地周围应具有良好的交通运输条件。

⑤ 选址必须考虑防洪排洪设施，当选择行（泄）洪区作为湿地构建区域时，应当持慎重态度，并应符合该地区防洪标准的规定。当系统处于滩地时，还应考虑潮汐和风浪的影响。

⑥ 系统总体布置应充分利用自然环境的有利条件，应紧凑合理。多单元湿地系统高程设计应尽量结合自然坡度，能够使水自流，需提升时，宜一次提升。

（2）地形地貌　不同类型的湿地处理方式对地形地貌有不同的要求，但总体要考虑以下几点。

① 使工程费用中平整土地的费用最小。湿地系统首先要考虑其地貌是否为洼地或塘，坡度一般为0%～3%。

② 湿地系统需要一定厚度的土层发育植物根系和处理污水，如芦苇的地下茎可深达地下0.6m以上。另外，地层的透水性及断面状况所受地下水的影响也应予以考虑。

③ 应选择不易受洪水危害的地区。洪水不仅会破坏处理工程设施，而且处理效果也会受到严重影响。

（3）土壤条件　对湿地处理，土壤的物理性能至关重要。一般要求土壤质地为黏土至壤土，渗透性为慢至中等，土壤渗透率宜为0.025～0.35cm/h。

至于对土壤化学性质的要求，不同植被有不同的要求。作为湿地处理的植物，如芦苇则要求土壤pH值为6.5～8，其对盐碱的耐受程度有限，要求土体中Cl^-浓度＜1%；CO_3^{2-}浓度＜2%～5%（土质量比）。此外，土壤中元素Ca的含量过高会影响植物对元素K的吸收，妨碍芦苇的生长，一般情况下K/Ca临界值建议大于29。

（4）水文地质　场地的水文地质情况主要有两方面：其一，保证湿地系统地表具有足够长时间的持水层；其二，为防止地下水污染，应对场地在处理污水之前和之后的地下水位和水质进行定期监测。为计算处理工程的水量平衡，还应了解场地本身及其周围有关的地表水体的水文资料，以便在工程设计中控制地面径流，特别是解决暴雨季节形成的暴雨径流问题，其中包括场地本身及附近水体的水位记录、流量、径流方式等数据的获取与分析。

（5）经济与社会条件　经济方面的制约条件有很多，其主要方面有：场地到污水源的距离，它将决定污水输送的费用；场地的地面高差将决定平整土地的费用；场地本身的基础设施条件，包括动力电源、饮用水源、道路状况以及其他附属设施等。其中最重要的是平整土地的费用。

影响场地选择的社会因素很多，其中比较重要的除了直接与经济有关的土地所有制和公共关系外，还有城市规划、土地利用规划、地方性水管理法规、人口状况（服务人口及人口增长率）以及环境影响。目前已有资料建议建立缓冲地，特别注意控制湿地系统中产生的臭味和蚊蝇滋生等公共卫生问题。

5.3.2　确定系统工艺流程

系统工艺流程根据场地特征、处理要求和所处理的污水性质确定，主要有以下几个原则。

① 人工湿地系统可自成系统，也可与其他污水处理设施相结合使用。

② 用于单独处理的人工湿地，污水在进入湿地前宜进行初次沉淀处理。

③ 人工湿地可处理不同程度的污水，如原污水、经过化粪池和格栅预处理的

污水，以及经过二级处理的出水；但必须具备和积累足够的设计参数。

④ 表面流系统的负荷率较低，潜流系统的负荷率较高。

⑤ 用多个单元串联、并联或混合连接可提高处理效率，减少占地面积，增加负荷率。各个单元的形式可以有所不同，如采用回流则处理效果更佳。

⑥ 对于表面流系统通常要求长宽比等于或大于3∶1，以充分保证推流条件而使短路概率减至最小；对于潜流系统，则通常要求长宽比小于1∶1，这样便于控制进水而保证流动始终是潜没的。

⑦ 人工湿地的技术正在发展之中，对于大型工程还不能保证做到最优设计以及处理效果长期稳定，因此在设计时应偏保守，选用较小负荷率；也可将处理工程分两期，第一期采用较高的负荷率，并预留空地，如处理效果不理想，再增加面积。

⑧ 工艺设计应对污染源控制、污水预处理和处理、污水资源化等环境问题进行综合考虑，统筹设计，并通过技术经济比较确定适宜的方案。

5.3.3　预处理系统的设计

采用人工湿地处理污水时，应进行预处理，一般可采用化粪池、格栅、筛网、初沉池、酸化（水解）池、厌氧处理池、稳定塘等。其设计应当符合现行的国家标准《室外排水设计标准》（GB 50014—2021）的规定。

5.3.3.1　一般规定

① 为保证人工湿地处理效果，生活污水应经预处理方可进入人工湿地进行处理。

② 预处理系统的设计应达到下列要求：

a. 去除悬浮物、漂浮物以及降解有机物的能力；

b. 具有一定水量的平衡能力；

c. 污泥处理和容纳能力。

③ 预处理程度根据具体水质情况与水质要求，选择一级处理、强化一级处理和二级处理等适宜的工艺，以达到协同削减有机污染物的目的。

④ 污水进入预处理系统前应设格栅拦截。当处理量较小时可选用人工清除格栅，处理量较大时用自动清除格栅。食堂和餐厅的含油污水，应设隔油池处理后方可进入预处理系统。

⑤ 预处理设施应设置排臭系统，其排放口位置应避免对周围人、畜、植物造成危害和影响。

⑥ 对污水处理厂的一级处理出水、二级处理出水或类似污废水进行深度处理时，可不设预处理，直接进入人工湿地。

5.3.3.2　预处理目标要求

采用预处理是为了防止污水在临时储存期间和直接投掷场地上产生有害情况，保证处理工艺能正常运行。应根据不同出水水质要求，在经济最优的条件下，选择适当的处理方法。如系统出水对氮素要求较高，且土地面积大，地价不贵，可考虑采用塘系统，因为塘系统可以降低氮负荷。如果出水用于农业灌溉，采用一级沉淀就可以满足。若对出水要求高质量的水质，可采用二级或更高级处理。一般来说，湿地处理系统的预处理应采用一级处理，这样能使系统保持合理的有机负荷，避免局部发生厌氧状况。去除高含量的固体物可防止进水口附近积累沉淀、引起水生植物的枯萎，当自由表面湿地用稳定塘出水净化时应注意对藻类的控制。因为这类湿地对藻类的去除作用低，而夏季出水藻类含量高，在冬季有冰覆盖的塘出水氧含量低[3]。当系统 H_2S 浓度过高时，以去除磷为目的的小规模湿地系统可采用停留 $12 \sim 24h$ 的曝气池与沉淀池的组合工艺作为预处理手段。若湿地工程在夏季必须满足严格的氨氮要求，建议进行曝气和一部分出水的再循环，以保持含氧水平，同时又应保证合理的停留时间。

总之，预处理设计的宗旨是根据系统出水目标保证系统稳定运行，且预处理及投资和运行费用最少。因为任何附加措施都会增加处理费用和投资。

5.3.3.3　预处理设施

通常人工湿地的预处理设施由化粪池、格栅、沉沙池、沉淀池、厌氧塘、兼性塘组成，通过格栅截阻块状浮渣，沉沙池除去沙粒后，污水进入初沉池，固体物质发生自由沉淀和絮凝沉淀作用。经过这些简单工艺可有效地去除 SS 和 BOD_5，从而有利于后续处理单元减小负荷、稳定水质、去除寄生虫卵和减少人工湿地的淤塞。在不设置厌氧塘的人工湿地系统中，沉淀池几乎是不可缺少的工艺。人工湿地所使用的塘系统主要是厌氧塘和兼性塘，污水进入稳定塘被稀释，使有毒、有害物质的浓度降低，这有利于生物净化作用的正常进行。在塘系统中将进一步发生自由沉淀和絮凝沉淀作用使污水净化。塘系统净化污水的关键作用是好氧微生物和厌氧微生物的代谢作用。

5.3.4　人工湿地工艺参数

5.3.4.1　一般规定

① 人工湿地的表面积设计应考虑最大污染负荷和水力负荷，可按 COD_{Cr} 表面负荷、水力负荷、TN 表面负荷、NH_4^+-N 表面负荷、TP 表面负荷进行计算，应取设计计算结果中的最大值，并校核水力停留时间是否满足设计要求。

② 人工湿地的进水，宜控制 $COD \leqslant 200mg/L$，$SS \leqslant 80mg/L$。

③ 人工湿地污水处理工程的接纳污水中含有有毒、有害物质时，其浓度应符合

GB 8978—1996《污水综合排放标准》中第一类污染物最高允许排放浓度的有关规定。

④ 人工湿地前的预处理程度应根据具体水质情况与污水处理技术政策，选择一级处理、强化一级处理和二级处理等适宜工艺，其设计必须符合 GB 50014《室外排水设计标准》中的有关规定。

5.3.4.2 湿地系统的运行组合方式

湿地系统的运行方式可根据处理规模的大小进行多种不同方式的组合，一般有单池系统、并联系统、串联系统和串/并联联合系统，还可以与氧化塘等系统串联组合，形成湿地与稳定塘的组合系统、湿地与地表漫流或农田的组合系统等。湿地并联系统中单元数越多，则运行越灵活，易于清理和维护管理。湿地串联系统还分为直行串联和蛇形串联两类。

5.3.4.3 设计参数

人工湿地的设计参数宜试验确定，无试验资料时，可参考表5-2中的数据。目前应用较多的是潜流人工湿地，下面重点介绍潜流人工湿地的主要设计参数。

表5-2 不同类型湿地系统的设计参数

技术参数	表面流人工湿地	水平潜流人工湿地	垂直潜流人工湿地	天然湿地
适宜气温 /℃	$-7 \sim 35$			
进水温度 /℃	$7 \sim 25$			
出水温度 /℃	$0 \sim 8$	$2 \sim 25$	$2 \sim 25$	$0 \sim 27$
水力负荷 /(cm/d)	$2.4 \sim 5.8$	$3.3 \sim 8.2$	$3.4 \sim 6.7$	$2.4 \sim 4.0$
水力负荷 /(m/d)	$7 \sim 17$	$11 \sim 31$	$12 \sim 24$	$7 \sim 12$
年运行天数 /d	300	365	365	300
水层深度 /m	$0.1 \sim 0.4$	0	$0.1 \sim 0.4$	$0.2 \sim 0.8$
水力停留时间 HRT/d	$1.5 \sim 4$	$4 \sim 5$	> 10	< 10
布水周期 / (d/ 周)	$6 \sim 7$	$6 \sim 7$	$6 \sim 7$	$6 \sim 7$
投配时间 / (h/d)	$8 \sim 24$	$8 \sim 24$	$8 \sim 24$	$8 \sim 24$
有机负荷（以 BOD_5 计）/ [kg/ (hm²•d)]	65	$64 \sim 150$	$80 \sim 130$	60
氮负荷 / [kg/ (hm²•d)]	16	28	25	11

（1）水平潜流人工湿地 当占地面积不受限制时，生活污水或具有类似性质的污水经过一级处理后，可直接采用水平潜流人工湿地进行处理。湿地的表面积设计必须考虑最大有机负荷的水力负荷，可按人口当量表面积、COD 负荷、水力负荷进行计算，取三种计算结果中的最大值。占地面积不受限制的水平潜流人工湿地的主要设计参数宜符合表5-3的规定，出水 COD 应能满足《城镇污水处理厂污染物排放标准》（GB 18918—2002）中二级以上的标准要求。

表5-3　占地不受限的水平潜流人工湿地的主要设计参数

设计参数	设计值
人口当量表面积（A_{pe}）	≥ 5m²/人
单床最小表面积	≥ 20m²
COD 表面负荷	≤ 16g/（m²·d）
最大日流量时的水力负荷	≤ 40mm/d 或 ≤ 40L/（m²·d）

如占地面积受限制，污水经一级处理后，需再经过强化预处理，才可采用水平潜流人工湿地进行处理。湿地的表面积设计必须考虑最大有机负荷和水力负荷，可按COD负荷、水力负荷计算，取两种计算结果中的最大值。占地受限的水平潜流人工湿地的主要设计参数宜符合表5-4的规定，出水COD应满足《城镇污水处理厂污染物排放标准》（GB 18918—2002）中二级以上的标准要求。

表5-4　占地受限的水平潜流人工湿地的主要设计参数

设计参数	设计值
单床最小表面积	≥ 20m²
COD 表面负荷	≤ 16g/（m²·d）
最大日流量时的水力负荷	≤ 100～300mm/d 或 ≤ 100～300L/（m²·d）

当采用水平潜流人工湿地对污水处理厂的二级出水或具有类似性质的污水进行深度处理时，污水可直接进入人工湿地。COD负荷和水力负荷不应超过表5-4的规定值。湿地的表面积设计可按人口当量表面积、COD负荷、水力负荷进行计算，取三种设计计算结果中的最大值。

（2）垂直潜流人工湿地　表5-5所列为垂直潜流人工湿地的主要设计参数建议值。表面积设计必须考虑最大有机负荷和水力负荷，可按人口当量表面积、COD负荷、水力负荷进行计算，取三种计算结果中的最大值。出水COD应达到《城镇污水处理厂污染物排放标准》（GB 18918—2002）中二级及以上标准要求。

表5-5所列的设计参数建议值，除可满足COD的去除率之外，对进水中的氮、磷等营养物也有部分去除效果。如果配水管道单个出水口的配水面积小于1m²时，垂直潜流人工湿地的人口当量表面积可以选择为0.5m²/人。

表5-5　垂直潜流人工湿地的主要设计参数

参数类型	生物处理	深度处理
人口当量表面积/（m²/人）	≥ 4	≥ 4
COD 表面负荷/[g/（m²·d）]	≤ 20	≤ 20
旱季平均日污水量时的水力负荷/[L/（m²·d）]	≤ 80（< 12℃）	≤ 80（< 12℃）
表面负荷/[L/（m²·d）]	≤ 80（≥ 12℃）	≤ 80（≥ 12℃）

注：括号中的数值表示水温，不同水温对应不同的设计参数值。

5.3.5 人工湿地主体工程设计

5.3.5.1 人工湿地占地面积

① 按照停留时间计算：

$$A = \frac{Q_\mathrm{d} \times t}{h} \tag{5-1}$$

式中　A——人工湿地的占地面积，m^3；

　　　Q_d——日平均污水量，m^3/d；

　　　t——停留时间，d；

　　　h——湿地水深，m。

② 按照水力负荷计算：

$$A = \frac{Q_\mathrm{d}}{q} \tag{5-2}$$

式中　A——人工湿地的占地面积，m^3；

　　　Q_d——日平均污水量，m^3/d；

　　　q——人工湿地水力负荷，$m^3/(m^2 \cdot d)$。

③ 按照 BOD_5 污染负荷计算：

$$A = \frac{Q_\mathrm{d}(S_0 - S_\mathrm{e})}{q_{BOD_5}} \tag{5-3}$$

式中　A——人工湿地的占地面积，m^2；

　　　Q_d——日平均污水量，m^3/d；

　　　S_0——人工湿地进水 BOD_5 浓度，mg/L；

　　　S_e——人工湿地出水 BOD_5 浓度，mg/L；

　　　q_{BOD_5}——人工湿地 BOD_5 污染负荷，$g/(m^2 \cdot d)$。

④ 按照速率系数计算：

$$A = \frac{Q_\mathrm{d}(lnS_0 - lnS_\mathrm{e})}{K_t hm} \tag{5-4}$$

式中　A——人工湿地的占地面积，m^2；

　　　Q_d——日平均污水量，m^3/d；

　　　S_0——人工湿地进水 BOD_5 浓度，mg/L；

　　　S_e——人工湿地出水 BOD_5 浓度，mg/L；

　　　K_t——反应速率常数，d^{-1}；

　　　h——湿地水深，m；

　　　m——孔隙率。

5.3.5.2 水平潜流人工湿地进水区的断面面积

$$A = \frac{Q_d \times L}{K_y \times \Delta H}$$ （5-5）

式中 A —— 人工湿地的占地面积，m^2；

    ΔH —— 水平潜流湿地进水水位与出水水位之差，m；

    L —— 水平潜流人工湿地沿流向的有效长度，m；

    K_y —— 人工湿地运行时的滤料渗透系数，m/d；

    Q_d —— 日平均污水流量，m^3/d。

5.3.5.3 垂直潜流人工湿地的长宽比

$$L = \frac{A_s}{W}$$ （5-6）

$$W = \frac{Q_d}{K_s \times n \times D_m}$$ （5-7）

式中 L —— 垂直潜流人工湿地的长度，m；

    A_s —— 人工湿地处理的面积，m^2；

    W —— 人工湿地的宽度，m；

    Q_d —— 日平均污水流量，m^3/d；

    K_s —— 填料的透水系数，m/d；

    n —— 水力坡度，一般取值为 0.005 ～ 0.01；

    D_m —— 处理区填料厚度，m，一般取值为 0.4 ～ 0.7。

5.3.5.4 人工湿地的系统分区

当确定湿地系统必需的总面积和系统构造形式后，需要结合规划用地边界及现场标高合理地布设湿地系统。通常规划场地的控制边界取决于整个湿地系统的外部形状，可利用的场地面积可能会受河流、公路、铁路以及其他边界的限制。在大量工程实践中，现场条件既不允许占有额外的空地，也不可能选择最适宜地形。如仍要因循理想中的平面布置，就不可避免地会造成一些地形和土地面积的损失。在这种情况下，整个系统的组成单元必须适应可以利用的实际空间，可能并不是完全的规整形状，因此进行系统总平面设计时主要应考虑与场所的边界和轮廓相适应，尽量减少湿地系统内外及单元之间的土方运输量。

湿地单元的形状可以有多种，如矩形、正方形、圆形、椭圆形、梯形等。其中前三者比较常用，特别是矩形，由于具有易于串联组合和施工方便的优点，所以使用较广。但在景观要求比较高的区域（如城市公园、绿地、滨水岸带），过于规整的形状可能会降低湿地系统的视觉效果[4]，留下太多的人为痕迹。因此可适当利用软质与柔性土工材料构造湿地边界，并通过景观小品及绿化植物来弱化湿地边界形状，以期达到预期的景观效果。

在湿地设计过程中，确定湿地系统的尺寸和形状后，下一步有必要对不同单元进行分区。确定湿地单元数目时要综合考虑系统运行的稳定性、易维护性和地形的特征。湿地的布置形式也需多样化，既可并联组合，也可串联组合。并联组合可以使有机负荷在各个大单元呈均匀分布；串联组合可以使流态接近于推流，获得更高的去除效果。

湿地处理系统应该至少有两个可以同时运行的单元以满足系统运行的灵活性。这是因为在湿地实际运行中可能会发生许多不可预料的情况，如植物死亡（病虫害）、预处理失败（机械或设备故障）、后续湿地污染及路边缘或其他构造的损坏。采用多条水流径流的系统能够根据进水水质的不同随时调整负荷率。此外，采用并联运行方式，也方便使一些单元将水排干，从而满足再种植湿地植物、控制啮齿类动物、收割燃烧、修补渗透处和其他控制运行的需要；系统经过较长时间的运行后，也有必要更换构件和管道。

所需要的单元数目必须根据单元增加的基建费用（围堤面积与湿地表面积的比值随湿地单元数目的增加而增加）和地形的限制（如有坡度的场地口能做梯田式的多个单元系统的设计）以及运行的灵活适应性（可以从整个湿地处理系统中单独分离出各个部分）来确定[5,6]。例如在有两个单元的情况下，其中一个单元检修就使整个湿地系统暂时失去一半的处理能力，但是在有五个并行单元的情况下，其中一个单元检修仅使湿地暂时失去20%的处理能力。为了能控制内部水流，大型的湿地系统至少需要两个以上的水流路径，但是入口和出口以及控制系统结构的增多会增加整体工程的造价。

国内外工程实践表明："沉淀塘+湿地"模式是一种较好的组合[7]。在湿地中安排适当深水区有利于收集大量的沉积物，因为它们提供了额外的收集空间，而且容易清除这些沉积物。当进水TSS负荷较高时，应在进入湿地前设置缓冲区（沉淀区）。浮游藻类往往会在深水区中占优势，这也会增加TSS负荷，因此露天水区不应该是湿地系统的最后单元。

在表面流湿地中交叉的深水区起到许多作用，这些较深的区域至少低于植物生长水域底部1m以上，因此可以排除大型根生植物的生长；不生长植物的交叉深水沟可以比较缓慢的水流提供一个低阻力路径，可以使它们在其中达到重新分配，更有利于配水均匀。这些起到再分配水流作用的深水沟，可以显著地改善湿地中的总体混合程度，水流可被更有效地分配到湿地中，提高了湿地面积的总利用率。深水区内还提供额外停留时间。这些深水区经常被浮萍覆盖，可以作为湿地鸟类和鱼类可靠的栖息地。

5.3.6　去除效果

5.3.6.1　不同类型人工湿地的污染物去除效果

比较不同类型人工湿地的污染物去除率可知，对TSS的去除率，表面流人工湿地均值为78.44%，而其他类型的人工湿地去除率均达到80%以上；对于BOD_5和COD的去除效果，垂直潜流人工湿地去除能力最强，分别为83.19%、71.82%；表面流人工湿地对NH_3-N的去除率不足60%，水平潜流、垂直潜流、复合流人工湿地差异较小，均在70%左右；对TN的去除，水平潜流人工湿地去除率为63%，而其他类型的人工湿地均小于60%；对TP的去除，去除率排序为：垂直潜流 > 水平潜流 > 复合流 > 表面流。

5.3.6.2　人工湿地处理不同类型污水的污染物去除效果

人工湿地对城镇生活污水、工业废水、农村生活污水、农业退水、养殖废水及雨水中TSS的去除率均在80%以上，对河水和湖水中TSS去除率接近80%，而尾水中TSS去除率最低，仅为66%。对城镇生活污水、工业废水、农村生活污水、养殖废水和雨水中BOD_5的去除率均在70%以上，对河水、湖水、尾水中BOD_5的去除率为60%～70%，对农业退水中BOD_5的去除率最低，仅为54%。对COD的去除与BOD_5类似，城镇生活污水、工业废水、农村生活污水及养殖废水去除率均在75%以上，河水、湖水、尾水及雨水去除率小于60%，农业退水去除率最低，仅为45%。对NH_3-N的削减，除了对农业退水和雨水的去除率小于60%外，对其他类型污水的去除率均在60%～85%。对TN的去除率均为50%～70%。TP的削减与TN的规律类似，城镇生活污水、工业废水、河水、农村生活污水、尾水、养殖废水、雨水的去除率为60%～80%，而湖水（54%）与农业退水（49%）的去除率均小于60%。

参考文献

[1] 吴树标，董仁杰．人工湿地生态水污染控制理论与技术［M］．北京：中国林业出版社，2016．
[2] 张润斌，孟建丽，魏铮．人工湿地设计计算方法探讨［J］．给水排水，2017, 53（S1）：146-147．
[3] 曾磊，雷培树，蔡世颜，等．人工湿地工程应用中面积计算与基质堵塞研究进展［J］．湿地科学与管理，2019，15（04）：67-71．
[4] 吴振斌，等．复合垂直流人工湿地［M］．北京：科学出版社，2008．
[5] 魏俊，韩万玉，杜运领．尾水人工湿地设计与实践［M］．北京：中国水利水电出版社，2019．
[6] 吴振斌，詹德昊，张晟，等．复合垂直流构建湿地的设计方法与净化效果［J］．武汉大学学报：工学版，2003，36（1）：12-16, 41．
[7] HJ 2005—2010［S］．

6

黄河流域各地市水资源承力概况及评价

6.1 黄河流域概况

黄河是中华民族的母亲河，孕育了璀璨夺目的华夏文明，塑造了伟大的中华民族精神。黄河是我国北方地区重要的生态屏障，是连接西北高原与东部渤海的重要生态廊道，更是横跨东、中、西部的重要经济区和能源基地，对维护国家和区域安全具有不可替代的重要作用。自古以来，"黄河宁，天下平"，黄河生态安危事关国家盛衰与民族复兴。开展黄河流域生态治理，实现高质量发展，促进黄河流域长治久安是中华民族的夙愿，也是建设美丽中国的根基。2019年9月18日，习近平总书记在黄河流域生态保护和高质量发展座谈会上强调，保护黄河是事关中华民族伟大复兴和永续发展的千秋大计，黄河流域生态保护和高质量发展，同京津冀协同发展、长江经济带发展、粤港澳大湾区建设、长三角一体化发展一样，是重大国家战略。黄河重大战略的提出，是一件具有里程碑意义的历史大事，将成为推动我国经济实现高质量发展的新的重要驱动力[1]。

6.1.1 黄河流域地理位置概况

黄河流域（包括黄河内流区，下同）总面积79.5万平方公里，流经青海、四川、甘肃、宁夏、内蒙古、陕西、山西、河南、山东等9省（区），黄河流域行政分区面积见图6-1。全河划分龙羊峡以上、龙羊峡至兰州、兰州至头道拐、头道拐至龙门、龙门至三门峡、三门峡至花园口、花园口以下、黄河内流区（图中分别

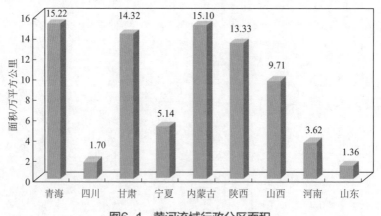

图6-1 黄河流域行政分区面积

　人工湿地技术及应用——以黄河流域为例

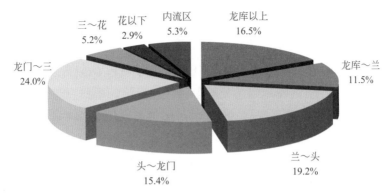

图6-2 黄河流域分区面积百分比

简称为龙库以上、龙库～兰、兰～头、头～龙门、龙门～三、三～花、花以下和内流区，下同）等8个二级流域分区，黄河流域分区面积比见图6-2。

6.1.2 黄河流域社会经济概况

6.1.2.1 人口及分布

黄河流域涉及青海、四川、甘肃、宁夏、内蒙古、山西、陕西、河南和山东9省（区）的66个地（市、州、盟），340个县（市、旗），其中有267个县（市、旗）全部位于黄河流域，73个县（市、旗）部分位于黄河流域[2]。

黄河流域属多民族聚居地区，主要有汉、回、藏、蒙古、东乡、土、撒拉、保安和满族等9个民族，其中汉族人口最多，占总人口的90%以上。少数民族绝大多数聚居在上游地区，部分散居在中下游地区，青海、四川、宁夏、内蒙古等省（区）是少数民族人口相对集中的地区。根据《黄河流域总体规划（2012—2030）》[3] 黄河流域特别是上中游地区还是我国贫困人口相对集中的区域，青海、宁夏两省（区）黄河流域贫困人口分别占本省总人口的 54.8% 和 48.4%。受气候、地形、水资源等条件的影响，流域内各地区人口分布不均，全流域70%左右的人口集中在龙门以下地区，而该区域面积仅占全流域的32%左右。花园口以下是人口最为密集的区域，人口密度达到了633人/km^2，而龙羊峡以上河段人口密度只有5人/km^2。黄河流域人口增长速度快。1953年人口约4100万人，至1980年增至8177万人，人口平均年增长率为26.1%。20世纪80年代以后，人口增长速度有所减缓，人口平均年增长率为12.5%。2018年黄河流域总人口为4.2亿，占全国总人口的30.3%，全流域人口密度为143人/km^2，高于全国平均值134人/km^2；其中，城镇人口4543万人，城镇化率为40.0%，比全国平均值44.1%略低。

6.1.2.2　经济社会发展状况

黄河流域大部分位于我国中西部地区，由于历史、自然条件等原因，经济社会发展相对滞后。近年来随着西部大开发、中部崛起等战略的实施，国家经济政策向中西部倾斜，黄河流域经济社会得到快速发展。根据《黄河流域综合规划（2012—2030）》，国内生产总值从1980年的916亿元增加至现在的16527亿元（按2000年不变价计，下同），年均增长率达到11.3%；特别是2000年以后，年均增长率高达14.1%，高于全国平均水平。人均GDP由1980的1121元增加到2018年的14538元，增长超12倍。

6.1.2.3　农业生产

黄河流域及相关地区是我国农业经济开发的重点地区，小麦、棉花、油料、烟叶、畜牧等主要农牧产品在全国占有重要地位。上游青藏高原和内蒙古高原，是我国主要的畜牧业基地；上游的宁蒙河套平原、中游汾渭盆地、下游防洪保护区范围内的黄淮海平原，是我国主要的农业生产基地。根据《黄河流域综合规划（2012—2030）》，流域总耕地面积0.163亿公顷，耕垦率为20.4%；总播种面积0.179亿公顷，粮食总产量3958万吨，人均粮食产量350kg，为全国平均值的93%。

黄河流域主要农业基地多集中在灌溉条件好的平原及河谷盆地，广大山丘区的坡耕地粮食单产较低。据统计，农田有效灌溉面积为518万公顷，耕地灌溉率为31.9%，灌溉农田粮食总产量超过全流域粮食总产量的60%。

黄河下游流域接外引黄灌区横跨黄淮海平原，已建成万亩以上灌区85处，其中2万公顷以上大型灌区34处。耕地面积399万公顷，农田有效灌溉面积约220万公顷，受益人口约4898万人，是我国重要的粮、棉、油生产基地。黄河流域及相关地区农业在全国具有重要地位。流域及下游流域外引黄灌区耕地面积合计为0.203亿公顷，占全国的16.6%；农田有效灌溉面积为0.074亿公顷，占全国的13.29%，粮食总产量达6685万吨，占全国的13.4%。

黄河流域的河南、山东、内蒙古等省（区）为全国粮食生产核心区，有18个地市、53个县列入全国产粮大县的主产县。甘肃、宁夏、陕西、山西等省区的12个地市、28个县列入全国产粮大县的非主产县。黄河下游流域外引黄灌区涉及河南、山东的13个地市，59个县列入了全国产粮大县的主产县。

6.1.2.4　工业生产

1949年以来，依托丰富的煤炭、电力、石油和天然气等能源资源及有色金属矿产资源，流域内建成了一大批能源和重化工基地、钢铁生产基地、铝业生产基地、机械制造和冶金工业基地，初步形成了工业门类比较齐全的格局，为流域经济的进一步发展奠定了基础。形成了以包头、太原等城市为中心的全国著名的钢铁生产基地和豫西、晋南等铝生产基地，以及以山西、内蒙古、宁夏、陕西、河南等省（区）为主的煤炭重化工生产基地。建成了我国著名的中原油田、胜利油田以及长庆和延长油气田，西安、太原、兰州、洛阳等城市机械制造、冶金工业等也有很大发展。近年来，随着国家对煤炭、石油、天然气等能源需求的增加，黄河上中游地区的甘肃陇东、宁夏宁东、内蒙古西部、陕西陕北、山西离柳及晋南等能源基地建设速度加快，带动了区域经济的快速发展，与此同时能源、冶金等行业增加值比重上升。

截至2013年黄河流域煤炭产量约12亿吨，占全国的47%；火电装机容量约60000MW，占全国的8.4%。截至2013年工业增加值7837亿元，占流域GDP的47.4%，占全国工业增加值的9.1%。据统计，黄河流域煤炭采选业增加值占全国比重约为50%，比2001年上升8.4%；有色金属矿采选业增加值占全国比重为40%，比2001年上升7.5%。这说明能源、原材料行业仍是黄河流域各省（区）国民经济发展的主力行业，且其在全国的地位也相当重要。

6.1.2.5 第三产业

20世纪80年代以来，流域第三产业发展迅速，特别是交通运输、旅游、服务业等发展速度较快，成为推动第三产业快速发展的重要组成部分。流域第三产业年增加值为5933亿元，占流域GDP的35.9%，占全国第三产业增加值的5.9%。

6.1.3 黄河流域地形地貌

黄河是我国的第二大河，发源于青藏高原巴颜喀拉山北麓海拔4500m的约古宗列盆地，流经青海、四川、甘肃、宁夏、内蒙古、山西、陕西、河南、山东等9省（区），在山东省垦利区注入渤海。干流河道全长5464km，落差4480m。

黄河流域位于东经95°53′~119°05′，北纬32°10′~41°50′之间。西起巴颜喀拉山，东临渤海，北抵阴山，南至秦岭，横跨青藏高原、内蒙古高原、黄土高原和华北平原等四个地貌单元，地势西部高，东部低，由西向东逐级下降，地形上大致可分为三级阶梯。

第一级阶梯是流域西部的青藏高原，海拔3000m以上，其南部的巴颜喀拉山脉构成与长江的分水岭。祁连山横亘北缘，形成青藏高原与内蒙古高原的分界。东部边缘北起祁连山东端，向南经临夏、临潭沿洮河，经岷县直达岷山。主峰高达6282m的阿尼玛卿山，耸立中部，是黄河流域最高点，山顶终年积雪。呈西北一东南方向分布的积石山与岷山相抵，使黄河绕流而行，形成S形大弯道。

第二级阶梯大致以太行山为东界，海拔1000～2000m，包含河套平原、鄂尔多斯高原、黄土高原和汾渭盆地等较大的地貌单元。许多复杂的气象、水文、泥沙现象多出现在这一地带。

第三级阶梯从太行山脉以东至渤海，由黄河下游冲积平原和鲁中南山地丘陵组成。冲积扇的顶部位于沁河口一带，海拔100m左右。鲁中南山地丘陵由泰山、鲁山和蒙山组成，海拔在200～500m，丘陵外形浑圆，河谷宽广，少数山地海拔在1000m以上。

6.1.4　黄河流域河流水系及河段概况

黄河水系的特点是干流弯曲多变、支流分布不均、河床纵比降较大，流域面积大于1000平方公里的一级支流共76条，其中流域面积大于1万平方公里或入黄泥沙大于0.5亿吨的一级支流有13条。上游有5条，其中湟水、洮河天然来水量分别为48.76亿立方米、48.25亿立方米，是上游径流的主要来源区；中游有7条，其中渭河是黄河最大的一条支流，天然径流量、沙量分别为92.50亿立方米、4.43亿吨，是中游径流、泥沙的主要来源区；下游有1条，为大汶河。根据水沙特性和地形、地质条件，黄河干流分为上中下游共11个河段。

6.1.4.1　黄河上游河段

自河源至内蒙古托克托县的河口镇为黄河上游，于流河道3472km，流域面积42.8万平方公里，汇入的较大支流（流域面积大于1000平方公里，下同）有43条。龙羊峡以上河段是黄洞径流的主要来源区和水源涵养区，也是我国三江源自然保护区的重要组成部分。玛多以上属河源段，地势平坦，多为草原、湖泊和沼泽，河段内的扎陵湖、鄂陵湖海拔在4260m以上，蓄水量分别为47亿立方米和108亿立方米，是我国最大的高原淡水湖。玛多至玛曲区间，黄河流经巴颜喀拉山与阿尼玛卿山之间的古盆地和低山丘陵，大部分河段河谷宽阔，间有几段峡谷。玛曲至龙羊峡区间，黄河流经高山峡谷，水量相对丰沛，水流湍急，水力资源较丰富。龙羊峡至宁夏境内的下河沿，川峡相间，落差集中，水力资源十分丰富，是我国重要的水电基地。下河沿至河口镇，黄河流经宁蒙平原，河道展宽，比降平缓，两岸分布着大面积的引黄灌区，沿河平原不同程度地存在洪水和冰凌灾害，特别是内蒙古三盛公以下河段，系黄河自低纬度流向高纬度后的河段，凌汛期间形成冰塞、冰坝，往往造成堤防决溢，危害较大。本河段流经干旱地区，降水少，蒸发大，加之灌溉引水和河道侧渗损失，致使黄河水量沿程减少。

6.1.4.2　黄河中游河段

河口镇至河南郑州桃花峪为黄河中游，干流河道长1206km，流域面积34.4万平方公里，汇入的较大支流有30条。河段内绝大部分支流地处黄土高原地区，暴雨集中，水土流失十分严重，是黄河洪水和泥沙的主要来源区。河口镇至禹门口河段（也称北干流）是黄河干流上最长的一段连续峡谷，水力资源较丰富，峡谷下段有著名的壶口瀑布，深槽宽仅30～50m，枯水期水面落差约18m，气势宏伟壮观。禹门口至潼关河段（也称小北干流），黄河流经汾渭地堑，河谷展宽，河长约130km，河道宽浅散乱，冲淤变化剧烈，河段内有汾河、渭河两大支流相继汇入。潼关至小浪底河段，河长约240km，是黄河干流的最后一段峡谷。小浪底以下河谷逐渐展宽，是黄河由山区进入平原的过渡河段。

6.1.4.3　黄河下游河段

桃花峪以下至入海口为黄河下游，河段长786km，流域面积2.3万平方公里，汇入的较大支流只有3条。河床一般高出背河地面4～6m，比两岸平原高出更多，成为淮河和海河流域的分水岭，是举世闻名的"地上悬河"。从桃花峪至河口，除南岸东平湖至济南区间为低山丘陵外，其余全靠堤防挡水，历史上堤防决口频繁，目前依然严重威胁着黄淮海平原地区的安全，是中华民族的心腹之患。

6.1.5　黄河流域取水量概况

据国家黄河水利委员会公布的2018年黄河水资源公报报道，黄河流域取水量概况如下。

2018年黄河总取水量为516.22亿立方米。地下水取水量117.17亿立方米，占22.7%；其中农田灌溉取水量53.88亿立方米，占全流域地下水取水量的46%；生态环境3.09亿立方米，占2.6%；林牧渔畜12.38亿立方米，占17.6%。地表水取水量（含跨流域调出的水量）399.05亿立方米，占总取水量的77.3%；其中农田灌溉取水量273.82亿立方米，占地表水取水量的68.6%；城镇公共8.11亿立方米，占2.0%；居民生活25.38亿立方米，占6.4%；林牧渔畜51.52亿立方米，占5.4%；工业43.94亿立方米，占11.0%；生态环境26.28亿立方米，占6.6%。

黄河总耗水量为415.93亿立方米。地表水耗水量328.68亿立方米，占总耗水量的79%；其中农田灌溉耗水量219.71亿立方米，占全流域地表耗水量的66.8%；林牧渔畜19.20亿立方米，占5.8%；工业36.19亿立方米，占11.0%；城镇公共7.16亿立方米，占2.2%；居民生活20.53亿立方米，占6.2%；生态环境25.89亿立方米，占7.9%。地下水耗水量87.25亿立方米，占21.0%；其中农田灌溉耗水量4.311亿立方米，占全流域地下耗水量的49.4%；林牧渔畜10.39亿立方米，占11.9%；工业14.19亿立方米，占16.3%；城镇公共3.51亿立方米，占4.0%；居民生活13.42亿立方米，占15.4%；生态环境2.63亿立方米，占3.0%。

6.1.6　黄河流域水资源量概况

根据黄河水资源公报显示，2018年黄河花园口站以上区域（不含黄河内流区，下同）降水总量4049.74亿立方米，花园口站实测径流量447.80亿立方米，花园口站以上区域还原水量238.33亿立方米，花园口站天然地表水量为686.13亿立方米，比1956～2000年均值偏大28.8%；花园口站以上区域地下水资源量为410.32亿立方米，水资源总量为774.17亿立方米，比1956～2000年均值偏大24.7%。

2018年黄河利津站以上区域（不含黄河内流区，下同）降水总量4204.77亿立方米，利津站实测径流量为333.80亿立方米，比1956～2000年均值偏大27.9%；利津站以上区域地下水资源量为436.89亿立方米，水资源总量为785.08亿立方米，比1956～2000年均值偏大23%。

6.1.7　黄河流域水质概况

2018年黄河流域水质评价河长23043.1km，其中劣Ⅴ类、Ⅳ～Ⅴ类、Ⅰ～Ⅲ类水质河长分别为2824.5km、3204.7km和17013.9km，相应分别占全流域水质评价河长的12.3%、13.9%和73.8%。

黄河干流评价河长5463.6km，其中Ⅳ类水质河长占2.2%，Ⅲ类水质河长站28.1%，Ⅰ～Ⅱ类水质河长占69.7%，无Ⅴ类水、劣Ⅴ类水。Ⅳ类水质分布于潼关断面。

黄河主要支流评价河长17579.5km，其中Ⅰ～Ⅱ类水质河长占51.8%，Ⅲ类水质河长占14.6%，Ⅳ类水质河长占10.7%，Ⅴ类水质河长占6.8%，劣Ⅴ类水质河长占16.1%。

2018年黄河流域评价省界断面65个，其中Ⅰ～Ⅱ类、Ⅲ类、Ⅳ类、Ⅴ类和劣Ⅴ类水质断面分别为34个、14个、10个、5个和2个，相应占黄河流域评价省界断面的52.3%、21.5%、15.4%、7.7%和3.1%。

2018年黄河流域检测地表水功能区340个，其中6个水功能区断流、40个无水质目标排污控制区不参与检测，剩余水功能区294个，达标186个，达标率63.3%。

6.2 流域内各段水资源现状

黄河流域产业结构偏重，能源基地集中，煤炭采选、煤化工、有色金属冶炼及压延加工等高耗水、高污染企业多，其中煤化工企业占全国总量的80%。流域生态环境风险较高，企业大多沿河分布，主要污染集中在支流。2018年11个劣Ⅴ类断面全部分布在支流，其中8个位于汾河流域，2006~2018年汾河流域持续重度污染。汾渭平原大气污染防治形势严峻。

6.2.1 黄河流域青海河段

6.2.1.1 青海段入河口数量

根据青海省水文局数据显示，青海省内的入河口，黄河流域占总数的84.2%；西北诸河入河排污口占总数的14.0%。从水功能区来看，入河排污口涉及29个水功能区。其中一级水功能区5个，分布入河排污口6个，涉及二级水功能区24个，分布入河排污口46个。

6.2.1.2 青海段入河口排污水量

根据青海省水文局数据显示，2018年青海省废污水入河量为17781.996万吨，其中黄河流域14712.971万吨，长江流域255.50万吨，西北诸河2813.525万吨。

青海省黄河流域废污水入河量占总废污水入河量的82.7%，其中湟水水系废污水入河量占黄河流域废污水入河量的91.8%；长江流域废污水入河量占总废污水入河量的1.4%，主要为市政排水入河量；西北诸河废污水入河量占总废污水入河量的15.8%。一级水功能区排污口废污水量占水功能区排污口废污水入河总量的1.0%，二级水功能区入河排污口废污水入河总量占水功能区排污口废污水入河总量的99.0%[4]。

6.2.2 黄河流域四川河段

黄河流域四川河段位于川西高原北端的阿坝藏族羌族自治州境内，地理坐标为东经101°37′~103°25′，北纬32°10′~34°06′，地跨阿坝、红原和若尔盖三个县，海拔高约3400～4000m，流域面积16.228km²，占整个黄河流域的2.16%，水资源量约为黄河流域的8.21%，为黄河流域重要的水源涵养区。该河段对涵养水源、调节径流、防止沙化、维持生物多样性以及保障国家及整个黄河流域生态安全等起着举足轻重的作用[5]。

6.2.2.1 四川段河流水质

根据2019年四川省水资源公报显示，四川省对全省26332km河流水质状况进行了评价。其中，全年期Ⅰ～Ⅲ类水质河长25761km，站评价河长的97.8%；Ⅳ～劣Ⅴ水质河长571km，占评价河长的2.2%，超标河段主要污染项目是总磷、氨氮、高锰酸盐指数、五日生化需氧量、石油类等。其中黄河流域龙羊峡以上的白河、黑河评价水质为Ⅰ～Ⅲ类。

6.2.2.2 省界断面水质

根据2018年四川省水资源公报显示，全省共计56个省界断面。其中，长江流域53个，黄河流域3个。Ⅰ～Ⅲ类水质断面53个，占监测断面总数的94.6%；Ⅳ～Ⅴ类水质断面3个，占监测断面总数的5.4%。

长江流域的53个监测断面，全年期水质类别超过Ⅲ类标准的有3个断面，分别是琼江崇龛镇断面（超标项目总磷）、濑溪河分水村断面（超标项目氨氮和总磷）及大洪河的大洪河水库监测断面（超标项目总磷）。黄河流域的三个监测断面水质类别均为Ⅱ类。

6.2.3 黄河流域甘肃河段

黄河流域甘肃河段处于我国西北内陆干旱半干旱地区，是我国水资源最为短缺的地区之一，该区域人均水资源拥有量为1100m³，不到全国总体水平的1/2，其中农业灌溉用水量占总用水量的80%左右，城镇化率的加快以及用水量的增加，使得这一地区的供水需水矛盾加剧。该区域内不仅降水总量较少，多年平均降水量也只有318mm左右，而且年际降水量在时空分布上也不均衡，径流年际变化较大，同时由于自然条件恶劣、地形复杂、沟壑纵横、水土流失严重、植被覆盖度差，蒸发量年均2084mm，远高于其他地区。近40年，极端水文事件以及流域工业污水问题增多，水资源开发过程中的生态用水与生产用水矛盾突出，因而这一区域在生态恢复与保护中必须对生态环境需水量进行计算，以使得该区域在未来的发展中更注重生态环境与人类发展的协调[5]。

6.2.3.1 流域水系和水文特征

黄河流域甘肃河段包括黄河干流、洮河、湟水、渭河、泾河、北洛河六个水系，各水系水文特征如下。

（1）黄河干流水系 黄河干流两次穿越甘肃省境。第一次从青海省入境，流经玛曲段，后又进入青海省，汇入白河、黑河、西科河等支流。第二次从积石山峡入境流经临夏、兰州、白银等地，于黑山峡段出境，最终汇入银川河、大夏河、洮河、湟水、庄浪河、宛川河、祖厉河等支流。

（2）洮河水系 洮河是黄河较大的一级支流，发源于甘南高原西倾山麓勒尔当，流经碌曲、卓尼、临潭、岷县、临洮等县，在刘家峡水库前端汇入黄河，干流河道长673km，流域面积25527km²，主要支流有周科河、科才河、括合曲、博拉河、车巴沟、大峪河、冶木河、东略沟、广通河等。

（3）湟水水系 湟水发源于青海省大通山，流至享堂进入甘肃，纳入支流大通河，经兰州市红古区，于达川汇入黄河干流，在甘肃省境内流程73km，流域面积1302km²。

（4）渭河水系 渭河发源于渭源县鸟鼠山，流经陇西、武山、甘谷、北道等县（区）后进入陕西省境，省内流程502.4km，流域面积67108km²，主要支流有秦祁河、咸河、榜沙河、山丹河、大南河、散渡河、葫声河、精河、牛头河、通关河等。

（5）泾河水系 泾河发源于宁夏回族自治区境内六盘山东麓，流经平凉、泾川、宁县等地进入陕西省，最后汇入渭河，主要支流有汭河、洪河、蒲河、马莲河、黑河等。其中马莲河是泾河左岸的一级支流，渭河的二级支流，黄河的三级支流，发源于宁夏回族自治区盐池县麻黄山，流经甘肃省环县、庆阳、合水、宁县等县注入泾河，河长171km，流域面积3.12万平方公里，年水量8.63亿吨。马莲河也是一条多泥沙河流，年输沙量大。马莲河上游称环江，水质极差，矿化度极高，最严重区域水质甚至达到"苦咸水"标准。

（6）北洛河水系 华池县子午岭以东的葫芦河属北洛河水系。葫芦河发源于华池县老爷岭，横穿合水县，过太白镇流入陕西省。

6.2.3.2 甘肃段排污口数量及分布

甘肃黄河流域排污口共计370个。武威市和兰州市控制单元排污口分布最为密集，共有排污口93个，其中78个分布在兰州段黄河干流，流经永登县的黄河一级支流有排污口2个，流经红古区的黄河一级支流湟水有排污口3个，永登县的二级支流大通河分布有排污口6个，发源于武威天祝县的庄浪河有排污口1个，榆中县的宛川河有排污口3个；渭河定西市、天水市控制单元共有排污口91个，渭河干流分布有排污口43个，渭河一级支流定西市通渭县散渡河分布有7个，定西市潭县的榜沙河3个，天水市秦安县葫声河13个，平凉市静宁县葫声河7个，庄浪县水洛河10个。

6.2.3.3 甘肃段排污口排污量与污染物排放情况

甘肃黄河流域共排放废水57446.1万吨/年，其中共排放COD 119396吨/年、氨氮17072.2吨/年。兰州市控制单元排放废水33355.3万吨/年，占总排放量的58%；排放COD 59729.8吨/年，占COD总排放量的50%；排放氨氮8011.1吨/年，占氨氮总排放量的47%。

各单元选取主要排污口共40个，其中大型（废水排放1万吨/天以上）排污口35个。其中，兰州市有大型排污口22个，排污量27060.8万吨/年，占兰州—武威段控制单元总排污量的81%，占七个控制单元总排污量的47.1%。

6.2.4 黄河流域宁夏河段

黄河干流自宁夏中卫市南长滩翠柳沟入境，至石嘴山市惠农区头道坎麻黄沟出境，穿越中卫、吴忠、银川、石嘴山4个地级市的10个市县（区），全长397km，流域面积5万平方公里[6]。

6.2.4.1 黄河宁夏干流段水质

根据《宁夏水利统计公报（2011—2016）》，宁夏黄河干流段监测的6个国控断面中，中卫下河沿、金沙湾、叶盛公路桥、银谷公路桥断面均为Ⅱ类优良水质；麻黄沟断面与平罗黄河大桥断面均为Ⅲ类良好水质。2017年上半年，平罗黄河大桥断面水质类别由Ⅲ类上升为Ⅱ类，水质有所好转；其余断面水质类别均无明显变化。

6.2.4.2 入黄排水沟概况

根据《宁夏回族自治区水资源公报（2015—2016年）》，黄河流域宁夏段列入重点入黄排水沟污染治理综合整治的排水沟有12条，主要为银川市四二沟、第二排水沟、银新干沟，灵武市灵武东沟，永宁县中干沟、永二干沟，中卫市第三（五）排水沟，吴忠市南干沟、清水沟。青铜峡市罗家河、中卫市第四排水沟、中宁县北河子沟，年排水量9.5亿立方米。排水沟大部分分布在城市周边，主要承接农田排水、城市生活退水和工业废水排污；受农田化肥使用、农村生活污水及固体废物、养殖类粪便等面源污染影响，水质总体较差。

根据2016年宁夏水质监测资料显示，除罗家河外，其他11条排水沟入黄水质较差为劣V类，经统计污水入河总量为9.5亿吨/年，COD排放量为4.6万吨/年，氨氮排放量为1.2万吨/年，其他44条入黄沟道，年排水量约18亿立方米。

6.2.4.3　入黄排污口概况

黄河宁夏段有直接入黄排污口9处，主要分布在惠农区、青铜峡市、中宁县和灵武市。局不完全统计，2016年污水排水量为1879万吨，主要污染物排放量中COD排放量为498吨，氨氮排放量为13吨。2017年，宁夏新日恒力钢丝绳股份有限公司生产废水及河滨区城市生活污水直接入黄排污口被彻底封堵。另外，惠农区华谊大道排污口和石嘴山黄河水厂排放口予以保留，分别用于石嘴山市经济开发区工业废水处理厂排污及黄河水厂排放未使用完的黄河水及泥沙。目前宁夏全区已经全面取缔黄河干流工业企业的直接入黄排污口。

根据宁夏自治区环保厅《全区工业企业直接入河流、湖泊、排水沟直排口取缔工作台账》，目前主要入黄排水沟沿线未处置的排污口共有20处，其中西夏区四二干沟企业排污口1处，灵武市大河子沟企业排污口5处，永宁县中干沟企业排污口2处，平罗县第三排水沟企业排污口3处，利通区清水沟企业排污口9处。

6.2.5　黄河流域内蒙古河段

黄河从宁夏石嘴山市进入内蒙古境内，流经乌海市、巴彦淖尔市、鄂尔多斯市和包头市，从呼和浩特市的清水河县进入山西省境内，黄河内蒙古段全长840多千米，流域面积为151267平方公里，属黄河流域上游下段。

黄河流域内蒙古段地处西北干旱寒冷地区，该河段所经区域大部分为荒漠和半荒漠，水土流失严重，生态环境脆弱，其间基本无支流汇入，对黄河水资源依赖性较强，入境水资源量的变化直接影响该区域的经济发展、生态环境、社会进步[7]。

6.2.5.1　河流水质

根据内蒙古自治区水资源公报2018年显示，2018年全自治区共监测水功能区560个，实际参加评价的水功能区424个，有108个水功能区由于河干、断流、本底值没有参加评价，有28个无水质目标的排污控制区，只进行监测，不参与考核。参加评价的河长20929.8km。按双因子（指标COD_{Cr}、COD_{Mn}、氨氮）评价，水质Ⅰ～Ⅲ的水功能区354个，河长18168.7km，河长所占比例为86.8%；Ⅳ～劣V类的水功能区70个，河长2761.1km，河长所占比例为13.2%。

2018年考核的国家重要水功能区数量为192个，实际参加评价的水功能区为165个，有17个功能区由于河干、断流没有参加评价，另有10个水功能区属于本底值不参与评价与考核。参加评价的河长9450.8km，按全因子（除水温、总氮、粪大肠菌群以外21项）评价，水质为Ⅰ～Ⅲ的水功能区117个，河长7471.2km，河长所占比例为79.1%；Ⅳ～劣Ⅴ类的水功能区48个，河长1979.6km，河长所占比例为20.9%。按双因子评价，水质为Ⅰ～Ⅲ的水功能区142个，河长8310.5km，河长所占比例为87.9%；Ⅳ～劣Ⅴ类的水功能区23个，河长1140.3km，河长所占比例为12.1%。

考核的国家重要水功能区达标率情况为：兴安盟、乌兰察布市、包头市、乌海市、阿拉善盟为100%，赤峰市为88.5%，呼和浩特市为87.5%，巴彦淖尔市为80.0%，鄂尔多斯市为76.9%，呼伦贝尔市为72.4%，通辽市为71.4%，锡林郭勒盟为60.0%。

非考核的国家重要水功能区达标率情况为：兴安盟、通辽市为100%，赤峰市为75.0%，呼伦贝尔市为70%，鄂尔多斯市为40%，呼和浩特市、乌兰察布市为30%。

自治区级水功能区达标率情况为：兴安盟、乌海市为100%，通辽市为92.6%，鄂尔多斯市为90.0%，阿拉善盟为87.5%，包头市为83.3%，巴彦淖尔市为81.8%，呼和浩特市为77.8%，赤峰市为69.0%，乌兰察布市为61.5%，呼伦贝尔市为53.7%，锡林郭勒盟为44.4%。

6.2.5.2　入河排污口概况

2018年全区共监测入河排污口272个，实际采样的入河排污口191个，参加评价的入河排污口达标个数为65个，不达标个数为126个，达标率为34.0%。

城镇污水处理厂排污口评价标准依据《城镇污水处理厂污染物排放标准》（GB 18918—2002）一级A标准，其他排污口评价标准依据《污水综合排放标准》（GB 8978—1996）一级标准。评价项目为pH值、化学需氧量、氨氮、总磷、铜、砷、汞、镉、六价铬、铅、氰化物、挥发酚、石油类、五日生化需氧量、总氮15项指标。

根据盟市划分，达标率鄂尔多斯市为78.1%，呼伦贝尔市为51.7%，呼和浩特市为47.1%，锡林郭勒盟为44.4%，通辽市和乌海市为25.0%，巴彦淖尔市为22.2%，乌兰察布市为17.6%，包头市为13.3%，兴安盟为10.0%，赤峰市为4.9%（表6-1）。

表6-1 各盟市排污口状况

盟市	入河排污口监测个数	停排或关停个数	入河排污口实际采样个数	达标排放个数	达标率
呼伦贝尔市	23	4	29	15	51.7%
兴安盟	10	0	10	1	10.0%
通辽市	11	3	8	2	25.0%
赤峰市	68	27	41	2	4.9%
锡林郭勒盟	9	0	9	4	44.4%
乌兰察布市	20	3	17	3	17.6%
呼和浩特市	17	0	17	8	47.1%
包头市	29	14	15	2	13.3%
鄂尔多斯市	41	9	32	25	78.1%
巴彦淖尔市	29	20	9	2	22.2%
乌海市	5	1	4	1	25.0%
阿拉善盟	0	0	0	0	—
全区	272	81	191	65	34.0%

6.2.6 黄河流域陕西河段

黄河流域陕西河段位于黄河中游,在陕西总长714km,是陕西和山西两省的界河,最北端从府谷县的墙头乡进入陕西,南端从潼关港口镇进入河南。黄河陕西段北高南低,高差516m,河流比降0.72‰,河谷海拔一般在325～850m之间。龙门镇以北河道狭窄,水深且水流湍急,龙门至潼关这一段属于典型的堆积游荡性河道,河床宽浅,水流散乱,主流游荡不定,东西摆动频繁,为人口较为密集的现代工农业发达区,有渭河、洛河、汾河等多条河流[8]。

6.2.6.1 河流水质

根据2018年陕西省水资源公报,全省主要河流有183个水质断面,按照《地表水环境质量标准》(GB 3838—2002),采用单指标评价法,分汛期、非汛期和全年三个水期进行评价。陕西省评价河长7538.1km,Ⅰ～Ⅲ类水质河长占总评价河长的81.8%,Ⅳ～Ⅴ类水质河长占12.4%,劣Ⅴ类水质河长占5.8%。主要超标项目为氨氮、COD。

6.2.6.2 入黄口概况

根据陕西省2018年水资源公报，黄河流域陕西段共有7个入黄口段面：府谷、吴堡、洽川、港口、汾河、渭河。并根据《地表水环境质量评价办法（试行）》对陕西省黄河流程主要河流水质状况做了定性描述，主要河流水系分类见表6-2。

表6-2 河流水系分类

河流水系名称	评价河长/km	全年期分类河长占评价河长的比例 /%							主要超标项目
		I	II	III	IV	V	劣V	I～III	
黄河及直入黄水系	1312.2	3.3	41.7	24.7	15.6	6.7	8.0	69.7	氨氮、总磷、氟化物
窟野河	178.1		34.4	55.5	10.1			89.9	总磷、氟化物、石油
无定河	578.4		58.6	6.1	19.9	5.7	9.7	64.7	COD、总磷、石油
延河	333.4		38.4	2.4	4.4	25.6	29.2	40.8	氨氮、BOD、总磷
渭河	1096.3	3.7	64.1	15.3	11.5	2.1	3.3	83.1	氨氮、COD、总磷
泾河	435.3		26.5	40.7				67.2	氨氮、COD、氟化物
北洛河	821.1		26	46.7	27.3			72.7	氨氮、COD、氟化物
伊洛河	158.1	42.4	57.6					100	
黄河流域合计	4912.9	3.1	44.7	24.3	14.3	4.7	8.9	72.1	

6.2.7 黄河流域山西河段

黄河流域山西河段属黄河中游，是全山西省中西部地区的主要水源，河流全长约965km，流域面积约9.71万平方公里，占全省总面积的62.2%，除阳泉和大同外，几乎贯穿了全省从北到南70余个县（市、区），孕育全省2300余万人民，约占全省总人口的65%。流域内工农业发达，水资源贫乏，年均降水量在400～600mm之间，河流湖库纳污能力与经济社会发展布局之间矛盾突出，特别是城镇河段入河污染物超载严重，监测结果表明黄河流域山西段水污染严重，水环境状况呈恶化趋势[9]。

6.2.7.1 河流水质

根据山西省2018年水资源公报显示，2018年全省主要河流重点河段水质评价点25处，黄河流域14处，海河流域11处。评价结果表明I类水质的河段1处，为沁河沁源段；Ⅱ类水质的河段6处，分别为汾河静乐及兰村段、沁河飞岭段、滹沱河济胜桥段、滹沱河界河铺段、滹沱河南庄段；Ⅲ类水质的河段2处，分别为浊漳河石梁段、桃河阳泉段；Ⅳ类水质的河段5处，为汾河寨上段、白水河钟家庄段、桃河白羊墅段、桑干河东榆林水库段、御河堡子湾段；Ⅴ类水质的河段2处，为沁河润城段、御河利仁皂段；劣Ⅴ类水质的河段9处，占评价河段总数的36%。河流污染主要超标项目为氨氮、石油、总磷、COD、BOD_5等。

　　总体上看，各河流上游段污染程度较轻；城市附近和工业发达地区河段污染严重，且污染物种类多，超标倍数大。主要河流水质见表6-3。

表6-3　2018年山西省重点河段水质状况

流域	河流	重点河段	水质级别	主要超标项目
黄河流域	汾河	静乐	Ⅱ	
		寨上	Ⅳ	BOD_5
		兰村	Ⅱ	
		小店桥	劣Ⅴ	氨氮、汞、BOD_5
		义棠	劣Ⅴ	氨氮、挥发酚、总磷
		临汾	劣Ⅴ	氨氮、总磷、COD
		柴庄	劣Ⅴ	氨氮、COD、总磷
	沁河	沁源	Ⅰ	
		飞岭	Ⅱ	
		润城	Ⅴ	氨氮
	丹河	韩庄	劣Ⅴ	石油类、氨氮、BOD_5
	白水河	钟家庄	Ⅳ	氨氮、总磷
	涑水河	张留庄	劣Ⅴ	COD、总磷、BOD_5
	三川河	石盘	劣Ⅴ	氨氮、挥发酚、总磷

　　从全年河流水质状况看，受降雨量年内分配及排污影响，大部分评价河流的水质丰水期略好于枯水期。枯水期评价河长1463.4km，非污染河长680.5km，占枯水期评价河长的46.5%；污染河长782.9km，占枯水期评价河长的53.3%。其中严重污染河长518.9km，占枯水期评价河长的35.5%。丰水期评价河长1463.4km，非污染河长605.3km，占丰水期评价河长的41.4%；污染河长858.1km，占丰水期评价河长的58.6%，其中严重污染河长492.7km，占丰水期评价河长的33.7%。全年评价河长1463.4km，非污染河长484.3km，占全年评价河长的33.1%；污染河

长979.1km，占全年评价河长的66.9%；严重污染河长507.9km，占全年评价河长的34.7%。

6.2.7.2 废污水排放量

废污水排放量是指城镇居民生活、第二产业和第三产业排放的废污水量，火电厂直流式冷却水排放量和矿坑排水量不计入废污水量中。

根据山西省2018年水资源公报，2018年山西省废污水排放总量7.9263亿吨，比上年增加了0.0462亿吨。其中，城镇居民生活废污水排放量4.8904亿吨，占全省废污水排放量的61.7%；第二产业废污水排放量1.8212亿吨，占全省废污水排放量的23.0%；第三产业废污水排放量1.2147亿吨，占全省废污水排放量的15.3%。

流域分区中，黄河流域的汾河区废污水排放量最多，达3.5208亿吨，占全省废污水排放量的44.4%；其次是海河流域的桑干河，废污水排放量为1.007亿吨，占全省废污水排放量的12.7%。桑干河、永定河、洋河、大清河、滹沱河、红河、偏关～吴堡、吴堡～龙门、龙门～潼关和汾河以城镇居民生活废污水排放量为主，占各自废污水排放量的一半以上；其他分区废污水排放量的比例各有侧重。

6.2.8 黄河流域河南河段

黄河流域河南河段位于黄河的中下游，黄河在河南省的流域面积约$3.6 \times 10^4 km^2$，占全省面积的21.6%，河南境内黄河流域人口约1832万，耕地约$159.7 \times 10^4 hm^2$，人口和耕地分别占全省总量的17.8%和17.2%。河南境内黄河流域一带土地肥沃，矿产资源丰富，不仅是河南省重化工业、能源基地，同时也是重要的粮棉产地。黄河水资源的开发利用，对该流域内社会经济的发展意义重大，但流域内总水量不足，在不同程度上又制约了区域内经济的增长[10]。

6.2.8.1 河流概况

从灵宝至三门峡，黄河干流为黄土峡谷，河面较为宽阔，属三门峡水库库区范围。三门峡至孟津150km左右的河道，中条山与崤山、熊耳山之间，称晋豫峡谷，是黄河最后一段峡谷，谷深水急，水力资源丰富，落差200m左右。河谷底宽200～300m，出露基岩除三门峡为闪长斑岩，八里胡同为石灰岩以外，其余多为二选、三选细砂页岩层。峡谷出口的孟津区小浪底以上流域面积为$69 \times 10^4 km^2$，占全河段流域面积的92%。小浪底至桃花峪，河道进入低山丘陵区，逐渐放宽至3～5km，是山地进入平原的过渡段。左岸是断续的黄土低崖，高出水面10～40m；右岸为绵延的邙山，高出水面100～150m。桃花峪以下，即进入下游冲积大平原，河道比降显著变小，平均为0.00018，故水流平缓，泥沙大量沉积，以至河床抬高，右岸郑州及左岸孟州以下，沿河都有堤防，左岸有天然文岩渠及金堤河入黄河。

黄河在河南境内的支流主要在郑州以西，其中较大的支流南岸依次有宏农涧、伊洛河、汜水等，北岸为蟒河、沁河等；郑州以东有天然文岩渠和金堤河，它们均属间歇性平原河道。各支流的情况不尽相同。

6.2.8.2 排污口概况

据黄河干流纳污量调查资料统计，黄河干流河南段共有排污口23个，其中潼关至三门峡河段13个，小浪底至花园口河段8个，花园口至高村河段2个。各主要城镇的废污水除直接通过排污口、排污沟进入黄河干流外，还有一部分是通过支流进入干流的。黄河干流河南段主要支流有20多条（不包括新、老蟒河），其中排污能够对黄河水环境造成影响的支流有9条，它们分别是洛河、沁河、天然文岩渠、汜水河、枯水河和北沙河，以及排污量不大位于小浪底库区内的王沟河、槐扒河和西弯河等。金堤河等支流虽然污染严重，接纳的废污水排放量也很多，但金堤河污水由于黄河河床升高等原因，基本上全年不进入黄河。

黄河干流河南段水系主要接纳沿岸城市工业废水和生活污水，因此废污水成分是黄河干流河南段污染物的主要成分。黄河干流河南段入黄河排污口、排污支流，排放的污染物有耗氧有机污染物、氨氮、磷化物、挥发酚、石油类污染物、砷化物、汞化物、六价铬、铅化物、镉化物、氟化物和氰化物等。根据河南省2016年水资源公报，2016年全河南省废污水排放总量56.9亿立方米，其中工业（含建筑业）废水37.8亿立方米，占66.3%；城市综合生活污水19.2亿立方米，占33.7%。按流域分区统计，省辖海河流域8.1亿立方米，黄河流域12.2亿立方米，淮河流域30.2亿立方米，长江流域6.4亿立方米。

6.2.9 黄河流域山东河段

山东省是经济大省又是水资源贫乏的省，黄河是山东省最大的客水资源，是山东省名副其实的生命线。全省9个地市、25个县（市区），200万公顷农田，以及沿黄城乡居民生活和工业生产都离不开黄河水的滋养。

黄河流域山东河段，自东明县至垦利县，流经菏泽、济宁、泰安、聊城、德州、济南、淄博、滨州、东营9个市（地）的25个县（市、区），河道长627km，平均比降万分之一，其特点是河道上宽下窄，坡度上陡下缓，排洪能力上大下小[11]。

6.2.9.1 河流水质

2018年山东省监测评价河流总河长9823.46km，其中海河流域1966.86km，黄河流域1440.5km，淮河流域6416.1km。

山东省评价河流全年期水质符合和优于Ⅲ类水的河长4852.9km，占总评价河长的49.4%；水质符合Ⅳ～Ⅴ类的河长共计3953.0km，占40.2%；劣Ⅴ类河长1017.6km，占10.4%。河流主要超标污染参数为化学需氧量、氨氮、高锰酸盐指数、总磷等。

山东省重点水功能区299处，2018年有13处功能区全年河干，对其余286处功能区进行评价。其中全参数评价年均水质类别为Ⅰ～Ⅲ类的功能区有155个，占评价功能区总数的54.2%；水质类别为Ⅳ～Ⅴ类标准的功能区有113个，占评价功能区总数的39.5%；水质类别为劣Ⅴ类的功能区有18个，占评价功能区总数的6.3%。

299处重点功能区中，有40处功能区因全年连续断流次数大于6次等原因不进行达标评价，对其余259个水功能区进行统计。全因子达标评价有159个水功能区水质达标，达标率为61.4%。淮河流域评价水功能区192个，其中达标124个，达标率为64.6%；黄河流域评价水功能区28个，其中达标20个，达标率为71.4%；海河流域评价水功能区39个，其中达标15个，达标率为38.5%。

对259个水功能区进行限制纳污红线主要控制项目（简称双因子）评价，有211个水功能区水质达标，达标率为81.5%。淮河流域评价水功能区192个，其中达标159个，达标率为82.8%；黄河流域评价水功能区28个，其中达标25个，达标率为89.3%；海河流域评价水功能区39个，其中达标27个，达标率为69.2%。

6.2.9.2 排污口概况

根据2005年山东水文水资源局《黄河入河排污口调查实施方案》，济南以上河段主要排污口有3个，另外浮桥很多，水质受到突发性排污影响，具体情况如下。

（1）翟庄闸排污口 翟庄闸入黄排污口位于济南市平阴县城关镇翟庄村，平阴县城所有工业废水及生活污水平时存放在县城西洼地内，污水通过明渠输送到翟庄闸，然后通过田山一级泵站抽排进入黄河，年排放量大约为800万立方米，主要污染物为氨氮、化学需氧量、石油类、挥发酚等。

（2）老王府排污口 老王府入黄排污口位于济南市长清区平安店镇老王府村附近，主要排放长清区工业废水及生活污水，每年进入黄河的污水量约为505万立方米，主要污染物是化学需氧量（COD）、氨氮及其他有机污染物等。

（3）东平县旧县乡粉条加工区 东平县旧县粉条加工区排污口位于泰安市东平县旧县乡陈山口村附近，污水大都存积在220国道附近的沟渠内，最后汇集在陈山口闸一测渠道内，平时由泵站抽排进入东平湖闸下，然后进入黄河。每年进入黄河的污水量约为92万立方米，主要污染物为化学需氧量（COD）、氨氮、石油类、挥发酚、砷化物等。

黄河流域山东段的入黄支流有大汶河、浪溪河、玉带河、北沙河、南沙河、玉符河6条支流。其中，玉带河、南沙河均属较小的季节性河流，沿途无污染物加入。浪溪河、北沙河和玉符河等支流一般情况下降雨径流大都囤积在河道内，流入黄河径流很少。所以，大汶河是影响山东黄河水质的重要支流。大汶河是黄河山东境内最大的一条支流，位于黄河右岸，发源于泰莱山区的莱芜市崮山南鹿沙崖子村，汇泰山山脉、蒙山支脉诸水，自东向西流经莱芜、新泰、泰山区、岱岳区、肥城、宁阳、汶上、东平等县（市、区），经东平湖调节后向北流经旧县乡陈山口村注入黄河，全长239km，流域面积9069km^2。大汶河属季节性河流，来水量年际和年内丰枯变化大，1977～2011年平均水位为40.90m，且逐年呈递减趋势。大汶河流域内由于汇集了沿途大量的工业废水及生活污水，水质受到严重污染，经分析主要污染物为化学需氧量（COD）、BOD$_5$高的有机物和氨氮。

6.3 黄河流域水资源承载力评价体系构建

水资源承载力评价指标体系涉及社会经济系统、生态系统、水资源系统三大系统，是水资源承载力研究中非常关键的环节。可依据研究对象的客体及所支撑的主体，界定一套内涵清晰的水资源承载力评价指标，借助相关模型进行筛选，建立一套系统的、可操作性较强且具综合性功能的指标体系，以期为水资源承载力的研究提供一定的基础[12]。

6.3.1 水资源承载力的定义

目前许多学者提出了对水资源承载力不同的定义，现公认的具有代表性的定义有如下几种：惠洮河[13]在1992年提出"水资源承载能力是指某一地区的水资源，在一定社会历史和科学技术发展阶段，在不破坏社会和生态系统时，最大可承载的农业、工业、城市规模和人口的能力，是一个随着社会、经济、科学技术发展而变化的综合目标"；何希吾[14]在1997年提出"水资源承载力为一个流域、一个地区或一个国家，在不同阶段的社会经济和技术条件下，在水资源合理开发利用的前提下，当地天然水资源能够维系和支撑的人口、经济和环境规模总数"；许有鹏[15]提出"在一定的技术经济水平和社会生产条件下，水资源可最大供给工农业生产、人民生活和生态环境保护等用水的能力，也即水资源最大开发容量，在这个容量下水资源可以自然循环和更新，并不断地被人们利用，造福于人类，同时不会造成恶化"。

综上所述，关于水资源承载力概念和内涵的研究尚未形成一个统一的表述，其理论体系研究大致可概述为两个类别：一类是基于"最大支撑规模"的研究；一类是从水资源的"最大支撑能力""最大开发容量"角度出发的研究。水资源的"最大支撑能力"或"最大开发容量"的研究，能够较为直观地反映水资源在维持生态环境良性循环的前提下，对经济社会发展的承载力，是从水资源的开发利用潜力方面出发进行的研究，但其不能具体反映出水资源系统支撑经济社会系统、生态环境良性发展的程度；"最大支撑规模"反映的是在一定条件下，水资源系统能够承载的人口、经济和环境的最大规模，但是研究中通常对最大规模的定义不够明晰，多将其纳入多目标分析的可持续发展研究中，以对区域未来的经济社会发展规划提供科学的对策[16]。

6.3.2 水资源承载力的含义

（1）生态含义　关于水资源承载力的生态含义有两层：一层是水资源的开发利用方式不能超过生态意义上的极限；另外一层是来自水系统的稳定性和弹性的极限意义，人类活动对水资源系统的干扰不能超过其接纳和自我修复的能力，应满足生态系统的安全性和生物多样性。

（2）时空含义　不同的时间和空间尺度，首先表现在不同地区和不同时期水资源的自然禀赋条件不同，其次表现在社会经济建设水平、科学技术水平及用水结构和用水水平的不同，因此对于水资源的需求量、开发利用方式、污水的处理能力也不相同。而且水资源系统与人类活动干扰的相互作用和影响反馈具有动态性和持久性。综上，水资源系统对经济社会和生态环境的承载具有时空内涵，需明确指出研究区域和研究的历史、现状或将来的时间背景。

（3）社会经济含义　水资源承载力的研究起源于人类面临资源短缺与经济社会发展的矛盾问题时，人们对实现水资源承载力支撑主、客、体三大系统之间的协调发展的诉求，通过调整发展模式、合理优化配置资源等方式来提升水资源开发容量或者社会经济规模，研究的落脚点归根于社会经济的可持续发展。

（4）持续性含义　水资源承载力研究的思想归根结底是实现可持续发展。研究中以生态环境可持续发展作为前提，经济可持续发展作为必要条件，社会可持续发展为最终目的，这种持续发展模式体现在代内公平、代际公平，使得水资源不断造福于人类。维持生态健康发展，既要保证当代人用水需求，也要考虑后代人的用水需求，从而真正实现水资源的可持续利用。

6.3.3 水资源承载力的特性

（1）有限性　可利用的水资源数量具有一定的自然限度，也具有受经济社会建设影响用水结构、水资源开发利用效率的限度。

（2）动态性　水资源承载力具有动态性的主要原因是其支撑的主客体具有动态性。在变化的历史发展过程中，社会经济的建设规模不同，对水资源的需求量也在不断发生变化。

（3）地域性　不同的地区水资源自然禀赋条件不同，社会经济建设、用水水平也不同，导致供水水平和需水水平不同，使得水资源承载力的研究也不同。

（4）相对极限性　水资源承载力的相对极限性体现在一定社会历史背景、科技水平下，对经济社会和生态环境的最大承载能力，在这个限度内可以实现人水和谐发展，实现水资源承载力支撑的主客体水资源、经济社会、生态系统三大系统之间的协调发展。

（5）不确定性　水资源系统本身所受影响因素复杂，支撑的主体和客体具有动态性，加上对自然界规律认识的有限性，这些因素共同决定了水资源承载力具有的不确定性。

在前人关于水资源承载力的概念、内涵研究的基础上，提出有关水资源承载力的内涵，水资源承载力是以维系良好的水生态环境系统为前提，在特定的经济条件与技术水平下，区域水资源的最大可开发利用规模或对经济社会发展的最大支撑能力。

6.3.4 水资源承载力评价体系构建

随着经济社会的发展，人类社会对水资源利用的范畴不断拓展，水资源的要素也随之不断添加，其资源内涵也不断丰富。发展至今，人类社会对水资源开发利用的方式主要包括取用和消耗水资源量、用于污染物排放和受纳、占用水域空间、开发利用水能资源。开发利用的资源属性分别是水资源量、水环境容量、水域空间、水流动力，简称为量、质、域、流。由此引发的水资源超载问题也包括四个方面：一是过量取耗水问题，即河道外或地下水取耗水量超过了水资源可利用量的上限，导致河湖生态用水不足、地下水超采等问题；二是超量排污问题，即入河污染物超过了水体自净能力或是环境容量，导致水体质量下降即水环境污染问题；三是对水域空间的过度开发占用，造成自然水生态空间不足，导致湖泊生态系统退化问题；四是水资源过度开发，造成自然水文过程被过度扰动或自然流态被过度阻隔，引发水生态系统退化问题。

（1）水资源数量维度　即一个流域允许取用和消耗的水资源数量上限，包括地表水可利用量和地下水可开采量两方面。具体受两方面因素限制，一是区域水资源禀赋情况和水资源循环再生能力，对于地表水主要指年径流量，地下水则是指其补给更新量。二是水资源开发利用水平，即需水量与实际取耗水之间的满足程度。

（2）水资源质量维度　即一个区域或水体允许被开发利用的水环境容量的上限，即允许排入污染的数量阈值。这取决于该区域或水体特定水循环状态和水质保护目标下的水体自净能力大小。水质保护目标应从两方面考虑，一是经济社会系统设定的水功能区水质目标的要求，如具体的河流健康评价指标的要求；二是维护水生态系统安全性和生物多样性的水质目标要求，如污水处理要求、河流水质要求等。

（3）水域空间维度　即一个区域的水体水面、滩涂、滨岸等空间允许开发利用的上限。水域空间是水生态系统健康维护的基本要素，也是水资源的重要因子。随着经济社会发展，人类社会对各类水域空间利用程度不断提高，成为水生态系统退化的主要驱动因素之一。水域空间维度的内涵就体现在给河湖湿地保留适当的空间，将对水域空间的侵占和影响限制在合理范围内，一方面为各类水生生物和候鸟等提供必要的生存环境和栖息空间，另一方面也为区域水循环系统维护和河湖水质净化提供必要的物理基础。例如张掖市部分河流人为挤占水域问题比较严重，导致水域空间无法承载城镇居民生活污水的排放，造成水体污染严重，破坏了河湖河道生态环境。

（4）水流状态维度　即一个区域河湖水体水流过程，具体可表征为水流阻隔程度、流速与流态允许变化的阈值、生态流量的不满足度、水电能源开发利用情况等方面。

6.3.4.1　评价指标选取的原则

评价指标的选取影响评价过程的科学性，直接关系到评价结果是否合理，在前文对水资源荷载系统和"量、质、域、流"四维的内涵与特性的阐述上，结合黄河流域2015年水资源总体概况，遵循以下几条原则选取水资源荷载均衡评价指标。

① 系统性原则。指标的选取需要具有系统性，应尽量选取能够体现水资源承载力的概念和内涵，能够体现水资源荷载状态方面的指标，最好选取能具体说明

评价地区水资源情况的复合类指标。例如青海省各地水资源量大，人口稀少，但各地地域面积大，如使用人均水资源量或者地均水资源量等复合指标就能较好地反映该地区水资源具体禀赋情况，而水资源总量、水资源可利用量等单一指标就无法说明该地区水资源具体情况。

② 代表性原则。指标的选取需要具有代表性，应选取能够充分表征水资源荷载均衡状态的指标，以便准确地反映地区真实情况，尽量筛选出相关性较高的冗余指标，让评价结果更加科学合理。

③ 层次性原则。水资源荷载均衡评价是一个基于指标体系的综合评价，需要确定若干准则层。可分为"量、质、域、流"四个准则层，在这四个维度上选取评价指标。

④ 可获得性原则。需要选取能获得数据的指标，或选取能通过基础资料进一步计算得到数据的指标，尽量避免数据获取困难、计算繁琐的指标，并且注意尽量选取容易理解的指标，以便于从评价结果诊断出地区水资源荷载不均衡问题的原因，这有利于为将来的水资源调控措施提供参考依据。

⑤ 特点突出性原则。不同的流域具有不同的水资源特点，在选择评价指标过程中，需要从研究区域实际概况出发，总体了解研究区域水资源方面存在的问题，有针对性地选取指标，以反映地区突出特点。

6.3.4.2 评价指标的选取

借鉴荷载的概念，基于水资源承载主体和承载客体，从负荷与承载能力两个角度出发，将评价指标分为负荷指标和承载能力指标两类。负荷指标包括对地区水资源荷载系统有增大负荷和削弱承载能力作用的指标；承载能力指标包括对地区水资源荷载系统有卸载负荷和增强承载能力作用的指标。考虑水资源、社会经济发展、水生态、水环境等方面，从水量、水质、水域、水流四个维度构建水资源承载状况评价指标体系。水量维度上重点考虑地区水资源自然禀赋条件、水资源利用程度和社会经济发展用水水平；水质维度上重点反映河湖主要污染物浓度、污水处理水平和优良河长；水域维度上考虑地区水域面积、河网密度、森林植被覆盖程度和地下水开采状况；水流维度上主要考虑生态环境方面的用水以及生态基流的满足程度。

（1）水量维度评价指标的选取　考虑到评价指标具体数据的可获得性和认可性，水量维度选取人均水资源量、产水模数、干旱指数、灌溉水利用系数、万元工业增加值用水量、人均用水量、缺水率和水资源开发利用率八个指标。人均水资源量、产水模数、干旱指数表征地区的水资源自然禀赋情况，灌溉水利用系数表征灌溉水有效利用程度，其值越大表明对地区的水资源承载系统卸载负荷的能力越大，因此定为承载能力指标。万元工业增加值用水量、人均用水量反映地区社会经济系统的用水水平，缺水率反映了地区水资源供需矛盾程度，其值越大说明地区水量维度负荷越大，定为负荷指标。水资源开发利用率体现地区水资源开发利用程度，国际上通常认为对一条河流的开发利用不能超过其水资源量的40%，否则就会严重挤占生态流量，使河道环境自净能力锐减，因此将其定为负荷指标。人均水资源量为水资源总量除以人口数量；干旱指数为年蒸发能力与年降水量的比值；万元工业增加值用水量为工业用水除以年度万元工业增加值；人均用水量为总用水量除以人口数量；缺水率为需水量与供水量差值除以需水量；水资源开发利用率为用水量占水资源总量的比率。

（2）水质维度评价指标的选取　水质维度选取河道化学需氧量（COD）浓度、氨氮浓度、优良水质河长比例、污水处理率四个指标。化学需氧量（COD）浓度和氨氮浓度指标反映了社会经济系统的排污状况，其值越大说明地区水质维度上负荷越大，定为负荷指标；优良水质河长比例和污水处理率反映了地区的河流水质情况与污水处理系统运行状态，这两个指标的提升对水资源荷载系统有增强承载能力的作用，定为承载能力指标。优良水质河长比例为Ⅰ～Ⅲ级水质河段长度所占比例；污水处理率为经过处理的污水量与污水总量的比值。

（3）水域维度评价指标的选取　水域维度选取地下水开采系数、河网密度、水域面积率和森林覆盖率四个指标。地下水开采系数是地区深层承压水开采量与超采区浅层地下水超采量之和与超采区地下水可开采量的比值，反映地下水的超采程度，定为负荷指标。河网密度表征地区水系连通发达程度，地区水系连通越发达，抵抗水旱灾害的能力越强，可缓和地区的水安全问题。发达的水系网络具有较强的水体自净能力，对地区水域维度的承载能力有提高作用，因此将其定为承载能力指标。森林覆盖率体现了地区生态文明建设力度，森林植被具有涵养水源、增强水资源自净能力等作用，森林覆盖率的提高对水土保持和荒漠化防治有积极的作用，对地区水资源承载能力有提升的作用，因此定为承载能力指标。水域面积率直接反映地区水域面积，水域承载着服务自然生态和人类社会的功能，合理的水域面积具有航运、污水自净、调控雨洪、维持良好生态等功能，因此将其定为承载能力指标。地下水开采系数为地下水开采量与地下水可开采量的比值；河网密度为干支流总河长与流域面积的比值；水域面积率为水域面积与总面积的比值。

（4）水流维度评价指标的选取　水流维度选取生态环境缺水率、生态补水比例两个指标。生态环境缺水率表征地区生态用水与生态需水之间的矛盾，体现了地区生态需水的不满足程度，生态用水被大量挤占会对生态系统造成不可逆转的破坏，因此将其定为负荷指标；生态补水比例反映地区对生态文明建设的重视程度，尤其在生态环境脆弱的干旱与半干旱地区，生态需水如果长期得不到满足，河道生态环境系统就会急剧恶化。生态环境补水比例提升，对整个水资源承载能力也有提升作用，因此将其定为承载能力指标。生态环境缺水率为生态环境需水量与用水量的差值除以生态环境需水量；生态补水比例为生态环境用水量除以总用水量[17]。

图6-3所示为水资源荷载均衡评价指标。

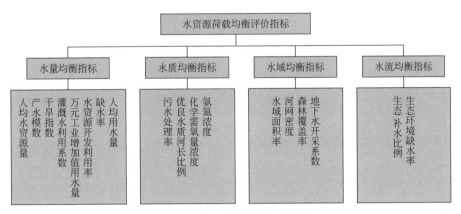

图6-3　水资源荷载均衡评价指标

6.3.4.3　评价指标权重确定

目前的综合评价中确定权重的方法有很多种，主要分为主观赋权法和客观赋权法。主观赋权法主要依靠专家或决策者对研究区域实际情况的判断和自身的主观经验，这类方法主要有层次分析法[18]、德尔菲法[19]等。客观赋权法主要依靠各个指标的客观信息量来确定权重，这类方法能体现不同评价对象在同一指标的客观差异性，具有较强的数学理论依据。客观赋权法应用较为广泛的有熵权法[20,21]、主成分分析法[22]、变差系数法[23]等。由于本研究中的评价对象为黄河流域各地级市、州、盟等行政区，在各个地市、州、盟自身的荷载均衡评价基础上，需要纵观整个流域水资源空间均衡状况，突出各地荷载状况的差异性，因此本研究选用客观赋权法中的熵权法确定权重。在信息论中，熵反映了信息无序混乱的程度，熵值越大则系统无序度越高，占有的效用也越低。熵权法作为一种客观确定权重的方法，可有效地反映指标数据隐含信息，具有权重客观性和可操作性，广泛应用于土地利用评价[24]、水质评价[25]、电力系统评价[26]等研究。按照熵的原理通过收集和计算得到的水资源荷载均衡评价各项指标数据，计算各个指标的权重，具体步骤如下。

（1）步骤1　设每一个指标有m个实际观测值，x_{ij}表示第i个评价指标的第j个观测值。评价指标矩阵$x=[x_{ij}]m \times n$，并将矩阵x归一化处理，得到标准矩阵

$y=\left[y_{ij}\right]m\times n$。

对于正向指标：

$$y_{ij}=\frac{x_{ij}-\min\{x_j\}}{\max\{x_j\}-\min\{x_j\}} \tag{6-1}$$

对于负向指标：

$$y_{ij}=\frac{\max\{x_j\}-x_{ij}}{\max\{x_j\}-\min\{x_j\}} \tag{6-2}$$

（2）步骤2 计算第 i 项评价指标的熵 e_i：

$$e_i=-k\sum_{i=1}^{n}y_{ij}\ln y_{ij}\ j=1,2,\cdots,n \tag{6-3}$$

$$k=\ln n \tag{6-4}$$

式中 k——修正系数。

（3）步骤3 计算各评价指标权重 W_i：

$$W_i=\frac{1-e_i}{n-\sum_{i=1}^{n}e_i} \tag{6-5}$$

最终得到权重矩阵 $W=\{W_1,W_2,\cdots,W_n\}$

6.3.4.4 确定评价标准

评价标准是水资源荷载均衡综合评价的重要内容，合理准确地制定评价标准关系到评价结果的可靠性。本节参考国内外水资源承载力评价分级指标研究、水资源可持续发展评价分级指标研究、水安全评价分级指标研究和国内平均水平以及国家规范标准，结合黄河流域水资源特点，将评价等级划分为Ⅰ级（优秀）、Ⅱ级（良好）、Ⅲ级（一般）、Ⅳ（较差）和Ⅴ级（差）五个等级。最终修正得到黄河流域水资源荷载均衡评价的分级标准，见表6-4。

表6-4 黄河流域水资源荷载均衡评价分级标准

准测层	指标代码	权重	指标	单位	Ⅰ	Ⅱ	Ⅲ	Ⅳ	Ⅴ
量	C1	0.065	人均水资源量*	m³	4000	3000	2000	1000	500
	C2	0.082	产水模数*	10^4m³/km²	30	20	12	6	2
	C3	0.071	干旱指数*	—	0.1	0.5	1	3	6
	C4	0.048	灌溉水利用系数*	—	0.8	0.7	0.6	0.5	0.4
	C5	0.072	水资源开发利用率#	%	10	20	30	45	60
	C6	0.047	万元工业增加值用水量#	m³	10	20	40	100	200

准测层	指标代码	权重	指标	单位	I	II	III	IV	V
量	C7	0.057	缺水率#	%	1	5	10	15	20
	C8	0.051	人均用水量#	m³	80	180	300	400	520
质	C9	0.04	COD#	mg/L	5	15	20	30	40
	C10	0.055	氨氮#	mg/L	0.15	0.5	1	1.5	2.5
	C11	0.038	优良水质河长比例*	%	100	90	75	65	50
	C12	0.042	污水处理率*	%	100	85	70	60	50
域	C13	0.063	地下水开采系数#	—	0.5	0.75	0.9	1.05	1.3
	C14	0.055	水域面积率*	%	5	3.5	2	1	0.5
	C15	0.045	河网密度*	km/km²	0.8	0.6	0.35	0.1	0.05
	C16	0.073	森林覆盖率*	%	55	45	35	27	19
流	C17	0.055	生态环境缺水率#	%	0.1	1	2	6	15
	C18	0.041	生态补水比例*	%	8	6	4	2	1
综合标准					1～1.5	1.5～2.5	2.5～3.5	3.5～4.5	4.5～5

注："#"表示负荷指标；"*"表示承载能力指标。

I级（优秀）表示此时该指标开发潜力大，可以继续开发该指标的潜力。III级（一般）表示此时该指标已经基本处在临界水平，应当在以后的水资源配置方案中采取措施对该指标进行优化。V级（差）表示此时该指标已经成为限制社会经济发展、影响人类生活的重要因素，在以后的水资源配置方案中应采取调控措施着重优化该指标。II级（良好）和IV级（较差）属于过渡级别，分别介于I级（优秀）和III级（一般）、III级（一般）和V级（差）之间。

6.4 黄河流域各地水资源承载力评价

6.4.1 黄河流域各地市数据来源

黄河流域各地市数据资料主要来源于2015～2018年各省（自治区）水资源公报和统计年鉴，以及各地级行政区政府门户网站。

6.4.2 黄河流域各地指标数据

黄河流域市（自治州、盟）数量较多，现以省（自治区）为单位划分，列出各省市（自治州、盟）的数据，见表6-5～表6-12。

表6-5 青海省各市（自治州）指标数据

准则层	指标	西宁市	海东市	海北州	黄南州	海南州	果洛	玉树	海西州
量	人均水资源量 /m³	514	1129	11264	11114	6052	60869	98487	232491
	产水模数 /（10⁴m³/km²）	16.1	12.6	19	16.5	8.6	15.6	6.1	16
	干旱指数	3.59	5.08	2.83	3.65	4.38	6.73	3.37	13.6
	灌溉水利用系数	0.56	0.546	0.42	0.503	0.44	0.51	0.52	0.464
	水资源开发利用率 /%	48	31.6	5	1.9	8.8	1	1	0.7
	万元工业增加值用水量 /m³	28.08	33.64	25.44	38.92	8.82	21.16	29.7	45.25
	缺水率 /%	1.72	6.53	0.37	0	0.38	0	0	2.12
	人均用水量 /m³	247	357	565	209	533	95	151	163
质	COD/（mg/L）	31.9	16.2	12.1	14.3	17.5	13.6	19.4	16.3
	氨氮 /（mg/L）	1.71	0.52	0.42	0.33	0.26	0.38	0.17	0.32
	优良水质河长比例 /%	89.7	90.4	91.5	96.8	93.4	100	100	100
	污水处理率 /%	95.47	70	82.5	78.3	85	93.6	87	94
域	地下水开采系数	0.67	0.53	0.59	0.62	0.4	0.52	0.48	0.5
	水域面积率 /%	0.1	0.4	0.7	0.3	3.3	0.9	1	0.9
	河网密度 /（km/km²）	0.43	0.61	0.33	0.48	0.41	0.36	0.67	0.52
	森林覆盖率	32	28.3	15.3	19.22	14.8	12.9	3.1	3.5
流	生态环境缺水率 /%	2.51	0.79	0.56	0.83	0.72	0.64	0.55	0.81
	生态补水比例 /%	2.72	2.61	1.79	1.66	4.34	3.72	5.83	4.46

表6-6 甘肃省各市（自治州）指标数据

准则层	指标	武威	兰州	白银	临夏州	定西	天水	平凉	庆阳	甘南州
量	人均水资源量 /m³	567.60	71.30	263.30	636.00	484.70	321.30	327.90	367.80	13076
	产水模数 /(10⁴m³/km²)	3.10	4.03	1.06	15.76	6.93	8.35	6.05	3.02	21.90
	干旱指数	11.70	6.11	9.86	4.13	3.55	2.80	2.86	1.27	3.29
	灌溉水利用系数	0.54	0.544	0.54	0.52	0.53	0.50	0.55	0.53	0.55

准则层	指标	武威	兰州	白银	临夏州	定西	天水	平凉	庆阳	甘南州
量	水资源开发利用率 /%	105.90	63.80	83.00	35.00	28.90	25.40	39.10	29.70	0.92
	万元工业增加值用水量 /m³	105.20	73.32	56.4	96.10	91.60	31.00	77.70	14.20	21.50
	缺水率 /%	16.90	11.80	6.50	5.60	8.20	15.30	8.15	12.10	0.00
	人均用水量 /m³	715.30	338.90	537.70	212.70	140.00	114.50	125.40	109.10	120.50
质	COD/（mg/L）	29.80	22.21	21.30	24.48	15.50	14.50	14.40	7.48	1.25
	氨氮 /（mg/L）	1.37	1.91	2.14	2.42	1.37	1.77	1.78	0.92	0.09
	优良水质河长比例 /%	75.80	71.80	68.40	65.10	83.60	75.00	81.60	76.70	100.00
	污水处理率 /%	96.10	95.00	83.30	85.00	80.10	84.00	76.80	81.00	85.00
域	地下水开采系数	0.96	1.94	1.43	1.01	3.12	1.17	1.28	2.66	0.42
	水域面积率 /%	0.54	0.61	0.35	0.90	0.20	0.69	0.34	0.26	0.73
	河网密度 /（km/km²）	0.061	0.047	0.072	0.075	0.053	0.074	0.049	0.038	0.054
	森林覆盖率	19.70	16.19	14.25	11.90	13.00	37.00	30.94	27.48	23.44
流	生态环境缺水率 /%	10.64	15.60	8.32	7.45	5.61	6.61	5.52	7.82	0
	生态补水比例 /%	1.59	5.64	2.34	0.85	0.81	1.47	5.23	2.28	0.40

表6-7　宁夏回族自治区各市指标数据

准则层	指标	银川	石嘴山	吴忠	中卫	固原
量	人均水资源量 /m³	56.3	145.6	81.1	107.9	478.5
	产水模数 /（10⁴m³/km²）	1.74	2.8	0.67	0.91	5.48
	干旱指数	9.39	11.7	7.19	7.88	3.88
	灌溉水利用系数	0.47	0.5	0.52	0.48	0.7
	水资源开发利用率 /%	123	139	127	108	26.7
	万元工业增加值用水量 /m³	44	46.01	42.83	38.58	41.16
	缺水率 /%	15.7	11.2	12.4	14.3	8.7
	人均用水量 /m³	1121.21	1593.27	1386.76	1135.16	127.58
质	COD/（mg/L）	33.4	30.2	40.1	37.8	26.5
	氨氮 /（mg/L）	1.56	1.34	2.24	2.12	0.94
	优良水质河长比例 /%	75.7	80.5	73.6	83.1	80.4
	污水处理率 /%	88.97	89.3	90.5	94.2	86.9

产水模数单位应为 $10^4 m^3/km^2$

准则层	指标	银川	石嘴山	吴忠	中卫	固原
域	地下水开采系数	1.26	1.15	0.73	0.88	0.78
	水域面积率 /%	1.27	2.29	0.41	0.55	0.37
	河网密度 / (km/km²)	0.13	0.06	0.07	0.08	0.06
	森林覆盖率	16	12.5	15	11.4	22.2
流	生态环境缺水率 /%	7.58	10.34	8.91	7.65	6.37
	生态补水比例 /%	4.38	5.04	1.1	2.48	0.32

表6-8　内蒙古自治区各市（盟）指标数据

准则层	指标	呼和浩特	包头	乌海	乌兰察布	鄂尔多斯	巴彦淖尔	阿拉善盟
量	人均水资源量 /m³	454.68	251.10	49.86	1687.86	1411.56	256.98	2438.00
	产水模数 / (10⁴m³/km²)	8.71	6.94	1.58	4.86	3.33	1.43	2.01
	干旱指数	5.16	9.46	16.91	8.65	9.29	17.59	36.74
	灌溉水利用系数	0.55	0.56	0.57	0.58	0.52	0.55	0.58
	水资源开发利用率 /%	74	138	96	20.20	54.30	118	124
	万元工业增加值用水量 /m³	20.37	16.06	30.72	26.22	11.66	28.08	51.00
	缺水率 /%	13.70	16.30	10.40	8.50	9.10	8.40	11.10
	人均用水量 /m³	340.20	383.16	474.09	340.19	766.93	3044.78	1501.98
质	COD/ (mg/L)	31.20	34.80	27.40	23.40	30.10	28.50	7.28
	氨氮 / (mg/L)	1.15	1.52	0.76	0.85	1.01	0.93	0.78
	优良水质河长比例 /%	89.40	75.10	88.50	82.70	90.10	91.60	100.00
	污水处理率 /%	91.80	90.00	96.50	94.36	94.10	96.60	85.00
域	地下水开采系数	1.31	1.29	1.99	1.34	1.30	1.53	1.92
	水域面积率 /%	0.88	0.67	1.73	0.55	0.60	0.70	0.10
	河网密度 / (km/km²)	0.07	0.07	0.15	0.06	0.09	0.094	0.001
	森林覆盖率	24.90	16.90	17.50	23.10	26.51	14.42	7.77
流	生态环境缺水率 /%	10.90	7.85	9.72	8.40	7.83	9.14	14.50
	生态补水比例 /%	5.03	2.90	23.00	0.48	4.02	0.42	2.33

表6-9 陕西省各市指标数据

准则层	指标	西安	铜川	宝鸡	咸阳	渭南	延安	榆林	商洛
量	人均水资源量 /m³	260.59	268.35	651.71	149.33	234.76	610.98	785.74	1522.11
	产水模数 /（10⁴m³/km²）	19.28	5.08	15.36	4.24	5.35	3.51	4.24	23.75
	干旱指数	1.15	1.73	2.33	1.88	3.48	2.31	3.11	1.43
	灌溉水利用系数	0.71	0.56	0.57	0.58	0.52	0.46	0.55	0.55
	水资源开发利用率 /%	80.2	40.20	32.40	135	127	19.20	28.90	8.50
	万元工业增加值用水量 /m³	29.67	17.37	11.92	19.01	35.69	11.22	10.41	32.97
	缺水率 /%	13.20	14.30	10.50	12.60	13.10	15.30	13.60	8.10
	人均用水量 /m³	209.11	107.93	210.87	223.93	297.19	117.35	226.86	128.68
质	COD/（mg/L）	26.30	42.60	30.30	18.30	35.80	26.80	27.90	20.60
	氨氮 /（mg/L）	0.90	1.50	1.14	0.76	1.45	0.67	0.82	0.74
	优良水质河长比例 /%	80.40	68.00	72.40	81.40	65.80	88.50	86.80	87.30
	污水处理率 /%	95.50	89.20	94.70	96.80	98.40	87.26	87.00	89.34
域	地下水开采系数	0.90	1.01	1.52	1.40	1.10	0.94	2.29	0.71
	水域面积率 /%	0.79	0.14	0.42	0.70	1.16	0.18	0.47	0.09
	河网密度 /（km/km²）	0.10	0.07	0.07	0.06	0.07	0.043	0.038	0.182
	森林覆盖率	48.03	46.50	55.26	35.95	25.250	45.10	35.00	66.50
流	生态环境缺水率 /%	7.34	10.30	6.89	9.41	8.74	7.12	11.90	6.81
	生态补水比例 /%	10.30	2.23	1.44	1.64	1.02	2.44	2.21	1.18

表6-10 山西省各市指标数据

准则层	指标	太原	长治	晋城	朔州	忻州	吕梁	晋中	临汾	运城
量	人均水资源量 /m³	111.71	2008.63	475.10	1153.83	871.08	339.27	212.32	347.79	260.08
	产水模数 /（10⁴m³/km²）	7.72	11.67	12.95	4.62	6.39	6.19	6.35	7.64	9.65
	干旱指数	4.11	2.97	2.73	4.92	3.75	4.42	3.20	2.59	1.82
	灌溉水利用系数	0.54	0.53	0.58	0.53	0.50	0.52	0.57	0.53	0.58
	水资源开发利用率 /%	154	9.49	40.00	8.63	16.42	43.98	111	48.82	118
	万元工业增加值用水量 /m³	28.62	144.80	29.68	6.67	24.77	17.79	24.81	17.76	28.77
	缺水率 /%	13.60	9.40	12.10	12.50	8.56	10.32	14.75	9.56	13.10
	人均用水量 /m³	172.53	190.69	190.10	99.67	143.06	149.22	235.94	169.78	306.83

准则层	指标	太原	长治	晋城	朔州	忻州	吕梁	晋中	临汾	运城
质	COD/（mg/L）	38.60	30.30	26.50	27.30	29.50	30.70	31.90	33.60	34.20
	氨氮/（mg/L）	2.23	2.01	0.74	1.02	0.95	1.29	1.45	1.35	1.69
	优良水质河长比例/%	72.10	86.70	70.30	75.40	79.40	80.50	74.30	69.40	73.20
	污水处理率/%	93.20	75.20	93.50	98.60	95.06	80.00	94.57	86.50	91.70
域	地下水开采系数	1.33	1.31	1.24	0.91	0.75	1.27	1.30	1.29	1.56
	水域面积率/%	0.58	0.42	0.23	0.56	0.52	0.41	0.21	0.38	1.77
	河网密度/（km/km²）	0.05	0.06	0.04	0.08	0.08	0.057	0.069	0.056	0.076
	森林覆盖率	23.00	30.90	38.25	24.00	18.40	33.00	23.30	31.90	31.00
流	生态环境缺水率/%	9.58	5.67	8.84	6.42	6.19	8.51	6.73	7.33	10.31
	生态补水比例/%	3.34	6.62	1.88	0.25	12.71	1.91	5.71	4.08	0.27

表6-11 河南省各市指标数据

准则层	指标	郑州	开封	洛阳	安阳	濮阳	新乡	焦作	济源
量	人均水资源量/m³	1410.52	435.96	218.91	167.94	256.17	279.08	236.55	317.64
	产水模数（10⁴m³/km²）	17.00	12.79	15.24	13.12	16.06	16.61	17.69	16.83
	干旱指数	3.17	3.33	2.68	1.84	2.97	3.25	3.54	2.69
	灌溉水利用系数	0.62	0.61	0.55	0.62	0.54	0.53	0.65	0.59
	水资源开发利用率/%	14.22	16.07	98.5	143	135	116	142	105
	万元工业增加值用水量/m³	20.09	15.31	35.03	23.03	33.40	22.72	28.16	19.70
	缺水率/%	14.70	13.80	11.40	12.20	8.70	12.6	10.50	9.30
	人均用水量/m³	200.53	70.05	215.58	240.62	527.20	324.67	489.07	334.16
质	COD/（mg/L）	30.50	33.2	27.40	29.10	30.10	34.60	37.40	30.50
	氨氮/（mg/L）	1.32	1.43	0.84	0.91	1.14	1.73	1.41	1.37
	优良水质河长比例/%	74.50	70.10	84.60	86.40	76.70	73.40	70.50	81.20
	污水处理率/%	96.00	87.00	91.00	89.00	92.70	90.00	91.00	87.00
域	地下水开采系数	1.40	0.75	0.71	1.28	0.71	0.71	1.23	1.24
	水域面积率/%	1.79	1.34	1.38	0.36	1.01	1.53	0.95	2.60
	河网密度/（km/km²）	0.08	0.08	0.19	0.07	0.06	0.109	0.143	0.093
	森林覆盖率	33.40	21.50	23.62	23.50	25.00	22.32	30.90	44.39
流	生态环境缺水率/%	8.65	10.38	7.53	8.44	8.12	9.15	7.34	6.48
	生态补水比例/%	2.86	4.17	8.21	17.25	0.40	1.27	1.54	3.04

表6-12 山东省各市指标数据

准则层	指标	济南	菏泽	聊城	济宁	泰安	东营
量	人均水资源量 /m³	290.00	243.00	206.00	558.00	389.00	294.00
	产水模数 /(10⁴m³/km²)	6.26	8.13	7.75	6.72	7.32	6.67
	干旱指数	2.56	3.13	2.79	2.24	3.06	3.31
	灌溉水利用系数	0.54	0.52	0.49	0.51	0.51	0.55
	水资源开发利用率 /%	48.00	47.00	50.00	42.00	45.00	56.00
	万元工业增加值用水量 /m³	15.22	18.50	15.10	13.55	21.40	6.72
	缺水率 /%	11.20	8.50	10.80	12.20	11.00	13.20
	人均用水量 /m³	424.00	278.00	294.00	231.00	270.00	323.00
质	COD/(mg/L)	31.20	28.50	29.70	33.20	27.10	29.40
	氨氮 /(mg/L)	1.31	0.98	1.14	0.85	0.74	0.82
	优良水质河长比例 /%	76.20	82.40	78.60	80.20	82.30	76.50
	污水处理率 /%	95.90	94.00	95.00	97.00	95.00	96.00
域	地下水开采系数	1.22	0.95	1.17	0.87	0.93	0.81
	水域面积率 /%	1.40	1.20	0.60	5.90	2.60	2.50
	河网密度 /(km/km²)	0.11	0.08	0.09	0.14	0.07	0.072
	森林覆盖率	35.24	33.90	27.25	30.20	39.50	20.60
流	生态环境缺水率 /%	6.35	4.18	4.60	3.37	4.63	4.71
	生态补水比例 /%	5.29	4.51	5.50	3.89	4.10	3.45

6.4.3 黄河流域各地水资源荷载均衡指标评分结果

根据黄河流域各市2015～2018年资料，以省为单位划分，列出各省（自治区）市（自治州、盟）的水资源荷载均衡指标评分结果，见表6-13～表6-20。

表6-13 青海省各市（自治州）评分结果

准则层	指标	西宁市	海东市	海北州	黄南州	海南州	果洛	玉树	海西州
量	人均水资源量 /m³	4.96	3.89	1	1	1	1	1	1
	产水模数 /(10⁴m³/km²)	2.32	2.91	2.05	2.51	3.65	2.76	3.87	2.52
	干旱指数	4.12	4.63	3.86	4.06	4.42	5	4.14	5
	灌溉水利用系数	3.42	3.57	4.67	4	4.63	3.87	3.75	4.36

准则层	指标	西宁市	海东市	海北州	黄南州	海南州	果洛	玉树	海西州
量	水资源开发利用率 /%	4.1	3.05	1	1	1	1	1	1
	万元工业增加值用水量 /m³	2.42	2.65	2.51	2.93	1	2.08	2.47	3.26
	缺水率 /%	1.12	2.13	1	1	1	1	1	1.36
	人均用水量 /m³	2.46	3.54	5	2.23	5	1.24	1.78	1.82
	准则层	3.18	3.32	2.5	2.3	2.7	2.28	2.45	2.5
质	COD/(mg/L)	2.84	1.64	1.72	1.89	1.67	1.53	1.42	1.19
	氨氮 /(mg/L)	3.68	3.56	2.19	2.82	1.45	1.6	1.06	1.47
	优良水质河长比例 /%	2.07	1.98	1.92	1.69	1.76	1	1	1
	污水处理率 /%	1.38	3	2.28	2.46	2.25	1.82	1.95	1.58
	准则层	3.18	2.15	1.95	1.87	1.76	1.51	1.34	1.33
域	地下水开采系数	1.58	1.09	1.15	1.43	1	1.05	1	1
	水域面积率 /%	5	5	4.61	5	2.67	4.13	4	4.15
	河网密度 / (km/km²)	2.61	1.98	3.16	2.46	2.78	2.96	1.82	2.36
	森林覆盖率 /%	3.27	3.02	3.53	3.53	2.97	3.35	3.09	3.23
	准则层	3.41	2.56	2.63	3.07	2.23	2.35	1.86	2.28
流	生态环境缺水率 /%	3.16	1.73	1.52	1.87	1.76	1.64	1.52	1.86
	生态补水比例 /%	3.74	3.67	4.12	4.67	2.86	3.31	2.31	2.84
	准则层	3.41	2.56	2.63	3.07	2.23	2.35	1.86	2.28
	综合评分	3.01	2.97	2.66	2.59	2.55	2.4	2.34	2.45

表6-14　甘肃省各市（自治州）评分结果

准则层	指标	武威	兰州	白银	临夏州	定西	天水	平凉	庆阳	甘南州
量	人均水资源量 /m³	5	5	5	5	5	5	5	5	1
	产水模数 / (10⁴m³/km²)	4.78	4.48	5	2.68	3.89	3.65	4.02	4.78	1.56
	干旱指数	5	5	5	4.35	4.1	3.85	3.88	3.15	4.12
	灌溉水利用系数	3.62	3.63	3.58	3.78	3.72	4	3.5	3.72	3.5
	水资源开发利用率 /%	5	5	5	3.35	2.96	2.58	3.78	2.96	1
	万元工业增加值用水量 /m³	4.05	3.63	3.23	3.86	3.84	2.53	3.57	1.45	2.1
	缺水率 /%	4.27	3.24	2.21	2.15	2.73	4.07	2.73	3.36	1
	人均用水量 /m³	5	3.38	5	2.3	1.86	1.37	1.58	1.35	1.44
	准则层	4.65	4.28	4.37	3.44	3.57	3.44	3.6	3.37	1.94

准则层	指标	武威	兰州	白银	临夏州	定西	天水	平凉	庆阳	甘南州
质	COD/(mg/L)	3.94	3.32	3.1	3.43	2.06	1.94	1.94	1.23	1
	氨氮 /(mg/L)	3.67	4.39	4.68	4.87	3.71	4.21	4.22	2.87	1
	优良水质河长比例 /%	2.96	3.43	3.76	3.95	2.44	2.84	2.75	2.83	1
	污水处理率 /%	1.22	1.21	2.14	2	2.36	2.12	2.67	2.66	2.03
	准则层	3.39	3.17	3.5	3.65	2.73	2.89	3.01	2.36	1.25
域	地下水开采系数	3.11	5	5	3.94	5	4.42	4.85	5	1
	水域面积率 /%	4.92	5	5	4.47	5	4.86	5	5	4.13
	河网密度 / （km/km²)	4.75	5	4.58	4.47	4.84	4.47	5	5	4.85
	森林覆盖率 /%	4.92	5	5	5	5	2.87	3.55	3.88	4.43
	准则层	4.92	5	5	5	5	2.87	3.55	3.88	4.43
流	生态环境缺水率 /%	4.53	5	4.17	4.13	3.74	4.05	3.85	4.14	1
	生态补水比例 /%	4.58	2.37	3.87	5	5	4.45	2.28	3.76	5
	准则层	4.55	3.88	4.04	4.5	4.28	4.22	3.18	3.98	2.71
	综合评分	4.29	4.21	4.32	3.83	3.82	3.56	3.67	3.55	2.26

表6-15　宁夏回族自治区各市评分结果

准则层	指标	银川	石嘴山	吴忠	中卫	固原
量	人均水资源量 /m³	5	5	5	5	5
	产水模数 / (10⁴m³/km²)	5	4.84	5	5	4.16
	干旱指数	5	5	5	5	4.21
	灌溉水利用系数	4.23	4.01	3.84	4.25	2
	水资源开发利用率 /%	5	5	5	5	2.57
	万元工业增加值用水量 /m³	3.08	3.14	3.04	2.87	3.03
	缺水率 /%	4.1	3.26	3.48	3.81	2.64
	人均用水量 /m³	5	5	5	5	1.65
	准则层	4.64	4.5	4.52	4.59	3.29
质	COD/(mg/L)	4.34	4.03	5	4.71	3.32
	氨氮 /(mg/L)	4.07	3.74	4.87	4.67	2.93
	优良水质河长比例 /%	2.94	2.32	3.21	2.58	2.65
	污水处理率 /%	1.68	1.83	1.74	1.42	1.86
	准则层	3.31	3.04	3.79	3.45	2.7

准则层	指标	银川	石嘴山	吴忠	中卫	固原
域	地下水开采系数	4.88	4.42	1.91	2.995	2.14
	水域面积率 /%	3.74	2.85	5	4.89	5
	河网密度 / (km/km²)	3.87	4.72	4.54	4.36	4.72
	森林覆盖率 /%	5	5	5	5	5
	准则层	4.65	4.76	4.02	4.33	4.09
流	生态环境缺水率 /%	4.23	4.54	4.33	4.23	4.08
	生态补水比例 /%	2.84	2.46	4.86	3.86	5
	准则层	3.64	3.65	4.56	4.07	4.47
	综合评分	4.31	4.22	4.28	4.28	3.49

表6-16 内蒙古自治区各市（盟）评分结果

准则层	指标	呼和浩特	包头	乌海	乌兰察布	鄂尔多斯	巴彦淖尔	阿拉善盟
量	人均水资源量 /m³	5	5	5	3.41	3.66	5	2.27
	产水模数 / (10⁴m³/km²)	3.64	3.82	5	4.35	4.63	5	5
	干旱指数	4.67	3.82	5	4.35	4.63	5	5
	灌溉水利用系数	3.5	3.42	3.26	3.11	3.89	3.5	3.86
	水资源开发利用率 /%	5	5	5	2.04	4.63	5	5
	万元工业增加值用水量 /m³	2.06	1.68	2.54	2.21	1.21	2.83	2.8
	缺水率 /%	3.74	4.11	3.05	2.66	2.84	2.81	4.23
	人均用水量 /m³	3.39	3.89	4.69	3.41	5	5	5
	准则层	3.99	4.12	4.34	3.36	3.9	4.39	4.23
质	COD/(mg/L)	4.15	4.53	3.74	3.39	4.01	3.86	1.26
	氨氮 /(mg/L)	3.13	4.56	2.53	2.64	3.04	3.12	2.95
	优良水质河长比例 /%	2.1	2.94	2.21	2.56	2.03	1.91	1
	污水处理率 /%	1.68	1.73	1.34	1.45	1.46	1.33	2.58
	准则层	2.79	3.52	2.45	2.51	2.6	2.6	2.05
域	地下水开采系数	5	5	5	5	5	5	5
	水域面积率 /%	4.45	4.76	3.36	4.88	4.81	4.25	5
	河网密度 / (km/km²)	4.73	4.76	3.94	4.82	4.32	4.19	5
	森林覆盖率 /%	4.42	5	5	4.51	4.1	5	5
	准则层	4.71	4.81	4.6	4.774	4.55	4.72	5

准则层	指标	呼和浩特	包头	乌海	乌兰察布	鄂尔多斯	巴彦淖尔	阿拉善盟
流	生态环境缺水率 /%	4.51	4.25	4.37	4.26	4.15	4.36	5
	生态补水比例 /%	2.47	3.16	1	5	3.05	5	4.71
	准则层	3.64	3.78	2.93	44.58	3.69	4.63	4.88
	综合评分	3.92	4.14	3.98	3.66	3.86	4.18	4.09

表6-17 陕西省各市评分结果

准则层	指标	西安	铜川	宝鸡	咸阳	渭南	延安	榆林	商洛
量	人均水资源量 /m³	5	5	4.64	5	5	4.73	4.56	2.93
	产水模数 / (10⁴m³/km²)	2.14	3.81	2.71	4.22	4.06	4.34	4.27	1.83
	干旱指数	3.16	3.62	3.84	3.69	4.27	3.97	4.12	3.21
	灌溉水利用系数	1.95	3.41	3.37	3.25	3.89	44.83	3.54	3.51
	水资源开发利用率 /%	5	3.79	3.24	5	5	1.96	2.84	1
	万元工业增加值用水量 /m³	2.84	1.76	1.28	1.33	1.92	1.21	1.14	3.11
	缺水率 /%	3.31	3.9	3.06	3.19	3.25	4.07	3.82	2.65
	人均用水量 /m³	2.23	1.38	2.27	2.4	3.02	1.43	2.43	1.46
	准则层	3.27	3.46	3.13	3.68	3.93	3.41	3.47	2.39
质	COD/(mg/L)	2.68	5	3.04	4.61	4.06	3.64	3.82	3.66
	氨氮 /(mg/L)	4.15	4.02	3.17	3.54	3.92	2.35	2.64	2.87
	优良水质河长比例 /%	2.64	3.86	3.66	2.85	3.9	2.3	2.38	2.29
	污水处理率 /%	1.65	1.84	1.68	1.46	1.52	1.92	1.9	1.86
	准则层	3.22	3.69	2.89	.356	3.37	2.53	2.68	2.71
域	地下水开采系数	2.95	3.79	5	5	4.13	3.04	5	1.86
	水域面积率 /%	4.35	5	5	4.53	3.91	5	5	5
	河网密度 / (km/km²)	4.05	4.37	4.42	5	4.53	5	5	3.74
	森林覆盖率 /%	1.86	1.92	1	2.94	4.16	1.91	2.96	1
	准则层	3.15	3.52	3.59	3.2	4.22	3.48	4.37	2.24
流	生态环境缺水率 /%	4.17	4.69	4.09	4.31	4.25	4.16	4.83	4.12
	生态补水比例 /%	1	3.86	4.36	4.66	4.78	3.83	3.76	4.84
	准则层	2.82	4.34	4.21	4.46	4.48	4.02	4.37	4.43
	综合评价	3.06	3.6	3.3	3.71	3.95	3.33	3.63	2.6

表6-18　山西省各市评分结果

准则层	指标	太原	长治	晋城	朔州	忻州	吕梁	晋中	临汾	运城
量	人均水资源量 /m³	5	2.96	5	3.92	4.25	5	5	5	5
	产水模数 / (10⁴m³/km²)	3.84	3.12	2.89	4.32	3.89	3.81	3.84	3.76	3.42
	干旱指数	4.27	3.94	3.76	4.69	4.04	4.38	4.13	3.72	3.37
	灌溉水利用系数	3.79	3.83	3.13	3.84	4	3.85	3.14	3.85	2.94
	水资源开发利用率 /%	5	1	3.76	1	1.68	3.88	5	4.13	5
	万元工业增加值用水量 /m³	2.41	1.48	2.48	1	2.26	1.76	2.29	1.73	2.83
	缺水率 /%	3.61	2.87	3.46	3.5	2.75	3.07	3.86	2.84	3.69
	人均用水量 /m³	1.87	2.288	2.3	1.23	1.78	1.85	2.68	1.84	3.11
	准则层	3.85	3.57	3.41	3.06	3.14	3.58	3.87	3.48	3.75
质	COD/(mg/L)	4.66	4.05	4.63	3.74	3.94	4.06	4.13	4.28	4.11
	氨氮 /(mg/L)	4.73	4.56	2.59	3.05	2.96	3.57	3.92	3.78	4.18
	优良水质河长比例 /%	3.27	2.42	3.46	2.93	2.86	2.88	3.19	3.57	3.21
	污水处理率 /%	1.45	2.68	1.42	1.24	1.36	2.25	1.36	1.89	1.71
	准则层	3.61	3.53	2.74	2.75	2.78	3.22	3.2	3.4	3.43
域	地下水开采系数	5	5	4.82	3.06	2	4.93	5	4.96	5
	水域面积率 /%	4.85	5	5	4.92	4.95	5	5	5	3.48
	河网密度 / (km/km²)	5	4.73	5	4.41	4.46	4.85	4.66	4.79	4.45
	森林覆盖率 /%	44.447	3.56	2.67	4.36	5	2.89	4.43	3.61	3.5
	准则层	4.8	4.38	4.15	4.17	4.08	4.24	4.69	4.43	4.35
流	生态环境缺水率 /%	4.41	3.85	44.33	4.14	4.05	4.25	4.06	4.16	4.58
	生态补水比例 /%	3.38	1.89	4.31	5	1	4.08	2.18	2.94	5
	准则层	3.97	3.01	4.32	4.51	2.74	4.17	3.26	3.64	4.76
	综合评分	4.05	3.27	3.55	3.41	3.26	3.73	3.89	3.72	3.93

表6-19 河南省各市评分结果

准则层	指标	郑州	开封	洛阳	安阳	濮阳	新乡	焦作	济源
量	人均水资源量 /m³	3.58	5	5	5	5	5	5	5
	产水模数 / (10⁴m³/km²)	2.43	3.08	2.61	22.84	2.47	2.45	2.36	2.41
	干旱指数	4.15	4.11	3.74	3.75	3.91	4.15	4.25	3.71
	灌溉水利用系数	2.93	2.94	3.52	2.81	3.59	3.78	2.54	3.04
	水资源开发利用率 /%	1.43	1.65	5	5	5	5	5	5
	万元工业增加值用水量 /m³	2	1.52	2.76	2.38	3.24	2.24	2.36	2.03
	缺水率 /%	3.85	3.76	3.37	3.44	2.68	3.5	3.07	2.83
	人均用水量 /m³	2.35	1	2.35	2.52	5	3.24	4.76	3.28
	准则层	2.85	2.97	3.6	3.56	3.85	3.72	3.71	3.48
质	COD/(mg/L)	4.04	3.39	3.88	3.15	4.01	4.45	4.82	4.02
	氨氮 /(mg/L)	3.67	3.18	2.7	2.93	3.18	4.28	3.94	3.82
	优良水质河长比例 /%	3.1	3.48	2.27	2.24	2.9	3.1	3.58	2.68
	污水处理率 /%	1.31	1.84	1.73	1.75	1.47	1.74	1.68	1.92
	准则层	3.06	3.29	2.6	2.72	2.9	3.45	3.52	3.16
域	地下水开采系数	5	2	1.97	4.94	1.84	1.86	4.84	4.89
	水域面积率 /%	3.38	3.72	3.66	5	4	3.44	4.02	2.86
	河网密度 / (km/km²)	4.15	4.42	3.89	4.56	4.79	3.94	3.85	4.12
	森林覆盖率 /%	3.14	4.67	4.47	4.48	4.22	4.82	3.52	2.03
	准则层	3.98	3.76	3.65	4.61	3.8	3.61	4.15	3.88
流	生态环境缺水率 /%	4.35	4.52	4.26	4.41	4.16	4.36	4.32	4.13
	生态补水比例 /%	3.62	2.84	1	1	5	4.85	4.48	3.41
	准则层	4.04	3.8	2.87	2.95	4.52	4.57	4.39	3.82
	综合评分	3.27	3.31	3.37	3.6	3.73	3.75	2.85	3.55

表6-20　山东省各市评分结果

准则层	指标	济南	菏泽	聊城	济宁	泰安	东营
量	人均水资源量 /m^3	5	5	5	4.89	5	5
	产水模数 / ($10^4 m^3/km^2$)	3.86	3.61	3.76	3.85	3.69	3.86
	干旱指数	3.54	4.02	3.7	3.58	4.03	4.28
	灌溉水利用系数	3.72	3.86	4.06	3.89	3.9	3.51
	水资源开发利用率 /%	4.11	4.08	4.32	3.84	4	4.89
	万元工业增加值用水量 /m^3	1.53	1.88	1.52	1.24	2.07	1
	缺水率 /%	3.12	2.68	3.06	3.42	3.13	3.67
	人均用水量 /m^3	4.11	2.73	2.97	2.61	2.69	3.27
	准则层	3.41	3.48	3.45	3.42	3.13	3.67
质	COD/(mg/L)	4.09	3.47	3.45	3.41	3.82	3.42
	氨氮 /(mg/L)	3.56	2.94	3.14	2.74	2.51	2.78
	优良水质河长比例 /%	2.89	2.34	2.73	2.68	2.52	2.85
	污水处理率 /%	1.36	1.42	1.33	1.23	1.31	1.29
	准则层	3.01	2.66	2.8	2.75	2.43	2.7
域	地下水开采系数	4.72	3.24	4.46	2.93	3.24	2.35
	水域面积率 /%	3.62	3.83	4.42	1	2.35	2.67
	河网密度 / (km/km^2)	3.83	3.97	4.81	1	2.67	2.72
	森林覆盖率 /%	2.95	3.17	3.92	3.78	2.62	4.69
	准则层	3.75	3.57	4.22	2.9	3.07	3.59
流	生态环境缺水率 /%	4.14	3.59	3.64	3.25	3.73	3.79
	生态补水比例 /%	2.37	2.884	2.26	3.16	2.93	3.78
	准则层	3.38	3.27	3.05	3.21	3.39	3.79
	综合评分	3.56	3.39	3.58	3.21	3.28	3.57

6.4.4　黄河流域各地市"量、质、域、流"水资源荷载状况准则层评分结果

水量维度上，黄河中下游各地市由于气候类型和用水结构，水量评分高于黄河上中游。黄河流域主要产水区青海省总体评分优于其他省（自治区），西宁和海东、海南州三市处在Ⅲ级（一般），其他各地市处在Ⅱ级（良好）；甘肃省甘南州

处在Ⅱ级（良好），临夏州处在Ⅲ级（一般），兰州市处在Ⅴ级（差），其他地市处在Ⅳ级（一般）；宁夏回族自治区固原处在Ⅲ级（一般），石嘴山处在Ⅳ级（较差），其他各地市均处在Ⅴ级（差）；内蒙古自治区乌兰察布处在Ⅲ级（一般），其他各地市均处在Ⅳ级（较差）；陕西省商洛市处在Ⅱ级（良好），西安、铜川、宝鸡、延安和榆林处在Ⅲ级（一般），咸阳、渭南处在Ⅳ级（较差）；山西省晋城、朔州、忻州、临汾处在Ⅲ级（一般），其他各地市均处在Ⅳ级（较差）；河南省郑州、开封、济源处在Ⅲ级（一般），其他各地市均处在Ⅳ级（较差）；山东省东营市处在Ⅳ级，其他地市均处在Ⅲ级（一般）。

水质维度上，黄河流域上中游各地市互有差异。青海省西宁和海东处在Ⅲ级（一般），其他各地市处在Ⅱ级（良好）；甘肃省甘南州处在Ⅰ级（优秀），武威、兰州、定西、天水、平凉处在Ⅲ级（一般），其他各地市处在Ⅳ级（较差）；宁夏回族自治区吴忠处在Ⅳ级（较差），其他各地市均处在Ⅲ级（一般）；内蒙古自治区包头处在Ⅳ级（较差），其他各地市均处在Ⅲ级（一般）；陕西省铜川、渭南处在Ⅳ级（较差），其他各地市均处在Ⅲ级（一般）；山西省太原和长治处在Ⅳ级（较差），其他各地市处在Ⅲ级（一般）；河南省焦作处在Ⅳ级（较差），其他各地市均处在Ⅲ级（一般）；山东省各地市均处在Ⅲ级（一般）。

水域维度上，青海省和中下游各地市评分优于中上游各地市。各地市差异较大，位于干旱半干旱区的甘肃、宁夏和内蒙古大部分地区评分最低，均处于Ⅳ级或Ⅴ级；青海省海北州和黄南州处在Ⅳ级（较差），其他各地市处在Ⅲ级（一般）；甘肃省兰州、白银、定西、平凉、庆阳处在Ⅴ级（差），其他各地市处在Ⅳ级（较差）；宁夏回族自治区银川、石嘴山处在Ⅴ级（差），其他各地市处在Ⅳ级（较差）；内蒙古自治区各地市均处在Ⅴ级（差）；陕西省商洛市处在Ⅱ级（良好），西安、咸阳、延安处在Ⅲ级（一般），其他各地市处在Ⅳ级（较差）；山西省太原、晋中处在Ⅴ级（差），其他各地市处在Ⅳ级（较差）；河南省安阳市处在Ⅴ级（差），其他各地市处在Ⅳ级（较差）；山东省济宁、泰安处在Ⅲ级（一般），其他各地市均处在Ⅳ级（较差）。

水流维度上，青海省西宁、海东、海北、黄南州处在Ⅲ级（一般），其他各地处在Ⅱ级（良好）；甘肃省甘南州、平凉处在Ⅲ级（一般），武威、临夏州处在Ⅴ级（差），其他各地市处在Ⅳ级（较差）；宁夏回族自治区吴忠处在Ⅴ级（差），其他各地市处在Ⅳ级（较差）；内蒙古自治区乌兰察布、巴彦淖尔、阿拉善盟处在Ⅴ级（差），乌海处在Ⅲ级（一般），其他各地市处在Ⅳ级（较差）；陕西省西安处在Ⅲ级（一般），其他各地市均处在Ⅳ级（较差）；山西省长治、忻州、晋中处在Ⅲ级（一般），朔州、运城处在Ⅴ级（差），其他各地市处在Ⅳ级（较差）；河南省洛阳、安阳处在Ⅲ级（一般），其他各地市均处在Ⅳ级（较差）；山东省东营处在Ⅳ

级（较差），其他各地市均处在Ⅲ级（一般）。

从综合评分看，青海省西宁、海东、海北、黄南州、海南州处在Ⅲ级（一般），果洛、玉树、海西州处在Ⅱ级（良好）；甘肃省甘南州处在Ⅱ级（良好），其他各地市均处在Ⅳ级（较差）；宁夏回族自治区固原处在Ⅲ级（一般），其他各地市处在Ⅳ级（较差）；内蒙古自治区各地市均处在Ⅳ级（较差）；陕西省咸阳、渭南、榆林处在Ⅳ级（较差），其他各地市处在Ⅲ级（一般）；山西省忻州、朔州、长治处在Ⅲ级（一般），其他各地市均处在Ⅳ级（较差）；河南省安阳、濮阳处在Ⅳ级（较差），其他各地市均处在Ⅲ级（良好）；山东省菏泽、济宁、泰安处在Ⅲ级（一般），其他各地市均处在Ⅳ级（较差）。

6.4.5 面向荷载均衡的黄河流域水资源调控措施

研究从"量、质、域、流"四个维度出发评价了黄河流域各地市荷载均衡状况，根据评价结果围绕荷载均衡对黄河流域水资源开发与保护提出增强承载能力（强载）和减少负荷压力（卸荷）的建议。

（1）各地市落实最严格的水资源管理制度　根据评价结果，总体上来看黄河流域用水总量负荷过大，黄河主河道水质情况优良，但支流污染严重。这表明各地市应当加强"三条红线"管理，突出水资源刚性约束意识，强化用水总量控制、用水效率控制和水功能区限制纳污方面的考评工作，将考评结果作为政府综合考评的重要环节，发现问题需要及时向社会通报，并抓好整改工作。

（2）合理规划社会经济发展规模　从黄河流域各地市荷载均衡度评价来看，黄河流域中下游大部分地市处于超载状态，部分地市处于严重超载状态。过去把水资源当作无限索取的资源开发利用，造成了水资源超载或严重超载，应当立刻终止粗放开发黄河水资源的社会经济发展模式，必须立足于本地实际水量、水质、水域和水流四个维度荷载情况，以水定城，以水定产，把水资源作为刚性约束条件，综合考虑当前存在的水资源供需和水生态的问题，控制城市生产发展规模，让城市发展走尊重自然规律的可持续发展道路。

（3）优化用水结构和推进构建节水型社会　从黄河流域用水概况来看，农田灌溉用水占用水总量的72.5%，而生态环境用水占4.7%，与建设生态城市和生态流域的生境用水率33.3%的要求相比远远不够。以往大量的实例表明，农业、工业的大量用水必然会挤占生态环境用水，如果没有考虑本地区水资源荷载情况而盲目地扩大农业和工业的生产规模，必定会导致水资源负荷增大，承载能力降低，生态环境出现恶化问题。农业发展规模和用于生态环境保护的水资源量应当参照优化后的水资源配置方案进行规划设计。从评价结果来看，黄河流域的农业节水技术和工业节水技术并不发达，特别是农田灌溉用水浪费严重，需要通过推广节水技术，建设高效节水灌溉工程，提高灌溉水利用系数，这对于水资源荷载系统有提高承载能力的作用。工业方面需要不断推广重复水利用技术，提高工业水重复利用率，降低万元工业增加值用水量；社会方面应当加强城市供水管网方面的维护与管理，降低城镇输水过程漏损率，推广节水器具，降低人均用水指标值，这对于水资源荷载系统有降低负荷的作用。

（4）全面提高水污染治理水平　依照黄河流域各地市水功能区纳污能力，严格控制在黄河流域建设高污染项目，对于流域内呼包鄂经济区、关中-天水经济区等重要的经济区和陕北、宁东等能源基地，推进节水防污型社会建设，重点监控有重大污染风险的行业企业。对农业灌溉区应当控制农业面源污染，加强污水处理水平，严格控制入河排污量。在水污染方面完善现有水质监测体系和奖惩制度。

（5）流域综合治理　流域综合治理主要从水域和水流维度进行，流域必须保留足够的水域空间来应对各类水安全问题，水流的连通性关系到地区生态环境建设。黄河流域内部分黄河支流生态环境较差，水资源开发利用处在超载或严重超载状态，严重占用生态用水，上中游需要通过生态修复（如封山育林、退耕还林还草、退耕还水等）措施增强水域和水流维度承载能力，来防治水土流失与生态退化。

参考文献

[1] 王金南.黄河流域生态保护和高质量发展战略思考［J］.环境保护，2020,48（Z1）：18-21.
[2] 贺鑫.黄河流域水污染分析及保护措施［J］.山西建筑，2006, 35（26）：166-167.
[3] 国务院.黄河流域总体规划（2012—2030）［DB/OL］.2013-03-02.34.
[4] 张静萍.2015年青海省入河排污口现状分析与评价［J］.黑龙江水利，2016,2（8）：87-89,92.
[5] 邵鹏，等.黄河甘肃段流域生态环境需水量探究［J］.安徽农业科学，2018,46（4）：53-56,65.
[6] 姜亚敏，等.宁夏黄河流域主要水环境问题及对策［J］.环境科学与管理，2012,37（12）：30-33.
[7] 董立军，等.黄河流域内蒙古段水生态环境的修复与保护［J］.内蒙古水利，2015,5（159）：72-73.
[8] 张淑敏.陕西水资源可持续利用的思路与对策［J］.西北水资源与水工程，2002,13（2）：49-51.
[9] 孙秉章.黄河流域山西段水环境治理对策分析［J］.山西水利科技，2006,03（201）：13-15.
[10] 邢梦林.河南省典型污染河流水环境现状评价及相关性分析［J］.干旱环境监测，2017,31（3）：97-101.
[11] 庞进.山东黄河水环境及保护措施分析探讨［J］.水利规划与设计，2013,8：20-23.
[12] 周振民，等.基于模糊综合评判的鹤壁市水资源承载力评价［J］.中国农村水利水电，2017,8：70-73, 79.
[13] 惠泱河，蒋晓辉，强晟，等.水资源承载力评价指标体系研究［J］.水土保持通报，2001（01）：30-34.
[14] 何希吾，陆亚洲.区域社会经济发展与水资源［J］.科学对社会的影响，1996(02)：12-16.
[15] 许有鹏，尹义星，陈莹.长江三角洲地区气候变化背景下城市化发展与水安全问题［J］.中国水利，2009（09）：42-45.
[16] 张丽洁.黄河流域水资源承载力评价研究［D］.杨凌：西北农林科技大学，2019.
[17] 周云哲.基于"量质域流"的水资源荷载均衡评价——以黄河流域为例［D］.杨凌：西北农林科技大学，2018.

［18］Wang J, Feng L, X, et al. A fuzzy decision-making computer aided system for the preliminary selection of agitator［J］. chemical engineering communications, 2001, 184（1）: 89-103.

［19］Graham L F, Milne D L. Developing basic training programmes: a case study illustration using the Delphi method in clinical psychology［J］. Clinical Psychology & Psychotherapy, 2003, 10（1）:55-63.

［20］金菊良，张礼兵，魏一鸣. 水利工程方案综合评价的客观赋权法探讨［J］. 灌溉排水学报，2004（01）: 5-9.

［21］Zou Z, Yun Y, Sun J. Entropy method for determination of weight of evaluating indicators in fuzzy synthetic evaluation for water quality assessment［J］. Journal of Environmental Sciences, 2006, 18（5）: 1020-1023.

［22］Liu T, Wei H, Zhang C, et al. Time series forecasting based on wavelet decomposition and feature extraction［J］. Neural Computing and Applications, 2017, 28（1）: 183-195.

［23］程勖，杨毅恒. 变差函数中加权系数拟合方法的改善［J］. 地球物理学进展，2009, 24（01）: 362-366.

［24］信桂新，杨朝现，魏朝富. 重庆: 土地流转立足功能分区［J］. 中国土地，2014（06）: 50-51.

［25］邹志红，孙靖南，任广平. 模糊评价因子的熵权法赋权及其在水质评价中的应用［J］. 环境科学学报，2005（04）: 552-556.

［26］杨志超，詹萍萍，严浩军，等. 电压暂降原因分析及其源定位综述［J］. 电力系统及其自动化学报，2014,26（12）: 15-20.

7

黄河流域典型
人工湿地工程
案例

7.1 灵武市东沟人工湿地水质净化工程

7.1.1 工程概括

灵武市位于宁夏回族自治区中部东南方向，地处黄河上游，银川平原与鄂尔多斯台地结合部。灵武市东与盐池县相连，南与吴忠市利通区、同心县接壤，西傍黄河，与永宁县隔河相望，北与银川市兴庆区、内蒙古鄂托克前旗相邻。西部川区，沃野阡陌、鱼跃粮丰；东部山区既有广袤无垠的草原又有黄沙漫地的荒漠丘陵。全市辖区面积4639平方公里。

灵武市东沟是银川市主要入黄排水沟之一，也是灵武市最大的入黄排水沟。按照银川市"十三五"水污染防治目标责任书的要求，银川市主要入黄排水沟应达到Ⅳ类水质，而当时灵武市东沟的水质处于劣Ⅴ类，且部分断面存在黑臭现象，未达到目标责任书要求。

灵武市东沟人工湿地水质净化工程分为3个建设内容（图7-1），详见下文。

7.1.1.1 东沟人工湿地工程

建设功能潜流湿地11.79hm²，处理水量$5 \times 10^4 m^3/d$。根据总平面布置，湿地用地分为东区和西区两个地块，作为潜流湿地主要用地，为实现潜流湿地均匀布水、便于管理以及节省管路和投资，需要将东、西两大区潜流湿地按地形地势分小区建设。

根据湿地现状地形等，将湿地分割为四个区，按A～D标示，其中西区包含A区、D区两个区，东区包含C区、B区两个区。各区之间通过新建道路分割。人工湿地各区（A～D）湿地并联处理东沟河水，遇事故各区可独立运行。

同时结合三沟汇合口处三夏公园建设湿地景观，丰富景观内容，改善和提高区域水环境和水景观，建设表面流湿地36.84hm²，有效净化面积28.75hm²，其中河道子槽14.20hm²，浅水湾14.55 hm²，岸坡景观绿化8.1hm²。

7.1.1.2 破四沟表面流人工湿地工程

拟建表面流人工湿地，工程建设选址区项目整体长度1600m，面积18.86hm²，其中有效功能面积为9.32hm²。亲和路将项目区块分成南、北两个区域，南区块长度647m，区块面积约7.34hm²，其中有效净化面积约3.73hm²；北区块长度953m，区块面积约11.52hm²，其中有效净化面积约9.32hm²。设计最大处理水量$1 \times 10^4 m^3/d$。

灵武市东沟人工湿地水质净化工程

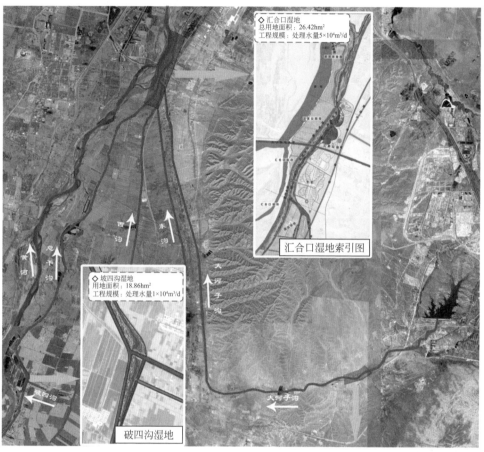

◇汇合口湿地
总用地面积：26.42hm²
工程规模：处理水量5×10⁴m³/d

汇合口湿地索引图

◇坡四沟湿地
用地面积：18.86hm²
工程规模：处理水量1×10⁴m³/d

破四沟湿地

总用地面积：72.99hm²
工程规模：处理水量8×10⁴m³/d
设计标准：处理Ⅴ类河水达到Ⅳ类后入河
　　　　　必要手段之一
设计理念：增绿促流、以水带绿、以绿净水
设计目标：宁夏处理效率最高的人工湿地
主要技术：
　　—上下耦合的复合垂直流潜流湿地
　　—河道原位梯田低耗人工湿地

◇大河子沟湿地
用地面积：27.71hm²
工程规模：处理2×10⁴m³/d

大河子沟湿地

图7-1　灵武市东沟人工湿地水质净化工程总平面布置

7.1.1.3 大河子表面流人工湿地工程

大河子沟上游为甜水河水库，处理水体主要为甜水河水库至旗眼山水库之间沿途的农村生活污水。依据流量数据监测资料及现状用地范围实际情况，最终确定大河子沟表面流湿地的设计规模为$2\times10^4m^3/d$。设计范围总长约1.072km，宽约300m，总占地面积约27.71hm^2。设计最大处理水量为$2\times10^4m^3/d$，湿地有效面积22.13hm^2。主要设计内容为：建设表面流湿地27.71hm^2，有效净化面积22.13hm^2，其中河道子槽3.88hm^2，梯田湿地为18.25 hm^2。

7.1.2 湿地设计进、出水水质

根据《人工湿地污水处理工程技术规范》，人工湿地系统污染物去除效率可参照表7-1。

表7-1 人工湿地系统污染物去除效率   单位：%

人工湿地类型	BOD_5	COD_{Cr}	SS	NH_3-N	TP
表面流人工湿地	40～70	50～60	50～60	20～50	35～70
水平潜流人工湿地	45～85	55～75	50～80	40～70	70～80
垂直潜流人工湿地	50～90	60～80	50～80	40～75	60～80

根据该工程的实际情况，参照《人工湿地污水处理工程技术规范》的湿地污染物去除效率，确定该工程设计进出水水质如表7-2～表7-4所列。

表7-2 东沟人工湿地设计进出水水质   单位：mg/L

指标	BOD_5	COD	SS	NH_3-N	TP
潜流湿地进水水质	10	50	10	5	0.5
潜流湿地出水水质	6	30	5	2.5	0.4
表面流湿地出水水质	6	30	5	1.5	0.3

注：表面流湿地进水为潜流湿地出水。

表7-3 破四沟表面流人工湿地设计进出水水质   单位：mg/L

指标	BOD_5	COD	NH_3-N	TP
进水水质	8.75	39	2.1	0.375
出水水质	6	30	1.5	0.3

人工湿地技术及应用——以黄河流域为例

表7-4　大河子沟表面流人工湿地设计进出水水质　　　单位：mg/L

指标	BOD_5	COD	NH_3-N	TP
进水水质	6.75	37	1.9	0.34
出水水质	6	30	1.5	0.3

7.1.3　湿地设计参数

确定污水的水力负荷是工艺设计的最重要步骤，需根据来水水质及出水水质要求等来确定湿地系统的土地面积，设计水力负荷与系统可接受的污染负荷、土壤渗透率等因素。该工程设计主要利用湿地水文学理论，由水量平衡确定处理系统的水力负荷、停留时间等水力参数，然后计算出所需土地面积和污染物负荷量，同时结合经验数据进行湿地水力计算。关于计算，一些文献也指出可利用达西定律和 Ergun 公式确定，但同时又指出上述公式中湿地基质的渗流系数和污染物在湿地中降解反应速率常数又很难确定，所处地域及湿地间本身的差异使得参数选择带有相当的盲目性。此外，还可根据经验和实验资料选择[1]。

该工程参照已有的工程，根据《人工湿地污水处理工程技术规范》（HJ 2005—2010）选取合适的设计参数。

相关计算方法分别叙述如下。

（1）湿地占地面积

① 在缺乏场地具体数据情况下，设计过程中湿地系统用地面积可通过日处理污水量、水力负荷和气象资料进行估算：

$$F = \frac{0.0365Q}{LP}$$

式中　　F ——工程所需占地面积，hm^2；

　　　　Q ——平均流量，m^3/d；

　　　　L ——水力负荷，m/周；

　　　　P ——运行时间（全年运行周数），周/年；

　0.0365 ——换算系数。

② Reed 等[2]提出人工湿地工程用地估算公式，为：

$$A = KQ$$

式中　　A ——人工湿地面积，$\times 10^4 m^2$；

　　　　K ——系数，6.67×10^{-3}；

　　　　Q ——设计流量，m^3/d。

需要注意的是，以上方法仅适用于选址中的用地面积估算，作为工程设计中土地面积确定则不太适用。

（2）水力负荷计算

$$HL = V/S$$

式中　　HL——水力负荷（hydraulic loading 的简写），$m^3/(m^2 \cdot d)$；

　　　　V——每日进水量，m^3/d；

　　　　S——湿地面积，m^2。

（3）停留时间计算

$$HRT = V_1/V_2 \times T$$

式中　　HRT——水力停留时间（hydraulic retention time 的缩写），h；

　　　　V_1——湿地的容水体积，m^3；

　　　　V_2——湿地的日进水量，m^3/d；

　　　　T——湿地每天持续进水的时间，h/d。

在该工程中，通过上述公式可以初步计算出在给定水量的情况下所需的湿地占地面积。在此范围内，结合科研结果和实际应用工程经验，可确定合理的设计面积，并可计算出其他相关参数。另外，该工程在设计中，也可先确定经验水力负荷，然后计算出面积、停留时间等参数。将上述两种方式得出的结果相互对比与验证，并根据现场实际用地规模确定了本次人工湿地占地面积。各湿地相关设计参数如表7-5所列。

表7-5　湿地设计参数表

湿地类别	面积 /hm²	设计处理水量 /（×10⁴m³/d）	水力负荷 /[m³/（m²·d）]	停留时间 /h
三沟合一潜流湿地	8.78	5	0.57	25
三沟合一表面流湿地	28.75	5	0.17	138
破四沟湿地	9.32	1	0.11	224
大河子沟湿地	22.13	2	0.09	98

7.1.4　工程布置及主要构筑物

根据《人工湿地污水处理工程技术规范》（HJ 2005—2010），该工程处理规模大于$1 \times 10^4 m^3/d$，属于大型人工湿地。

7.1.4.1　三沟合一潜流湿地工程

根据地形、供水对象和出水条件，以及有效利用现状地形高差，减少土方开挖量和管理方便的原则，将整块湿地分为东区和西区，两区之间通过湿地内部道路分隔。原则上东区、西区处理完的尾水通过集水沟分别排入河道。在东区一侧分别设置拦水堰（自然跌水型式）、连通渠、生物塘、泵站和管理区，并设置主入口。在东区北侧设置出水口排入东沟，西区在靠近总干沟现状漫水桥下游设置出水口将湿地处理完的水排入总干沟。

根据总平面布置，湿地用地分为东区和西区两个地块，作为潜流湿地主要用地，为实现潜流湿地均匀布水、便于管理以及节省管路和投资，需要将东、西两大区潜流湿地按地形地势分小区建设。根据湿地现状地形等，将湿地分割为四个区，按A～D标示，其中西区包含A区、D区两个区，东区包含C区、D区两个区。各区之间通过新建道路分割。人工湿地各区（A～D）湿地并联处理东沟河水，遇事故各区可独立运行。

湿地水源管线、分区配水管线、排水管线等布置在分区道路下，因此分区道路同时是管线通道，道路总宽度根据需求不同确定。为便于管理，东区设置泵站管理区，主要布置泵房、控制室、管理房、安全及水质监控监测设施，以利于管理、施工给排水、用电等布置。

图7-2所示为三沟合一潜流湿地、三沟合一表面流湿地工程平面及断面。

潜流人工湿地平面布置见表7-6与图7-3。

表7-6　潜流人工湿地分区面积

分区	下行池 /m²	上行池 /m²	合计 /m²	占地比例
A 区	12245	13951	26196	22.22%
B 区	9796	9130	18926	16.05%
C 区	9176	10162	19338	16.40%
D 区	10947	12385	23332	19.79%
潜流湿地小计			87792	74.46%
泵站及管理区			338	0.29%
生物塘			5458	4.63%
湿地内道路			3657	3.10%
路边绿化			4417	3.75%
潜流湿地合计			101662	86.23%
外围绿化			12227	10.37%
环湿地道路			1596	1.35%
接驳道路			2418	2.05%
总用地面积			117903	100.00%

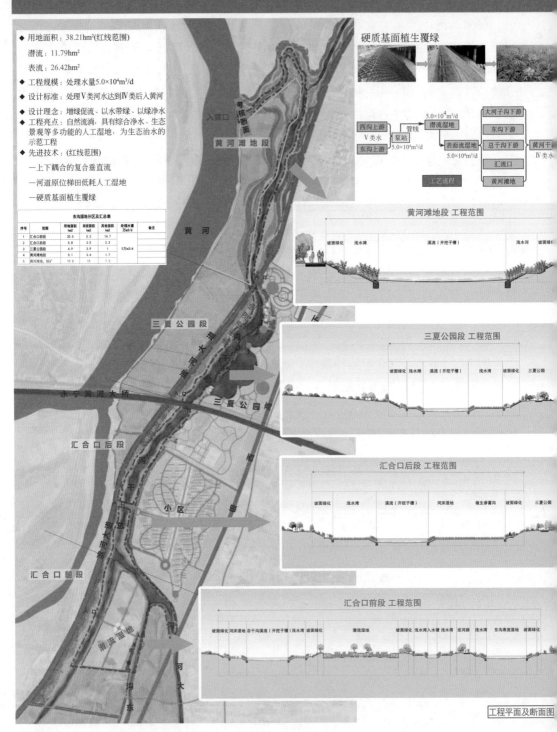

图7-2 三沟合一潜流湿地、三沟合一表面流湿地工程平面及断面

潜流湿地技术指标表				
分区	下行池 (m²)	上行池 (m²)	合计 (m²)	占地比例
A区	12250	13952	26202	24.98%
B区	9777	9128	18905	18.03%
C区	9974	9018	18992	18.11%
D区	10743	12189	22932	21.87%
潜流湿地小计			87031	82.98%
泵站及管理区			338	0.32%
生物塘			5264	5.02%
湿地内道路			6966	6.64%
路边绿化			4709	4.49%
潜流湿地合计			104308	99.46%
接驳道路			569	0.54%
总用地面积			104877	100.00%

图7-3 三沟合一潜流湿地工程平面分区

根据湿地整体功能及湿地结构要求，竖向设计按照构筑物与外围景观协调一致，减小对景观影响及利于湿地水力流程、功能发挥配置合理的原则，依据场区设计等高线，建立立体式湿地，并以进水点水头扬程布置湿地水力流程，即河水自泵站向 A ～ D 各区布水，首先自泵站沿湿地道路引出布水干管，至道路交汇处，向北敷设布水支管分别向 A 区和 B 区分水，向南敷设布水支管分别向 A 区和 B 区分水。湿地出水自东向西两个湿地区东北侧和西侧收集汇水，A 区和 D 区出水汇入集水渠西支，B 区和 C 区出水汇入集水渠东支，分别通过管道排入河道。

湿地布水为压力流，通过管线连接，设计上保证工艺管线短捷、顺畅的条件，并力求其他管线短捷、合理，满足湿地要求。湿地出水为重力流，通过集水渠及管道连接。各工艺构筑物之间的管线管径在 DN100 ～ DN1000。

根据水源管线、供水对象、分区布置位置，三沟合一潜流人工湿地的工艺流程见图7-4，标准断面见图7-5。

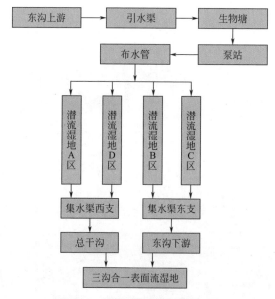

图7-4　潜流人工湿地工艺流程

（1）引水渠　引水渠采用2.0m×1.0m箱涵形式，设计流量0.58m³/s，穿湿地环路，将东沟的水引至潜流湿地生物塘，由进口段+钢筋混凝土箱涵段+出口翼墙段组成。

（2）生物塘　生物塘（图7-6）位于潜流湿地东侧，根据现状地形由南向北布置，上口宽16 ～ 47m，占地面积约5458m²，处理规模为5×10⁴m³/d。

生物塘设计为湿地泵站前置沉沙池并兼具生态景观功能。由南向北依次布置有导流墙 → 一级沉淀塘 → 跌水 → 二级沉淀塘，导流墙上游与引水渠相连，二级沉淀塘下游为湿地泵站系统，生物塘全长188m。

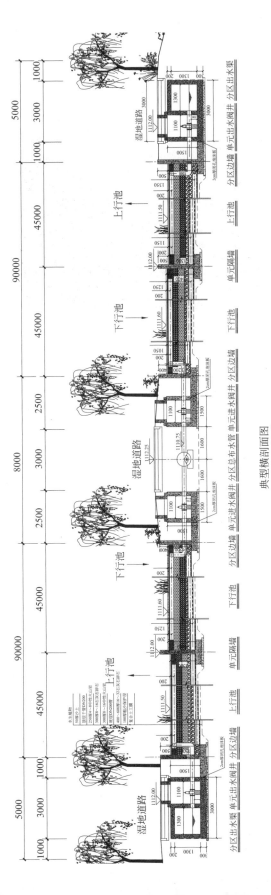

典型横剖面图

图7-5 三沟合一潜流人工湿地标准断面图

图中尺寸标注单位为毫米，高程标注单位为米

图7-6　潜流人工湿地生物塘

（3）泵站　按照三沟合一湿地处理水量需要，确定湿地泵站规模为2083m³/h，日供水规模为5.0×10⁴m³。泵站由进口段、进水间、水泵间及出水阀门井组成。

① 进口段。进口段长5m，为复式断面，下部结构为钢筋混凝土矩形槽，底板顶高程为1107.05～1107.00m，底宽6.0m，高1.5m，上设1.8m宽马道，马道高程1108.55～1108.50m。马道上接1:1.1边坡，坡顶高程1112.00m，边坡采用400mm厚浆砌石护砌。进口段上游与生物塘断面顺接，并布设粗格栅及拦污浮桥。

② 进水间。进水间净尺寸为6.0m×3.0m×6.6m，为钢筋混凝土结构，侧墙厚0.3m，底板顶高程1105.60m，厚0.4m。进水间顶高程为1112.20m，上部为活动钢格栅盖板。进水间设置三个1.0m×0.4m进水窗引水，进水窗上游设置细格栅以拦截生物塘中的悬浮物及漂浮物。

③ 水泵间。水泵间净尺寸为6.0m×4.0m×6.6m，为钢筋混凝土结构，侧墙厚0.3m，底板顶高程1105.60m，厚0.4m。水泵间顶高程为1112.20m，上部为活动钢格栅盖板。水泵选用WQ系列潜水排污泵三台，两用一备，参数为：$Q = 1044$m³/h，$H = 12$m，$N = 45$kW。水泵出水管的管径为DN350，并依次安装有水泵多功能控制阀、伸缩接头、电动蝶阀，前池内安装液位控制器一套，对前池水位进行监控，以保证机组的安全运行。

④ 出水阀门井。出水阀门井净尺寸为6.0m×3.5m×2.15m，为钢筋混凝土结构，侧墙厚0.3m，底板顶高程1109.85m，厚0.3m。出水阀门井顶高程为1112.20m，上部为活动混凝土盖板。

泵站水位参数如下：

进口水位：常水位1107.70m，最低运行水位1107.00m；出水管中心线高程：

1110.75m。

泵站扬程计算如下。

设计泵站最低运行水位为1107.00m，湿地单元布水管中心线高程为1111.45m，管道水头约为4.45m。

根据规范及以往工程经验，满足湿地单元布集水花管正常运行及考虑一定的水头余量，一般取5m水头。

综上，泵站所需要扬程为0.46m+0.42m+0.6m+0.41m+0.6m+4.45m+5m=11.94m，根据泵站参数选取12m水头。

（4）管理房　湿地管理房可用于管理人员办公、休息及管理泵站系统。为了与周边原生态的自然环境相互协调，管理房结构为框架结构，外立采用仿木材质。管理房内设配电室、水质监测间、办公室、值班室、卫生间，总面积87.44m²。

（5）基质组配　潜流人工湿地采用混合流人工湿地系统，其由下渗流池和上升流池组成，池间设有隔墙，底部通过管道连通。池中均填有不同粒径的基质，其中下渗池的基质层表面比上升流池厚10cm，基质总体厚度为1.0～1.5m。湿地床内的基质是微生物和植物生长繁殖的场所，是湿地工艺污染物净化的核心。

湿地基质选择，应从适用性、实用性、经济性及易得性等几个方面综合考虑，同时所选取的基质对水体使用者不能产生不良的影响。因此，在具体湿地基质选择过程中，也需做广泛调查，慎重选取。

该工程充分考虑湿地基质的净化作用，同时在设计及施工中选择基质贯彻经济性与实用性相统一的原则，结合进水水质要求及工程所处的地理位置，湿地基质将采取多种材质，以不同粒径及不同配比来进行有机组合。

火山岩陶粒等具有来源丰富、价格低廉、吸附容量大（氮、磷等营养元素）、对环境无毒无害且容易再生等优点，同时具有较强的保水保肥能力，有助于植物生长与发育。石灰石碎石从适用性、经济性、易得性方面，与其他类型基质相比具有较大的优势，且去磷效果好。因此，湿地工程基质选用以石灰石碎石为主材料，火山岩陶粒为补充材料，同时考虑工程进水为污水处理厂排入河道中的水，属于微污染水体净化，水中营养物资匮乏，微生物及水生植物生长繁殖困难，基质表面难挂膜，以及基质板结等因素，在湿地中配置适量粗沙混合料等。

（6）单元池管道设计　该工程中配水方式为由进水干管将水配送到各分区入口，经各单元时通过支管与单元进水阀井连接，布水干管至阀井此段管道为单元配水管。为便于施工安装，单元配水管采用钢管，与干管采用焊接连接，与单元进水阀门采用法兰连接，根据水力计算，采用管径为DN200的钢管。

在该工程中单元排空方式为管排，由单元底部中间集水管连接一段管道，穿墙与单元外集水渠连接，集水渠端采用盲管模式。在单元因检修等原因需要排空时，开启盲管端，将池内水体排空。管道管径为DN200，因管道埋于底部并穿墙及单元外作业，为永久管道，塑料管容易漏水及破损，所以宜采用钢管。

① 单元进水管。与湿地进水阀门井连接，将水源输入单元内进行单元内布水，管径与配水管一致。

② 单元布水和集水花管。为进水端下渗流池和出水端上升流池表层管道，与单元进水管或出水管连接，管径为DN100，均埋设于基质下5cm处，间距2.5m均匀布置。为实现单元单位面积均匀布水和集水的效果，采用管道上开长圆孔花管布水方式来实现。开孔方式为沿竖向管轴斜向下45°交错开孔。

③ 单元中间集水和布水花管。为垂直流池底层管道，管径为DN200，均埋设于基质底部以上5cm处，间距5m均匀布置。为实现上游池体均匀处理，防止短路，并为下游池集水和布水的功能，采用管道上开长圆孔花管布水方式来实现。开孔方式为沿竖向管轴正90°交错开孔。

④ 单元出水管。与湿地出水阀门井连接，将单元集水花管收集的水处理后输出湿地，进入集水渠，水力过程为重力流，管道流速低，管径为DN200。

湿地内管主要铺设在湿地基质中，分上层布水和集水管，下层中间布水和集水管，管道均为开孔花管。开孔花管均为孔道布集水，管头需密封，且管道铺设平直。管道周边一般铺设比当层基质大一个级配的基质，以利于管道集水和布水。

（7）阀门井 湿地单元运行管理需要根据工作需要以及湿地水质与季节水力负荷调整进行人为控制，包括流量控制、水位高程控制等。在湿地单元进水端和出水端分别设置阀门井对单元水力流程进行控制。

① 湿地单元进水井。与湿地分区布水管及湿地单元布水管连接，采用DN200地面操作立式钢筋混凝土闸阀井，配置闸阀、传力伸缩接头等，与管道采用法兰连接，阀室管道进出采用A型钢制套管，严格防水，防止漏水事故发生。

② 湿地单元出水井。与湿地分区集水渠及湿地单元出水管连接，采用DN200地面操作立式钢筋混凝土闸阀井，配置闸阀、传力伸缩接头等，与管道采用法兰连接，阀室管道进出采用A型钢制套管，严格防水，防止漏水事故发生。

（8）集水渠 湿地单元处理好的出水经过单元出水阀井，由管道输入单元池外的集水渠。集水渠采用钢筋混凝土结构，内宽为1.0m，深1.5m，顶部为混凝土盖板，在盖板对应阀井出水管位置设置人孔，以便检修。集水渠池体盖板上覆土至设计地面高程，表面进行绿化美化。

（9）湿地水生植物配置 湿地应选择耐污能力强、净化效果好、根系发达、经济和观赏价值高的水生植物（图7-7）。在保证净化效果的前提下，湿地植物尽可能从景观出发，选择一些观花观叶植物。此外还应选择一些抗寒植物。同时尽

(a) 水葱   (b) 千屈菜

图7-7　湿地植物生长情况

可能选择灵武市土著种或已驯化种，适合当地生长。

基于以上原则，选择主要观叶植物为芦苇、香蒲等。

7.1.4.2　三沟合一表面流湿地

湿地布置遵从河道现状格局，按照因地制宜的布置原则进行布置。建设表面流湿地36.84hm²，有效净化面积28.75hm²，其中子槽14.20hm²，浅水湾14.55hm²，岸坡景观绿化8.1hm²。

（1）水底设计　河道的生态系统包括水面及河流周边的湿地。河道环境与陆地有很大差别，主要是弱光、缺氧、密度大、温差小，水生生物在形态、结构和生理等方面都能适应这种环境。在水面下，藻类和水草是生产者，它们通过光合作用制造有机物，成为鱼类、底栖动物和浮游动物的食物。淡水的消费者是以藻类和水草为食的浮游动物、鱼类和底栖动物。而在水底的土壤中有数量巨大的微生物在从事有机物质的分解工作。在周边的湿地，由于处于陆地与水域的交错带，生物群落更为丰富。水陆之间进行着复杂的物质循环和能量流动。周边湿地物质流动的过程是：太阳能通过光合作用进入绿色植物形成生物能，继而沿着食物链转移到昆虫、软体动物和小鱼小虾等食植动物，再流动到水禽、两栖动物和哺乳动物，最后微生物将残枝、残体分解、还原成为无机物质。这样的物质循环过程周而复始地进行。

（2）河道内沉水植物的优化设计　在农田耕种时，大量的化肥和农药应用到农田当中，含有氮磷的化肥用量持续增长，由于作物吸收利用有限，大部分的氮磷随农田退水流失，进入到水环境中，造成严重污染，对环境造成了很大的负担。农业退水为水环境污染的主要原因之一。农业上喷洒的农药一般只有10%～20%附着在作物上；农业上使用的化肥，直接被农作物吸收的只有30%

左右。因此，那些未被作物利用的化肥、农药相当大一部分随灌溉后的农业退水或雨后径流流入水体，对水体造成污染。农田退水一般具有季节性和周期性的特点，西北地区农田退水具有夏多冬少的区域性特点，受季节性水源变换的影响较为明显。

同时，在农田退水中有部分悬浮物，而生活在水体中的沉水植物表面会吸附大量的悬浮物质。这些吸附的固体物质量达到一定的阈值会影响沉水植物的正常健康生长，造成一种胁迫条件下植物的病态生长，主要是光合作用、呼吸作用、代谢作用受到了抑制。

本工程从沉水植物吸附农田退水中的氮、磷污染入手，针对项目区域特点，选用多种适合本地生长且对浑浊水体有一定抵抗力的沉水植物组合（包括苦草、轮叶黑藻、眼子菜、菹草、狐尾藻等）对水污染负荷进行削减。

总地来说，注重发挥水生动植物的天然净化作用。在河底合理利用生物平衡，让水生动植物为净化河道"出力"。治理中可采取主河道＋浅水湾的组合断面形式，扩大河道内部空间，为动植物生存提供平台。其中，浅水湾占水面面积比例通常为20%，这样才能兼顾水质净化和景观的功能。

（3）浅水湾设计　利用河道自然淤积形成蜿蜒岸线的浅水湾，符合自然河道的水岸特性；其水深不超过0.5m，满足安全亲水的规范要求，便于游人亲水、近水；种植水生植物，营造湿地型河流，形成水绿过渡空间，便于两栖动物的爬行，为水生动植物提供栖息和避难的场所；同时在浅水湾区域便于构筑亲水栈桥和岸边小品等。浅水湾边缘柔性结构可以削减波浪对河道的冲刷影响，以柔克刚，有利于预防冬季冰冻破坏。

7.1.4.3　破四沟表面流湿地

根据河道现状格局布置湿地，根据现状高程，整个区域内地势高差不大，处理范围内河道主槽与道路交叉，将整个场区分割为两个部分，对两个区块内设计水体流线，最后将两个区域进行优化组合设计，形成整体破四沟表面流湿地总体布置。

拟建表面流人工湿地，工程建设选址区项目整体长度1600m，面积18.86hm²，其中有效功能面积为9.32hm²。亲和路将项目区块分成南、北两个区域，南区块长度647m，区块面积约7.34hm²，其中有效净化面积约3.73hm²；北区块长度953m，区块面积约11.52hm²，其中有效净化面积约9.32hm²。设计最大处理水量1×10^4m³/d。图7-8所示为破四沟表面流人工湿地平面结构。

主要设计内容为：建设表面流湿地18.86hm²，有效功能面积9.32hm²，其中河道子槽3.85hm²，浅水湾5.47hm²。

灵武市东沟人工湿地水质净化工程　破四沟湿地

用地范围：破四沟设计范围总长约1.6km，面积18.86hm²，其中有效功能面积为9.32hm²。
项目规模：设计最大处理水量为1×10⁴m³/d，湿地有效净化面积为13.05hm²。

(a) 工程平面示意

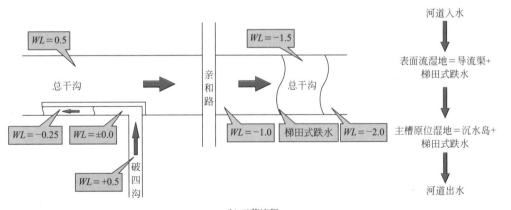

(b) 工艺流程

(c) 亲和路上游标准剖面

图7-8

(d) 设计效果   (e) 设计亮点

图7-8 破四沟表面流人工湿地平面结构
WL——水面标高

河道断面形式自左岸向右岸依次为：现状坡岸、浅水湾、主槽、浅水湾、现状坡岸。设计保持现状坡岸不变，临水处设计水深≤0.5m的浅水湾，湾内满种水生植物，最宽处距常水位水边线约32m，最窄处为设计边坡线。为满足水质净化要求，浅水湾内满种挺水植物，主槽内满种沉水植物。以水质净化为主，充分发挥植物的多种功能和效益，实现人与自然的和谐发展。

沉水植物（主槽）：苦草、黑藻、眼子菜、金鱼藻、狐尾藻、茨藻、伊乐藻等。

挺水植物（浅水湾）：扦插柳枝、黄菖蒲、香蒲、芦苇、千屈菜、水葱、水生鸢尾等。

7.1.4.4 大河子沟表面流湿地

用地范围：大河子沟设计范围总长约1.072km，宽0.3km，总占地面积约27.71hm²。

项目规模：设计最大处理水量为20000m³/d，湿地有效面积约22.13hm²。

大河子沟表面流湿地的类型分为两种，一种是河道主槽内的浅水湾湿地，另一种为河道滩地梯田湿地。

图7-9所示为大河子沟表面流人工湿地平面示意。

（1）主河槽浅水湾湿地 主河道内的浅水湾湿地也是河道主槽生态修复工程的主要内容，主要通过构建生态护坡及浅水湾种植水生植物来实现河道内水质净化的效果。

（2）滩地梯田湿地 梯田湿地主要通过设置布水明渠、湿地田块、水生植物来实现水质净化的目的。

湿地田块每级高差控制在0.10～0.25m。布水渠为梯田湿地的一种形式，通过联通上游与下游、给梯田湿地分水，起到灌溉渠道的作用。补水渠的设计形式为生态沟槽，内部也会形成溪流湿地的效果，对外围面污染源有很好的截流消化作用。

灵武市东沟人工湿地水质净化工程 大河子沟湿地

用地范围：大河子沟设计范围总长约1.072km，宽0.3km，总占地面积约27.71hm²。
项目规模：设计最大处理水量为2×10⁴m³/d，湿地有效面积约22.13hm²。

(a) 工程平面示意

(b) 设计效果

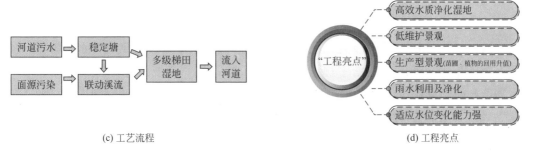

(c) 工艺流程

(d) 工程亮点

图7-9

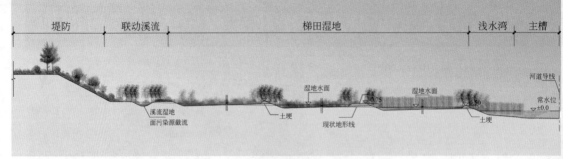

河道导线

常水位
▽±0.0

溪流湿地
面污染源截流

湿地水面

土埂

现状地形线

湿地水面

▽0.75

土埂

▽0.50

(e) 标准剖面图

图7-9　大河子沟表流人工湿地平面示意

7.1.5　潜流湿地防淤堵及防冰冻措施

7.1.5.1　防淤堵措施

① 采用的人工湿地工艺是复合垂直流，本身具有较好的防堵塞优点，主要表现在湿地通过下行池及上行池耦合的设计，形成 U 形连通，平衡水的内部压力，使得本工艺可避免其他工艺因基质不均导致水力因素变化大而发生的局部短流现象。

② 该工程采用表层管和底层管布水、集水方式，而底层管在下行池及上行池是连通关系，在出水端底层管预留出水口，在开启底层管出水时，可实现湿地内部排泥功能，从而防止淤泥堵塞。

③ 该工程基质采用分层布置形式，粒径自表面向下逐步加粗，即表层基质粒径最小，此种设计不仅利于水生植物种植生长，同时可以利用渗滤原理逐层对水体进行过滤，大部分的颗粒物主要通过表层细颗粒基质的过滤而去除，因此湿地表面以下发生物理堵塞的可能性大大降低，充分保障了湿地安全运行。在发生湿地表层堵塞时，仅需要对表面基质进行清洗或清理，即可恢复湿地运行。

④ 该工程通过河道取水，进入潜流湿地前设置了进水沉淀生物塘。该塘按照沉淀池原理，设置了合理的长宽比、沉淀时间、清淤周期等，可通过管理定期清淤，故能够保障几乎所有无机颗粒物在进水沉淀生物塘内后被清除，避免进入潜流湿地；同时，在塘中种植水生植物，包括挺水植物和沉水植物，这些植物的种植形成水中格栅及生物膜，可通过吸附、拦截等方式对进水中的胶体、有机悬浮物进行净化，更进一步地减少湿地进水悬浮物浓度，保障湿地源头上防堵。

⑤ 导膜系统。湿地单元底层设置有上行池和下渗池连通管，此管除了联通布

水功能外，具有倒膜排泥功能，在出水端底层管与出水渠联通，末端封闭，当开启时可从湿地导膜排泥。

7.1.5.2 潜流湿地防冰冻措施

在冬季气温较低，全年1月份最冷，冻土深度最大为1m。本工程对于冬季排水仍需要运行净化，冬季运行主要问题包括如下两点。

① 人工湿地中布设有布水管和集水管，位于湿地基质表层以下30cm（管道中心），在冻土深度范围内，如果管道内仍有积水（特别是满水的状态），很可能会由于结冰造成管道胀裂。

② 冬季运行效率下降，因温度较低导致湿地内微生物活性下降，繁殖量减少，处理效果降低。

因此，该工程需要采取冬季运行措施应对以上问题，主要包括防止管道冻结、水体保温等。

该工程根据冬季运行要求，选取复合垂直流湿地工艺，在湿地单元内水的流向是垂直地面方向，进出水在湿地表层，因此在湿地表面以上积水不会对湿地运行产生较大影响，同时也利于冬季对湿地进行保温。因此，在冻土期来临前，通过调整各湿地分区和单元进出水阀门井，提升湿地水位，使湿地表面形成一层冰盖保护层，冰盖保护层下有空气层。在保护层以下湿地基质内，湿地水温一般能达到5℃以上。

该工程在设计上对湿地单元外进出水管道及阀门井等均考虑冬季运行要求，埋深均设置在冻土层以下。因此冬季运行时，仅需要考虑极端天气情况，遇极端天气情况需要对容易受影响的阀门井进行巡视，井内塞保温材料，如破棉絮等。

为不影响湿地进水，该工程东沟取水口、引水渠、生物塘、泵站等均按冬季极端气候冻土深度设计，在极端气候条件下保障其过流能力。

7.2 二道沙河生态治理及包头市南海湿地修复保护工程

7.2.1 工程概括

图7-10所示为项目选址示意。

图7-10 项目选址示意

人工湿地技术及应用——以黄河流域为例

7.2.1.1 二道沙河生态治理工程

（1）防洪工程　河道防洪标准按20年一遇洪水设计，以50年一遇洪水不漫堤进行校核，河道治理长度约5.27km，建设内容含河道疏浚、堤防、护坡及护脚等。

（2）调水工程　新建一座$6×10^4m^3/d$的调水泵房，提升$6×10^4m^3/d$的尾闾工程排水至二道沙河包兰铁路桥处，同时改造北郊水质净化厂与二道沙河污水收集干管汇合处检查井，将北郊水质净化厂暂不回用的约$3.8×10^4m^3/d$尾水引入二道沙河，作为二道沙河生态补水，建设内容含调水泵房、调水管道及配套设施、检查井改造等。

（3）水质净化工程　利用二道沙河（包兰铁路至入黄口段）河道构建河道走廊湿地对$9.8×10^4m^3/d$的污水进行深度处理，处理后出水作为湿地生态保护工程的补水，建设内容含土方、河道走廊湿地及配套设施、植物绿化等。

（4）挡（蓄）水建筑物工程　在满足二道沙河防洪、排涝等基本功能的基础上，建设挡（蓄）水建筑物，实现来水的滞蓄，延长来水在河道走廊湿地中的停留时间及满足水生动植物生长所需水位，建设内容含挡水堰及配套设施等。

（5）景观提升工程　因地制宜地建设景观节点、堤顶路、漫水路、路灯等配套景观设施，提升河道景观服务功能，美化河道生态环境，建设内容含景观节点、堤顶路、漫水路、路灯及配套设施等。

7.2.1.2 包头市南海湿地修复保护工程

（1）湿地生态补水预处理工程　设置倒虹吸系统1座，并利用改造包头市黄河湿地生态修复工程的厌氧塘及接触氧化塘为湿地生态修复工程补水的预处理设施，设计水量为$11.4×10^4m^3/d$，建设内容含倒虹吸、厌氧塘改造、接触氧化塘改造等。

（2）湿地生态修复工程　以多级多槽湿地为主体工艺对湿地生态补水预处理工程出水进行深度净化，设计水量为$11.4×10^4m^3/d$，并且对南海湿地进行生态修复，建设内容含土方、多级多槽湿地及配套设施、植物绿化等。

（3）湿地生态保护工程　以近自然湿地为主体工艺对二道沙河生态治理工程的河道走廊湿地出水进行深度净化，设计水量为$9.8×10^4m^3/d$，并且对南海湿地进行生态保护，建设内容含土方、近自然湿地及配套设施、植物绿化等。

（4）附属设施工程　建设管理科研道路、溢流堰、取水口、湿地导览牌及警示牌等附属设施，满足南海湿地运行管理需要，建设内容含管理科研道路、溢流堰、取水口、湿地导览牌及警示牌等。

7.2.2 设计进、出水水质

① 二道沙河（包兰铁路至入黄口段）生态治理工程中水质净化工程进水水质执行《城镇污水处理厂污染物排放标准》（GB 18918—2002）一级A标准，出水水质主控指标COD、NH_3-N执行《地表水环境质量标准》（GB 3838—2002）地表水Ⅴ类标准，水质指标如表7-7所列。

表7-7　二道沙河生态治理工程——水质净化工程进、出水水质

序号	项目	COD/（mg/L）	NH_3-N/（mg/L）
1	进水水质	≤ 50	≤ 5
2	出水水质	≤ 40	≤ 2

② 包头市南海湿地修复保护工程中湿地生态补水预处理工程进水水质执行《城镇污水处理厂污染物排放标准》（GB 18918—2002）一级A标准，出水水质主控指标COD、NH_3-N执行《地表水环境质量标准》（GB 3838—2002）地表水Ⅴ类标准，水质指标如表7-8所列。

表7-8　包头市南海湿地修复保护工程——湿地生态补水预处理工程进、出水水质

序号	项目	COD/（mg/L）	NH_3-N/（mg/L）
1	进水水质	≤ 50	≤ 5
2	出水水质	≤ 40	≤ 2

③ 包头市南海湿地修复保护工程中湿地生态修复工程进水水质COD、NH_3-N指标执行《地表水环境质量标准》（GB 3838—2002）地表水Ⅴ类标准，出水水质主控指标COD、NH_3-N全年平均值分别达到31.4mg/L、1.5mg/L，水质指标如表7-9所列。

表7-9　包头市南海湿地修复保护工程——湿地生态修复工程进、出水水质（一）

序号	项目	COD/（mg/L）	NH_3-N/（mg/L）
1	进水水质	≤ 40	≤ 2
2	出水水质	≤ 31.4	≤ 1.5

④ 包头市南海湿地修复保护工程中湿地生态保护工程进水水质COD、NH_3-N指标执行《地表水环境质量标准》（GB 3838—2002）地表水Ⅴ类标准，出水水质主控指标COD、NH_3-N全年平均值分别达到31.4mg/L、1.5mg/L，水质指标如表7-10所列。

表7-10 包头市南海湿地修复保护工程——湿地生态修复工程进、出水水质（二）

序号	项目	COD/（mg/L）	NH₃-N/（mg/L）
1	进水水质	≤ 40	≤ 2
2	出水水质	≤ 31.4	≤ 1.5

7.2.3 湿地设计参数

二道沙河生态治理工程及包头市南海湿地修复保护工程主要工艺单元基本参数见表7-11。

表7-11 二道沙河生态治理工程及包头市南海湿地修复保护工程主要工艺单元参数汇总

序号	工艺单元	设计水量 /（×10⁴m³/d）	有效面积 /（×10⁴m²）	有效水深 /m	水力停留时间 /d
1	河道走廊湿地	9.8	18.64	0.53 ～ 0.64	1.14
2	近自然湿地	9.8	75.75	1.0 ～ 1.25	8.5
3	厌氧塘	11.4	1.3	2.8	0.32
4	接触氧化塘	11.4	0.61	3.2	0.17
5	多级多槽湿地	11.4	90.47	0.5 ～ 3.0	11.6

7.2.4 工程布置及主要构筑物

7.2.4.1 二道沙河生态治理工程

二道沙河生态治理工程的处理水源为调水工程出水，总设计水量为$9.8×10^4m^3/d$，包括$6×10^4m^3/d$的尾闾工程排水及$3.8×10^4m^3/d$的北郊水质净化厂暂不回用的尾水。

二道沙河生态治理工程的进水水质执行《城镇污水处理厂污染物排放标准》（GB 18918—2002）一级A标准，出水水质目标为《地表水环境质量标准》（GB 3838—2002）地表水V类标准，出水作为生态补水进入湿地生态保护工程，再经两级近自然湿地深度净化。

二道沙河生态治理工程的建设位置位于二道沙河两岸及河道内，进行工艺设计时应选择近自然、水质净化效果好且不影响河道汛期行洪安全的工艺，既要保证工程建设的可行性和易于操作性，又要保障湿地的处理效果及河道行洪安全。

该项目在满足河道防洪、排涝等基本功能的基础上，根据地势，利用二道沙河河道建设十级河道走廊湿地，通过基质、植物及微生物等的协同作用，使来水水质由一级A标准提升至地表水Ⅴ类标准。

河道走廊湿地中设置了滞留塘、人工水草、人工物质迁移系统及生态净化床，通过各种净化单元的有效组合，尽可能提高河道走廊湿地的污染物去除率。滞留塘深度较深，来水进入滞留塘后由于接触面积增加，流速降低，悬浮物在重力作用下沉于塘底，起到降低悬浮物含量的作用。此外塘内密植的沉水植物，也可以净化污染物；人工水草可为水中微生物的生长、繁殖提供巨大的空间，使河道内微生物群落的生物量和生物多样性最大化发展，从而实现对污染物的高效净化；人工物质迁移系统可以保障水体中的部分营养物质经沉淀、吸附被富集在基质中，再经微生物及植物充分吸收而去除，从而降低水中的营养物质含量，增强生态系统的稳定性；生态净化床中的复合生态基质能为微生物提供大量的附着面积，还可以通过离子交换、吸附等作用截留水中的污染物，并为各种生化反应提供场所，进一步增强了水质净化效果。

（1）平面设计　二道沙河生态治理工程根据工艺流程自北向南共分为十级河道走廊湿地，通过挡水堰实现湿地分级划分，平面示意如图7-11所示。二道沙河生态治理工程总面积约$28.13 \times 10^4 m^2$，长约5.27km，河道走廊湿地有效面积约$18.64 \times 10^4 m^2$。

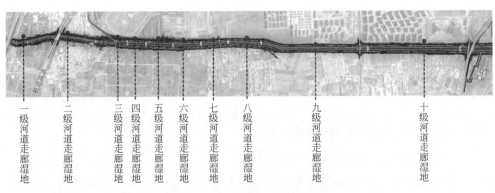

一级河道走廊湿地　二级河道走廊湿地　三级河道走廊湿地　四级河道走廊湿地　五级河道走廊湿地　六级河道走廊湿地　七级河道走廊湿地　八级河道走廊湿地　九级河道走廊湿地　十级河道走廊湿地

图7-11　水质净化工程平面示意

二道沙河生态治理工程工艺流程如图7-12所示。

（2）竖向设计　二道沙河生态治理工程进行竖向设计时除了遵行上述原则之外，还应结合防洪工程设计河底标高及挡（蓄）建筑物工程设计堰口标高进行设计，要充分考虑水流方向、受纳水体位置、场地地形条件等因素。

河道走廊湿地全长约5.27km，水面落差约9.7m。二道沙河水质净化工程工艺流程见图7-13。

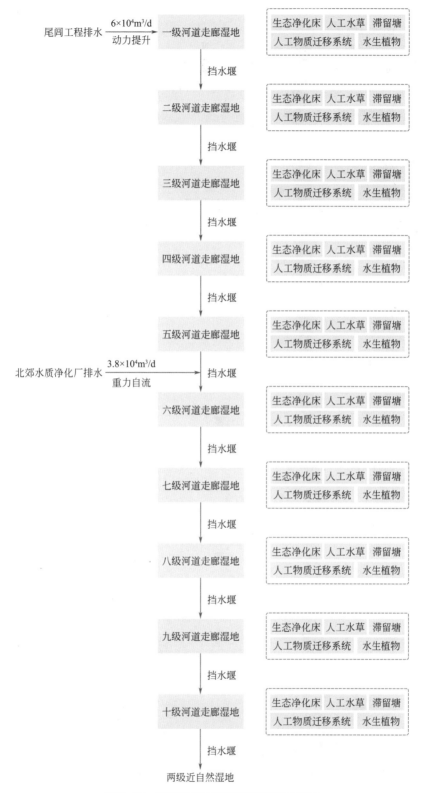

图7-12 二道沙河水质净化工程工艺流程

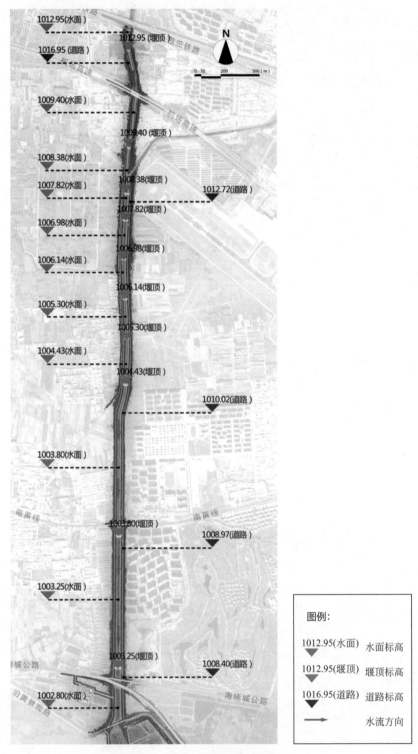

图7-13 河道走廊湿地竖向设计平面

图例：

▼ 1012.95(水面)	水面标高
▼ 1012.95(堰顶)	堰顶标高
▼ 1016.95(道路)	道路标高
→	水流方向

人工湿地技术及应用——以黄河流域为例

（3）景观提升设计　景观提升工程是二道沙河生态治理工程的重要工程之一，对改善城市生态环境、提升城市品位、美化城市形象有着重要影响。

项目结合二道沙河周边环境，在沿河两岸因地制宜地建设景观节点、漫水路、堤顶路、路灯及展示牌等配套景观设施，提升河道景观服务功能，美化河道生态环境，促进人与自然的互动体验。

该项目通过现代设计手法，将生态与景观结合，依据周边用地环境和功能需求，构建"一带、三区、多景观节点"的景观空间格局，使形成表现形式多样、功用高度统一的有机整体。

（4）交通组织设计　景观提升工程的道路建设主要内容有：堤顶路、漫水路、栈道等。堤顶路、漫水路与市政道路连接，承担着工程范围主要交通、服务和游览功能；栈道与景观平台结合，充分考虑游客的动态观览感受，使游客能够便利地到达各个景观节点。

图7-14所示为河道走廊湿地的功能分区。

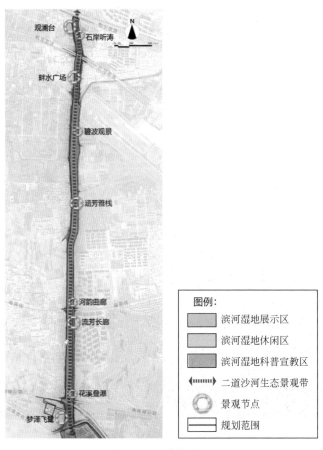

图7-14　功能分区

7.2.4.2 包头市南海湿地修复保护工程

包头市南海湿地修复保护工程包括湿地生态补水预处理工程、湿地生态修复工程、湿地生态保护工程及附属设施工程4个子项目（图7-15、图7-16）。

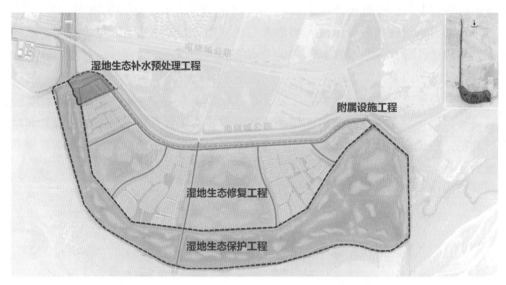

图7-15　包头市南海湿地修复保护工程平面示意

图7-16　包头市南海湿地修复保护工程效果示意

　人工湿地技术及应用——以黄河流域为例

（1）湿地生态补水预处理工程设计　湿地生态补水预处理工程工艺流程及平面示意如图7-17所示。湿地生态补水预处理工程的平面布置主要依据厌氧塘、接触氧化塘的现状平面位置进行布设。

厌氧塘是一类在无氧状态下净化污水的稳定塘，其有机负荷高，以厌氧反应为主。当厌氧塘中有机物的需氧量超过了光合作用的产氧量和塘面复氧量时，该塘即处于厌氧条件，厌氧菌大量生长并消耗有机物。厌氧塘通过兼性厌氧产酸菌将复杂的有机物水解、转化为简单的有机物（如有机酸、醇、醛等），提高来水的

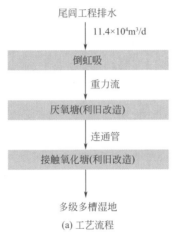

(a) 工艺流程

(b) 平面示意

图7-17　湿地生态补水预处理工程工艺流程及平面示意

可生化性，有利于后续处理单元的生化处理。

接触氧化法是一种介于活性污泥法与生物滤池之间的生物膜法工艺，塘内设置基质，基质淹没在来水中，基质上长满生物膜，来水与生物膜接触过程中曝气系统为塘内水体的微生物供氧。其净化污水的基本原理与一般生物膜法相同，以生物膜吸附污水中的有机物，在有氧条件下水中的污染物被微生物吸附、氧化分解和转化，污水得到净化。

接触氧化塘共设置曝气机19台，曝气机呈环状布置，利于溶解氧的扩散及水流的循环，单台功率为2.2kW，单台增氧能力（以O_2计）为3.05kg/h，单台循环通量为730m^3/h，曝气机四角采用重物固定。

（2）湿地生态修复工程　该设计采用处理效果好、修复效果稳定的多级多槽湿地为主体工艺，共设5级多级多槽湿地。

多级多槽湿地是以多年人工湿地设计及工程实践经验为基础，通过对常规表面流湿地进行改良而来的功能型高效人工湿地，具有处理效果好、冬季运行稳定、抗冲击负荷能力强、工艺灵活智能等特点。

① 平面布局。多级多槽湿地典型平面布局如图7-18所示。从平面布局来看，多级多槽湿地的"多级"是指湿地由多个湿地子槽串联而成，每一级为一个子槽单元。多级多槽湿地的"多槽"是指每一个子槽单元内交替设置浅槽（挺水植物槽及沉水植物槽）、深塘（配水区和净化塘）。

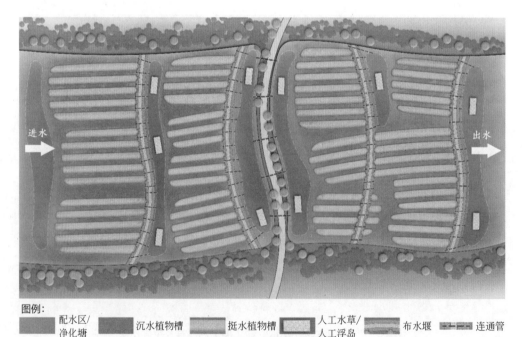

图7-18　多级多槽湿地典型平面布局

② 内部构造。多级多槽湿地的子槽单元由水深、溶解氧、边坡、基底形式、植物种类与密度各异的配水区、挺水植物槽、沉水植物槽、生态碎石堰及净化塘构成，其内部构造如图7-19所示。

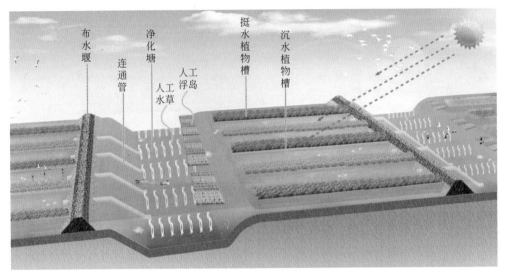

图7-19　多级多槽湿地内部构造

a.配水区。位于多级多槽湿地前端，深度约1.5m，起到缓冲及均匀布水的作用，可避免短流和死水区的产生，配水区宽度与湿地宽度相当。

b.挺水植物槽。深度约0.5m，单槽顶宽约2.5m，槽内密植挺水植物。槽内水深较浅，由于大气复氧、挺水植物根系对氧气的传输等作用，溶解氧可维持在2mg/L以上，呈好氧状态。

c.沉水植物槽。深度约1.5m，单槽底宽约2.5～10m，槽内密植沉水植物。沉水植物光合作用释放的氧气全部释放于水体中，加之大气复氧作用的存在，溶解氧浓度可维持在2.5mg/L以上，呈好氧状态。

d.生态碎石堰。挺水植物槽及沉水植物槽长宽比达到1:10时，设置生态碎石堰重新均匀布水，生态碎石堰由火山岩、沸石、碎石等一种或多种基质堆积而成，底部均匀设置连通管，起到均匀集水、布水的作用。

e.净化塘。净化塘深度一般为2～3m，水体中下部呈缺氧、厌氧状态，具有水质净化、集水和布水的作用。净化塘可依靠本身具有的生物自然净化功能使污水得到净化，也可以根据进水污染物浓度的高低选择性地设置人工水草或其他水质净化单元强化水处理效果。

③ 断面形式。

a.横断面形式。垂直水流方向，多级多槽湿地的子槽单元断面以"沉水植物槽—

挺水植物槽—沉水植物槽—挺水植物槽—沉水植物槽"多个槽体依次交错的形式排列，横断面形式如图7-20所示。沉水植物槽的水深约1.0～1.5m，槽内可种植不同种类的沉水植物；挺水植物槽的水深较浅，约0.5m，槽内可种植不同种类的挺水植物。

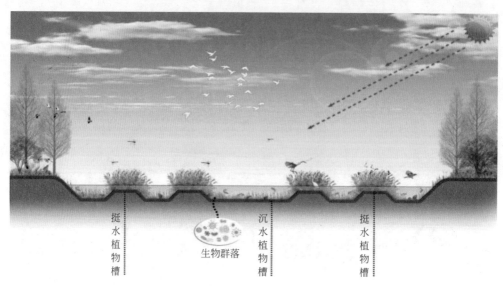

图7-20　多级多槽湿地横断面形式示意

　　b.纵断面形式。沿水流方向，多级多槽湿地每一级的子槽单元一般由"配水区—挺（沉）水植物槽—生态碎石堰—净化塘"组合而成。原水进入每一级湿地，首先通过配水区实现均匀配水，使原水均匀地流经挺（沉）水植物槽，而后流经生态碎石堰，通过生态碎石堰均匀布水流入下游挺（沉）水植物槽或净化塘，净化塘出水流入下一级多级多槽湿地。多级多槽湿地纵断面形式如图7-21所示。

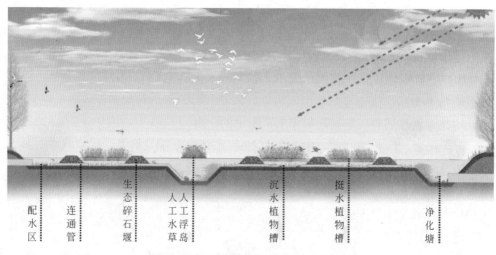

图7-21　多级多槽湿地纵断面形式示意

④ 平面设计。湿地生态修复工程平面示意如图7-22所示。

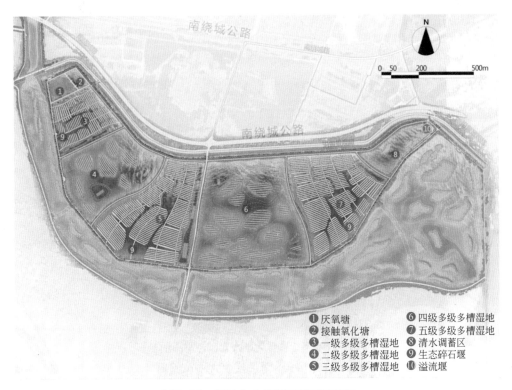

❶ 厌氧塘　　　　　❻ 四级多级多槽湿地
❷ 接触氧化塘　　　❼ 五级多级多槽湿地
❸ 一级多级多槽湿地　❽ 清水调蓄区
❹ 二级多级多槽湿地　❾ 生态碎石堰
❺ 三级多级多槽湿地　❿ 溢流堰

图7-22　湿地生态修复工程平面示意

湿地生态修复工程总占地面积为101.44×10⁴m²；多级多槽湿地有效面积为90.47×10⁴m²。多级多槽湿地平面尺寸设计指标如表7-12所列。

表7-12　多级多槽湿地平面尺寸设计

项目	有效面积 /×10⁴m²	净化塘面积 /×10⁴m²	挺水植物槽面积 /×10⁴m²	沉水植物槽面积 /×10⁴m²
一级多级多槽湿地	7.88	2.81	3.34	1.73
二级多级多槽湿地	15.00	4.78	3.06	7.16
三级多级多槽湿地	20.55	7.25	9.42	3.88
四级多级多槽湿地	28.70	8.57	8.22	11.91
五级多级多槽湿地	18.34	5.51	9.07	3.76
合计	90.47	28.92	33.11	28.44

⑤ 竖向设计。如图7-23所示。

多级多槽湿地自西向东共分为五级，来水以重力流的方式流经整个湿地。

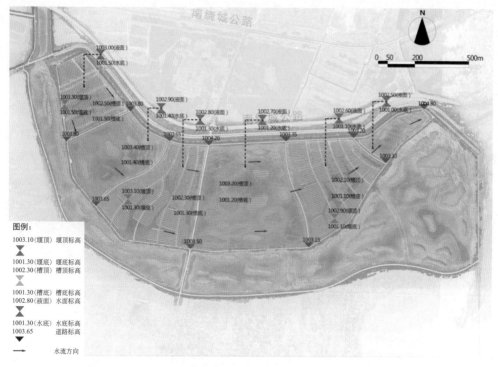

图7-23　多级多槽湿地竖向设计平面示意

（3）湿地生态保护工程　湿地生态保护工程工艺流程如图7-24所示。

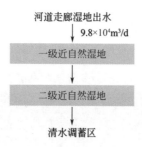

图7-24　湿地生态保护工程工艺流程

　　近自然湿地属于开放的湿地生态系统，物种交流、物质循环和能量流动等过程都非常活跃。近自然湿地技术是根据生态学原理，结合具体地形地貌、水文和植被情况，模仿、接近自然湿地的一种可持续的、具有生物多样性的生态工程技术。该工程主要基于自然湿地生态格局的特征通过人工手段干预并恢复重建已退化的自然湿地。

　　近自然湿地的构建是基于自然湿地植被演替特征及湿地典型植物对水位和污

染物水平时空变化的响应特征，打造生态岛链浅水湿地景观。大小不一的自然生态岛成为各种鱼类及虫蛙的繁衍栖息地，形成了丰富的生态系统，可以更为科学、高效地对湿地进行生态修复。

图7-25与图7-26所示分别为近自然湿地的横断面与纵断面。

图7-25　近自然湿地横断面示意

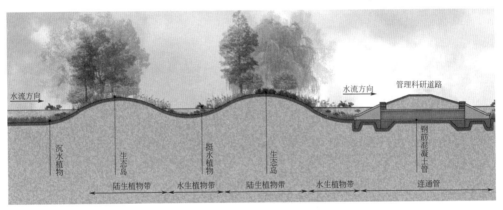

图7-26　近自然湿地纵断面示意

① 平面设计。如图7-27所示，生态岛总面积为$7.45\times10^4\text{m}^2$，约合111.7亩，约占近自然湿地总有效面积的9.8%。采用流线形生态岛，沿水流方向呈"条形"，以优化水力路径。岛上种植乔灌木及地被植物，构建植物群落，丰富湿地物种多样性，有助于提高水质净化效果。

② 竖向设计。如图7-28所示，近自然湿地自西向东共分为两级，来水以重力流的方式流经整个湿地。

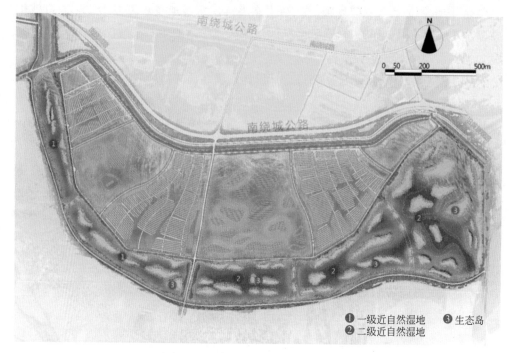

图7-27 湿地生态修复工程平面示意

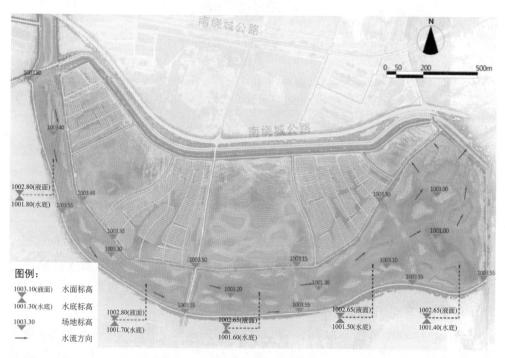

图7-28 湿地生态修复工程竖向平面示意

人工湿地技术及应用——以黄河流域为例

7.2.5　植物设计

7.2.5.1　植物配置原则

在选择植物物种时，可根据耐污性、生长适应能力、根系的发达程度及经济价值和美观要求确定，同时也要因地制宜。归纳起来植物选择原则有以下4点。

① 因地制宜的原则：根据当地气候、土壤类型和污水水质等条件，选择适合当地生境的植物，优先选择本土植物，并使去污能力高的植物占有一定的数量。

② 经济效益的原则：选择综合利用价值高的水生植物。

③ 生物多样性的原则：充分利用本地植物资源，尽可能多地应用乡土植物，以确保生物多样性的恢复，同时确保有充足的植物种源。

④ 景观协调的原则：在进行水质净化的同时，结合景观设计，提升湿地系统的整体景观效果。

根据前期进行的现场考察和调研，包头当地流域的水生植物包括沉水植物、浮叶植物、挺水植物与湿生植物，不同植物生长区间如图7-29所示。

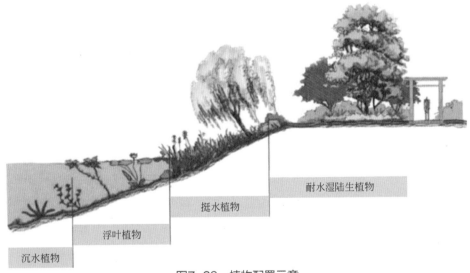

图7-29　植物配置示意

7.2.5.2　二道沙河生态治理工程植物配置设计

（1）水生植物配置　二道沙河生态治理工程以黑三棱、千屈菜、香蒲、狐尾藻、龙须眼子菜及菹草为水生植物先锋物种（表7-13）。

表7-13　水质净化工程水生植物苗木

序号	名称	规格	密度
1	黑三棱	高 0.3～0.5m	16 株 /m²
2	千屈菜	高 0.3～0.5m	16 株 /m²
3	香蒲	高 0.4～0.6m	16 株 /m²
4	狐尾藻	—	9 株 /m²
5	龙须眼子菜	—	9 株 /m²
6	菹草	—	9 株 /m²

（2）陆生植物配置　二道沙河生态治理工程以白蜡、旱柳、山桃、珍珠梅、金叶榆、桧柏、紫丁香、紫叶李为乔木先锋物种，以桧柏篱、水蜡及沙地柏为灌木先锋物种，以马蔺、三七景天、西伯利亚鸢尾为地被植物先锋物种（表7-14）。

表7-14　水质净化工程陆生植物苗木

序号	名称	规格			
		胸径 / 地径	冠幅	高度	密度
1	白蜡	胸径 6～8cm	2.0～2.5m	3.0～4.0m	—
2	旱柳	胸径 7～10cm	2.5～3.0m	3.5～4.5m	—
3	山桃	胸径 4～6cm	1.0～1.5m	2～2.5m	—
4	珍珠梅	—	1～1.5m	1.2～1.5m	—
5	金叶榆	胸径 4～6cm	1～1.5m	2～2.5m	—
6	桧柏	胸径 4～6cm	1～1.5m	2.5～3m	—
7	紫丁香	—	0.5～0.7m	0.8～1m	—
8	紫叶李	胸径 4～6cm	1～1.5m	2.5～3m	—
9	桧柏篱	—	0.3～0.5m	0.5～0.6m	16 株 /m²
10	水蜡	—	0.3～0.4m	0.4～0.6m	4 株 /m²
11	马蔺	—		0.3～0.5m	6 丛 /m²
12	三七景天	—		0.3～0.5m	9 株 /m²
13	沙地柏	/	/	0.6～0.8m	16 株 /m²
14	西伯利亚鸢尾	/	/	0.3～0.5m	16 株 /m²

人工湿地技术及应用——以黄河流域为例

7.2.5.3 湿地生态修复工程植物配置设计

（1）水生植物配置　湿地生态修复工程以芦苇、香蒲、狐尾藻、龙须眼子菜、菹草等为水生植物先锋物种（表7-15）。

表7-15　湿地生态修复工程水生植物苗木

序号	名称	规格	密度
1	芦苇	高 0.3 ～ 0.5m	4 株 /m²
2	香蒲	高 0.4 ～ 0.6m	4 株 /m²
3	狐尾藻	—	4 株 /m²
4	龙须眼子菜	—	4 株 /m²
5	菹草	—	4 株 /m²

（2）陆生植物配置　湿地生态修复工程以新疆杨、旱柳、樟子松、金叶榆、丁香及山桃等为乔木先锋物种，以金银木、紫穗槐、枸杞、红瑞木及红柳等为灌木先锋物种，以水蜡、马蔺及三七景天等为地被植物先锋物种（表7-16）。

表7-16　湿地生态修复工程陆生植物苗木

序号	名称	规格				密度
		胸径 / 地径	冠幅	高度		
1	新疆杨	胸径 7 ～ 10cm	2 ～ 2.5m	4 ～ 5m		—
2	旱柳	胸径 7 ～ 10cm	2.5 ～ 3m	3.5 ～ 4.5m		—
3	樟子松	胸径 7 ～ 10cm	2.5 ～ 3m	3 ～ 4m		—
4	金叶榆	胸径 4 ～ 6cm	1 ～ 1.5m	2 ～ 2.5m		—
5	丁香	—	1 ～ 1.5m	2 ～ 2.5m		—
6	山桃	胸径 4 ～ 6cm	1 ～ 1.5m	2 ～ 2.5m		—
7	金银木	—	0.3 ～ 0.5m	0.6 ～ 0.8m		1 丛 /m²
8	紫穗槐	胸径 1 ～ 2cm	0.6 ～ 0.8m	0.8 ～ 1m		1 丛 /m²
9	枸杞	—	0.4 ～ 0.6m	0.5 ～ 0.7m		4 株 /m²
10	红瑞木	—	0.3 ～ 0.5m	0.5 ～ 0.7m		4 丛 /m²
11	红柳	胸径 2 ～ 3cm	0.6 ～ 0.8m	0.8 ～ 1.0m		4 株 /m²
12	水蜡	—	0.3 ～ 0.4m	0.4 ～ 0.6m		4 株 /m²
13	马蔺	—	—	0.3 ～ 0.5m		6 丛 /m²
14	三七景天	—	—	0.3 ～ 0.5m		9 株 /m²

7.2.5.4 湿地生态保护工程植物配置设计

（1）水生植物配置　湿地生态保护工程以芦苇及香蒲等为水生植物先锋物种（表7-17）。

表7-17　湿地生态保护工程水生植物苗木

序号	名称	规格	密度	工程量/m²
1	芦苇	高0.～0.5m	4株/m²	42177
2	香蒲	高0.4～0.6m	4株/m²	8270

（2）陆生植物配置　湿地生态保护工程以新疆杨、旱柳、樟子松、金叶榆、丁香及山桃等为乔木先锋物种，以金银木、紫穗槐、枸杞、红瑞木及红柳等为灌木先锋物种，以水蜡、马蔺及三七景天等为地被植物先锋物种（表7-18）。

表7-18　湿地生态保护工程陆生植物苗木

序号	名称	规格			密度
		胸径/地径	冠幅	高度	
1	新疆杨	胸径7～10cm	2～2.5m	4～5m	—
2	旱柳	胸径7～10cm	2.5～3m	3.5～4.5m	—
3	樟子松	胸径7～10cm	2.5～3m	3～4m	—
4	金叶榆	胸径4～6cm	1～1.5m	2～2.5m	—
5	丁香	—	1～1.5m	2～2.5m	—
6	山桃	胸径4～6cm	1～1.5m	2～2.5m	—
7	金银木	—	0.3～0.5m	0.6～0.8m	1丛/m²
8	紫穗槐	胸径1～2cm	0.6～0.8m	0.8～1m	1丛/m²
9	枸杞	—	0.4～0.6m	0.5～0.7m	4株/m²
10	红瑞木	—	0.3～0.5m	0.5～0.7m	4丛/m²
11	红柳	胸径2～3cm	0.6～0.8m	0.8～1.0m	4株/m²
12	水蜡	—	0.3～0.4m	0.4～0.6m	4株/m²
13	马蔺	—	—	0.3～0.5m	6丛/m²
14	三七景天	—	—	0.3～0.5m	9株/m²

7.2.5.5 水生植物种植

（1）黑三棱 用块茎繁殖。冬季收获的块茎，放于窖中储藏，翌春用储存的块茎或临时挖取的块茎为繁殖材料，按30cm开穴，深约10cm，每穴平放块茎2～3个，栽后浇灌清水，经常保持有水。

（2）千屈菜 以扦插、分株为主。扦插应在生长旺期6～8月进行，剪取嫩枝长7～10cm，去掉基部三分之一的叶子插入无底洞装有鲜塘泥的盆中，6～10d生根，极易成活。分株在早春或深秋进行，将母株整丛挖起，抖掉部分泥土，切取3芽为一丛种植。生长期要及时拔除杂草，保持水面清洁。为增强通风剪除部分过密过弱枝，及时剪除开败的花穗，促进新花穗萌发。10月下旬千屈菜地上部分逐渐枯萎，用枝剪将地上株丛剪掉，任其自然越冬。

（3）芦苇 芦苇主要采用根状茎繁殖，俗称苇根繁殖。选择地下茎时，要选择直径1cm以上的土黄色、黄褐色、乳白色，茎上有3～5个芽，生命力强的根状茎，一般长30～40cm左右。采取根状茎的时候，最好在苇芽萌发以前进行，这样种茎耐储运，以免温度升高时，苇芽萌发快，小芽脆弱，不便储藏运输。在有灌溉条件的地方，可挖浅沟斜埋（地下茎短的可立栽），上端露出地面2～3cm，株行距一般各1m。在肥水足的土壤上，可适当放大距离，株行距各2m，当年成撮，两年连片，三年即可成苗。在没有灌溉条件的地方，可挖15cm深的锅底坑，坑间距为1m，将根状茎放入坑中，上端露出地面3～5cm，复土踏实浇足水，落干后再覆盖一层土保墒。

（4）香蒲 香蒲采用分株繁殖。每年3～4月份，挖起香蒲发新芽的根茎，分成单株，每株带有一段根茎或须根，选浅水处，按行株距50cm×50cm栽种，每穴栽2株。栽后注意浅水养护，避免淹水过深和失水干旱，经常清除杂草，适时追肥。4～5年后，因地下根茎生长较快，根茎拥挤，地上植株也密，需翻蔸另栽。

（5）狐尾藻 扦插是狐尾藻的主要繁殖方式，多在每年4～8月份进行。在操作时最好选择长度7～9cm的茎尖作为插穗，这样所获得的新株生长迅速，很快就能成形。亦可采用分株法进行育苗。可在硬度适中的淡水中进行栽培，所用水的盐度不宜过高，水体的pH值最好控制在7.0～8.0之间。种植植物的水体最好有一定的流动性。

（6）龙须眼子菜 种植龙须眼子菜恢复水生植被的方法，包括幼苗的繁殖与栽培，其特征是采用种子繁殖法或块茎繁殖法将龙须眼子菜种植于水体中。

① 种子繁殖法。每年6～9月份，在龙须眼子菜生长地段收集种子，挑选已经有成熟果实的花序将其剪下，浸泡在盛有水的水桶里，带回后对种子进行消毒处理，再于低温条件下保存，然后取出种子，破坏种皮，抛洒至水体中。

② 块茎繁殖法。每年8～10月份，选择生长在浅水环境的龙须眼子菜种群，沿植物根茎用铁锹挖掘表层的底泥，在其中取出地下块茎，将块茎放入水底打穴内，用土壤覆盖。

（7）菹草　菹草一般采用代根扦插培养，底泥、水质的营养盐需充足，菹草小苗不可强光暴晒，应适时增加水位，以覆盖菹草。

7.3　中宁县北河子沟生态湿地工程

7.3.1　工程概括

中宁县北河子沟生态湿地工程的设计规模为$2\times10^4\mathrm{m}^3/\mathrm{d}$，排放标准优于《地表水环境质量标准》（GB 3838—2002）Ⅳ类标准。

7.3.2　设计进、出水水质

（1）设计进水水质　从污水处理厂提供的分析水量和水质情况看，结合以往工程经验总结，预测湿地进水水质如表7-19所列。

表7-19　湿地进水水质　　　　　　　　　　单位：mg/L

项目	COD_{Cr}	BOD_5	SS	NH_3-N	TP
进水水质	≤ 70	≤ 20	≤ 60	≤ 15	≤ 2.2

（2）设计出水水质　设计经过该人工湿地处理后，根据下游河道的水质要求，综合考虑本湿地工程实际处理能力，结合中宁县湿地建设规划，确定了本湿地工程出水优于《地表水环境质量标准》（GB 3838—2002）Ⅳ类标准，相应的出水水质指标如表7-20所示。

表7-20　湿地出水水质　　　　　　　　　　单位：mg/L

项目	COD_{Cr}	BOD_5	SS	NH_3-N	TP
出水水质	≤ 30	≤ 6	≤ 10	≤ 1.5（2）	≤ 0.3

注：括号外的数据表示水温＞12℃时执行的标准，括号内的数据表示水温≤12℃时执行的标准。

7.3.3 工艺流程

根据进水水质指标和出水处理要求，推荐工艺的方案流程见图7-30。

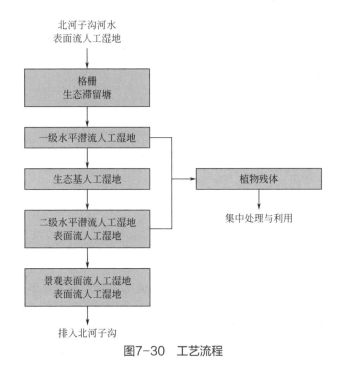

图7-30 工艺流程

7.3.4 工程布置

中宁县北河子沟生态湿地工程规模为20000m³/d，本次工程主要内容包括：取水闸门、生态滞留塘、进水泵房、一级水平潜流人工湿地、生态基人工湿地、一级水平潜流人工湿地、表面流景观人工湿地。

7.3.4.1 一级水平潜流人工湿地

（1）平面布局及配水 一级水平潜流人工湿地的主要功能为通过基质吸附、微生物作用、植物吸收等过程，完成反硝化脱氮、植物吸收氮磷和有机物的去除。

由于场地限制，本工程的一级水平潜流人工湿地分为两座，在北河子沟南北两侧分别布局，并联运行。湿地总有效处理面积为20000m²，共分为30格，单格尺寸为37m×18m，单格有效面积为666m²。北河子沟北侧布局20格，共排成4列，总处理水量为13333m³/d，总平面尺寸为156.88m×109.94m；南侧布局10格，排成2列，总处理水量为6667m³/d，总平面尺寸为91.7m×78.44m。具体平面布局情况如图7-31所示。

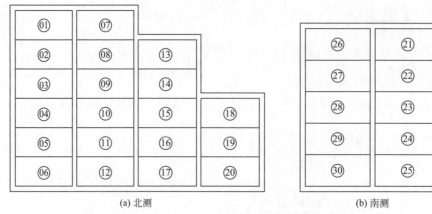

图7-31　一级水平潜流人工湿地平面布局

一级水平潜流人工湿地进水来自提升泵房提升后出水，北侧经一根DN500进水总管引入，然后进入两根DN400的配水总管，第一根配送2列6排共12个人工湿地单元进水，第二根配送2列5排共8个人工湿地单元进水，北侧共计20个单元。南侧经一根DN400进水总管引入，同时作为配水总管，配送2列5排共10个人工湿地单元进水。除北侧第二根配水总管有2个单元为单侧配水以外，每两列湿地单元作为一个区块，由配水总管及配水支管自中间向两侧湿地单元配水，由阀门调节水量，然后湿地出水通过两侧的出水渠道自流进入生态基湿地。

（2）单元设计　一级水平潜流人工湿地共由30个水平潜流人工湿地单元构成，单池有效面积666m²（长×宽=37m×18m）。DN100的配水支管接入配水渠内的配水总管，进入进水渠，然后通过穿孔花墙进入潜流湿地中。湿地前段有个宽度为2m的进水区，湿地末端为2m宽的集水区，均以大块砾石填充。湿地采用穿孔集水管出水，然后出水流入出水渠。出水渠内由可拆卸出水管调节湿地水位，以保证污水在湿地中有足够的水力停留时间，从而保证处理效果，可拆卸出水管同时也可作为湿地检修或间歇干化时的放空管。南北的湿地出水渠各自贯通，出水经过出水渠沿短边方向流入对应的南北两个生态基湿地，出水渠坡度控制在0.5%。图7-32所示为一级水平潜流人工湿地的单元工艺。

（3）集配水设计　湿地的进出水控制装置对于湿地的处理效果和运行可靠性非常重要，有两点非常关键：一是要注意进水装置在整个宽度上布水的均匀性；二是出水装置在整个宽度方向上集水的均匀性，出水装置应该能够进行整个湿地的水位控制，减少水流短路现象，以改变湿地内部的水深及水力停留时间。常用的进出水装置是穿孔花墙或穿孔管，长度与湿地宽度相当，穿孔均匀，穿孔大小及间距取决于进水流量、水质情况、水力停留时间等因素。

该工程一级水平潜流人工湿地的布水采用穿孔花墙，穿孔花墙宽度与湿地宽

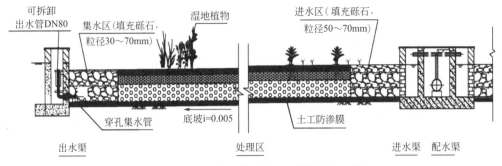

图7-32　一级水平潜流人工湿地的单元工艺

度相同，穿孔花墙高度与湿地基质高度相同。穿孔花墙上开孔大小为120mm×55mm，开孔率50%。

集水管位于出水端的底部，开孔方式为两排45°交错向下的长圆形孔。集水管中部连接出水管，出水管进入出水渠道中采用可拆卸短管，以调节水平流湿地内的水位。

此外，在布水管、涵管入口上游，均设置拦污网，以避免由表面流湿地产生的植物残体所导致的管路堵塞。在湿地前端和后端设置进水区和集水区，进水区由粒径为30~70mm的砾石填充，集水区由50~70mm的砾石填充，作为布水和集水缓冲区域，避免堵塞。

（4）基质配置　基质在人工湿地污水处理系统中起着非常重要的作用。基质的选择应从适用性、实用性、经济性及易得性等几个方面综合考虑，同时所选取的基质对水体使用者不能产生不良的影响。

该设计采用潜流与表面流相结合的工艺，整体上可以充分考虑价格低廉、接触面积大的砾石作为湿地基质。在湿地的局部设计及施工中选择其他基质作为补充，同时选用不同粒径及不同配比的组合。

潜流湿地处理区池底采用素土夯实，自下而上铺设100mm厚碎石垫层和50mm厚细沙，然后铺设土工布以防止渗漏。湿地处理区采用级配碎石填充，土工布上铺设600mm厚砾石（粒径70mm）和300mm厚砾石（粒径30mm），池体表层铺设一层200mm厚种植土壤。湿地表面种植湿地植物，作为重要的污染物去除单元。

（5）防渗处理　为了防止湿地内进水的渗漏造成进出水量不平衡，同时为了防止污水的渗漏给周边或地下水造成污染，湿地系统底部及周边均应采取防渗措施，即对湿地采取水平防渗及垂直防渗措施。通常采用的防渗材料有以下几种。

① 高密度聚乙烯（HDPE）防渗膜。用HDPE将整个湿地焊接成一个防渗系统。作为一种高分子合成材料，HDPE具有抗拉性好、抗腐蚀性强、抗老化性能高等优良的物理、化学性能，使用寿命一般为50年以上。

② 天然黏土。对黏土进行夯实，减少黏土间的缝隙，降低黏土的渗透系数，从而达到防渗的目的。

③ 混凝土。分为现场浇筑和预制铺砌两种。这种材料的防渗、抗冲击性能较好，耐久性强，适用于各种地形、气候，使用年限一般为30～50年左右。

④ 膨润土防水毡（GCL）。将天然膨润土颗粒填充在织布和非织布之间，采用针刺工艺使膨润土颗粒不能聚集和移动，在全毡范围内可形成均匀的防水层。

⑤ 复合土工膜。以塑料薄膜作为防渗基材，与无纺布复合而成，其防渗性能主要取决于塑料薄膜的防渗性能。目前，国内外防渗应用的塑料薄膜主要有聚氯乙烯（PVC）和聚乙烯（PE）。

综合考虑各种防渗材料的防渗效果、使用年限和经济成本，本设计中人工湿地的底部采用700g/m^{2}的土工膜（二布一膜，土工膜为HDPE膜，布为针刺无纺布），敷设时应由专业人员进行专业焊接，采用热锲焊机焊接工序。土工布搭接长度800mm，十字搭接和管道搭接处需在接缝处加一块不小于300mm×300mm的补丁。湿地穿墙管处应对防渗膜做局部处理，以防漏水。人工湿地防渗层渗透系数不得大于1×10^{-8}m/s。

7.3.4.2 生态基人工湿地

生态基人工湿地主要作用为大量的微生物可以附着在生态基表面和植物根系上，对有机营养物进一步吸附、生物氧化、分解；生态基表面和植物根系的A/O环境及微孔结构，可提供良好的脱氮除磷条件，从而可进一步降解水中污染物，同时美化环境。

在北河子沟南北两侧各建生态基人工湿地一座，分别接受南北一级水平潜流人工湿地的出水。北侧生态基人工湿地平面尺寸为80.4m×40.6m；南侧生态基人工湿地平面尺寸为40.6m×40m。

7.3.4.3 二级水平潜流人工湿地

（1）平面布局及配水　二级水平潜流湿地的主要功能为通过基质吸附、微生物作用、植物吸收等过程，强化有机物的去除，进一步提高出水水质。

由于场地限制，本工程的二级水平潜流湿地分为两座，在北河子沟南北两侧分别布局，并联运行。湿地总有效处理面积为20000m^2，分为30格，单格尺寸为37m×18m，单格有效面积为666m^2。北河子沟北侧布局20格，排成2列10排，总处理水量为13333m^3/d，总平面尺寸为182.9m×78.44m；北河子沟南侧布局10格，排成2列5排，总处理水量为6667m^3/d，总平面尺寸91.7m×78.44m。具体平面布局如图7-33所示。

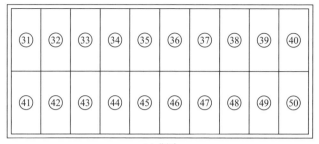
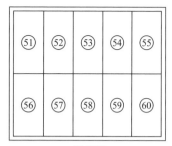

|(a) 北测|(b) 南测|

图7-33 二级水平潜流人工湿地平面布局

二级水平潜流人工湿地进水来自生态基人工湿地出水，北侧经一根DN500进水总管自流引入中间配水渠道，配送2列10排共20个人工湿地单元进水。南侧经一根DN400进水总管自流引入中间配水渠道，配送2列5排共10个人工湿地单元进水。每两列湿地单元作为一个区块，由配水渠及穿孔布水管自中间向两侧湿地单元配水，然后湿地出水通过两侧的出水渠道自流进入表面流景观人工湿地。

（2）单元设计　二级水平潜流人工湿地共由30个水平潜流人工湿地单元构成，单池有效面积666m²（长×宽=37m×18m）。DN80的配水穿孔管接入配水渠内，进入进水渠，然后通过穿孔花墙进入潜流湿地中。湿地前段有个宽度为2m的进水区，湿地末端有宽度为2m的集水区，均以大块砾石填充。湿地采用穿孔集水管出水，然后出水流入出水渠。出水渠内由可拆卸出水管调节湿地水位，以保证污水在湿地中有足够的水力停留时间，从而保证处理效果，可拆卸出水管同时也可作为湿地检修或间歇干化时的放空管。南北的湿地出水渠各自贯通，出水经过出水渠沿短边方向流入对应的南北两个表面流景观湿地，出水渠坡度控制在0.5%。图7-34所示为二级水平潜流湿地的单元工艺。

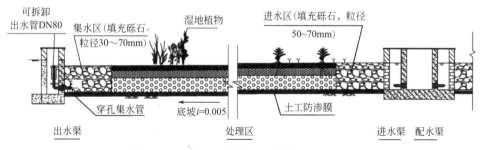

图7-34 二级水平潜流人工湿地的单元工艺

7.3.5 湿地植物

在湿地系统设计中应尽可能增加生物多样性，以提高湿地系统的处理性能和生态系统的稳定性，延长使用寿命。湿地植物应选择耐污能力强、净化效果好、根系发达、经济和观赏价值高的水生植物。在保证净化效果的前提下，湿地植物尽可能从景观和经济性出发，选择一些观赏性植物和经济价值较高的植物。此外，还要根据当地的地理位置和气候条件因地制宜，选择抗寒植物。

（1）物种选择原则

① 具有良好的生态适应能力和生态营造功能。管理简单、方便是人工湿地水质净化工程的主要特点之一。若能筛选出净化能力和抗逆性强而生长量小的植物，将会减少管理上尤其是对植物体后处理的工作量和费用。一般应选用当地或本地区天然湿地中存在的植物。

② 具有较强的耐污能力和很强的生命力。水生植物对污水中的COD、NH_3-N的去除主要是靠附着生长在根区表面及附近的微生物，因此应选择根系比较发达，对污水承受能力强的水生植物。由于人工湿地中的植物长期生长的水中含有浓度较高且变化较大的污染物，因此所选用的水生植物要具有较强的耐污能力，还要对当地的气候条件、土壤条件和周围的动植物环境都有很好的适应能力，即使在恶劣条件下也能基本正常生长。

③ 具有生态安全性。所选择的植物不应对当地的生态环境构成隐患或威胁。

④ 具有一定的经济价值、文化价值、景观效益和综合利用价值。在湿地植物配置中，除了考虑植物的净化功能之外，还要考虑经济、文化、景观等价值。例如，可选择泽泻、灯芯草等经济价值较高的植物，黄花鸢尾、紫鸢尾、萍蓬草等景观效果较好的植物，莲花等体现当地文化的植物，以及芦苇、香蒲、茭草等可以通过饲料、肥料、产生沼气、工业或手工业原料等途径综合利用的植物。

（2）湿地植物选择　不同种类的植物具有各自的生理生长特性和适宜生境。漂浮植物（如水葫芦、水芹菜、浮萍等），以及根茎、球茎及种子植物（如睡莲、荷花、泽泻等），只能种植于表面流湿地；挺水植物（如芦苇、茭草、香蒲、水葱等）既可种植于潜流湿地，也可种植于表面流湿地。挺水植物中的深根丛生型植物（根系的分布深度一般在30cm以上，如茭草等）和深根散生型植物（根系分布一般于20～30cm之间，如香蒲、菖蒲、水葱等）更宜种植于潜流湿地，而浅根散生型植物（根系一般分布在5～20cm之间，如美人蕉、芦苇、荸荠、慈姑等）和浅根丛生型植物（根系分布浅，如灯芯草、芋头等）更适宜种植于表面流湿地中。

根据植物的原生环境分析，美人蕉、芦苇、灯芯草、旱伞竹、皇竹草、芦竹、薏米等配置于表面流湿地系统中，生长会更旺盛，但净化处理的效果不及应用于潜流湿地中；水葱、野茭、山姜、蘑草、香蒲、菖蒲等由于其生长已经适应了无土环境，因此更适宜配置于潜流人工湿地；而荷花、睡莲、慈姑、芋头等则只能配置于表面流湿地中。

基于物种选择原则和植物生长特性，在水平潜流人工湿地中主要选择芦苇、水葱、香蒲、菖蒲和千屈菜这5种湿地植物。

（3）湿地植物配置 植物的群落配置是通过人为设计，将选择的水生植物根据环境条件和群落特性按一定的比例在空间分布、时间分布方面进行安排，以便湿地高效运行，形成稳定可持续利用的生态系统。湿地植物的平面布置遵循以下原则：

① 每块湿地中布置两种以上植物，以避免景观效果的过于整齐、单调；

② 各种不同植物分片种植，同时避免相邻湿地间植物种类的重复；

③ 主要的功能性植物香蒲、芦苇、菖蒲大片分布，在湿地周边分布景观性植物（如鸢尾和美人蕉）；

④ 考虑到不同种类植物根系分布对水流的阻力影响差异较大，因此湿地植物呈矩形布置。

在该工程中，每个湿地单元植物配置相同。水平潜流湿地植物共5种，分别为芦苇、水葱、香蒲、菖蒲、千屈菜。其中湿地进水区2m宽范围种植千屈菜，出水区2m宽范围种植菖蒲。其他自进水区至出水区依次种植芦苇、香蒲、菖蒲、水葱、鸢尾，种植宽度均为8.25m，种植密度要求为4～6株/m²。

7.4 丹河人工湿地处理工程

7.4.1 工程概括

丹河人工湿地处理工程位于晋城市泽州县金村镇水北村，延至东焦河水库库尾。总规划用地1339亩（15亩＝1公顷），其中70%为河道滩涂地。项目共分三期建设完成。

日处理污水能力80000m³，全年可处理污水2880万立方米，年削减氨氮540t、化学需氧量2000t。

7.4.2 工艺流程

人工湿地水源来自丹河和沁河。其中，丹河水体经过平流池沉淀后，重力自流至一期潜流湿地。丰水季时，多余丹河来水经沉淀后，重力自流至调节池。沁河水体经过平流池沉淀后，重力自流至三期表面流湿地（塘湿地），表面流湿地出水在调节池内与丹河多余水体混合，混合后出水进入二期潜流湿地。一期、二期潜流湿地出水排放至下游，全河道水体实现净化。

工程采用"自由表面流湿地+垂直流人工湿地+渗滤坝+水体人工强化自净生态工艺"，经过整个功能区处理后水质可达到地表水Ⅳ类标准。

丹河人工湿地一、二期为垂直流潜流人工湿地，人工湿地床体厚度为1.5m，上下分为5层，湿地单元池内主要种植芦苇。其中一期工程占地约为7hm²，于2009年投入运行；二期工程占地约为14hm²，于2012年通水运行。为解决来水中悬浮物浓度过高的问题，防止悬浮物堵塞垂直流潜流人工湿地，三期工程于2011年开工建设，三期工程占地约为23hm²，工程内容主要为自由流表面流人工湿地，人工湿地内主要种植植物为沉水植物，主要种植的沉水植物为狐尾藻、黑藻、马来眼子菜等，三期工程于2013年正式运行。丹河人工湿地全部工程完成后，形成了沉水植物自由流表面流人工湿地和垂直流潜流人工湿地组成的复合型人工湿地系统处理工艺[3]。

垂直流潜流人工湿地是丹河人工湿地系统处理工艺中的核心。该垂直潜流人工湿地设计表面水力负荷为 $0.46m^3/(m^2 \cdot d)$，而有效停留时间 $HRT=1.24d$；人工湿地单元池基质层厚度为1.5m，由5层每层厚度约为0.3m厚的不同粒径级配的块石或碎石层组成，而基质层由上至下的粒径级配为：$5 \sim 10mm$、$10 \sim 25mm$、$25 \sim 50mm$、$50 \sim 100mm$、$100 \sim 150mm$。基质主要选择为石灰石、沸石、多孔炭，基质层表层0.3m内多采用沸石或多孔炭等吸附性强的基质组合[4]。

在垂直流人工湿地中，通过均布布水管减少湿地单元局部复负荷，避免造成堵塞。垂直流人工湿地单元池基质层中自上到下粒径级配逐渐增大，上部较小的基质截流污水中大部分悬浮物，而湿地的底部基质多采用大粒径级配的基质颗粒，可减少湿地的堵塞情况。

通过分期工程的建设，垂直流人工湿地前设置了预沉池、自由流表面流人工湿地，对污水进行预处理，降低了垂直流潜流人工湿地进水的悬浮物浓度，从而降低了堵塞的可能性。

垂直流潜流人工湿地进出水两侧设置控制阀，各单元池采用并联运行的方式，发生堵塞时可保证不影响正常运行的情况下，通过关闭进水阀、开启放空阀，将单元池基质内部的淤泥和脱落的生物膜排出。

图7-35所示为平流沉淀池，图7-36所示为人工湿地全貌。

图7-35 平流沉淀池

(a)

图7-36

(b)

图7-36 人工湿地全貌

参考文献

[1] 潘涛，李安峰，杜兵. 环境工程技术手册——废水污染控制手册 [M].北京：化学工业出版社，2013.

[2] Reed S C, Middlebrooks E J, Crites R W. Natural systems for waste management and treatment [M]. New York: McGraw-Hill Book Co. NY, 1987.

[3] 黄小龙，郭亮，汪尚朋，等. 表面流-垂直流复合湿地去除低碳氮比河水中氨氮 [J].中国给水排水,2018（15）：70-74.

[4] 王硕，刘恋，熊芨. 表面流-垂直流人工湿地用于某受污染河道水质净化 [J].中国给水排水，2017（24）：95-98.

8

湿地项目的
建设管理

本章节以灵武湿地EPC项目为例，介绍湿地项目的建设管理，供同类项目参考。

8.1 工程概况

8.1.1 项目基本情况

8.1.1.1 项目名称

灵武人工湿地水质净化工程项目。

8.1.1.2 项目位置

① 三沟合一湿地建设地点为东沟、大河子沟、总干沟的汇合处。

② 破四沟表面流湿地建设地点为破四沟与总干沟的交汇处。

③ 大河子沟表面流湿地建设地点为甜水河水库下游古青高速段。

8.1.1.3 项目主要建设内容

（1）大河子沟表面流湿地 此处拟建表面流人工湿地，大河子沟上游为甜水河水库，下游为旗眼山水库。大河子沟设计范围总长约1.07km，宽0.28～0.34km，总占地面积约29.6hm²。

项目规模：设计最大处理水量为20000m³/d，湿地有效面积约22.1hm²。

（2）破四沟表面流湿地 湿地布置遵从河道现状格局，按照因地制宜的布置原则进行湿地总体设计。根据现状高程，整个厂区地势很缓，可利用高差不大，且顺河道方向河道主槽与亲和路交叉，将整个场区分割为两个区域。湿地按照水质净化要求，充分利用土地面积，发挥湿地净化效率，对两个区块内设计水体流线，最后将两个区域进行优化组合设计，形成整体破四沟表面流湿地总体布置。

（3）三沟合一潜流及表面流湿地 三沟合一潜流湿地位于滨河大道与梧桐树中路交界处，是东沟、总干沟和大河子沟三沟交汇处。项目总占地面积为12.22hm²，其中订桩面积10.62hm²。现状地势较平坦，靠近东沟和总干沟排放水体。根据总平面布置，湿地用地分为东区和西区两个地块，作为潜流湿地主要用地，为实现潜流湿地均匀布水、便于管理以及节省管路和投资，需要将东、西两大区潜流湿地按地形地势分小区建设。根据湿地现状地形等，将湿地分割为四个区，按A～D标示，其中西区包含A区、D区两个区，东区包含C区、D区两个区。各区之间通过新建道路分割。人工湿地各区（A～D）湿地并联处理东沟河水，遇事故各区可独立运行。

三沟合一表面流湿地的设计范围从潜流湿地南侧的环路开始，至北侧黄河入河口止，进行河内表面流湿地设计。总长度为6077m，其中总干沟1016m，东沟831m，大河子沟4230m。湿地遵从河道现状格局，按照因地制宜的布置原则进行布置。建设表面流湿地36.84hm^2（总干沟7.9hm^2，东沟2.84hm^2，大河子沟26.1hm^2），有效净化面积28.75hm^2，其中子槽14.20hm^2，浅水湾14.55hm^2，岸坡景观绿化8.1hm^2。

8.1.2 项目建设管理目标

8.1.2.1 项目工期目标

进度目标：本工程施工总工期为13个月，安排在第一年10月至第二年10月进行。

8.1.2.2 项目质量目标

在上游污染负荷削减及沿河两岸排污口污染控制的基础上，通过三沟合一湿地、破四沟湿地和大河子沟湿地的建设，提高河道水质，改善入黄口水生态环境，汇同其他河道治理措施，最终实现入黄断面主要水质指标达到地表水Ⅳ类标准。

8.1.2.3 安全文明目标

杜绝一般性事故，杜绝重特大安全生产事故，杜绝人身重伤死亡事故。确保市级安全文明工地，争创省级安全文明工地。

8.1.2.4 环境保护目标

本项目在施工期间，对水源保护和水土保持等污染物进行全面控制，减少这些污染物对环境造成的影响；满足灵武市和国家有关环保法规的要求，美化施工环境。

8.2 总体施工组织部署方案

8.2.1 总体施工组织布置及规划

编制依据：

①《灵武市东沟人工湿地水质净化工程初步设计报告》；

②《人工湿地污水处理技术规范》（HJ 2005—2010）；

③ ××××有限公司《总包工程管理手册》；

④ ××××工程技术有限公司《企业标准》；

⑤ ××××工程技术有限公司工程项目《管理规章制度》；

⑥ ISO9001 质量管理体系、ISO14001 环境管理体系及 OHSAS18000 管理体系文件；

⑦ ××××有限公司类似工程总承包管理经验。

8.2.2 项目管理方案及施工总体部署

8.2.2.1 项目管理方案

根据本工程的特点，项目公司将选派设计、采购、施工、质量等专业技术骨干力量，参与工程投标、建设，提供招标文件规定的技术服务。充分利用发挥项目公司在湿地及绿化工程设计、采购、建设方面长期积累的经验和优势及成熟经验，以期达到优质、高效地完成本工程的目标。

工程中标后，根据 EPC 总承包方式的要求，组建以项目经理及专业负责人和专业技术骨干人员参加的项目经理部，具体承担本工程的设计、采购和建设，履行工程承包合同。

8.2.2.2 施工总体部署的原则

根据湿地工程的特点，以及我公司承担建设的国内类似总包工程的建设经验，按照突出重点、统一规划、区域组织、统一协调的原则组织施工。

（1）突出重点 根据湿地工程的特点和建设经验，由场地过渡工程、清淤工程、子槽开挖工程、道路工程、绿化工程、水电安装工程等主要工序组成湿地工程建设的关键工序，也是工程建设的重点和难点。施工总体部署将围绕清淤、开挖、道路、绿化、管道、机电安装等展开。

（2）统一规划　本工程采用EPC总承包的方式，作为投标人，在履行合同过程中必须对项目建设全过程进行统一规划，对项目实施过程中的各种资源进行优化配置，以全面实现项目建设的各项目标。

（3）区域组织　大河子沟湿地、破四沟湿地、三沟合一湿地三个片区各自独立，施工组织将采用分区域相对独立的方式组织施工，统一协调。

（4）统一协调　湿地工程建设与其他配套设施在现场项目经理部的统一指挥和协调下，按照施工总体部署和施工总进度计划的要求，在设计、设备材料采购、施工组织等方面统一协调，确保总体目标的实现。

8.2.2.3　施工总部署

进度目标：本工程施工总工期为13个月，安排在第一年10月至第二年10月进行。

（1）中标后组织安排　工程中标后，组织精干高效的设计、采购力量，充分发挥设计、采购、施工管理方面成熟的经验与优势，最大限度地满足施工建设的进度要求；并在最短的时间内，在原有的主要合作伙伴中，完成采购与施工招标；在最短的时间内组织施工队伍进场，全面展开工程施工。

在设计开始前完成现场勘探及测绘工作，为设计提供第一手设计依据资料。

破四沟及三沟合一湿地区域，开挖导流沟槽，砌筑导流围堰，为湿地区域清淤及湿地施工做准备。当地已经进入枯水季节，大河子沟湿地地区河沟即将断流，可直接清淤及整理湿地场坪。同时以施工道路及场地为主线，在三个湿地区域红线外围修筑临时便道。施工机具设备、劳动力投入等满足工程进度要求。

（2）施工准备　施工准备安排在第一年10月，进行风水电系统、临时房屋建筑、施工连接道路施工。

（3）主体工程施工　表流湿地安排在第一年10月至第二年5月施工，工期共8个月。潜流湿地及配套设施施工安排在第二年2月至9月施工，工期共8个月；绿化安排在第二年4月至7月施工，工期共4个月。

（4）工程扫尾及验收　工程扫尾及验收安排在第二年10月进行。

8.2.2.4　建设阶段划分

总体工程阶段划分为导流工程、临时便道工程、清淤工程施工，湿地工程，提升泵房，景观及绿化等阶段。

第一阶段为土建施工阶段。主要施工内容有导流工程、临时便道工程、清淤工程施工，湿地工程、道路工程等土建施工，同时配套水电安装工程施工。

第二阶段为绿化工程及收尾工程阶段。

8.2.2.5 施工准备工作

我公司将按项目管理方案所述立即组建项目管理班子，组织管理人员进驻现场，重点做好以下各项准备工作。

（1）设计准备工作

① 及时组织总图设计方案、进行现场勘探及测绘，便于尽快完成场地平整和施工便道等施工准备。

② 尽快完成初步设计及施工图设计的编制和完善工作。

③ 根据调整的施工总进度计划编制设计发图计划，落实计划完成措施。

④ 尽快进行导流工程施工、临时便道施工，尽快完成表面流湿地及潜流湿地土方开挖部分的施工图设计，确保主体工程尽快开工。

（2）施工准备工作

① 中标后，组织人员进行初步设计审查及初步设计交底。

② 根据审查后的初步设计，编制实施施工组织总设计。

③ 尽快提供施工总平面规划及临时用水、用电规划设计。

④ 现场施工测量控制网的布置和测设。

⑤ 组织人员调查当地劳动力、施工机具、材料市场、商品混凝土市场、土建及湿地绿化等施工队伍等资源情况。

⑥ 组织现场办公设施、施工道路、施工水电、施工场地等临时设施施工。

⑦ 大型施工机具设备的落实。

8.2.2.6 施工任务的划分和施工队伍选择

根据湿地工程的建设经验，本工程划分为以下主要标段，分别以招标方式为主选择施工队伍。

① 破四沟湿地区域工程（含导流围堰、清淤、土方、表面流湿地、道路、岸线及边坡绿化等）。

② 大河子沟湿地（含清淤、土方、表面流湿地、道路、岸线及边坡绿化等）。

③ 三沟合一湿地（含导流围堰、清淤、土方、潜流及表面流湿地、道路、岸线及边坡绿化等）。

④ 选择与××公司长期合作，请有相应资质、业绩和信誉的施工单位进场施工。

⑤ 在同等条件下，优先选择业主推荐的施工单位或当地的施工单位。

8.2.3 项目管理组织机构

8.2.3.1 项目管理组织机构

针对本工程采用EPC模式和工程质量要求高的特点，采用直线职能式的管理模式。选派政策性强、施工管理和生产操作经验丰富的工程技术和管理人员组成项目经理部。项目经理部全权负责本工程的资金、物资调配，负责组织、指挥和协调，确保合同工期、安全生产、文明施工以及工程投运后生产达产阶段的技术服务工作。项目经理部组织机构见图8-1。

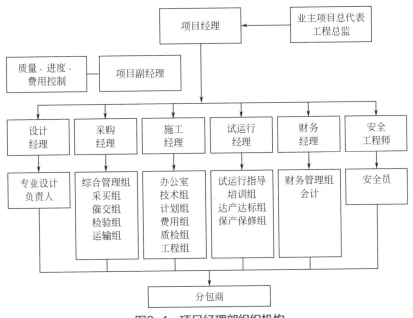

图8-1　项目经理部组织机构

8.2.3.2 项目经理部人员组成

在中标后，××××为本工程总承包单位，对业主负责，并承担承包方的责任、权力，接受业主单位的领导，对工程负责。

8.2.4 项目管理部人员职责

8.2.4.1 项目经理

项目经理在合同签订时由项目公司正式任命。全权代表项目公司与业主进行联络，按合同约定在项目实施过程中组织项目经理部成员与业主沟通。以合同为依据，对项目的领导、组织、协调和控制全面负责，对项目的进度、质量、费用全面负责。在项目实施中，项目经理代表项目公司认真执行国家标准、国家有关规定和我公司制订的项目管理目标，领导项目部成员实现项目目标。项目经理应定期向公司有关部门汇报工作，分析工程进展情况，提出工程可能出现的问题，提供决策意见，接受指导和监督。

8.2.4.2　项目控制经理

负责组织工程的进度、费用、材料、设备的综合管理和控制，统筹各项工作，保证实现工程总进度计划。在项目经理的领导下工作。主要职责如下：

① 编制项目控制程序；

② 编制项目控制计划；

③ 编制项目总进度计划和工程主进度计划，审查批准设计、采购、施工进度计划，并检查监督执行；

④ 负责审查业主变更和项目内部变更，对进度和费用的影响提出处理意见；

⑤ 参加编制质量计划；

⑥ 负责工程索赔及结算等。

8.2.4.3　质量工程师

① 负责项目执行过程中有关施工安装、生产调试等技术问题处理；

② 负责主持大的技术方案讨论，制订质量管理目标；

③ 负责制订质量管理目标和编制质量计划；

④ 建立项目质量保证体系，检查项目质量实施情况；

⑤ 主持和审定施工、安装、调试等技术方案讨论决定；

⑥ 组织签署、确认设备材料和施工等质量评审。

8.2.4.4　设计经理（总设计师）

设计经理在项目经理领导下工作，负责组织、指导和协调本项目的设计工作。受项目经理委托，可代表公司直接与业主、设备制造厂（商）洽谈和处理设计问题。职责如下：

① 组织设计和设计审查工作；

② 协调设计中有关技术问题，满足有关设计要求；

③ 组织设计交底和设计人员施工现场服务；

④ 负责与项目各阶段的配合，提供采购、施工、调试等有关技术文件；

⑤ 组织设计人员参加项目竣工投产等事宜。

8.2.4.5 采购经理

① 编制采购计划及相应质量要求和措施；

② 负责提出招标计划和编制招标文件（含询价书），组织采购招标工作；

③ 负责协调处理设备制造直至投产后的售后服务；

④ 负责材料采购的验收及协调供货商的售后服务；

⑤ 办理设备材料索赔或结算事宜；

⑥ 负责设备材料等工程资料整编归档。

8.2.4.6 施工经理

① 在项目经理领导下，对工程施工过程全面管理；

② 编制工程施工进度计划；

③ 制订施工分包方案，编制施工分包招标文件及组织招标等；

④ 组织现场施工管理，组织审查施工单位的施工组织设计，组织重大施工方案讨论；

⑤ 编制施工开工报告；

⑥ 督促施工进度，检查工程质量；

⑦ 编制施工进度月报，组织召开施工例会；

⑧ 组织施工质量的管理和监督工作；

⑨ 审查和签发工程进度款的支付；

⑩ 审查处理工程变更和索赔；

⑪ 组织工程交接，办理交接手续；

⑫ 组织工程竣工资料编制和归档。

8.2.4.7 试运行经理

① 组织编制调试报告；

② 组织调试和培训计划制订；

③ 编制工艺技术、安全操作手册和设备检修、维护操作手册；

④ 整理索赔和竣工资料。

8.2.4.8 安全工程师

安全工程师在项目经理领导下工作。协助项目经理编制项目的安全、卫生环境保护计划，监督、检查设计、采购、施工和开车过程中的安全、卫生、环境保护程序的执行情况，在紧急情况下行使与安全、卫生和环境保护有关的特殊权力，要求返工、停工和禁止使用不符合安全法规的设备和材料等。

8.3 施工方案

8.3.1 总体施工方案

8.3.1.1 湿地工程的特点及要求

本工程湿地区域内单元划分较多，隔墙、隔堤、边墙较多，管道布置较多，工序交叉多，各个单元区域之间既独立存在又相互联系。针对上述特点，对湿地填料的埋设部署如下。

① 湿地填料施工部署要服从施工总体安排，同时要结合防渗层施工、管道铺设、土工材料铺设、墙体砌筑等进行。

② 湿地填料单元的划分同防渗层单元划分，即按照设计单元划分进行，同时结合防渗层施工、填料的填筑等进行。在每个单元内部，根据设计填料的种类进行填料埋设，同时要在相应部位结合安装放空管、布水管、集水管。

③ 在各单元隔墙、隔堤砌筑时，要合理预留施工洞，以供回填时材料、设备进出。

④ 为保证填料时不对已经安装的管道造成破坏，管道附近的填料采用人工回填，施工机械只把填料送入回填面附近即可。施工洞封堵后所缺填料用存放在施工洞附近的剩余填料，即可满足施工要求。

8.3.1.2 设备材料验收、运输和堆放

① 设备材料到货应附产品合格证及质量检验报告。

② 材料应按同产地同规格分批验收。用大型工具（如汽车）运输的，以 $400m^3$ 或600t为一验收批；用小型工具（如马车等）运输的，以 $200m^3$ 或300t为一验收批。

③ 每验收批至少应进行颗粒级配、泥含量、泥块含量及针、片状颗粒含量检验。对其他指标的合格性有怀疑时应予检验。当质量比较稳定时，定期检验，由监理根据产品及施工要求确定检验时间。

④ 质量检测报告内容应包括：委托单位、样品编号、工程名称、样品产地、类别、代表数量、检测依据、检测条件、检测项目、检测结果、结论等。

⑤ 碎石或卵石的数量验收按体积计算。

⑥ 碎石或卵石在运输、装卸和堆放过程中，应防止颗粒离析和混入杂质，

并应按产地、种类和规格分别堆放。堆料高度不宜超过 5m，对最大粒径不超过 20mm 的连续粒级，堆料高度可以增加到 10m。

8.2.1.3　施工总体思路

本工程破四沟、大河子沟表面流湿地中，主要涉及冬季农田灌溉退水，三沟合一表面流湿地主要来水为灵武第一污水处理厂、第二污水处理厂的排水，长年不断流。拟在破四沟、大河子沟湿地施工河段开挖导流河槽，明沟导流，保证正常排水；三沟合一表面流湿地施工前先行修筑导流围堰，保持灵武市第一污水处理厂、第二污水处理厂的出水能够正常外排。

在湿地建设中，首要的工程就是地形的整理和改造，即在准备建设地区原有地形的基础上，从湿地的实用功能出发，对湿地地形、地貌、建筑、绿地、道路、管线等进行综合统筹，如进行土方计算、土方的平衡调配等。土方平衡调配工作是土方施工的一项重要内容，其目的在于使土方运输量或土方运输成本为最低的条件下，确定填、挖方区土方的调配方向和数量，从而达到缩短工期和提高经济效益的目的。

根据土方平衡方案，研究制订合理的现场场地整形、土方开挖施工方案，对于能够利用的土方可选择就地消纳（如河道淤泥），不能利用的土方按施工要求进行清除，并且在需要的地方设立挡土墙；绘制施工总平面布置图和土方开挖图，确定开挖路线、顺序、范围、底标高、边坡坡度、排水沟水平位置。按照业主要求的弃土堆放地点排放弃土。

潜流湿地工程按照施工图纸及标准规范施工。从基槽开挖、管道敷设、隔墙施工、填料的填筑、提升泵房施工及设备安装等，将按照分部工程编制相应的施工方案，业主及监理批准后实施。

潜流湿地的隔墙及道路工程等施工，湿地周围的路基施工主要使用相应的施工机械；混凝土主要使用商混，如现场每次使用量较少或其他原因（如没有供应商提供），则可在现场搅拌。路面使用的沥青混凝土等，拟在灵武市采购或现场搅拌。

表面流湿地工程主要施工内容有河道清淤、整形、岸线处理、苗木栽培及种子散播等。其中清淤、整形施工等，以机械施工为主，人工修正为辅；绿化施工以人工施工为主。

提升泵为一体化设备安装，一般委托供应商提供从供货到安装调试一揽子服务。

8.3.2 过渡工程施工方案及破四沟亲民路下管涵施工方案

8.3.2.1 三沟合一导流围堰工程

本工程河道工程安排在非汛期施工，导流建筑物按非汛期湿地处理能力的最大流量进行设计，其中大河子沟约为0.35m³/s，总干沟基本断流，东沟约为0.58m³/s，三沟合一下游段约为0.93 m³/s。

按照《水利水电工程施工组织设计规范》（SL 303—2004），同时考虑导流工程所保护的对象、失事后果、导流堰使用时间和围堰工程规模等因素，确定三沟合一表面流湿地河道导流围堰级别为5级。围堰工程为当地土围堰，明渠导流。按照泄流能力大、土方开挖量小的原则，同时按照过水量及水头，设计导流围堰的过水截面面积，围堰堤顶部高度高于正常排水水位0.5m，堤芯防渗层厚度0.6m，边坡稳定系数取1.05。

① 在湿地河道清理区域，挖取河道淤泥等装袋，作为围堰堤坝的防渗坝芯，迎水面实用块石砌筑或卵石装袋填筑，背水坡面使用河道开挖的泥土填筑。

② 沿三沟合一表面流湿地河槽中导线的一侧垒砌围堰，将河道的水流控制在一侧，在河道的另一侧形成干作业区。

③ 在干作业区开挖河槽、垒筑另一侧的导流围堰坝体。河槽两侧均形成导流围堰后，将河道的水流引入河槽内，并控制在围堰内。在干作业区内，清理湿地的底层，包括铺设防渗层；整理湿地岸线及坡面，摊铺种植用基层基质，播撒或种（栽）植设计选定的沉水植物及藻类等的种子等。

④ 完成湿地施工后使用小木船，在河槽中自下游往上游拆除导流围堰。

根据现场条件，也可采用一次拦断河床围堰导流方式，在施工场地之间布置挡水围堰，并在河道左岸（或右岸）上下游围堰之间开挖一条导流明渠，施工期间通过导流明渠将上游来水引入河道下游。

8.3.2.2 破四沟亲民路下管涵施工方案

亲民路穿过破四沟自然湿地，湿地上游的水通过路下涵管流向下游。

① 破四沟湿地工程的建设，可能需要增加路下过水通道面积，即增大管涵直径或增加管涵数量；为保证亲民路正常通行，可使用地下顶管施工或拟大开挖施工。使用地下顶管造价较高，工期较长，对道路通行没有任何影响；使用大开挖的方法施工，可半幅路面通车、半幅路面开挖，对道路通行有一定影响。考虑到对该工程总造价的控制，及亲民路的交通流量不是太大，故首选半幅开挖的方案施工。

② 路下管涵施工前编制大开挖施工方案，包括道路的交通疏导、指挥、流量

控制等方案，报送交管部门审核，经过批准后，在监理的监督下实施。

③ 道路开挖及回填主要安排在夜间施工，把大开挖对道路交通造成的影响降到最低。

④ 管涵就位后，按照市政道路施工质量要求，分层回填夯实，填土的密实度满足相应的规范要求。

⑤ 道路面层施工按照原设计图纸及要求恢复至原貌。

8.3.3 施工测量

8.3.3.1 控制点的验收及测量定位

① 用于测量定位的全站仪、经纬仪、水准仪、钢卷尺等仪器、量具，施工前进行计量鉴定，以保证放样定位的精度。测量仪器、量具均具有检定合格证书。

② 工程放样前，首先对业主提供的控制点测量基准线、水准基点进行复核，并认真核算桩位与轴线关系，在确保所有点线关系准确后再进行桩位的放样定位。基准点设在不受桩基施工影响的区域，在施工中妥善保护。放样工作在硬地坪上进行，由控制点定出桩位并放出周围引桩，将所有桩位均放在硬地坪上，并做好永久性标记以便现场监理验收和以后施工。

③ 开工前做好施工测量方案设计，测量成果和资料必须报监理工程师审查。内容包括施测方法和计算方法、操作规程、观测仪器设备的配置和测量专业人员的配备等。

④ 根据设计人员提供的数据测量资料精确地测定建筑物的位置，进行放样和完成全部测量数据的计算工作。

⑤ 全部测量数据和放样都应经监理工程师的检查。必要时监理工程师应对承包人进行旁站监督检查。

8.3.3.2 布置测量网点

根据设计和总控测量单位提供的测量数据资料研究布设自己的控制网点。这些增设的控制网点必须完全吻合设计和总控测量单位提供的三角网点和水准网点的基本数据，并应满足规定的施测精度。

在沟槽和路基开挖前，先布置好每段沟槽和路基的测量网点，放出各轴线位置及地面标高。以保证支撑的及时安装和控制挖土标高，这项工作对于整个沟槽和路基开挖施工有着举足轻重的影响，现场施工人员必须加以重视。

对测量基线的网点、结构基础的标高、中心线和控制点的标高及中心要严格控制。

8.3.3.3 测量管理

本工程施测的周围环境和条件较为复杂，要求的施测精度较高，为了保证各河道及湿地管道等导线及中心的精度，必须加强控制测量，严格执行三级测量复测制。

① 中标后，立即派公司测量队与项目部的测量组参加业主组织的现场交接桩。并做好水准点、导线点的交接记录和复核记录。

② 根据设计单位交付的控制桩，采用GPS定位系统、全站仪、精密水准仪对本标段进行恢复定线测量，布设足够的合格控制点，精心做好标志，做到点位稳定、单一、清晰易找。

③ 根据设计资料，采用三维坐标解析法进行施工放样。断面测量应用解析法测量。做好施工测量记录和复测记录。

④ 由于工程全线分为若干点面施工，为避免差错，必须与邻近工程标段进行贯通联测，做好工程测量的衔接。

⑤ 各种控制点必须由钢筋混凝土制成，施工中应得到妥善保护，不得松动和破坏。由施工引起标桩位置变动时，及时通知监理工程师进行校正。

⑥ 内业计算资料由两组现场人员使用不同的计算工具和不同的方法分别计算，在每一个阶段和最后成果相互校核，以保证计算正确无误。

⑦ 对本标段的竣工复测成果与施工准确放样资料报监理、业主审批后方能施工。

⑧ 各种测量计算资料记录要正规、准确、不得涂改，并附有必要的草图，测量、计算、复核人员必须签字，专人保管，做好竣工资料的移交。

8.3.3.4 测量内容

（1）平面控制测量　根据本合同段的工程特点，利用业主提供的测量控制点，在场区内按精密导线网布设。精密导线点应根据本合同段所经过的实际地形选定，以GPS网为基础布设成附合导线、闭合导线或结点网。为了保证本合同段与相邻合同段的衔接，导线测量用的控制点至少要与相邻合同段两个以上的控制点进行联测。

精密导线技术精度要求：导线全长3～5km，平均边长为350m，测角中误差 ≤ ±2.5″，最弱点的点位中误差 ≤ ±15mm，相邻点的相对点位中误差 ≤ ±8mm，方位角闭合差 ≤ ±5$\sqrt{n}$（n 为导线的角度个数），导线全长相对闭合差 ≤ 1/35000；导线点位可充分利用城市已埋设的永久标志，或按城市导线标志埋设。位于明、暗挖地区的导线点必须选在开挖影响范围之外，应稳定可靠，而且应能与附近的GPS点通视。

利用测设好的平面控制网，以道路的轴线方向为基线方向，直接把轴线控制点测设于车站边，经检查复核无误后，设立护桩，利用轴线控制点通过经纬仪把车站轴线直接投测到基坑内，并对车站结构进一步进行施工放线。

（2）沟槽和路基导线定向测量　相继沟槽传递坐标点（不少于两个，可利用底板进行水平基点埋设），从沟槽边向沟槽内采用导线测量的方法进行定向。定向测量拟利用有双轴补偿的全站仪，且全站仪配有弯管目镜，要求其垂直角小于30°，导线定向的距离必须进行定向观测，定向边中误差应在±8″之内。标点传递后，即可进行结构放样测量。首先测设线路中线和法线作为结构放样的基准线，根据基线与结构相对关系值，测量内净空及中轴线，并用量尺检核构筑物之间的距离是否与设计值相符。

（3）高程控制测量　地面高程控制网应是在城市二等水准点下布设的精密水准网。精密水准测量的主要技术要求应符合规范的规定。车站和区间高程控制网统一布置，形成附合或闭合水准网。

8.3.3.5　检验及验收

① 施工测量应符合设计要求和国家现行规范、标准的规定。

② 地面高程控制网按Ⅱ等水准点网施测，在Ⅱ等水准点间布设成附合或闭合环线，往返校差、附合或闭合环线高程闭合差应在规范规定之内。

③ 向沟内或坑内传递高程与坐标传递同步进行，先做趋近水准，按Ⅱ等水准测量方法施测，限差应在规范规定之内。

④ 采用竖井内悬挂钢尺方法传递高程时，每次独立观测三测回。高差校差小于3mm时取其平均值。

⑤ 其他部位施工测量精度应满足设计和规范要求。

8.3.4　表面流湿地及道路土方挖填工程

8.3.4.1　土方挖填工程量

土方挖填初设工程量见表8-1。

表8-1　土方挖填初设工程量

湿地名称	土方/m³	填方/m³	填挖差/m³
三沟合一表面流湿地	35496.0	35496.0	0.0
三沟合一潜流湿地（包含道路工程）	83869.8	29572.3	54297.5
破四沟表面流湿地	16453.3	10571.5	5881.7
大河子沟	79622.4	62400.3	17222.1
合计	215441.5	138040.1	77401.3

8.3.4.2 土方工程施工部署安排

由于施工现场有效施工时间较短，工期比较紧，尽快进行潜流湿地土方及道路土方开挖及填筑，为后续工程施工创造出良好的工作面是土方工程的关键之所在。要保证在计划工期内完成土方开挖，必须有序施工。为了保证土方开挖的顺利进行，防止塌方等不利现象的发生，拟采用土方开挖与护坡施工交替进行的办法。每挖1.5m深进行边坡修整，如土质不理想，必要时进行挂网抹灰的护坡施工，反复交替进行，直至坑底。具体流程为：开挖线放样 ➞ 第一步土方开挖 ➞ 第一步修坡 ➞ 下一步土方开挖 ➞ 下一步修坡 ➞ 直至基坑底。

① 采用反铲挖土机挖掘，翻斗土方车运土、装载机配合同时进行。采用大挖挖土，小挖进行修坡。

② 开挖过程中应预留好汽车坡道。

③ 边坡及坑底应留200mm人工清底，以减少雨水和太阳暴晒对土层的扰动。

④ 开挖过程中应随时测量挖深，通过放坡系数计算该挖深处的下边缘位置，并由测量人员撒出白灰线进行控制。

⑤ 如果到达坑底后发现基底土层与地勘资料不一致应立即通知业主、监理、设计以及地勘部门，以便及时采取措施。

⑥ 坡道处土方收尾采用长臂挖土机进行挖土，并装车运走。

⑦ 基坑至基底以上200mm为人工清土层。

⑧ 由于在施工时运土车辆需从基坑下面往上面运土，因此土方施工时需预留坡道，并且应根据土方进度动态进行留设。

⑨ 为保证达到土方文明施工要求，避免土方运输车辆泥土污染市政道路，因此在现场出入口边设置专用沉淀池，现场道路做地面硬化处理。

8.3.4.3 卸土场及土方运输路线

为了现场运输流畅，不影响后续工序的施工，应尽快将会所挖出的土堆放到现场的北侧，并缩短湿地的施工工期，尽早进行土方回填；在进行堆土时制订车辆在场内的行驶路线，保证土方顺利开挖，卸土的场地由当地管理部门指定。表面的耕植土层另行堆放，作为绿化区域的表层土回用。

8.3.4.4 土方挖填相关场地

（1）取土场　由当地相关部门指定场地取土。

（2）弃土场　由当地相关部门指定场地弃土。

（3）土方施工

① 采用大放坡机械开挖，由反铲挖土机施工。配备10t自卸车进行土方外运。

② 土方开挖前，应摸清地下管线等障碍物，并应根据施工方案的要求，将施工区域内的地上、地下障碍物清除和处理完毕。

③ 建筑物或构筑物的位置或场地的定位控制线（桩），标准水平桩及基槽的灰线尺寸，必须经检验合格，并办完预检手续。

④ 场地表面要清理平整，做好排水坡度，在施工区域内，要挖临时性排水沟。夜间施工时，应合理安排工序，防止错挖或超挖。

⑤ 开挖低于地下水位的基坑、管沟时，应根据工程地质资料，采取措施降低地下水位，一般要降至低于开挖底面50cm，然后再开挖。

⑥ 开挖的土方，在场地有条件堆放时，一定留足回填所需的土及表层耕植土，多余的土方应一次运至弃土处，避免二次搬运。

（4）技术措施

① 事先根据坐标放出基础边线，根据放坡比例参照土方开挖图撒出下口线、上口线。

② 按照整体放坡坡度为1∶0.5进行放坡。挖土整体思路是先挖除±00以下2m深的耕植土（按照1∶0.5放坡），预留500mm宽的缓坡平台，正式放线。再挖至垫层底标高上200mm处，接着撒灰线开挖落深部位。

③ 底板垫层外预留500mm宽操作面，操作面内挖排水盲沟，转角或高低差处不大于20m挖一集水井。

④ 积水井为直径500mm、深400mm土坑。盲沟为300mm宽、200mm深的土槽，内填碎石，以免不被掩埋并保证坡脚稳定。

⑤ 挖至基底时预留200mm，人工紧随进行清槽，将清除的土方送至返铲半径之内待弃。

⑥ 为确保开挖时及时地排出地下水及地表水，在基坑两端（长轴方向）处各设置一个直径为3m、深度为5m的集水井，方便日后排水。若开挖后遇雨水天气，应采用人工将基槽清理至与原基土土质相同的土层，再用级配沙石填至设计基底标高。

⑦ 挖至基础承台处在基底事先撒出灰线，由机械开挖，人工清理。

⑧ 如遇薄弱土层或不慎超挖之处采用级配沙石填。

⑨ 采用边开挖、边清土、边验槽并立即浇筑垫层的快节奏施工法，清理三分之一时就要进行验槽和浇筑垫层工作，避免基土长期暴露和遇雨浸泡。

⑩ 如遇雨泡槽，须清除表面泥浆铺撒碎石找平，人流集中处铺设木板通道，防止踩成橡胶土。

⑪ 虽然局部开挖深度超过5m，但本次开挖系过程中的间歇，最终基坑边深度

不超过5m，正如集水坑基础处超过深度标准一样，不作为深基坑考虑。

⑫ 应注意的质量问题如下。

a. 基底超挖：开挖基坑均不得超过基底标高。

b. 基底未保护：基坑开挖后应尽量减少对基土的扰动。

c. 施工顺序不合理：土方开挖宜先从低处进行，分层分段依次开挖，形成一定坡度。

8.3.4.5 土方回填施工

（1）施工总体安排 回填土土料按照设计要求的材料就地取用。采用自卸汽车由场外运往现场入口进场，在现场出土口先铺设石渣填好通道，使土方运输车辆能进入场地内卸土。基础周边回填土采用分层、分段沿基础周边形成台阶式的斜坡逐步回填到顶，地下室顶板按现场实际情况采用分层分区逐步完成回填土施工。回填土采用压路机分层碾压。

（2）施工程序 基坑底清理 ⟶ 检验土质 ⟶ 分层铺土 ⟶ 分层碾压密实 ⟶ 检验密实度 ⟶ 修整找平 ⟶ 验收。

（3）回填要求

① 基土不应用淤泥、腐殖土、冻土、耕植土、膨胀土和建筑杂物作为填土，填土土块的粒径不应大于50mm。

② 土应检验其含水率，必须达到设计控制范围，方可使用。

③ 施工前根据工程特点、填方土料种类、密实度要求、施工条件等，合理地确定填方土料含水量控制范围、虚铺厚度和压实遍数等参数。

④ 填土前应对填方基底和地下防水层、保护层等进行检查验收并办理隐检手续。

⑤ 施工前，应做好水平高程标志布置。如大型基坑或沟边上每隔1m钉上水平桩橛或邻近的固定建筑物上抄上标准高程点。大面积场地上或地坪每隔一定距离钉上水平桩。

⑥ 确定好土方机械、车辆的行走路线，应事先经过检查，必要时要进行加固加宽等准备工作。

（4）施工方法

① 填土前，应将基土上的洞穴或基底表面上的树根、垃圾等杂物都处理完毕，清除干净。

② 检验土质：检验回填土料的种类、粒径、有无杂物是否符合规定，以及土料的含水量是否在控制的范围内；回填土一般选用含水率在10%左右的干净黏性土（以手攥成团，自然落地散开为宜）。

③ 碾压机械压实填方时，应控制行驶速度，一般平碾速度不超过2km/h。

④ 碾压时，轮（夯）迹应相互搭接，防止漏压或漏夯。长宽比较大时，填土应分段进行。每层接缝应做成斜坡形，碾迹重叠0.5～1.0m左右，上下层错缝距离不应小于1m。

⑤ 填方超出基底表面时，应保证边缘部位的压实质量。填土后，如设计不要求边坡修整，宜将填方边缘宽填0.5m；如设计要求边坡修平拍实，宽填可为0.2m。

⑥ 回填土每层填实后，应按规范规定进行环刀取样，测出干土的质量密度，达到要求后，再进行上一层的铺土。填土全部完成后，应进行表面拉线找平，凡高出允许偏差的地方，及时依线铲平；凡低于标准高程的地方应补土夯实。

⑦ 在机械施工碾压不到的填土部位，应配合规定进行环刀取样，测出干土的质量密度；达到要求后，再进行上一层的铺土。

⑧ 防止雨水、地下排水管线排水渗入基底的方法如下。

a. 基坑（槽）回填应连续进行，尽快完成。施工中应防止地面水流入基坑（槽）内，以免边坡塌方或基土遭到破坏。现场应有防雨排水措施，如准备好抽水设备等。

b. 对于地下管线渗水处理方法：在后期安装出户管道时，严格把关施工质量，杜绝管道渗漏水的现象。

c. 对有防渗要求的区域，如鱼塘等底部用HDPE塑料薄膜满铺鱼塘，两块薄膜接头处搭接200mm，用黏土密封1000mm宽，塑料薄膜上覆盖200mm厚的亚黏土夯实。

⑨ 管道回填土：用人工先在管子两侧填土夯实，并应由管道两侧同时进行，直至管项0.5m以上时。在不损坏管道的情况下，方可采用蛙式打夯机夯实。在抹带接口处、防腐绝缘层或电缆周围，应回填细粒料。

（5）质量标准

① 主控项目

a.标高。是指回填后的表面标高，用水准仪测量。检查测量记录。

b.分层压实系数。符合设计要求。按规定方法取样，试验测量，不满足要求时随时进行返工处理，直到达到要求。检查测试记录。

② 一般项目

a.回填土料。符合设计要求。取样检查或直观鉴别。做记录，检查试验报告。

b.分层厚度及含水量。符合设计要求。用水准仪检查分层厚度，取样检测含水量。检查施工记录和试验报告。

c.表面平整度。用水准仪或靠尺检查，控制在允许偏差范围内。

d. 土方回填前清除基底的垃圾、树根等杂物，去除积水、淤泥，验收基底标高。如在松土上填方，在基底压实后再进行。填方土料按设计要求验收。

e. 填方施工中检查排水措施、每层填筑厚度、含水量控制、压实程度。填筑厚度及压实遍数应根据土质、压实系数及所用机具确定。

8.3.5　表面流湿地工程

该工程包括破四沟表面流湿地、大河子沟表面流湿地，三沟合一表面流湿地等。建设表面流湿地36.84hm²（总干沟7.9hm²，东沟2.84hm²，大河子沟26.1hm²），有效净化面积28.75hm²，其中子槽14.20hm²，浅水湾14.55hm²，岸坡景观绿化8.1hm²。

8.3.5.1　表面流湿地清表、清淤

① 地形整理的施工方法：地形整理需清除全部种植范围内的建筑垃圾、石块、杂草、树根等影响树木生长的残留物；应按设计平整场地，使排水顺畅，低洼处不得积水。

② 将原来自然湿地及河道中的芦苇及当地的其他水生植物等移植到附近的水域或人工水域，湿地绿化施工时再将这些植物回迁，以利于湿地植物的快速净水。

③ 将地表土、淤泥等集中成堆，湿地整形后，作为表土回用，减少弃土的运输及排放，同时保证湿地植物所需的肥料。

④ 施工方案：现场勘察 ⟶ 设点 ⟶ 测量定位 ⟶ 土方挖、填、外运、回填 ⟶ 场地平整 ⟶ 土壤改良 ⟶ 清除垃圾 ⟶ 土壤细整。注意排水通畅、积水处理，同时注意地下管线的保护。具体方法如下。

a. 详细的现场测量：组织技术、生产、质检人员对业主及设计单位提供的现场标高进行复核、测量。

b. 落实业主、监理工程师提供的测量控制点、桩，道路接口，管道接口及标高、地下设施等现场条件。

c. 查明施工范围内的放线位置，地下设施（给排水、燃气、供热管道，供电、通信线缆等），建筑垃圾，土方挖、填、外运，地形平整，地下古墓等情况。

d. 做好有关协调工作。组织人员学习合同文件，认真阅读、核对施工图纸。

e. 标高测定后，采用机械及人工进行地形平整，包括挖土、余方弃置、填土、地形平整。要达到设计与监理确认的要求，注意排水防涝与贮水浇灌。

f. 通过填土、换土、松土、施适当比例的有机肥改良底泥的土壤结构（包括团粒结构、孔隙率、容重等物理性状），使底泥具有良好的氧交换、离子交换、吸附容量，对污染物起到吸附、固定的作用，从而净化水质。

g. 填方具体要求：填方前，应对填方基底和已完隐蔽工程进行检查和中间验

收，并做好记录；碎石类土或石渣用作填料的，其最大粒径不得超铺填厚度的2/3，铺填时大块料不应集中，且不得填在分段接头处；填方施工前，应根据工程特点、填料种类、设计压实系数、施工条件等合理选择压实机具，并确定填料含水量控制范围、铺土厚度和压实遍数等参数；在填方夯实时，发现局部呈软弹橡胶土等情况时，将其挖出换填含水量适当的土后，重新夯填。

h. 平整场地的表面坡度，使其符合设计要求，如无设计要求时，一般应向排水沟方向做成不小于2‰的坡度。平整后的场地表面应逐渐检查，检查的间距不宜大于20m。

i. 土方工程施工中，应经常测量和较核平面位置水平标高和边破坡度等是否符合设计要求，平面控制木桩水准点也应分期复测和检查是否正确。

j. 夜间施工时，应合理安排施工项目，防止挖方挖超或铺填过厚。施工场地也应根据需要安装照明设施，在危险地段应设明显标志。

k. 采用机械施工时，必要的边坡修理和场地边角小型沟槽开挖或回填等，可用人工或小型机具配合进行。

l. BE植生砌块按照设计要求砌筑。

8.3.5.2 绿化工程

该工程的绿化植物主要有乔木类（国槐、沙枣、杨树、垂柳等）及小乔木与灌木类（灌木柳、山桃、石竹、丁香、红柳、迎春、连翘、紫叶李、紫薇、芦竹、月季等），可构成丰富绚烂、季相分明的植物景观。其中主槽以苦草、黑藻、眼子菜、金鱼藻、狐尾藻、茨藻、伊乐藻等沉水植物为主。浅水湾以扦插柳枝、黄菖蒲、香蒲、芦苇、千屈菜、水葱、水生鸢尾等挺水植物为主。

（1）栽植方案　按照先大树栽植定位，后小乔木栽植，再灌木、花卉遍植的顺序进行施工，按系统工程管理的原理做到土方、苗木、设备、人员等要素的合理调配及利用。

① 土方工程。工艺流程：基层清理 —→ 检验土层 —→ 分层铺土 —→ 分层碾压密实 —→ 检验密实度 —→ 人工修坡 —→ 验收。

a. 回填土选择。绿化面层应为良好土壤，不应含沙石、建筑垃圾。回填土土质应符合规范要求，不能是深层土，最好是疏松湿润、排水良好、富含有机物的肥沃冲积土或黏壤土，pH在5.0～7.0之间较为理想。并要保证土源没有被有毒物质所污染。底层土可选用现场挖出的土方，如现场土方不合要求或数量不够，则需外购；表层土应调入适合园林植物生长的好土，如沙壤土。

b. 土壤改良。在地形标高整理完成后，根据种植品种的不同对表土层做相应厚度的土壤改良，使种植土符合植物对栽植深度、肥力和各种有机物、微量元素的需求。改良深度及方法如下。

胸径10cm以上乔木采用扩大穴种植，平均换土100～160cm；胸径10cm以下乔木采用标准穴种植，平均换土80～100cm。树穴底加上20cm厚有机肥，再覆以一薄层园土后种植，使苗木今后生长强壮，克服土壤贫瘠的缺点。

栽植绿篱和露地花卉要求平均换土50cm，地被栽种要换土25cm，种植池内换土100cm。

按上述深度对表土添加腐殖土（建议采用草碳土），按表土：草炭土之比为3:1的比例配制，将腐殖土与表土充分混合，使形成理化性能良好的种植土。草炭土建议优先选用东北地区生产的草炭土，其富含有机质，有很好的改良土壤的作用，肥力具长效性。

c.土方回填。先用经纬仪、水准仪测定主要控制点的标高控制桩，并设立醒目标桩，土方车运进现场后应服从现场指挥人员的统一调度，确保卸土位置准确，避免乱堆乱卸。

运输采用手推车运输或人工挑土，回填采用人工回填，用冲压夯土机进行夯实，要求密实、均匀，压实应从边缘开始向中间收拢。

当填土较深时，每填土300～500mm做分层夯实，并应确保300mm表土是理化性能良好的沙壤土。

d.地形处理。依设计标高整理出相应的坡度，所有表土应按等高线做最后处理，避免造成隆起或凹陷，坡度应呈顺畅的缓坡。

绿地内排水应按设计坡度与走向同绿化区总体排水系统协调一致。

由于本工程的土方工程由总包施工，应根据相关技术规范对其进行全程跟进指导，保证回填土的质量，同时建议土方回填前增加滤水、排水层。

② 定点放线。根据植物配置的疏密度，先按一定的比例在设计图及现场分别打好方格，在图上量出树木在某方格的坐标尺寸，再按此位置用皮尺量在现场相应方格内。

a.乔木位置使用木桩或白灰定中心点，并画出树穴外轮廓。

b.灌木的布置为白灰点位。

c.色带、花卉、地被植物用白灰画区域线，点位分布为品字形。

d.苗木种植前，其种植位置应取得设计师的现场确认。

③ 开挖种植槽、穴。挖种植穴：以定点标记为圆心，以规定的坑（穴）直径先在地上划圆，沿圆的四周向下垂直挖掘到规定的深度（如栽植地段土层结构差，对建筑垃圾、建筑物旧基础、道路路基三合土、生活垃圾等均要彻底清除，深挖见到原土后，再回填种植土）。然后将坑底挖松、铺平。栽植裸根苗木的坑底应用松土堆起一个小土丘以使根系舒展。

树穴一般比规定的根幅范围或土球大，约加宽40～100cm，加深20～40cm，呈圆柱状，忌做成上大下小的锥形或锅底状，应上口与底边垂直，大小一致。

④ 苗木土球的挖掘。挖掘常绿树、名贵树和观赏花灌木时均要带土球。掘苗前先剪除主干基部无用枝，并采取护干、护冠措施，再剥去表层土壤，以不伤表层根为度（一般3～5cm）。

在保证土球规格的原则下将外表修整光滑，呈上大下小倒卵圆形。包装材料要结实，草质包装物须事先用水浸泡湿润，土球底部要封严不能漏土。

挖苗和土球包装时，应注意防止苗木摇摆和机械损伤，确保土球完整。

土球包装方法一般执行以下规定：

a. 土球直径50cm以下，橘瓣式包装（单股单轴）；

b. 土球直径55～80cm，腰箍、橘瓣式包装（单股双轴）；

c. 土球直径85～100cm，铜钱式包装（含内腰箍）。

⑤ 苗木运输。

a. 装运乔木时，应树根朝前，树梢向后，顺序安放。

b. 车后箱板应铺垫草袋、蒲包等物，以防碰伤树根、树皮。

c. 树梢不得拖地，必要时用绳子围拢吊起；捆绳子的地方也要用草袋垫上，使不勒伤树皮。

d. 土球直径大于20cm的苗木只装一层；小土球可以放2～3层。土球之间必须安放紧密，以防摇晃。

e. 较大的土球卸车时，可用一块结实的长木板，从车箱上斜放至地上。即将土球推倒在木板上，顺势慢慢滑下，绝不可以滚动土球。

⑥ 苗木定植前的修剪。苗木定植前的修剪目的是为了调整树形、均衡树势、减少蒸腾，以及提高移栽树木的成活率，修剪主要是指修枝和剪根两部分。

修枝量要视树种、苗木移栽成活的难易度、栽植方法、挖苗的质量来确定，一般萌生力强、根系发达、带土球移栽、挖根质量好的可适当减少修剪量。

树木的修剪应保持自然的树形，剪去内膛细弱枝、重叠枝、下垂枝，对病虫枝、枯死枝、折断枝必须剪除，过长的长枝应加以控制。

a. 落叶乔木的修剪。

Ⅰ. 掘苗前对树形高大，具明显中央领导干、主轴明显的树种（银杏等）应以疏枝为主，保护主轴的顶芽，使中央领导干直立生长。

Ⅱ. 对主轴不明显的落叶树种，应通过修剪控制与主枝竞争的侧枝，使领导枝直立生长。

Ⅲ. 对易萌发枝条的树种，栽植前按一定的定干高度，将其上全部"烂头"。修剪时注意不要劈断下部枝干；定干的高度应根据环境条件来定，一般为3～4m。

b. 常绿树的修剪。

Ⅰ. 中、小规格的常绿树移栽前一般不剪或轻剪。

Ⅱ. 栽植前只剪除病虫枝、枯死枝、生长衰弱枝、下垂枝等。

Ⅲ. 常绿针叶类树种只能疏枝、疏侧芽，不得短截和疏顶芽。

Ⅳ. 高大乔木应于移栽前修剪，乔木疏枝应与树齐平，不留桩。

c. 灌木的修剪。

Ⅰ. 灌木一般多在移栽后进行修剪。

Ⅱ. 对萌发力强的花灌木，常短截修剪，一般保持树冠呈半球形、球形、椭圆形等。

Ⅲ. 对根蘖萌发力强的灌木，常以疏修老枝为主，短截为辅。疏枝修剪应掌握外密内稀的原则，以利于通风透光，但丁香树只能疏不能截。

Ⅳ. 灌木疏枝应从枝条根部与主干齐平，短截枝条应选在叶芽上方0.3～0.5cm处，剪口应稍斜向背芽的一面。

d. 苗木根系的修剪。裸根苗木移栽前应剪掉腐烂根、细长根、劈裂损伤根，对于较粗大的根截口应平滑，以利于愈合。

⑦ 乔灌木种植。

a. 散苗。即将苗木按规定（设计图），摆放在要栽植的位置上。散苗要轻拿轻放，边散边栽，邻近苗木规格大体一致。移植时，对树木应标明主要观赏面和树木阴、阳面。有些树种则须保持原种植地的朝向。

b. 栽植。

Ⅰ. 栽裸根苗的方法。一人将苗木放入坑中扶直，另一人将坑边的好土填入，填至一半时，将苗木轻轻往上提起，使根颈部分与地面相平，让根自然向下舒展开来，然后用脚塌实土壤，继续填入好土，直至满后再塌实一次，并在坑外做好浇水堰。

Ⅱ. 栽带土球苗的方法。先量好坑的深度与土球高度是否一致，如有差别应及时挖深或填土，避免来回搬动土球。土球入坑后，先在土球底部垫少量好土，将土球固定，注意将树干立直，然后将包装剪开并尽量取出，随即填入好土至一半，然后将土夯实，再继续填满夯实，随后开堰。土球大于80cm时应使用吊车配合施工。

种植时树干应保持直立；回填土应使用配好的种植土，分层踏实。一般树种回填土高度与原土痕齐平，避免种植过深。部分不耐水湿的品种，原土痕高度要高出地平面10～20cm。

行列式植树应保持横平竖直，相邻植株左右相差不得超过半树干。

c. 植后支撑及灌水。

Ⅰ. 支撑。种植后的大乔木需用支撑（单柱直立、单柱斜立、双柱加横梁或三脚架形式）或拉纤索固定，以防止树身摇动或被风吹倒。

Ⅱ. 种植要求。以阳面来调整乔木的种植面，即使乔木的最佳观赏面面对人的最佳观赏点，同时尽量根据乔木本身的阴阳面来调整乔木的种植面。本工程中对胸径在12cm以上的乔木用四角桩支撑，胸径在8～12cm的乔木用双柱加横梁支撑，胸径低于8cm的可以不支撑。木桩与树干接触部位用棕片、棕绳绑扎，以防止树木受伤，木桩之间可用铁丝或麻绳绑扎固定。

Ⅲ. 灌水。在树坑外缘培高约15cm左右的圆形围堰，种植后24h内必须浇第一次水，水量不宜过大，浸入土层3cm即可，主要使土壤填实，与树根紧密结合；过两天，检查一次，发现树身倾斜及时扶正，并修整围堰浇第二次水，水量仍不宜过大，以压缝为主要目的。栽植后10d内，必须灌第三次水，水量要大，浇足灌透。三遍水后，待水充分渗透后，用细土在围堰内填约20cm的土堆，以保持土壤水分，并保护树根，防止风吹摇动，以利于成活。

⑧ 花卉及灌木的种植

a. 起苗。起苗时要保持土球完整，根系丰满，土球应用草绳或塑料袋包裹完整。

b. 栽种顺序。

Ⅰ. 独立花坛，应由中心向外的顺序种植；

Ⅱ. 坡式花坛，应由上向下种植；

Ⅲ. 高矮不同品种的花苗混植时，应按先矮后高的顺序种植；

Ⅳ. 宿根花卉与一、二年生花卉混植时，应先种植宿根花卉，后种植一、二年生花卉；

Ⅴ. 模纹式花坛，应先栽好图案的各条轮廓线，后栽内部填充部分；

Ⅵ. 大型花坛，宜分区、分块种植。

c. 栽植距离。其距离以相邻的两株苗冠丛半径之和来决定。保证设计的种植密度；苗木搭配得当，色彩、高度均匀协调，形成整齐美观的效果；苗木种植浇水后做整形修剪。

d. 栽植的深度。一般栽植深度以所埋之土刚好与根茎相齐为最好。

（2）种植后的养护管理 "三分种，七分养"，养护管理工作在绿化施工中是非常重要的，既要做好养护（即根据不同树木的生长需要和某些特定的要求，及时对树木采取如灌溉、施肥、修剪。防治病虫、防寒、中耕除草等园艺技术措施），又要做好管理（如巡查、围护、保洁等常务性的工作）。

养护期将专门派2～3人常驻现场进行养护管理工作，必要时临时加派养护人员。

年养护期的计划：本工程绿化养护期为2年。

养护技术措施如下。

① 灌溉与排水。

a. 灌水的顺序。新栽的树木、小苗、灌木、阔叶树要优先灌水，长期定植的树木、大树、针叶树可后灌。

b. 灌水的时间。夏季浇水选择在一天当中的早晨或下午，冬季则应在中午进行。

c. 灌水量。必须根据树木生长的需要，因树、因地、因时制宜和合理灌溉，保证树木随时都有足够的水分供应。灌水量太少土壤很快干燥，起不到抗旱作用。相反，灌水量太大会使土壤板结，造成通气不良，影响树根生长，同时土壤中的肥料可能随水流失。所以最好采取少灌、勤灌、慢灌的原则，使水分慢慢渗入到土中，有条件的应推广喷灌和滴灌技术。

d. 排水。平时防止积水，雨季做好排水工作，这是调节土壤内水分与空气含量关系及防涝保树的重要措施。针对不同树种、不同树龄的耐水淹能力的不同，注意防涝排水。常见的排涝方法有地表径流、明沟排水、暗沟排水。

② 施肥。

a. 基肥。在树木休眠期将有机肥料，按一定比例与细土均匀混合埋施于树木根部，供树木较长时间吸收，称基肥。基肥的肥效一般较长，可根据需要隔几年施一次。施基肥的方法有穴施、环施、放射状沟施。

b. 追肥。在树木生长季节，根据需要施加速效肥料，以促使树木生长，称追肥。施追肥的方法有根施法、根外施肥法。

c. 施肥的次数。因树木需要与可能条件而定。一般新栽树木1～3年内施肥1～3次，除基肥外有必要追肥1～2次；行道树、庭荫树等大乔木，1～2年施一次有机肥；花灌木及重点地段上的树木，每年施加一次基肥，花前花后各施追肥1～2次以上。施肥量依株大小而定，胸径8～10cm的树木，每株施堆肥25～50kg左右或浓粪尿15～25kg；胸径10cm以上的树木，则施粪尿25～50kg。

d. 施肥的注意事项。

Ⅰ.有机肥料要充分发酵、腐熟，化肥必须完全粉碎成粉状。

Ⅱ.施肥后（尤其是追肥）必须及时适量灌水，使肥料渗透，否则土壤溶液浓度过大对树根不利。

Ⅲ.根外追肥最好于傍晚喷施。

Ⅳ.要选晴天且土壤干燥时施肥，阴雨天或土壤过湿时，肥水易随重力水下渗流失，造成浪费。夏季中午严禁施肥，以免烧伤树根。

Ⅴ.对城市中的树木施肥时，应注意城市卫生，特别是在施人粪尿时，一定要采用沟施或穴施，肥料不能污染枝叶，以免烧伤。

③ 修剪与整形。

修剪的时期：乔灌木的修剪依其品种、开花习性，在适合的时间内进行，选择休眠期（冬季）或生长期（夏季）修剪。

冬季修剪对观赏树种树冠的构成、树梢的生长、花果枝的形成等有重要影响，因此修剪时要考虑树龄。通常对幼树的修剪以整形为主；对于观叶树以控制侧枝成长、促进主枝生长为目的；对花果树则着重于培养构成树行的主干、主枝等骨干枝，以早日成行，提前观花观果。

夏季修剪要剪去大量枝叶，对树木尤其对花果树的外形有一定影响。因此，可在冬季修剪基础上培养直立主干，对主干顶端剪口，对附近的大量新梢进行短截，目的是控制它们的生长，调整并辅助主干长势和方向。花果树行道树的修剪，主要应控制竞争枝、内膛枝、直立枝、重叠枝、徒长枝的发生和长势，以集中营养供主要骨干枝的旺盛生长。而绿篱的夏季修剪，主要保持整齐美观，同时剪下的嫩枝可作插穗。

修剪方法：根据不同修剪目的选择修剪方法：疏删修剪、短截修剪（短截、中短截、重短截、极重修剪、回缩修剪）、辅助修剪（刻伤、里芽外蹬、摘心、剪梢、屈枝、抹芽、除萌蘖）。

修剪及剪口处理具体操作方法如下。

a. 剪口与剪口芽。剪口的方向、剪口芽的质量影响被剪枝条抽生新梢的生长与长势。剪口要平滑，与剪口芽成45°角的斜面，从剪口芽对侧下剪，使剪口芽与斜面不在同一方向，斜面上方与剪口芽尖相平，斜面最低部分与芽基相平，剪口距芽的距离以0.9～1.0cm为宜。过长易发生弧行生长且芽上方过长的枝段由于水分、养料不易渗入，常干枯或腐烂；过短则芽因蒸发失水易干枯死亡。

疏枝的剪口于分枝点处，与干平，不留残桩，丛生灌木疏枝与地面相平。

剪口芽的选择应慎重考虑树冠内枝条分布情况和期望新长枝长势的强弱：需向外扩张树冠时，剪口芽应留在枝条外侧；如欲填补内膛空虚，剪口芽方向朝内。对过长过旺的枝条，为抑制生长，以弱芽当剪口芽；扶弱枝时选留饱满的壮芽。

呈垂直生长的主干或主枝，由于自然枯梢等原因，需每年修剪其延长枝叶，选留的剪口芽方向应与上年相反，以保证枝条生长不偏离主轴。

b. 大枝的锯除。对较粗大的枝干，回缩或疏枝时常用锯操作，先从枝干基部下方向上锯入深达1/3时，再从锯口向下锯断，既可防枝干劈裂又可不被夹锯。疏除大枝必须在枝基锯断，不留残桩，防止腐烂。

c. 剪口的保护。锯除大枝干时如造成伤口面大、表面粗糙，常会因雨淋和病菌侵入而腐烂。因此，伤口要用锋利的刀削平，用2%的硫酸铜溶液来消毒，最后可涂"保护蜡""豆油铜素剂"等保护剂，起防腐、防干和促进愈合的作用。

8.3.6 道路工程

该工程的道路分为湿地内道路、环湿地道路、接驳道路。

8.3.6.1 道路施工

① 根据施工图纸对所有的中心控制桩进行测量、核实，并放出道路中心线及边线。

② 布设临时水准点。根据本工程特点，设置湿地、道路水准点，做出标志，并会同监理及甲方对放样位置及临时水准点复测认可。

8.3.6.2 施工准备

（1）材料准备　准备施工机具、填筑材料以及施工中需要的其他材料；清理施工现场。

（2）场地放线　按照道路设计图所绘施工坐标方格网，将所有坐标点测设到场地上并打桩定点。然后以坐标桩点为准，根据道路设计图，在场地地面上放出道路的中心线、边线，以及主要地面设施的范围线和挖方区、填方区之间的零点线。

（3）地形复核　测设各坐标点、控制点的自然地坪标高数据，有缺漏的要在现场测量补上。

8.3.6.3 基层处理

① 挖土应由边到中，并根据土质情况预留压实厚度，如遇到障碍物，应采取有效的措施并及时处理。

② 整平后压实。

8.3.6.4 碎石垫层

（1）干结碎石　干结碎石基层是指在施工过程不洒水或少洒水，依靠充分压实及和嵌缝料充分嵌挤，使石料间紧密锁结所构成的具有一定强度的结构，一般厚度为8～16cm。

（2）材料　用于基层填筑的级配碎石，要求大小适中，无风化现象，以确保基层的强度。石块之间要求密实，无松动。并预先控制好标高、坡向、厚度。满足设计要求，碎石摊铺应均匀、平整。要求石料强度不低于8级，软硬不同的石料不能掺用。碎石最大粒径视厚而定，一般不宜超过厚度的0.7倍，50mm以上的大粒料约占70%～80%，0.5～20mm粒料约占5%～15%，其余为中等粒料。选料时先将大小尺寸大致分开，分层使用。长条、扁片含量不宜超过20%，否则应就地打碎作嵌缝料用。结构内部空隙内尽量填充粗沙、石灰土等材料（具体数量根据试验确定），其数量在20%～30%左右。

8.3.6.5 混凝土基层施工

为保证混凝土搅拌质量，混凝土工程应遵循以下原则。

① 测定现场沙石含水率，根据设计配合比，送有关单位做好混凝土级配，并按级配挂牌示意。

② 每天搅拌第一拌混凝土时，水泥用量应相对增倍。

③ 平板振捣器振动均匀，以提高混凝土的密实度。

④ 严格控制沙石料的含泥量，选用良好的骨料，沙选用粗沙，沙含泥量小于3%，石子不超过10%。

⑤ 减少环境温度差，提高混凝土抗压强度，浇筑后应覆盖一层草包，在12h后浇水养护以防气温变化的影响。混凝土养护时间不少于7d。

8.3.6.6 沥青混凝土面层施工

（1）主要施工方法　沥青路面采用沥青混凝土自动拌和站拌和、摊铺机摊铺的方法施工，摊铺机动车道时用摊铺机作业，路面一次摊铺成型。

（2）封层施工　在基层完工并经验收合格后，可以进行封层施工。

① 在洒布乳化沥青前，必须把表面的松散物质、脏物或尘土清扫干净，对粘在表面的土块应用水清洗干净，此项工作必须达到监理工程师满意。

② 按设计规定喷洒乳化沥青透层后，宜立即喷洒均匀集料。

③ 乳化沥青的施工，尽量在基层施工后两三天、基层保持干净的情况下浇洒较为适宜，可减少清扫、养生的工作量，缩短工期，但要避免因7d强度不够而造成不必要的返工。

④ 在清扫后的基层根据干燥程度适当洒水，使基层保持湿润，以便乳液能渗入、吸附在基层上，并严禁车辆通行。

⑤ 有雾或下雨时不得施工，且洒布时的气温不得低于10℃。

⑥ 沥青加热设备应有足够的容量，用一个加热的盘管系统循环，应在油罐上安装测温范围为0～200℃的温度计，以便能随时测定沥青材料的温度。

⑦ 在沥青洒布工作前，要检查洒布车的油泵系统、输油管道、油量表、车辆速度控制系统。喷洒前和喷洒后，应对洒布机械的输油管道及喷油嘴进行疏通、清洗，保持喷油嘴干净，管道畅通。

⑧ 乳化沥青在常温下洒布，一次洒布均匀，洒布后不流淌，漏洒部位应用手提式喷洒器进行人工喷洒或补洒。局部多余部分应根据监理工程师的批准进行清

理。洒布时不得污染结构物、护栏、路缘石和其他附属建筑物的表面，如有溅污必须清除和整修，必须在乳液破乳之前（洒布后2h内）完成。撒料后应及时扫匀，使全面覆盖一层且厚度一致，集料不重叠，也不露出乳化沥青。局部有缺料时，要人工适当找补；局部集料过多时，及时将多余的集料清扫掉。

⑨ 碾压应在乳化沥青突破，充分渗透，水分蒸发后进行。施工完毕，禁止车辆通行。

（3）沥青混凝土路面　在验收合格已施工封层沥青的基层上，可以进行沥青混凝土面层的施工。沥青混凝土路面施工程序（施工工艺流程）如下：

封层准备与检查 ⟶ 标高测量、施工放样 ⟶ 机械准备 ⟶ 拌和 ⟶ 运输 ⟶ 摊铺 ⟶ 初压 ⟶ 复压 ⟶ 终压 ⟶ 放行交通。

（4）施工前准备工作

① 沥青拌和站的建设。沥青拌和站采用先进设备，最大产量大于240t/h，能自动计量，称量准确（骨料±3kg，沥青±0.1kg），温度控制好（±1℃），除尘效果好。

② 材料料场的确定。根据施工图纸、技术规范及有关技术标准的要求，对选择料场的材料进行试验，确定符合标准要求并令业主及监理工程师满意的材料料场。

③ 材料的备料。根据初步确定的沥青混凝土路面各种规格的材料用量，及各结构层的施工进度计划安排，组织备料。

④ 进场材料的堆放。料场的底部采用20cm的C15混凝土铺筑，砌24红砖墙分隔不同规格的集料，以保证集料的质量。玄武岩采用水洗的方法提高沥青的握裹力；为了减少集料的含水量，应在料场设置2%的坡度，并在坡度较低的一侧设置足够的排水沟，以保证雨水或地表水排出料场外。

⑤ 沥青混凝土混合料配合比的设计。根据优化设计的（改性）沥青混合料类型级配曲线，选择已进场或具有施工代表性符合质量要求的各种矿料，根据矿料颗粒组成，用图表法或试算法确定符合级配曲线要求的各种矿料的配合比例，用马歇尔试验或动稳定度等方法确定出最佳（改性）沥青用量。并在试验段开工前28d报监理工程师。

⑥ 试验段的施工。根据技术规范，沥青混凝土路面施工前，提出具体实施方案、施工程序和工艺操作详细说明文件，并提交试验路段开工申请，在监理工程师批准的地点铺筑试验路段，以检验施工工艺和各种施工机械设备的性能及匹配度，从而获得（改性）沥青混凝土生产施工的技术指针。

（5）沥青混合料的拌和

① 拌和应将集料包括矿粉充分烘干，每种规格的集料、矿粉和沥青都必须分别按要求的配合比进行配料。

② 石料的加热温度、混合料的出厂温度、运到施工现场的温度均高于规范的要求。

8.3.7 潜流湿地、隔墙工程

该工程包括池体隔墙和控制系统，施工时应各工种相互配合，紧密结合。

8.3.7.1 挖土工程

① 本工程场地比较大，周边无建（构）筑物影响，因此挖土采用放坡大开挖。根据地质情况，开挖需要确定放坡系数和宽度。基坑必须采取围护措施，合理采用降水措施。

② 本工程挖土采用机械挖土与人工挖土相结合。机械挖土基本上一次挖到离基层 20cm 左右，同时要用小竹签在基底上做好标记，以提醒挖土机操作人员特别注意，严禁超挖。余土均由人工修土至基坑设计标高。

③ 基坑排水。基坑合理采用降水措施，若用水泵排水，基坑外上面四周做好排水明沟，以阻止地表水流入基坑内。

④ 应急保护措施。为保护坑壁稳定采用细石混凝土喷浆，以防渗水造成土体剥落。如发现局部塌方可采用木桩或钢管和草包阻止塌方。特别要防止流沙现象。因此，施工现场在挖土期间加强对基坑四周坡面进行监控，及时发现问题和采取相应的补救措施，从而及时避免造成不必要的损失。所以现场在挖土期间应备以一定数量的木桩、钢管、草包、注浆机以备急用。

⑤ 技术要求。挖填方工程施工应进行土方平衡计算，合理安排，减少重复搬运。土方回填前应选用合格填料，并应对所选用各种填料确定合理参数，经确认后方可全面铺开。挖基坑土方尽可能做到随挖随运，合理安排，符合回填要求的土方按要求堆放。

8.3.7.2 模板工程

本工程模板工作量较大，为确保支模质量，除污泥浓缩池采用新的定型钢模板，其余均采用夹板、钢管支撑，并要求木工翻样。根据每个水池结构的特点，画出详细的模板排列图，同时为防止水池阴阳角处漏浆及保证池壁与管槽、走道板连接处的几何尺寸正确，将根据现场实际尺寸与厂家联系定制阴阳角模，将连接处的阴阳角包起来，以保证混凝土的观感质量。

① 底板支模。外侧模采用砖胎模，每隔 3m 砌一砖墩，以增加稳定性，砂浆内粉刷。

② 隔墙壁、柱等支模。均采用钢模、φ12对穿螺杆间距600mm×800mm拉结，外侧壁加止水片。

③ 套管预埋前要按设计要求做好防腐处理。

④ 隔墙壁支模。采用20～30cm宽的钢模板，每隔4块或3块镶拼一块10cm的木模，以做对穿螺杆固定，每块模板用两道圆弧形钢管固定，再用两根竖向钢管固定，间距800mm，外模板再加两道钢丝绳箍，确保不涨模。内支撑用满膛架，加斜支撑，以稳定整个水池的模板系统，保证几何尺寸的准确。

⑤ 预埋件施工。埋件的尺寸、位置、标高等要求较高，因此在施工中应仔细对照结构及水道专业施工图纸，做到核对无误，不得遗漏。预埋管在预埋前内外壁均按设计要求做好防腐，并通知安装单位、监理人员一起进行核验，对照工艺要求及图纸位置要求是否相符。

8.3.7.3　钢筋工程

① 钢筋均为现场加工，现场搬运和绑扎均采用人工。

② 进场钢筋必须按不同规格分批堆放整齐，及时抽样，做好原材料复试，严禁使用劣质材料，对污泥、油渍、锈斑等要清除后方可使用。

③ φ16以上钢筋采用对焊，竖向φ14以上粗钢筋采用电渣压力焊，其余采用绑扎搭接。对焊的焊接接头必须抽样复试，合格后方可进行绑扎。

④ 熟悉图纸，加强钢筋翻样工作，对班组认真做好技术交底。

⑤ 保护层厚度应符合设计要求，使用水泥垫块绑扎固定在主筋外，以控制保护层。

⑥ 管道穿过隔墙的套管外按照图集要求焊接钢板止水环。

8.3.7.4　混凝土工程

① 隔墙混凝土按照设计要求的强度优先使用商品混凝土。

② 混凝土拌制及运输的两种方法：

a. 商品混凝土采用混凝土运输罐车运送，混凝土泵车直接送至施工地点进行浇筑。

b. 现场搅拌站拌制混凝土，机动翻斗车运输，也可搭设运输道，采用人力小车运输。

③ 混凝土浇捣前，要充分做好机械的备用及劳动力的组织，备足水泥、沙、石等材料，做好道路通畅，并收集有关气象预测资料，配备雨具及做好防雨措施，保证施工正常顺利进行。

④ 劳动力组织。对池壁混凝土的每次浇捣，将配备两个浇捣小组。在混凝土

浇捣前列出详细名单，责任到人。

⑤ 混凝土的振捣及操作要领。振捣时要控制振动棒插入深度以及振捣时间，要快插慢拔，不允许通过振动钢筋的方法来使混凝土振实，振动棒要及时到位，防止出现冷缝。

⑥ 为保证混凝土质量特采用以下措施。

a. 保证混凝土强度措施。设计最佳配合比，采用外掺剂，控制坍落度，从而提高混凝土强度。

b. 保证混凝土密实的措施。混凝土中掺高效减水剂及粉煤灰、UEA增加混凝土密实度，选用合理的浇捣顺序和方法，从技术措施和质量两个方面加强振捣，以防漏振造成的蜂窝、孔洞等引起的漏水、渗水。对钢筋密集处，交接班时做好交底，加强监督、检查，确保质量。

c. 池壁采用对穿螺杆加焊止水片。钢筋按设计规定留足保护层，不得有负误差。留设保护层应以相同配合比的细石混凝土或水泥砂浆制成垫块，将网筋垫起。混凝土除必须满足一般混凝土强度、整体性和耐久性等要求外，还必须满足抗渗要求，以控制混凝土变形裂缝的发生和开展。为达到以上目的，建议在混凝土中掺加微膨胀剂UEA等，以达到补偿收缩，防止裂缝产生的目的。

⑦ 混凝土养护措施。底板表面混凝土浇捣结束，收水后用木蟹抹平，即铺上湿草包，上面覆盖塑料布，在最初2～5d内，混凝土处于升温阶段，要采用保温措施，减少表面热扩散，防止表面裂缝，塑料布覆盖下草包保持湿润，散浇养护，约一周后（根据混凝土温度测定情况而定），去掉塑料布浇水养护。

8.3.7.5 通水试验

按照设计文件及相关的专业施工验收规范进行。

8.3.7.6 填料施工

① 严格按照设计要求选购填料，并合理选择填料堆场及场内运输路线，道路布置见施工总平面布置。

② 施工时采用专用小型机械与设备，避免填料混合，同时避免对填料底部防渗层及管道的损害。

③ 所有可以用水清洗的填料在进场前均需使用清水冲洗多次，尽量减少填料表面碎屑及积泥，以免堵塞湿地及管道系统。

④ 填料采用自卸汽车运输，采用长臂单斗挖掘机和履带吊入仓库，采用人工摊平。

⑤ 分层填料铺设时应严格按照设计高度找平，上层填料达到设计高度后应在

设计技术人员的指导下试水浸泡填料，并用填料将湿陷部分补足。

⑥ 铺设方式。在安装好排空管和通气管后，填料自下而上逐层铺设，每层铺设厚度稍多于设计3～5cm（试水后填料有沉降）。表层填料铺设完毕后安装布水和集水管道，然后进行试水1～2d，再将填料顶端补足至设计的标高/高度（注意按设计要求将布水管、集水管盖于填料以下）。

8.3.8　管道工程

该工程使用的管材主要有钢管、低压给水PVC-U管等。

8.3.8.1　工艺流程

检查施工图 ⟶ 开挖沟槽 ⟶ 铺设管道 ⟶ 灌水试验 ⟶ 验收 ⟶ 回填。

8.3.8.2　主要施工方法及技术要求

（1）开挖沟槽

① 定位放线。先按施工图测出管道的坐标及标高后，再按图示方位打桩放线，确定沟槽位置、宽度和深度，应符合设计要求，偏差不得超过质量标准的有关规定。

② 挖槽。采用机械挖槽或人工挖槽，槽帮必须放坡，定为1∶0.33。严禁挠动槽底土，机械挖至槽底以上30cm，余土由人工清理，防止挠动槽底原土或雨水泡槽影响基础土质，以保证基础的良好性。土方堆放在沟槽的一侧，土堆底边与沟边的距离不得小于0.5m。

③ 地沟垫层处理。要求沟底是坚实的自然土层，如果是松土填成的或沟底是块石都需进行处理，松土层应夯实，块石则铲掉上部后铺上一层厚度大于150mm的回填土并整平夯实或用黄沙铺平。

④ 验收。在槽底清理完毕后根据施工图检查管沟坐标、深度、平直程度、沟底管基密实度是否符合要求，如果槽底土不符合要求或局部超挖，则应进行换填处理。

（2）井室砌筑

① 闸井砌筑，参照标准按照设计图纸执行，控制井口高程与尺寸。砌筑时层层灌浆，灰缝饱满，抹面压光无空鼓、裂缝等缺陷。爬梯在井室砌筑时一同安装。安装后，在砌筑砂浆或混凝土未达到规定强度前不得踩踏。

② 管道穿井壁时，砖墙不得直接压在管道上。砖墙井壁应在管道周围起旋，并应留有25～30mm的空隙，间隙内用沥青油麻填实，两端用沥青砂堵严。

（3）铺设管道的材料验收

① 管材与管件的颜色应一致，无色泽不均匀及分解变色线；管材和管件的内外壁应光滑、平整，无气泡、裂口、裂纹、脱皮和严重的冷斑及明显的痕纹、凹陷；管材轴向不得有异向弯曲，其直线度偏差应小于1%；管材端口必须平整，并垂直于轴线；管件应完整，无缺损、变形、合模缝，无开裂。

② 塑料管道与塑料转换接头所承受的强度试验压力不应低于管道的试验压力，其所能承受的水密性试验压力不应低于管道系统的工作压力。

（4）管道安装

① 管道中线及高程控制。利用坡度板上的中心钉和高程钉进行控制，控制管道中心线和高程必须同时进行，使二者同时符合设计要求。

② 下管和稳管。采用人工下管中的立管压绳下管法，管道应慢慢落到基础上，应立即校正找直符合设计的高程和平面位置，将管段承口朝来水方向。

③ 管道接口处理。PVC-U 排水管，承插接口用胶黏剂粘接或用法兰连接。

胶黏剂应呈自由流动状态，胶黏剂内不得有团块、不溶颗粒和其他影响胶黏剂粘接强度的杂质。胶黏剂不得含有毒和利于微生物生长的物质。

配管时，应对承插口的配合程度进行检验。将承插口进行试插，自然试插深度以承口长度的1/2 ～ 2/3为宜，并做出标记。

在涂抹胶黏剂之前，应先用干布将承口、插口处粘接表面擦净。若粘接表面有油污，可用布蘸清洁剂将其擦净。涂抹胶黏剂时，必须先涂承口，后涂插口。涂抹承口时，应由里向外将胶黏剂涂抹均匀且应适量；粘接完毕，应即刻将接头处多余的胶黏剂擦拭干净。

④ 潜流湿地管道系统的阀门应按设计规定选用，设计无规定时按相应规范选用。阀门安装前应做耐压强度试验，阀门安装与管道安装同步进行。

⑤ 管道灌水试验，确保符合质量要求。

（5）滤料回填工程

① 按照设计文件规定的滤料及级配选择沙石滤料。

② 滤料运至现场后，分别用水进行冲洗，洗去黏附在滤料上的泥土及其中的粉状碎屑。

③ 清洗后的各类滤料按粒径大小，分类堆放。

④ 按照滤料粒径分层撒铺，直至达到设计标高。

8.3.9 机电设备安装工程

该工程主要设备有一体化泵站、阀门、变压器、配电柜等。

8.3.9.1　一体化泵站、管道及阀门安装

① 一体化泵站设备一般由供货商整体供货，整体就位安装及调试。

② 管材、管件应具有质量证明书和合格证，其数据应符合国家有关标准。搬运管材和管件时，应小心轻放，避免油污，严禁剧烈撞击、与尖锐物品碰触、抛摔滚拖。管道安装过程中，应防止油漆、沥青等有机污染物与PVC管材、管件接触。

③ 阀门安装与管道安装同步进行。

④ 管道支架的安装，其位置应正确，埋设应平整牢固；与管道接触应紧密，固定应牢靠。

8.3.9.2　管道系统试验

① 管道安装完毕后，按设计要求对管道系统进行强度、严密性试验，检查管道及各连接部件的工程安装质量。

② 管道系统施工完毕后，进行水压试验和通水能力检验。试验压力为0.6MPa。试压前将管道内气体排出。加压用手动泵，升压时间不少于10min，稳压1h后，补压至规定试验压力值，15min内的压力降不超过0.5MPa为合格。

③ 试验过程中升压速度应缓慢，设专人巡视和检查试验范围的管道情况。试验用压力表必须是经校验合格的压力表，量程必须大于试验压力的1.5倍以上，管道末端必须安装压力表。

④ 试验完毕后拆除试验用盲板及临时管线。核对试压过程中的记录，并认真仔细填写管道《压力试验记录》交有关人员认可。

⑤ 管道系统强度试验合格后，分系统及材质对管线进行分段吹洗。吹洗前，将系统内的仪表予以保护，拆除管道附件（喷嘴、滤网、阀门等），吹洗后按原位置及要求复位。吹洗合格后，根据吹洗过程中的情况填写《管道吹洗记录》交有关人员签字认可，检查及恢复管道及有关设备，并不得再进行影响管内清洁的其他作业。

8.3.9.3　电气系统的安装

（1）配管配线

① 管内导线的总截面（包括外护层）不应超过管子截面积的40%。穿线时，在接线盒、配电箱等处按照施工规范预留接线长度，以便接线。

② 导线连接要求接触紧密，接触电阻小，稳定性好；与同长度同截面导线的电阻比应大于1；接头的机械强度不小于导线机械强度的80%；接头的绝缘强度应与导线绝缘强度一样。

③ 导线连接采用压线帽连接及锡焊，锡焊的方法因导线截面不同而不同。

10mm² 及以下的铜导线接头可用电烙铁进行锡焊，16mm² 及以上的铜导线接头则用烧焊法。锡焊前，接头上均须涂一层无酸焊锡膏和天然松香溶于酒精的糊状溶液。压线帽连接，操作工艺简单，不耗费有色金属，很适用于现场的方便施工。

④ 导线端子装接10mm² 及以下的单股导线，可直接装接到电气设备的接线端子上。其方法可在导线端部弯一圈，弯圆圈时，线头的弯曲方向与螺栓（或螺母）拧入方向一致。铜端子装接可采用锡焊法或压接法，具体的操作程序与导线的连接相同。

（2）配电柜（箱）安装

① 开箱检查。柜（箱）到达现场应与业主、监理共同进行开箱检查、验收。柜（箱）包装及密封应良好，制造厂的技术文件应齐全，型号、规格应符合设计要求，附件备件齐全。主体外观应无损伤及变形，油漆应完好无损，柜内元器件及附件齐全，无损伤等缺陷。

② 柜（箱）的组立。先按图纸规定的顺序将柜做好标记，然后放置到安装位置上固定。盘面每米高的垂直度应小于1.5mm，相邻两盘顶部的水平偏差应小于2mm，柜（箱）安装要求牢固、连接紧密。柜（箱）固定好后，应进行内部清扫，用抹布将各种设备擦干净，柜内不应有杂物。

③ 母线安装。柜（箱）的电源及母线的连接要按规范及国际通行相色标表示，保证进线电源的相位、相序正确。

④ 二次回路检查、送电及功能测试。检查电气回路、信号回路，接线应牢固可靠，进行送电前的绝缘电阻检查应符合有关规定。按前后调试的顺序送电分别模拟试验、连锁、操作继电保护和信号动作，应正确无误，灵活可靠。

⑤ 安装完毕，应对接地干线和各支线的外露部分，以及电气设备的接地部分进行外观检查，检查电气设备是否按接地的要求接有线接地，各接地线的螺钉连接是否接妥，螺钉连接是否使用了弹簧垫圈。接地电阻应小于4Ω。

（3）灯具安装　照明灯具的安装方式，应根据设计图纸的要求决定。如设计无规定，可按如下要求进行。

① 根据使用情况及灯罩型号不同，灯具可采用卡口或螺口。采用螺口灯时线路的相线应接入螺口灯的中心弹簧片，零线接于螺口部分。

② 灯具的引入线路需做防水弯，以免水流入灯具内，灯具内有可能积水者，需打好泄水眼。

③ 灯具接零保护，必须有灯具专用接地螺钉并加垫圈和弹簧垫圈压紧。

（4）电气调试

① 电气设备安装结束后，对电气设备、配电系统及控制保护装置进行调整试验，调试项目和标准应按国家施工验收规范电气交接试验标准执行。

② 电气设备和线路经调试合格后，动力设备才能进行单体试车，单体试车结

束后可会同建设单位进行联动试车，并做好记录。

③ 照明工程的线路，应按电路进行绝缘电阻的测试，并做好记录。

④ 接地装置要进行电阻测试并做好测试记录。

（5）施工配合

① 管道、电气安装的配合。各工种应本着"小管道让大管道，给水管道让排水管道"的原则，了解其他管道布置，及时确定和调整本工程管道、电气线路走向及支架位置，大管道应尽可能早安装，以便给其他工种创造施工条件。

② 油漆施工。施工中各种需油漆的管道、支架均先刷底漆，待交工前按统一色泽规定刷面漆，个别情况需一次性漆完的由工长确定。

（6）安装与土建之间的配合

① 预留预埋配合。预留人员按预留预埋图进行预埋，预留中不得随意操作钢筋，与土建结构有矛盾处由工长与土建协商处理。

② 安装与建设、监理单位的配合。图纸资料及设计变更，由甲方按规定数量及时提供，安装与设计的有关事宜也由甲方协调。甲方、监理在施工过程中对安装质量进行监督，设备开箱检查、隐蔽验收、试压等过程均应提前通知甲方及监理人员参加和验收。

③ 预留预埋措施。为落实预留预埋工作，保证预留预埋质量，现场组成综合预留预埋组，负责工程全部预留预埋工作。预留预埋必须弄清建筑轴线和标高。

由各专业工长绘制预留预埋图，以保证预留预埋做到不漏不错，同时做好预埋件加工准备和预留技术交底及质量进度检查。

为防止预埋管堵塞，现场确定专人巡护。

④ 成品保护措施。配电箱安装后包扎塑料薄膜保护，箱钥匙交专人保管。对安装施工中给排水管、电线管采取临时封堵措施并采取必要的防表面污染措施。现场组成保护小组，对安装成品、半成品、设备等进行巡护。

8.3.10 绿化工程

目前河道中的芦苇及水底生物具有净化水质、保护环境的作用，施工中应注意对当地动植物的保护，即施工中对芦苇等应进行移栽，水底生物应进行保护，施工完毕后将其迁回河道，重建生态环境。

8.3.10.1 概述

人工湿地植物种植范围为湿地单元内部湿地床，湿地植物主要选择：乔木类，如国槐、沙枣、杨树、垂柳等；小乔木、灌木类，如灌木柳、山桃、石竹、丁香、红柳、迎春、连翘、紫叶李、紫薇、芦竹、月季等。其中以芦苇、千屈菜、香蒲等净水能力强的水生植物为主。

植物的种植时间主要安排在2018年4月至2018年7月。

8.3.10.2　种植技术要求

所选植物品种、苗木状况、种植工艺等均须上报，经监理及设计人员鉴定认可后方可施工。

种植基本要求如下。

① 湿地单元植物种植以条状种植为宜，湿地植物种植按设计种植量以均匀分布种植为宜，种植水生植物最适水深应符合以下要求。

沉水植物（主槽50～100cm）：苦草、黑藻、眼子菜、金鱼藻、狐尾藻、茨藻、伊乐藻等。

挺水植物（浅水湾100cm）：扦插柳枝、黄菖蒲、香蒲、芦苇、千屈菜、水葱、水生鸢尾等。

② 湿地单元植物种植过程中必须确保无杂土进入湿地床内。

③ 湿地单元植物须经通水调试成功具备通水条件后再行种植，并确保已种植的植物根系浸没于水中。

④ 湿地单元植物种植前须整平床面，确保不出现局部床面外露。

⑤ 种植密度必须符合设计和规范要求，如果根据现场实际情况需要调整时必须通过业主、设计和监理的一致认可方可实施。

8.3.10.3　植物材料要求

① 根系完整，生长苗壮，无病虫害，规格及形态应符合设计要求。

② 苗木挖掘、包装应符合现行行业标准《园林绿化用植物材料　木本苗》（DB 11/T 211—2017）。

8.3.10.4　植物种植

（1）施工前期准备

① 保证苗木所需的足够深的土壤、充足的水分。

② 工地及装备的检查：

a. 确认工程面积及工地的施工搬运通道、接近位置以及作业空间的条件；

b. 检查施工用土的筹措程度；

c. 检查植物种植装备，即根据苗木的生长特性，检查施工时应必备的工具等是否准备完毕。

③ 材料及人力检查：

a. 检查植物种植材料投入数量。

b. 检查投入人工的数量，保证有足够的人力投入施工过程。

（2）植物种植

① 场地整理。

② 生长基质准备。

③ 苗运到现场后应及时栽植，起苗后种植前，应注意保鲜，花苗不得萎蔫。

④ 苗木种植前应根据需要对种植区域进行浇水，埋后覆土应踏紧，不得损伤茎叶，应保持根系完整。

⑤ 因在挖掘及运输过程中可能会伤及根部，消耗大量的水分，所以种植时要看苗的情况而进行修剪，以利于成活。

⑥ 在晴朗天气，最高气温25℃以下时可全天种植；当气温高于25℃时，应避开中午高温时间。

⑦ 种植后应及时浇水，并应保持植株清洁。

8.3.10.5 植物的病害防治

植物一般在长期的自然和人工选择下，形成了各自群体的生物学特征，对周围环境有一定的适应性，并与其他生物形成复杂的相互依存、相互制约的生态平衡关系。当环境条件剧烈变化，超出其适应限度或遭受致病生物的侵袭时，植物的正常新陈代谢遭到干扰和破坏，此现象可认为植物发生了病害。

水生植物的病害主要分为侵染性病害与非侵染性病害。形成致命性危害的一般为侵染性病害，是由病原微生物（如真菌、细菌、病毒、线虫等）引起的，具有传染性，危害极大。若防治不及时，将造成植物产量下降，品质低劣，失去经济价值。主要病害有腐败病（鸢尾科植物）、黑斑病（莎草科植物）、纹枯病等，常表现出腐烂、花叶、畸形、叶斑等症状。

现在随着气温的不断提高，水生植物各品种的病害发生概率也比前期上升了许多，加强水肥管理是一个关键的环节，尤为重要。水生植物一般给大多数人的印象是生长比较粗犷和管理相对简单。其实不然，水生植物和其他的观赏植物一样，从发芽到开花结果，完成整个生长过程，保持正常的生命活动，对于各类营养物质和微量元素的需求量非常大，其中包括常用的氮、磷、钾等营养物质，同时还包括铜、锌、锰等微量元素。所以，合理的水肥管理能够促使植物健壮生长，从而提高植物自身的抗病能力。因此，在日常管理中，需要加强对如下几项措施的实施。

① 水生植物的水肥管理。水方面，苗期水适当保持浅水层，保水回清；分蘖

期，浅水勤灌；后期，适时晒田，复水后，保持干干湿湿，做到前水不见后水。肥料方面，可采取"前促、中控、后保"法，注重早期施肥，约60%～70%的氮肥作基肥，花前、花后、结实期追施30%～40%，强调中期限氮和后期补氮，主攻结实期。施足基肥，早施追肥，合理施用氮、磷、钾，如增施磷钾肥，适量施氮肥。生长期每隔15d施用肥料一次，连续施用2～3次。若氮肥施用过多，则易导致植物疯长、抗逆性差、易倒伏、易感病等问题。一般施肥时，可以结合灌溉进行。

② 日常管理中，药剂防治也不容忽视。但是，药剂防治只能作为一种辅助手段和补救措施，应掌握"预防为主，综合防治"的方针，如在病发前期或病发初期就要用药，常用杀菌药剂一般有80%大生、75%百菌清、70%甲基托布津、5%井冈霉素等，浓度宜掌握在800～1000倍液左右，施用时以7d为一个周期，连续施用3次。

8.3.10.6 后期养护

（1）使用范围

① 工程结束后为了使水生植物迅速生长，使其达到净化水质的目的，要定期维护管理。

② 因为水生植物新栽后需要一个缓苗的过程，因此应在工程完工后留专人进行一段时间的专门管理，直到移交。

（2）水分管理

① 因水生植物本来就在水中生长，所以栽植完毕后要加大浇水的力度，以防缺水而不能长苗。

② 夏季施工，要根据天气情况适当补充水分。

③ 因刚栽植完的水草较弱，所以要特别注意病虫害的防治。

④ 在工程移交时提交一份水草栽培及养护方案，以便管理。

（3）其他管理

① 定期喷广谱药剂，及时预防各种病虫害的发生。

② 根据监理的指示，对不需要保留的杂草及时清除。

③ 检查枯死苗株的发生位置和状态，及时查明原因，采取相应的补栽措施。草种发芽后，应及时对稀疏无草区进行补播。

④ 施工结束后留专门的养护人员，对苗木进行维护、管理，提交苗木的习性、基本养护及管理措施等资料，并提供绿化工程的管理维护手册。

对水生植物的种植和养护应使用专业绿化队伍，在施工前应针对具体的植物编制适宜的施工和养护措施。

8.3.10.7　检查验收

湿地植物种植的质量检查和验收参照《园林绿化工程施工及验收规范》（DB11/T 212—2017），对未成活的植被进行及时补种。

在施工期间，对各项作业随时检查验收，发现问题，及时纠正；栽植施工结束后，进行全面检查验收；种植一年后对造林成活率要进行检查。做好病虫兽害防治工作。

（1）原材料的质量检查　所用的水生植物按监理指示和本合同施工图纸所示的规格尺寸进行检查。

（2）布置状态质量检查　应按本合同施工图纸所示布置状态进行检查，要求尽量达到自然美的效果。

（3）成活率验收　水生植物种植区内应无杂草及枯黄植株，植物应生长茂盛，成活率应达到90%。

春季种植的花苗在当年发芽出土后验收，秋季种植的在第二年春季发芽出土后验收。

8.4　项目建设质量保障

8.4.1　质量目标

按国家及行业有关施工验收规范和《建筑工程施工质量验收统一标准》（GB 50300—2013）实行创优目标管理。质量目标：合格，争创优质工程。

在上游污染负荷削减及沿河两岸排污口污染控制的基础上，通过三沟合一湿地、破四沟湿地和大河子沟湿地的建设，提高河道水质，改善入黄口水生态环境，汇同其他河道治理措施，最终实现入黄断面主要水质指标达到地表水Ⅳ类标准。

8.4.2　质量管理组织体系

8.4.2.1　质量管理组织体系成员

建立以项目经理为领导，项目技术负责人、项目副经理、专业工程师及质量负责人过程控制监督，专职质量员检查的三级质量管理体系，形成从项目经理到各施工班组的质量管理网络。制订科学的组织保证体系，明确各岗位职责。

8.4.2.2 质量管理制度

质量管理制度见表8-2。

表8-2 质量管理制度

序号	质量管理制度	质量管理具体内容
1	严格按方案施工	无论是自行承建的工程，还是总包管理的工程，对每个方案的实施都要通过拟定流程执行
2	施工前会议制度	为使工程明确目标，有周详计划进行，总承包商及有关分包商需派管理及前线人员出席由发包人代表召开的施工前会议。 1）确立工程质量要求，包括需依照的优质工序、需达到的工艺要求、验收标准。 2）确立上下道工序的交接程序、检查及验收。 3）讨论经常出现的质量通病、高危情况及其预防方法。 4）确立要落实的质控环节
3	坚持样板引路	分项工程开工前，由项目经理部的责任工程师，根据专项方案、措施交底及现行的国家规范、标准，组织分包单位进行样板分项（工序样板、分项工程样板、样板段等）施工，样板工程验收合格后才能进行专项工程的施工
4	实行"三检制"和检查验收制度	在施工过程中坚持检查上道工序、保障本道工序、服务下道工序，做好自检、互检、交接检；遵循分包自检、总包复检、监理验收的三级检查制度；严格工序管理，认真做好隐蔽工程的检测和记录
5	实行挂牌制度	1）实行技术交底、施工部位、操作管理制度、半成品、成品等挂牌，以明确责任。 2）实行质量例会制度、质量会诊制度，加强对质量通病的控制。 3）定期由质量总监主持质量会诊。总结前期项目施工的质量情况、质量体系运行情况，共同商讨解决质量问题采取的措施，特别是质量通病的解决方法和预控措施。最后由质量总监以简报的形式发至有关各方，简报中对质量好的分包方要给予表扬，需整改的部位注明限期整改日期
6	加强对成品保护的管理	1）由于各工种交叉频繁，对于成品和半成品，容易出现二次污染、损坏和丢失，影响工程进展，增加额外费用。我们将制订成品的保护措施，并设专人负责。 2）在施工过程中对易受污染、破坏的成品和半成品要进行标识和防护，由专门负责人经常巡视检查，发现现有保护措施损坏的，要及时恢复。工序交接检要采用书面形式由双方签字认可，由下道工序作业人员和成品保护责任人同时签字确认，并保存工序交接书面材料，下道工序作业人员对防止成品的污染、损坏或丢失负直接责任，成品保护专人对成品保护负监督、检查责任
7	奖罚制度	工程施工中实行奖惩公开制，制订详细、切合实际的奖罚制度，贯穿工程施工的全过程。由项目质量总监负责组织管理人员对作业面进行检查和实测实量。对严格按质量标准施工的班组进行奖励，对未达到质量要求和整改不认真的班组进行处罚

8.4.2.3 管理体系运行的保证

项目领导班子成员应充分重视施工质量管理体系运转的正常，支持有关人员开展的围绕质保体系的各项活动。强有力的质量检查管理人员是质量管理体系中的中坚力量。应提供必要的资金，添置必要的设备，以确保体系运转的物质基础。

制订强有力的措施、制度，以保证质保体系的运转。每周召开一次质量分析会，以使在质保体系运转过程中发现的问题进行处理和解决。全面开展质量管理活动，使本工程的施工质量达到一个新的高度。

施工质量管理体系主要是围绕"人、机、物、环、法"五大要素进行的，任何一个环节出了差错，则势必使施工的质量达不到相应的要求，故在质量保证计划中，对施工过程中的五大要素的质量保证措施必须予以明确地落实。

8.4.3 质量管理保证措施

8.4.3.1 制度保证

质量管理制度见表8-2。

8.4.3.2 技术保证

收到图纸后，及时进行内部图纸会审及深化设计，并把发现的问题汇总；参与由业主、监理、设计等单位参加的图纸会审，进行会审记录的会签、发放、归档。

编制具有指导性、针对性、可操作性的施工组织设计、施工方案、施工技术交底。

根据工程实际情况，积极推广"四新"技术。

组织管理人员学习创优经验，提高管理人员的质量、技术意识。

每两周组织一次由项目经理部和配属队伍管理人员参加的质量、技术意识提高会。

8.4.3.3 采购物资质量保证

物资部负责物资统一采购、供应与管理，并根据ISO9001质量标准和公司《物资采购手册》，对本工程所需采购和分供方供应的物资进行严格的质量检验和控制。

采购物资时，须在确定合格的分供方厂家或有信誉的商店中采购，所采购的材料或设备必须有出厂合格证、材质证明和使用说明书，对材料、设备有疑问的禁止进货。

物资部委托分供方供货，事前应对分供方进行认可和评价，建立合格的分供方档案，材料应在合格的分供方中选择。同时，项目经理部对分供方实行动态管理。定期对分供方的业绩进行评审、考核，并做记录，不合格的分供方从档案中予以除名。

加强计量检测，项目设专职计量员一名。采购的物资（包括分供方采购的物资）、构配件，应根据国家和地方政府主管部门的规定、标准、规范及合同按质量策划要求抽样检验和试验，并做好标记。当对其质量有怀疑时，加倍抽样或全数检验。

8.4.3.4 合同保证

全面履行工程承包合同，加大合同执行力度，严格监督配属队伍、专业公司的施工规程，严把质量关。

8.4.3.5 试验保证

① 根据工程质量要求，项目经理部设置专门的实验室和实验员负责工程各种相关试验、见证取样试验以及配比试验。各种材料、构件需按规范要求取样试验，合格后方可使用。同时，项目经理部加强计量管理。

② 根据工程需求，项目配备相应精度的检验和试验设备。

③ 对于进入工地现场的所有检验、试验设备，必须贴上标识，并注明有效期，禁止使用未检定和检定不合格的设备。

④ 检验、试验设备设专人保管和使用，定期对仪器的使用情况进行检查或抽查，并对重要的检验、试验设备建立使用台账。

⑤ 所有正在使用的检验、试验设备，必须按操作规程操作，并正确读数，防止因使用不当造成计量数据有误的现象发生，从而避免造成质量隐患。

8.4.3.6 预控保证

工程开工前，根据质量目标制订科学、可靠、先进的《质量计划》，然后以《质量计划》为主线，编制详细可行的《质量奖罚制度》《质量保证措施》《质量通病预防措施》《三检制度》《成品保护制度》《样板引路制度》《挂牌制度》《标签制度》《质量会诊制度》等质量管理制度，做到有章可依。

在每一分项施工前，质量部门都要进行详细的质量交底，指出质量控制要点及难点，说明规范要求及施工重点，在分项工程未施工前把质量隐患消除掉。

在施工前，根据图纸及施工组织设计，列出本工程质量管理的关键点，以便在施工过程中进行重点管理，加强控制，使重点部位的质量得以保证，同时把重点部位重点管理的严谨作风贯穿到整个施工过程中，以此来带动整体工程质量的提升。

8.4.3.7　过程控制保证

① 接受政府部门、业主、监理等第三方的监督检查，做到有问题必响应，有问题第一时间响应；有疑问必解释，有疑问耐心说明情况。

② 严格按照工程质量管理制度进行质量管理，尤其严格执行《三检制度》，建立一套成熟的完整的质量过程管理体系。

③ 任何质量问题无小事，过程问题过程解决，不得拖延；任何质量问题先解决，否则不得进入下步施工。

8.4.4　分部分项施工质量保证措施

8.4.4.1　埋地管质量保证措施

（1）加强原材料质量控制

（2）选择有相关资质、质量可靠、有信誉的厂商订货

（3）加强对进场管材的验收

（4）沟槽开挖

① 沟槽开挖宽度应根据管径大小和开挖深度确定，应便于管道敷设和安装，并应考虑夯实机具便于操作和地下水便于排出。

② 开挖沟槽，应严格控制基底标高，不得扰动基面；开挖中对基底设计标高以上 0.2 ～ 0.3m 的原状土，铺管前应用人工清理至设计标高；如果局部超挖或发生扰动，可换填粒径 10 ～ 15mm 天然级配的石料或 5 ～ 40mm 的碎石，整平夯实。

③ 沟槽开挖时应做好排水措施，防止受水浸泡。

（5）施工排水

① 地下水位应降至槽底最低点以下 0.3 ～ 0.5m，沟槽内不得有积水，严禁在水中施工。

② 邻近建筑物的地方，降低地下水位时应采取预防措施，防止施工对建筑物产生影响。

③ 管道敷设完成后，进行回填土作业时，不得停止降低地下水位，等管道坑稳定固结后，方可停止降低地下水位。

（6）管道基础施工　下管安装前，应对开槽后的槽宽、凹槽深度、基础表面标高、检查井等作业项目分别进行检查，沟槽内应无污泥杂物，基面无扰动，检查合格后才可进行下一步工序的施工。

（7）管道安装

① 下管前，应按产品标准对管材逐节进行质量检验，不符合标准者应做好记号，另做处理。凡规定须进行管道变形检测的断面，必须事先量出该断面管道的实际直径尺寸，并做好标记。

② 下管可用人工或起重机进行。公称直径DN ≤ 500的管材宜采用人工下管，DN > 500的管材应采用起重机下管。人工下管时，可由地面人员将管材传递给沟槽施工人员；对放坡开挖的沟槽，严禁将管材由槽顶滚入槽内；起重机下管时，应用非金属绳索扣系住，严禁串心吊装。

③ 管材长短的调整，可用电锯切割，但端面必须垂直平整，不应有损坏。

④ 为防接口合拢时已敷设管道轴线位置移动，需采取稳管措施。具体方法：可在编织袋内灌满黄沙，封口后压在已排设管道的顶部，具体数量视管径大小而异。管道接合后，应复核管道的高程和轴线使其符合需求。

⑤ 管道安装作业中，必须保证沟槽排水畅通，严禁水泡沟槽。雨季施工应采取防止管材漂浮措施。管道安装结束尚未填土时，一旦遭到水淹，应进行管中心线管管底高程复侧及外观检查，如发生位移、漂移和拔口现象，应返工处理。

（8）管道闭水试验

① 管道铺设完成并经检查合格后，应进行管道的闭水性试验。

② 管道闭水检验采用抽查方式，一般为四节检查井井段抽查一节。

③ 闭水检验时规定管道需要充水并保持上游管顶以上有2m水头的压力，外观检查不得有漏水现象，对于直径大于800mm的管材，带检查井进行闭水试验时，若管内顶部与检查井顶部高度不足2m时，则水头高度应至检查井顶部标高。

④ 闭水检验测得管道的渗透水量应小于或等于按下式计算的允许透水量：

$$Q = 0.26D_i/2$$

式中　Q ——每10m管长30分钟的容许渗水量（L/10m·30分钟）；

D_i ——管道内径，mm。

（9）回填

① 管顶以上0.5m内的回填土中不得含有石块、砖及其他较硬带有棱角的大块物体。

② 回填时沟槽内无积水。

③ 板桩拔除后，沟槽内空隙应回填密实。

8.4.4.2　顶管质量保证措施

（1）成品采购管理与施工保障

① 做好成品管的采购。选择有相关资质、质量可靠、有信誉的厂商订货。

② 加强成品管进场后的检查、验收，合理堆放。

③ 对进洞口的密封设施要仔细检查，确保少渗不漏。

④ 选好顶管设备，保证有足够的顶推力。

⑤ 测量工作，要密切配合顶进过程，做到勤测微调。

（2）顶管设备的安装

① 在安装时，应复核管道的中心位置，两根导轨必须互相平行、等高，导轨面的中心标高应按设计管底标高适当抛高（一般为0.5～1cm），导轨的安装坡度应与设计管道的坡度相互一致。

② 每台千斤顶规格应一致，同步行程应统一，且每台千斤顶使用压力不应大于额定工作压力的70%。

③ 为了减少后座倾覆、偏斜，千斤顶受力的合力位置应位于后座中间，每层千斤顶高度应与环形顶铁受力位置相适应。

④ 千斤顶油路必须并联，使每台千斤顶有相同运行的条件，每台千斤顶应有单独的进油退镐控制系统。

⑤ 千斤顶应根据不同的顶进阻力选用，千斤顶的最大顶伸长度应比柱塞行程少10cm。

⑥ 油泵必须有限压闸、滤油器、溢流阀和压力表等保护装置，安装完毕后必须进行试车，检验设备的完好情况，用两台以上油泵时，每台油泵的最大工作压力应接近，并应并联在油路上。

⑦ 千斤顶启动时，顶伸速度应慢，控制阀门逐步增大油路压力和油量，钢管顶动时方可加快顶伸速度。油泵千斤顶工作时，操作者正确起闭阀门，控制油路压力（不大于$300kgf/cm^2$，$1kgf/cm^2=98.0665kPa$），压力突然增大，应停止顶进，并检查原因，经过及时处理后方可继续顶进。

⑧ 工具管应有足够的刚度和强度，尺寸应符合要求。

⑨ 工具管后端的上下左右四个部位设置四组纠偏用的短冲程千斤顶，以控制管道在顶进过程中发生的左右或上下偏差。

（3）顶管顶进保证措施

① 管道顶进时需同时用2只千斤顶。

② 在每节管道的顶进过程中，必须测量和控制管道的管底标高和中心线，工作坑内应设置临时水准点，并及时进行校核。

③ 顶进测量一起放线时，其视准轴应与管道顶进中心线相互一致，以测定顶进管道的中心线偏差，同时整平仪器，以测定管道的管底标高误差。

④ 在顶进过程中，应贯彻勤顶勤测的原则，纠偏时应增加测量次数。

⑤ 工具管入土时，应严格控制顶进偏差，中心偏差不得大于3mm，高低偏差

宜抛高0～+3mm，若达不到上述要求，应拉出工具管，做第二次顶进，严格控制前5m管道的顶进偏差，其上下、左右偏差均不得大于1cm。

⑥ 在顶进过程中若产生偏差，应随时纠正，偏差可采用调整千斤顶的方法纠正。若管道偏左，则左侧的纠偏千斤顶伸出，而右侧缩进。在既有高低偏差又有左右偏差时，应把偏差较大的方向作为主要突破口，先予以纠正。

⑦ 每次顶进长度应根据洞内出土容量、吊车起重量和洞外运输汽车的装载量而定，应选择三者之中的最小值。

8.5 造价成本控制

8.5.1 工程成本控制目标

本项目工程成本控制贯穿于项目建设的全过程中，既涉及项目建设中的资金筹措，又影响项目建设后的还贷。项目实施的实质是项目投资的实施。

据有关资料统计，在项目建设的各阶段中，投资决策及设计阶段影响工程投资的可能性为35%～75%，而在工程实施阶段影响工程投资的可能性只有5%～25%。显然，工程的投资决策及设计阶段是工程造价控制的重要关键阶段。要有效地控制工程造价，并及时纠正工程建设中可能发生的偏差，取得投资效益的最优化，就必须对工程造价的各个阶段实施全过程控制。

8.5.2 工程设计阶段的成本控制

本工程设计文件在满足功能性、安全性、经济性、可信性、可实施性、适应性、时间性等七项质量特性的前提下，采取以下措施进行成本控制。

8.5.2.1 强化意识，增强观念，重视资料的收集工作

设计单位和设计人员必须树立经济核算的意识和观念，克服重技术轻经济、设计保守浪费的倾向，把技术与经济、设计与概算有机地结合起来。设计人员应熟识本专业预算定额及费用定额，熟识建筑材料预算价格，切实做好工程造价的控制工作。工程造价管理人员应与设计人员密切配合，主动影响设计，以保证有效地控制工程造价。设计人员在设计前，要充分了解设计任务书，了解水文、地

质情况，了解新型建筑材料及性能。要主动地走出去，掌握现场情况，如工程及周围环境、原始地形、地貌等。要注重工艺设备流程的调查、分析、研究与落实。根据建筑功能要求合理布置建筑空间和平面。

8.5.2.2　选择技术、经济最优方案控制工程成本

技术与经济相结合是控制项目投资最有效的手段。本工程由于规模较大、子项较多，因此为有效控制工程投资，在工程设计中对较影响工程投资的主要工程技术方案（如场区总平面布置、河湖清淤疏浚、雨污水分流管道、沿河截流管道、生态修复、景观工程的布置等）都进行了技术可靠性、经济合理性和实施可能性的多方案比较，在此基础上提出推荐方案，力争使所选方案工程投资省、运行费用低、技术先进可靠，同时在保证技术安全可靠的前提下把工程投资和运行费用作为技术方案比较的重点，因此在选择最优方案的同时，有效地控制了工程投资。

8.5.2.3　积极推行限额设计与标准设计

按照批准的初步设计总概算控制施工图设计，同时各专业在保证达到使用功能的前提下，按分配的投资限额控制设计，严格控制技术设计和施工图设计的不合理变更，保证总投资限额不被突破。在建设项目实施设计过程中，因外部条件的影响以及人们主观认识的局限性，往往会造成施工图设计阶段的局部修改变更，这种变化在一定范围内是不可避免的，也是允许的，但必须以批准的修改设计概算限额为准。

标准设计是指经国家或省、市、自治区批准的建筑、结构和构件等整套标准技术文件图纸。由于标准设计是按共通性条件编制的，是按规定程序批准的，可供大量重复使用，因此标准设计的推行一般都能使工程造价低于个别设计的工程造价。标准设计可使施工准备和定制预制构件等工作提前，并能使施工速度大大加快，既有利于保证工程质量，又能降低建筑安装工程费用。

8.5.2.4　编制好初步设计概算

概算编制要完整反映项目工程的设计内容，客观地反映施工条件，合理地预测设备、主要材料价格的浮动因素及影响工程造价的动态因素，合理地测算资金，起到控制和确定项目建设的总投资的作用。编制的初步设计概算文件确保可行性、真实性和完整性，便于上级主管部门能够顺利审批。

8.5.2.5　实行设计的奖惩制度

设计的奖惩制度在设计中引入风险机制，一旦突破相应的概算限额，则必须返工，返工费由设计单位自负。严重的，还应追究当事人的责任。同时，制订较

为详细的、操作性较强的奖惩方案，奖励那些设计方案优秀、工程造价节省的设计，处罚那些因设计浪费而造成经济损失的设计，促使设计方认真研究优化设计，进行技术经济比较，在保证工程安全和功能不降低的情况下采取新方案、新工艺、新设备，从承担工程静态总投资的节约额中计提一定比例的金额进行奖励，进而提高设计人员的工程造价控制意识，促使其精心设计，把技术和经济统一起来。避免工程设计的"肥梁""胖柱"、超量配筋、加大截面、任意提高钢筋混凝土标号等级等提高工程造价的现象。

8.5.2.6 运用价值工程的理论优化设计

从提高价值目标，满足建设单位的要求出发，对建设项目进行功能和成本分析，将技术分析和经济分析紧密结合，满足必要功能的成本，消除不必要功能的成本，使设计方案最优化。

8.5.3 工程实施阶段的成本控制

在工程实施阶段应做好以下工作。

① 本项目开工前向施工单位交底并进行图纸会审，明确技术要求，对施工难点、危大工程、安全施工等各项提出明确要求。对图纸会审中有关设计图纸出现的差错解决在施工之前，对施工中出现的问题及时进行处理，避免造成经济损失。

② 本项目所采用的设备在工程投资中占有较大的比例，在设备采购中应充分掌握市场行情及价格变动的趋势，配合业主把握订货的时机，节省设备购置费。

③ 做好实施阶段的项目投资控制。在工程实施阶段，相关单位通过各种手段，使工程实施造价控制在合理范围之内。在此基础上，通过及时、严密、有效的成本管理措施，取得较好的经济效益和社会效益。

8.5.3.1 成本管理核算

工程项目经理部负责对工程的工期、质量、安全、成本等进行全面管理协调。在预算成本的基础上实行全额经济承包。项目经理部负责项目的成本归集、核算，竣工决算和各项成本分析，直接对工程部负责。

8.5.3.2 预算成本

项目预算成本是按照《湖北省消耗量定额及统一基价表》并结合具体情况编制的，是考核工程成本的依据。

8.5.3.3　计划成本

计划成本是在预算成本的基础上，根据施工组织设计和历年来在单位工程上各项费用的开支水平、挖潜的可能性，及上级下达的成本降低指标，按照成本组织的内容经分解后组成的。

8.5.3.4　成本控制

成本根据判定的成本目标，执行成本管理程序，对成本形式的每项经营活动进行监督和调整，使成本始终控制在预算成本范围内。通过成本管理程序能够及时发现成本偏差，随即分析原因，采取措施予以纠正，达到预期的降低成本目的。在计划成本初步确定后，为了保证成本计划的实现，业务部门按各自职能范围具体落实。如人工费，内业部门每月按照劳动力计划及其动态曲线，向项目经理提供人员使用情况报表。在每一安装施工面积减少之前，根据施工实情相应减少人数，报与项目经理，尽量减少人员投入。采取新的施工工艺以节约人工、缩短工期。

①　对材料费的控制。材料费的控制主要从材料采购单价入手，在市场价格低落时购入或签订材料采购合同，减少因材料市场价格波动引起的费用增加。模板系统采用实用快捷的快拆系统，加速模板周转及施工进度，提高劳动效率。同时注意废旧回收，钢筋合理配料，并采用适宜的形式接长，以节约钢筋量。在材料使用过程中，严格按照工程量，采取限额领料的形式，建立起一套从计划—采购—使用的管理制度，减少材料费用在各个环节的耗损，做好成本的事前控制。

②　施工过程中的成本控制是通过经常及时的成本分析，检查各个时期各项费用的使用情况和成本计划的执行情况，分析节约和超支的原因。成本分析工作每月末进行一次，将本月预算数与实际发生的人工费、材料费、机械费、管理费分项进行对比，考核计划成本的执行情况。着重分析预算成本与实际成本的差异，找出原因，制订调整措施，再进入成本控制循环，使项目成本始终保持在有明确目标的轨道上。

③　项目成本管理按照成本管理程序先确定预算成本，再在确定预算成本的基础上预测成本降额，编制计划成本，根据计划成本控制实际成本。施工过程中进行成本分析，找出误差原因，制订解决措施，使项目成本管理水平不断完善、健全。

8.5.3.5　预控

①　材料费的预控。检查并统计各分项工作在施工部的材料耗用1/3、2/3时的情况，并与计划用量比较，从而推测出该分项完成后材料的亏赢数量，向项目经

理及时汇报并提醒工长。

② 机械费的预控。统计全项目机械设备及大型工具在本月内的使用效率。

③ 人工费的预控。检查统计并分析劳动力的耗用量与完成部位的计划工日数之间的关系，预测出人工费亏赢数量，及时向项目经理汇报并提醒工长。

8.5.3.6　财务统计

① 收集、整理、核对、把关项目各种费用，并将收集的数据分类、记录、登账，并将有关报表及时交于有关部门。

② 负责项目月结成本，协调器材、定额及统计的步骤，使月结成本真实。

③ 成本分析。根据工、料、机的计划用量、预算用量及实际使用量，对各分部分项工程的成本进行分析，并找出各种原因，且于每月20日交于项目工长（以报表和成本分析表的形式），月成本报表于每月10日前交于项目经理。

8.5.4　设计变更时成本控制及保证措施

① 对设计输出文件批准发布（即正式交付产品）后的更改，应识别设计更改原因，评价更改对已施工安装部分及相关专业的影响并确定采取的相应措施。

② 更改在实施前应得到批准。

③ 识别设计更改原因：

a. 原设计中的疏忽或错误；

b. 施工条件限制；

c. 客观情况发生变化；

d. 地质条件发生变化；

e. 顾客或其他相关方提出的意见或建议；

f. 法律法规、技术标准的改变。

④ 设计更改程序：

a. 一般性错误的修改及不增加或增加很少工程量和投资的局部更改，在院内按校审程序更改；

b. 对工程量变化的设计更改，按有关规定执行；

c. 当设计更改涉及两个及以上专业时，应在更改前由负责更改的人员与有关专业人员协商；

d. 对于第③ 条及涉及方案性或100万元以上的更改，必要时由项目部组织评审，包括对产品组成部分和已交付产品（包括已施工、安装部分）的影响。

⑤ 设计更改后用《工程设计（更改）通知书》形式及时通知有关单位。更改

经过会签的图纸，必须经原会签人员重新会签后，才能发出。

⑥ 使工程量变化的设计更改，应按以下规定权限进行审批：

a. 投资变化在 10 万元以下者，由设总审批，现场由设代处主任审批；

b. 投资变化在 10 万元（含）以上、100 万元以下者报项目经理审批；

c. 涉及方案性或投资变化在 100 万元及以上的重大设计更改，应由更改提出人填写《设计更改申请表》，由专业负责人（现场由设代处主任）拟稿，经项目经理阅处，总工程师核定、院长批准后才能正式进行更改。

⑦ 更改方式：

a. 设计更改采用《工程设计（更改）通知书》或原图作废、重新制图两种方式；

b.《工程设计（更改）通知书》，应按《设代管理程序》中的要求填写；

c. 重新绘制的图纸，必须按院《科技档案分类实施办法》的图纸编号规定重新编号，不得再沿用原图号。

⑧ 更改发放及标识：

a. 项目经理/设代处主任按原发放范围发放《工程设计（更改）通知书》和更改后的图纸文件；

b. 科技信息部/总工办负责对已归档的产品做出更改标识，已作废的产品盖作废章，局部更改的盖局部更改记载章。

8.6 安全生产、环境保护

8.6.1 安全施工策划

8.6.1.1 安全施工管理目标

杜绝一般性事故，杜绝重特大安全生产事故，杜绝人身重伤死亡事故。确保市级安全文明工地，争创省级安全文明工地。

8.6.1.2 施工安全保证体系及安全管理人员配备

（1）安全管理人员配备　项目经理是项目部安全生产的第一责任人，必须贯彻"安全第一，预防为主"的方针，对企业劳动保护和安全生产负总的责任；在安排生产任务时，必须落实安全责任制。

本工程的安全生产措施的制订和实施是建立在目前现行国家相关的与安全生产相关的标准规范、当地政府主管部门的有关施工现场安全生产管理的条例、我公司安全生产监督管理相关文件的基础上的。工程实施全过程主动接受政府主管部门、业主、监理以及公司安全生产相关职能部门的监督管理。

同时配备足够的警卫人员，以确保工地安全和已完成工程的完好（表8-3）。

表8-3　安全管理人员配备

职务	职责
项目经理	全面负责施工现场的安全措施、安全生产等，保证施工现场的安全
项目副经理	协助项目经理负责施工现场的安全措施、安全生产等，保证施工现场的安全
技术负责人	制订项目安全技术措施和分部工程安全方案，督促安全措施落实，解决施工过程中不安全的技术问题
安全部长	直接对安全生产负责，督促、安排各项安全工作，并按规定组织检查、做好记录
施工人员	负责上级安排的安全工作的实施，制订分项工程的安全方案，进行施工前的安全交底工作，监督并参与班组的安全学习
专职安全员	安全员负责工地日常安全督促检查、纠正工作
其他部门	施工、技术管理部保证进场施工人员的安全技术素质，控制加班加点，保证劳逸结合；计划财务部保证用于安全生产上的经费；后勤保障组、清洁保安组保证工人的基本生活条件，保证工人健康；材料管理部应采购合格的用于安全生产及劳防的产品和材料

（2）专职安全管理人员及职责　项目部设专职安全员负责贯彻安全生产制度，指导和检查作业班组的日常安全生产工作，提出改进措施，参与对安全事故的调查、分析和处理工作；应按职工劳动保护用品发放标准负责采购合格的劳动保护用品，并负责发放和保管；发现安全隐患应及时处理，并有权先停止生产再上报有关部门，积极向上级提出消除事故隐患的建议，检举揭发有违章行为的人和事。

项目经理为企业法人委托人，是项目部安全生产的第一责任人，必须贯彻"安全第一，预防为主"的方针，对企业劳动保护和安全生产负总的责任；在安排生产任务时，必须落实安全责任制。

项目部安全员是安全生产的直接负责人，确保文明施工。确保工完场清、道路和排水通畅，保证良好的安全操作环境；负责分部分项工程的书面安全技术交底，负责客货梯、脚手架等机具安装后的验收签证工作，负责现场安全技术措施和安全技术交底的落实工作，制止违章作业。

安全部长的职责和工作内容如表8-4所列。

表8-4　安全部长的职责及工作内容

职责	工作内容 / 时限
工程项目安全管理工作	1）建立完善工程项目安全管理体系。 2）制订项目安全责任及工作制度。 3）定期组织召开安全会议，协调解决现场安全问题。 4）与相关方沟通，寻求各方工作支持。 5）上报、调查、处理各类事故。 6）工程竣工后做好项目安全评估工作
负责编制工程项目安全保证计划	1）组织相关人员识别、评价危险源。 2）确定项目安全管理目标。 3）编制项目安全管理方案。 4）编制项目安全管理实施细则。 5）策划项目安全管理措施
参与编制方案	参与编制施工组织设计、专项方案、作业指导书等
组织安全教育	人员进场必须做好三级安全教育。施工作业过程中做好日常安全教育；节前节后做好复工教育；发生事故后做好事故警示教育
组织现场安全检查	1）组织现场安全检查，主要检查设施是否符合要求、作业人员是否有安全的作业环境、现场措施是否与方案和标准规范相符、管理者是否有违章现象。 2）施工过程中监督重大危险源的控制措施是否合理有效
负责应急事故的管理	1）负责编制项目应急救援预案。 2）负责组织对应急救援预案进行培训。 3）负责组织对应急救援预案进行演练。 4）负责组织对应急救援预案进行评审

项目部安全员的职责和工作内容如表8-5所列。

表8-5　项目部安全员的职责和工作内容

职责	工作内容 / 时限
协助施工经理做好工程项目安全管理工作	1）配合施工经理建立项目安全管理体系。 2）协助制订项目安全责任制度。 3）协助施工经理定期组织召开安全会议，协调解决现场安全问题。 4）与相关方沟通，寻求各方工作支持。 5）及时上报、参与、调查、处理各类事故。 6）工程项目竣工后做好项目安全评估工作
协助技术人员编制工程项目安全保证计划	1）参与识别、评价危险源。 2）参与项目部确定工程项目安全管理目标。 3）协助编制项目管理方案。 4）协助编制项目安全管理实施细则。 5）协助策划项目安全管理措施

　人工湿地技术及应用——以黄河流域为例

职责	工作内容/时限
审核安全专项方案	对技术部门编制的施工组织设计、专项方案、作业指导书等进行审核，审核是否有有效的安全措施，措施是否符合相关法规要求等
组织安全教育	人员进场必须做好三级安全教育。施工作业过程中做好日常安全教育；节前节后做好复工教育；发生事故后做好事故警示教育
组织现场安全检查	1）组织现场安全检查，主要检查设施是否符合要求、作业人员是否有安全的作业环境、现场措施是否与方案和标准规范相符、管理者是否有违章现象。 2）施工过程中监督重大危险源的控制措施是否合理有效
参与工程项目应急事故的管理	1）协助编制项目应急救援预案。 2）负责组织对应急救援预案进行培训。 3）负责组织对应急救援预案进行演练。 4）参与对应急救援预案进行评审。

8.6.1.3 安全生产管理制度

见表8-6。

表8-6 安全生产管理制度

序号	制度名称
1	安全责任制度
2	安全技术交底制度
3	定向和培训制度
4	个人防护用品制度
5	施工用电制度
6	交通运输制度
7	起重吊装制度
8	工具和手提式电动工具使用制度
9	工作许可证办理制度
10	高空作业制度
11	雨季施工制度
12	应急反应制度

8.6.1.4　安全管理流程

见图8-2。

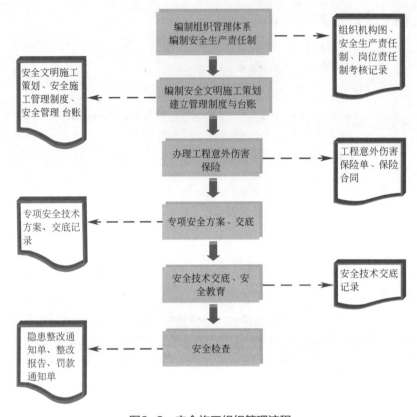

图8-2　安全施工组织管理流程

8.6.1.5　安全保障措施

安全就是效益，安全责任重于泰山。要以人为本，牢固树立"安全发展观"。认真贯彻"安全第一、预防为主、综合治理"的方针，建设本质安全性工地，采取一切安全技术措施，确保安全目标的实现。

（1）成立安全管理委员会　成立以工程项目经理为主任、各参建分包单位经理和工程安全部门负责人为委员的工程安全管理委员会，负责党和国家安全方针的贯彻落实和本工程的安全管理领导工作。安全委员会设办公室，安质部负责委员会的日常工作，以保证安全方针的贯彻落实和安全目标的实现。

各参建施工单位要成立以项目经理为首的安全施工领导小组，健全安全管理组织机构，制订各项安全管理制度，正常开展安全活动。

（2）落实职能、强化管理　各施工单位的第一安全责任人（行政一把手），要身体力行，认真负责，做到五个到位——深入安监现场、批阅安全文件、审批安全措施、组织安全检查、组织和指导各基层单位的安全活动，切实负起"第一安全责任人"的责任。

（3）推行标准化、规范化施工　凡事讲规范，办事讲效率，工作讲实效，用规范化来建立良好的施工秩序和安全作业环境，完善标准化、规范化的施工作业指导书和施工作业的每一个环节，使施工的各个环节都处于完全受控状态，约束作业人员的操作行为，创造安全作业环境，落实施工过程中的安全技术措施。

（4）加强对职工的培训　安全工作坚持"以人为本"，采用各种形式对职工进行安全技术培训，加强对岗位职责、安全知识的安全教育，提高全体员工的安全施工意识，努力提高每位职工的"三不伤害"（不伤害别人、不伤害自己、不被别人伤害）能力，在安全监察中真正做到"纵向到底，横向到边"。

（5）增加安全设施的投入　加强施工现场硬、软环境的建设，增加安全设施的投入，确保安全费用的落实和使用，纠正装置性违章，杜绝违章指挥和违章操作，营造安全文明施工的良好氛围，形成人人自觉遵守安全规程、人人监督安全的良好习惯。

（6）实行全员安全管理　要做到全员、全过程、全方位、全天候的管理与监督。对各工程项目的工序施工环节都要做到监督到位、控制到位、管理到位，做到一天一清、一天一净，创造一个良好的文明施工环境。各施工单位在安全管理领导小组的带领下，全员参与，实行党、政、工、团组织的齐抓共管，紧密配合，抓好本单位的安全文明施工工作。

（7）安全施工，"以责论处，重奖重罚"　施工现场采取"三集中一定点"的管理方式，即：集中领料、集中下料、集中送料、材料定点放置。用料堆放有序，有标识，施工现场实现"工完、料净，场地清"，施工通道无障碍。

要发扬团队精神，落实岗位责任，搞好健康环境。根据建设单位划分的责任区域和制订的奖惩条例，安全文明施工实行"以责任处，重奖重罚"的原则。对安全管理好的单位进行奖励，对安全管理差的单位和习惯性违章进行处罚。

（8）开展日常安全活动，完善安全管理机制　搞好日常性和阶段性的安全大检查，根据季节特点和节假日组织安全检查，搞好反事故应急预案，查处事故隐患，杜绝事故苗头，不断巩固和发展安全文明施工的大好形势；开好安全例会，总结安全文明施工的经验教训，提升安全文明施工管理水平。

制订安全文明施工的管理办法。在施工现场划分安全文明施工责任区，定期检查，实行流动红旗制度。

（9）强化安全交底制度　施工单位（含调试单位）编制施工（调试）方案或作业指导书时应强调安全注意事项并有防止事故发生的预案。业主和监理安监人员应对其进行审查并签署意见。

（10）施工消防安全保证措施　施工消防安全保证措施见表8-7。

表8-7　施工消防安全保证措施

编号	消防管理制度
1	编制消防管理方案和消防预案，坚持消防安全交底制度
2	建立消防保卫机构，组建义务消防队，开展消防演习，确保项目处理火灾的应急能力
3	现场消防道路畅通，禁止在临时消防车道上堆物、堆料或挤占消防车道
4	工程内不准存放易爆、可燃材料，此类材料要按计划限量进入并采取可靠的防火措施；工程内不准住人，特殊情况要经项目部批准
5	油漆作业时，要注意通风，严禁明火
6	严格遵守有关消防安全方面的法令、法规，配备专职消防保卫人员，制订有关消防保卫的管理制度，完善消防设施，消除事故隐患
7	现场设有消防管道、消防栓，楼层内设有消防栓、灭火器，并有专人负责，定期检查，保证随时可用，并做明显标识
8	消防泵房应用非燃材料建造，施工现场的消防器材和设施不得埋压、圈占或挪作他用
9	坚持现场用火审批制度，电气焊工作要配备灭火器材，操作岗位上禁止吸烟，对易燃、易爆物品使用要按规定执行，指定专人设库房分类管理。建设工程内不准积存易燃、可燃材料
10	使用电气设备和化学危险品，必须符合技术规范和操作规程，严格采取防火措施，确保施工安全，禁止违章作业
11	新工人进场要和安全教育一起进行防火教育，重点工作设消防保卫人员，施工现场值勤人员昼夜值班，搞好"四防"工作
12	建立各种安全生产规章制度，施工现场设置明显的安全标志及标语牌
13	建立严格的安全教育制度，工人入厂前进行安全教育，坚持特殊工种持证上岗
14	建立安全工作资料管理，使安全工作有章可循，有准确的文字和数字档案可查
15	设专职安全员负责全面的安全生产监督检查和指导工作，并坚持安全生产谁主管谁负责的原则，贯彻落实每项安全生产制度，确保指标的实现
16	坚持安全技术交底制度，层层进行安全技术交底，对分部、分项工程进行安全交底并做好记录。班长每班前进行安全交底，坚持每周的安全活动，让施工人员掌握基本的安全技术和安全常识
17	现场要有明显的防火宣传标志，每月对职工进行一次防火教育，每季度培训一次义务消防队。定期组织防火工作检查，建立防火工作档案
18	施工现场配备足够的消防器材，并做到布局合理，经常维护、保养，采取防冻保温措施，保证消防器材灵敏有效
19	电工、焊工从事电气设备安装和电气焊切割作业要有操作证和用火证。动火前，要清除附近易燃物，配备看火人员和灭火用具。用火证当日有效。动火地点变换，要重新办理用火证手续

编号	消防管理制度
20	使用电气设备和易燃易爆物品,必须严格采取防火措施,指定防火负责人,配备灭火器材,确保施工安全
21	施工现场设置消防车道,其宽度不得小于3.5m
22	因施工需要搭设临时建筑,应符合防火要求,不得使用易燃材料。城区内的工地一般不准支搭木板房,必须支搭时需经消防监督机关批准
23	施工材料的存放、保管应符合防火安全要求,库房应用非燃材料支搭。易燃易爆物品应专库储存,分类单独存放,保持通风,用电符合防火规定。不准在工程内、库房内调配油漆、稀料
24	结构内不准作为仓库使用,不准存放易燃、可燃材料,因施工需要进入结构内的可燃材料要根据工程计划限量进入并应采取可靠的防火措施
25	施工现场严禁吸烟,必要时应设有防火措施的吸烟室
26	施工现场和生活区未经保卫部门批准不得使用电热器具
27	氧气瓶、乙炔瓶(罐)工作间距不小于5m,两瓶同明火作业距离不小于10m。禁止在工程内使用液化石油气"钢瓶"、乙炔发生器作业
28	在施工程要坚持防火安全交底制度。特别在进行电气焊、油漆粉刷或从事防水等危险作业时,要有具体防火要求
29	施工现场的有害材料不准在现场随意焚烧,要集中起来及时处理
30	非经施工现场消防负责人批准,任何人不得在施工现场内住宿

（11）工程开工前准备

① 单位工程在开工前十五天,应到公安消防机关办理《建筑工程施工现场消防安全许可证》。

② 应上报工程的施工组织设计、消防保卫方案和预案,以及相关的图纸、组织机构情况。

（12）现场的临时建筑

① 因工地需要,搭设的临时建筑应符合防火要求,不得使用易燃材料。要按现场平面图规划建设。

② 临时的机械棚,如卷扬机棚、钢筋加工棚、木工棚、变压器棚、电闸箱棚等,一律不准使用可燃材料搭建。

（13）用火用电措施

① 施工现场、生活区,若用明火必须上报保卫部。生火时不准用汽油、煤油等液体引火。在火炉附近不准堆放可燃物品,取暖火炉必须上报保卫部审批。

② 照明线必须按规定正式架设,不准乱拉、乱接,由正式电工安装,库房照

明灯不准超过100W，住人照明应用低压36V。

③ 电气焊作业，必须"三证"（操作证、上岗证、动火证）齐全，方可作业。用火证只在指定地点和有效时间内使用。

（14）消防设施、器材管理

① 现场消防器材应根据工程情况配备。结构施工阶段每50m^{2}不少于1瓶，装修阶段每30m^{2}不少于1瓶。现场每60m设一座消防栓，配水带、水枪，设立标志牌，主管径不小于Φ100mm，出水口不小于Φ65mm。

② 消防设施、器材必须每年维修保养一次，不能使用过期的灭火器材，确保消防设施、器材灵敏、有效、好用。

③ 现场消防栓、灭火器材四周3m之内不准堆放物品，不得埋压圈占或挪作他用。

8.6.1.6　各分部分项工程安全技术措施

（1）钢筋工程安全技术措施

① 作业前必须检查机械设备、作业环境、照明设施等，并试运行符合安全要求。作业人员必须经安全培训考试合格，才能上岗就业。

② 脚手架上不得集中码放钢筋，应随使用随运送。

③ 操作人员必须熟悉钢筋机械的构造、性能和用途。应按照清、调整、紧固、防腐、润滑的要求，维修保养机械。

④ 机械运行中停电时，应立即切断电源。收工时应按顺序停机，拉闸，锁好闸箱门，清理作业场所。电路故障必须由专业电工排除，严禁非电工接、拆、修电气设备。

⑤ 操作人员作业时必须扎紧袖口，理好衣角，扣好衣扣，严禁戴手套。女工应戴工作帽，将头发挽入帽内不得外漏。

⑥ 机械明齿轮、皮带轮等高速运转部分，必须安装防护罩或防护板。

⑦ 电动机械的电闸箱必须按规定安装漏电保护器，并应灵敏有效。

⑧ 工作完毕后，应用工具将铁屑、钢筋头清除，严禁用手擦抹或嘴吹。切好的钢材、半成品必须按规格码放整齐。

⑨ 在高处、深基坑绑扎钢筋和安装钢筋骨架，必须搭设脚手架或操作平台，临边应搭设防护栏杆。

⑩ 绑扎钢筋和安装钢筋骨架时，必须搭设脚手架和马道。

⑪ 绑扎圈梁、挑梁、挑檐、外墙和边柱等钢筋时，应搭设操作平台架和张挂安全网。

⑫ 层高较高处梁钢筋的绑扎，必须在满铺脚手板的支架或操作平台上进行。

⑬ 绑扎立柱和墙体钢筋时，不得站在钢筋骨架上或攀登骨架上下。3m以内的柱钢筋，可在地面或楼面上绑扎。整体竖向绑扎3m以上的柱钢筋时，必须搭设操作平台。

（2）普通模板施工安全技术措施

① 模板安装。

a. 作业前应认真检查模板、支撑等构件是否符合要求，以及模板及支撑材质是否合格。

b. 地面上的支模场地必须平整夯实，并同时排除现场的不安全因素。

c. 模板工程作业高度在2m和2m以上时，必须设置安全防护措施。

d. 操作人员登高必须走人行梯道，严禁利用模板支撑攀登上下，不得在墙顶、独立梁及其他高处狭窄而无防护的模板面上行走。

e. 模板的立柱顶撑必须设牢固的拉杆，不得与门窗等不牢靠和临时物件相连接。模板安装过程中，不得间歇，柱头、搭头、立柱顶撑、拉杆等必须安装牢固成整体后，作业人员才允许离开。

f. 基础及地下工程模板安装，必须检查基坑支护结构体系的稳定状况，基坑上口边沿1m以内不得堆放模板及材料。向槽内运送模板构件时，严禁抛掷。使用起重机械运送，下方操作人员必须离开危险区域。

g. 组装立柱模板时，四周必须设牢固支撑，如柱模在6m以上，应将几个柱模连成整体。支设独立梁模应搭设临时操作平台，不得站在柱模上操作和在梁底模上行走立侧模。

② 模板拆除。

a. 模板拆除必须满足拆模时所需混凝土强度，并须经项目技术负责人同意，不得因拆模而影响工程质量。

b. 拆除模板的顺序和方法。拆模顺序与支模顺序相反（应自上而下拆除），后支的先拆，先支的后拆；先拆非承重部分，后拆承重部分。

c. 拆模时不得使用大锤或硬撬乱捣，如拆除困难，可用撬杠从底部轻微撬动；保持起吊时模板与墙体的距离；保证混凝土表面及棱角不因拆除受损坏。

d. 在拆柱、墙模前不准将脚手架拆除；拆除顶板模板前必须划定安全区域和安全通道，将非安全通道应用钢管、安全网封闭，并挂"禁止通行"安全标志，操作人员必须在铺好脚手板的操作架上操作。已拆模板起吊前认真检查对拉螺栓是否拆完、是否有勾挂地方，并清理模板上杂物，仔细检查吊钩是否有脱扣现象。

e. 拆除大型孔洞模板时，下层必须支搭安全网等可靠防坠落措施。

f. 拆除的模板支撑等材料，必须边拆、边清、边运、边码，楼层高处拆下的材料，严禁向下抛掷。

（3）混凝土施工安全技术措施

① 施工前，工长必须对工人进行安全交底。

② 夜间施工，施工现场及道路上必须有足够的照明设备，现场必须配置专职电工24h值班。

③ 混凝土泵管出口前方严禁站人，以防混凝土喷出伤人。

④ 现场照明电线路必须架空，严禁在钢筋上拖拉电线。

⑤ 大风、大雨天气停止施工。

⑥ 混凝土振捣工必须穿雨鞋，戴绝缘手套。

⑦ 输送泵运行时，机手不得离岗，并经常观察压力表、油温等是否正常。

⑧ 泵管连接由专人操作，其他人不得随意搭接。混凝土泵送过程中定时、定人检查连接件及卡具有无松动现象。

⑨ 泵送过程中应经常注意液压、油温，当油温升到85℃时，应立即停止泵送，进行冷却，使油温降低后方可继续泵送。

⑩ 泵送过程中，还应经常注意水箱中的水温，当温度过高（水温≥35℃）时，应及时换水。

⑪ 布料机操作者应经过培训，熟悉操作方法。混凝土作业时布料机下严禁有人通行或停留。

（4）给排水工程施工安全技术措施

① 规定2m以上的作业即为高处作业，在高处作业时必须佩戴安全带；使用的人字梯必须使用可靠的张拉绳，在顺手的位置设置工具袋和零件袋，在高处作业时两个人一组，一人高处作业，一人看护，严禁抛掷零件和工具。

② 在"五临边"处作业时，作业前检查防护栏杆和防护网是否牢固，临时制作的安装平台必须设置1.2m高的护身栏，操作宽度必须大于0.6m，上下的梯子横担间距不大于0.4m。

③ 在管道井内施工的时候，将上下两层的洞口用木板封闭，在下层显眼位置设置"施工危险区域，请绕行"的标志，防止上层掉落物体及本层掉落物体伤害下层施工或经过的人员。

④ 在屋架下、天棚内、墙边安装管道时，要有足够的照明设备，能搭设脚手架的地方必须搭设，不能搭设的除佩戴安全带外，在管道下方设置双层水平安全网，其宽度超出最外边的管道至少1m。

⑤ 电焊作业时，随班组配备手提式灭火器。

⑥ 在地下管道进行调试、修理、焊接时，对施工环境内的空气样品进行分析，如超出安全标准，采取强制排风措施，同时操作人员佩戴好个人防护用品。

⑦ 大型设备安装之前，必须编制安全措施方案。

（5）电力工程施工安全技术措施

① 在井道内施工时，必须有足够的照明设备，在施工前检查井道上下两层的洞口封闭情况，防止本层的物体掉落伤害下层的作业人员和被上层掉落的物体伤害。

② 在高处安装桥架、线槽、母线，敷设电缆，安装灯具时，佩戴安全带，人字梯采取防滑和防劈叉措施。

③ 在调试工作进行之前，和相关专业进行交底，并编制调试安全技术方案，在安全通道等显眼位置张贴宣传标语和标志，特别是在开关处，悬挂"有人作业，合闸有触电危险"的警示标志。

④ 调试工作完成后，及时将井道、设备间的门窗上锁，防止非专业人员误操作造成设备损坏和触电事故。

（6）基坑工程施工安全技术措施

① 安全技术交底。在基坑开挖前由项目负责人对各施工人员进行安全交底，把"安全生产，预防为主"的指导思想灌输到每个职工心中。

② 坡顶或坑边不准堆土或堆载。在降水达到要求后，采用分层开挖的方法进行土方开挖施工，分层厚度不宜超过2.5m。基坑边0.8m范围内不得堆土。

③ 加强对安全技术措施实施情况的监督检查，由专职安全员检查各项安全技术措施的实施情况，及时纠正违反安全技术措施的行为。

④ 基坑支护上部应设安全护栏和危险标志，夜间应设红灯标志，并且基坑四周及时设置1.2m高的红白油漆相间的钢管防护栏，上下基坑设有专用通道及登高措施。

⑤ 在设置支撑的基坑（槽）挖土不得碰动支撑，支撑上不得放置物件；严禁将支撑当作脚手架使用。

⑥ 在设置支护的基坑中使用机械挖土时，应防止碰坏支护，或直接压过支护结构的支撑杆件；在基坑（槽）上边行驶，应复核支护强度，必要时应进行加固。

⑦ 钢板桩、挡土灌注桩、地下连续墙与土层锚杆结合的支护，必须逐层及时设置土层锚杆，以保证支护的稳定，不得在基坑全部挖完后再设置。

⑧ 支护（撑）的设置应遵循由上到下的程序，支护（撑）拆除应遵循由下而上的程序，以防止基坑（槽）失稳塌方。更换支撑应先装后拆，拆除固壁支撑时应考虑对附近建筑物安全的影响。

⑨ 操作人员上下基坑（槽），严禁攀登支护或支撑上下。

⑩ 支护（撑）安装和使用期间要加强检查、观察和监测，发现支撑折断、支护变形、坑壁裂缝及掉渣、上部地面裂缝、邻近建筑物下沉裂缝及变形倾斜，应及时进行分析和处理，或进行加固。

8.6.2　文明施工策划

8.6.2.1　现场文明施工计划

① 达到灵武市建设工程文明施工标准化工地的要求。

② 按相关要求对建设工地设置在线视频监控设备，覆盖率达100%，实施连续在线视频监控。

③ 加强现场管理，做到整洁美观，出口道路硬化处理，外出车辆随时冲洗，做到持证运营，不偷倒、乱倒。做好"二通、三无、五必须"。竣工验收确保"场地清洁，无渣土垃圾"。

8.6.2.2　环境保护管理体系

建设单位在实施本工程过程中，严格执行环境保护制度，加强环境保护管理，在现场施工中遵循"保护环境、爱护环境、美化环境"的原则，科学地安排施工生产，做好施工区、生活区的环境保护工作，防止工程施工造成施工区附近的环境污染和破坏。

① 项目经理部成立环保领导小组，项目经理担任组长，项目副经理主抓环保工作，环境保护工程师结合工程实际，制订环保规章、实施细则，检查、指导项目队环保工作。项目队建立相应的组织，配备有环保专业知识的人员负责具体环保业务，做到环保大事有人抓，保护环境众人爱。

② 根据本工程施工区域的生态环境特点，依据有关法律、法规的规定，实行生态保障领导负责制。制订详细的环境保护措施，从思想、组织、过程、检查、效果、目标、经济七个方面控制环保工作，实现总体环保目标。

③ 实行环保工作责任制。项目经理对施工环保、水土保持工作负全面责任，监督、检查各部门环保工作、环保措施执行情况，定期进行评比，推动环保工作。专职环保工程师负责具体的施工环保措施的制订、监督落实，及时上报环保工作动态，根据环保相关法规大力抓好工地宣传教育，发动全体职工从我做起，消灭污染源头。各项目队负责执行各项环保措施，检查工班环保工作是否到位，是否满足环保措施要求，确保环保工作不流于形式。

④ 环保工作与奖金挂钩，奖优罚劣。工程开工前，各作业队同项目经理部签订环保合同，并缴纳环境保护保证金，工程结束后达到要求的予以返还，达不到时扣减，定期进行检查评比，奖优罚劣。

⑤ 加强环保、水土保持工作宣传，提高环保意识。深入开展广泛宣传教育工作，编写环保宣传教育资料，充分利用工地宣传形式，聘请环保专家讲授环保知

识及环保要求，宣传国家和各级政府关于环保工作的方针政策、法律法规，以及环保工作的重大意义，切实做好施工过程中环保、生态保护和水土保持工作。

⑥ 严格执行环保规定及管理办法，深入贯彻执行《中华人民共和国水法》《中华人民共和国环境噪声污染防治法》《中华人民共和国固体废物污染防治法》《中华人民共和国水土保持法》《中华人民共和国环境保护法》《中华人民共和国水污染防治法》。施工过程中严格执行上述法规，结合当地的相关规定，因地制宜地抓好各项水土保持和环境保护措施落实。

⑦ 建立完善的环境监测体系，制订环境监测计划。为确保工程建设过程中按设计环保措施实施，建立环境监测体系，制订环境监测计划，全过程进行施工期间的环境监测，随时掌握环境资源变化，提供可靠的环境变化信息，适时采取相应对策，减少对环境的影响。

8.6.2.3　环境保护管理措施

施工期间，相应单位将保证遵守国家和地方所有关于控制环境污染的法律和法规，采取一切措施防止施工中的燃料、油、化学物质、污水、废料和垃圾以及土方等有害物质对河流、池塘的污染，防止扬尘、噪声和汽油等物质对大气的污染，并且采取科学和规范化的施工方法，把施工对环境、邻近单位和居民生活的影响减少到最低程度。

（1）临时驻地的环境管理　施工人员临时驻地、办公室和其他施工生活场地的环境管理是搞好文明施工和环境保护的重要环节。施工中相关单位将着重做好以下工作。

① 项目经理部、项目部办公室、各种临时生活与施工设施均统一设计，合理布置，做到整洁、美观、实用、安全，并与当地居民生活区分开，做到"施工不扰民"。

② 宿舍、办公室等施工临设全部采用砖砌，内外墙批荡。冲凉房、厨房内墙贴瓷片，严格按照有关文明施工规定实施。

③ 临设区域内设置化粪池和水处理系统，并经合理规划和设计。污水净化池中的污泥应定期清除。

④ 生活用水应保证符合健康对饮用水的要求。

⑤ 生活和固体垃圾有固定的弃置场并设置定期处理的垃圾箱。

⑥ 驻地临设配备足够的防火和消防设施，并制订相应的防火措施，成立义务消防队，确定各区域防火负责人。

⑦ 工程期间，现场配备必要的急救和医药服务设施。

⑧ 工场、料场、配电房、易燃易爆物品合理布置，做到工完场清，保持场区

整洁。

（2）噪声控制措施

① 采用数字化噪声扬尘动态监测设备，配合可移动扬尘监测点，现场设置封闭、可移动式降噪棚，张挂限速及禁鸣指示牌。

② 本工程所有施工设备应符合灵武市有关部门颁发的"施工噪声许可证"的要求。

③ 施工现场合理布局，闹静分开，噪声产生的机械安排在远离对噪声敏感的区域，从空间布局上减少噪声的影响。

④ 所有车辆进入现场后禁止鸣笛，以减少噪声。

⑤ 对于某些不可避免的噪声可设隔声棚，并定期和不定期检测噪声强度，以达到国家标准限值的要求。

⑥ 混凝土浇筑尽力赶在白天进行，振捣设备选择低噪声产品。采用低噪声混凝土振捣棒，振捣混凝土时，不得振钢筋和钢模板，并做到快插慢拔。

⑦ 模板、脚手架在支设、拆除和搬运时，必须轻拿轻放，上下、左右有人传递。

⑧ 合理安排施工进度，当日23时至次日7时停止超噪声施工。

⑨ 现场设多个噪声监测点，定期监测噪声是否超标并及时整改。

8.6.2.4　减少扰民措施

（1）防止扰民措施

① 合理进行现场的布置，并增加必要的环保措施及环境防护，以减少对周边环境产生危害。

② 成立公关协调部门，加强与社区居委及警署的合作。

③ 对工程可能发生的扰民及纠纷问题承担总包管理职责，全面负责协调各方面工作，不给业主增添麻烦。

④ 开工前到环保监察站进行受监登记，随时接受环保监督。

⑤ 在进场施工前，应与当地政府、社区居委取得联系，邀请周边单位及居民代表参加座谈会、新闻发布会等，通报工程的概况、性质及建设意义，并积极听取周边单位意见和建议，尽量采用合理的施工方案以减少对周边环境的影响，取得周边单位的支持与谅解。

⑥ 对受施工的噪声、强光、灰尘影响的单位采取相应的必要的弥补措施，同时采取行之有效的预防措施减少这些危害，以尽可能地保护周边单位及居民的利益。

⑦ 如因特殊工艺超过环保规定须连续施工和夜间施工，应提前请有关主管部门进行审核批准，并配合当地政府做好当地居民协调工作。

⑧ 对场地及机械设备进行合理布置，采用低噪声的新型机械设备。

⑨ 不断与周边的单位、街道等进行联系沟通，做好精神文明共建工作，支持并积极参加当地社区公共事业活动。

（2）防止扰民维稳措施

① 对工地实行封闭化管理，除了内部施工人员、业主、相关检查参观人员等，其他无关人员不得进入工地现场。

② 做好防止施工扰民问题的细致工作，积极热情地与周边联系沟通，协助业主做好周围群众的安抚工作，施工前张贴安民告示，与周围群众积极沟通，详述本工程的建设意义，争取周边群众的理解与支持。

③ 教育施工人员严格遵守各项规章制度，严格安全文明环境保护措施，减少噪声扰民，减少扬尘污染。

④ 环保部门按国家规定的噪声值进行测定，并确定噪声扰民的范围。

⑤ 派专人负责接待周围群众，对周边群众反映的问题积极协调整改，争取做到"零投诉、零上访"。

⑥ 积极主动与当地居委会、派出所、交通、环卫等政府主管部门协调联系，取得他们的支持理解，并多为施工提供方便条件。

⑦ 设立独立的部门或者人员，专职负责外联工作，及时解决影响工程的各种事件。

⑧ 增加相关费用的投入，制订维稳专项费用使用计划，对于紧邻现场受施工影响特别大的部分居民在签署相关协议后给予适当经济补偿；定期上门慰问周边群众，向周边居民派发慰问品等。

⑨ 依法处理各种扰乱正常施工秩序的行为和责任人。对不管采取何种措施都仍然阻挠正常施工的人或行为，依法向有关部门申请遵照有关法律进行处理。

⑩ 施工单位承诺全力以赴配合业主和政府的维稳工作。

（3）实现现场文明施工目标的承诺　为贯彻执行安全文明环保生产方针，施工单位应郑重承诺以下内容。

① 完全遵守国家和当地政府法律法规，所有活动都达到适用的安全、环境和健康法律法规要求。

② 完全遵守并强制实施安全文明环保的管理制度。

③ 为保证安全文明环保方针、目标的实现，提供充足的资源保证。

④ 建立高效的安全文明环保管理机构，不断提高管理水平。

⑤ 向所有员工传达安全、文明、健康、环保方针，确保他们清楚自己在安全文明管理体系中的职责。

⑥ 提供有关安全、文明、环境与健康方面的资料，对员工进行必要的培训，确保作业安全、文明，保护环境。

⑦ 认真做好施工前危险源和环境因素的识别，正确、合理地评估风险，制订严密的风险防范措施，减少或降低事故及污染的频率。

⑧ 定期对生产作业情况和设备运行状况进行工业卫生安全和环保审查。

⑨ 落实安全文明教育、宣传、监督机制，使全体员工通过学习、理解、落实等措施，做好预防工作，增强安全文明环保意识并使其受益。

⑩ 任何违反安全文明环保方针及当地政府有关法律法规的员工，将会受到纪律处分，直至开除。

⑪ 在安全文明绿色施工中，做到六个100%。施工工地周边100%围挡封闭；物料堆放100%覆盖；出入车辆100%冲洗；施工现场地面100%硬化；拆除作业100%湿法作业；渣土车辆100%密闭运输。

⑫ 工人食堂必须干净整洁，无蝇无鼠，操作人员证件齐全，认真执行食品卫生安全的有关规定，严防工人食物中毒；施工人员宿舍要求卫生整洁，严禁随意拉扯电线，冬季取暖严防工人煤气中毒。

⑬ 现场设有专门负责安全、文明施工的管理人员，定期检查，发现问题及时整改；对建设单位及施工总承包提出的其他有关安全、文明施工等方面的问题必须积极配合，认真履行。

就以上条款施工单位如有所违反，应接受业主及政府各方的相关规定，进行相应的处罚并且承担由此引起的相关责任。其应努力做好本工程，并根据相关管理文件及标准化手册，努力创建标准化示范工程，最终实现灵武市建设工程安全文明标准化工地。

8.6.3　绿色施工策划

8.6.3.1　绿色施工实施措施

在保证质量、安全等基本要求的前提下，通过科学管理和技术进步，最大限度地节约资源与减少对环境负面影响的施工活动，实现节能、节地、节水、节材和环境保护。建立由施工管理、环境保护、节材与材料资源利用、节水与水资源利用、节能与能源利用、节地与施工用地保护等多方面组成的绿色施工总体框架。

8.6.3.2　水与水资源利用

（1）水资源管理

① 签订标段分包或劳务合同时，根据工程特点制订用水定额，并将节水指标纳入合同条框。

② 定期记录水资源使用情况，并形成分析报告。

③ 施工现场设置合理的供、排水系统，并在施工过程中不断地进行调整与完善；生活用水及工程用水分别计量。

④ 生活、生产污水经处理后能够重复使用的现场重复使用，或者经处理完毕达到要求后排入市政污水管网。

（2）提高用水效率

① 施工中采用先进的节水施工工艺，编制施工现场给排水管线图，保证供水、排水系统合理使用。

② 施工现场喷洒路面、绿化浇灌不使用市政自来水。现场搅拌用水、养护用水采取有效的节水措施，严禁无措施浇水养护混凝土。

③ 施工现场供水管网应根据用水量设计布置，管径合理，管路简捷，采取有效措施减少管网和用水器具的漏损。

④ 现场机具、设备、车辆冲洗用水设立循环用水装置。施工现场办公区、生活区的生活用水采用节水系统和节水器具，提高节水器具配置比率。项目临时用水应使用节水型产品，安装计量装置，采取针对性的节水措施。

⑤ 施工现场建立可再利用水的收集处理系统，使水资源得到梯级循环利用。

（3）非传统水源利用

① 处于基坑降水施工阶段的工地，在基坑边设置排水沟及集水井，再将集水井水作为养护用水、冲洗用水和部分生活用水。

② 构建完整的雨水收集系统，利用塔楼内消防水池作为施工过程的蓄水池，用于现场机具、设备、车辆冲洗，喷洒路面，以及绿化浇灌等，不使用市政自来水。

③ 力争施工中非传统水源和循环水的再利用量大于30%。

常见的水资源利用方式及节水措施如图8-3所示。

(a) 循环水自动洗车池　　　　　　　　　　(b) 喷雾养护

图8-3

(c) 节水龙头

(d) 脚踏式延时阀

图8-3 常见的水资源利用方式及节水措施

8.6.3.3 节能与能源利用

节能与能源利用见表8-8。

表8-8 节能与能源利用

节能项	节能措施
施工现场	施工前对所有的工人进行节能教育，使其树立节约能源的意识，养成良好的习惯，并在电源控制处贴"节约用电"等标志，在厕所部位设置声控感应灯等，以达到节约用电的目的
	现场临时用电采取TN-S供电系统，放射式多路主干线送至各用电区域，然后在每个供电区域内再分级放射式或树干式构成配电网络，并在配电柜及二级配电箱处做重复接地
	现场使用施工设备和机具均为国家、行业推荐的节能、高效、环保的施工设备和机具
	施工现场分别设定生产、生活、办公和施工设备的用电控制指标，定期进行计量、核算、对比分析，并有预防与纠正措施
	施工组织设计中，合理安排施工顺序、工作面，以减少作业区域的机具数量，相邻作业区充分利用共有的机具资源。安排施工工艺时，优先考虑耗用电能的或其他能耗较少的施工工艺
	机电安装可采用节电型机械设备，如逆变式电焊机和能耗低、效率高的手持电动工具等，以利于节电。机械设备宜使用节能型油料添加剂，在可能的情况下考虑回收利用，节约油量
	对施工机械操作人员、施工设备使用人员进行节能降耗交底并建立交底记录；选择功率与负载相匹配的施工机械设备，避免大功率施工机械设备低负载长时间运行
	项目设立耗能监督小组，项目安全部设立临时用水、临时用电管理小组，除日常的维护外，还负责监督过程中的使用，发现浪费水电人员、单位则予以处罚
生产、生活及办公临时设施	生产、生活及办公临时设施的体型、朝向、间距都利用场地自然条件，合理设计，使其获得良好的日照、通风和采光
	临时设施均采用节能材料，墙体、屋面使用隔热性能好的材料，减少夏天空调设备的使用时间及耗能量

节能项	节能措施
生产、生活及办公临时设施	综合办公室制订计划，合理配置空调、风扇数量，规定使用时间，实行分段分时使用，节约用电
	项目部职工宿舍、办公室及工地食堂安装电表单独计量，并设定每月的用量。同时加强节电宣传力度，在每个用电区域张贴节电宣传标识，提高职工的节电意识。工作人员都自觉养成随手关灯、关水、关电脑、关电源的习惯
施工用电及临时照明	现场照明设计以满足最低照度为原则，临时用电优先选用节能电线和节能灯具，临电线路合理设计、布置，临电设备均采用声控、光控等节能照明灯具。在施工区、办公区使用电容补偿柜，同时在变压器旁安装节电装置，通过抑制电路中产生的瞬间电流和消除谐波达到节电目的

8.6.3.4　节地与施工用地保护

（1）合理设置办公区、生活区　根据现场各阶段劳动力情况设置生活区，保证刚刚满足施工人员的生活需求，各项设施设置紧凑，在满足最低间距要求情况下不出现不可利用的空地。

合理规划办公区，在做到满足使用要求的情况下减少占地面积。

（2）合理设置施工区

① 施工现场设置临时道路，临时道路布置在规划道路路基。

② 通过现场总平面图的整体规划，充分利用场地，减少施工场地的占地面积（图8-4）。

(a)　　　　　　　　　　　　　　(b)

图8-4　堆放有序、整齐，减少占用平面场地

（3）土地保护

① 隔油池定期清理，排水沟和沉淀池每周清理两次。

② 对于有毒有害废弃物（如电池、油漆、涂料等）应回收后交有资质的单位处理，不能作为建筑垃圾外运；废旧电池要回收，在领取新电池时交回旧电池，

最后由项目部统一移交公司处理，避免污染土壤和地下水。

③ 在有可能漏油机械的下方铺设托盘集油，最后集中由有资质的单位处理。

8.6.3.5 "四新"技术应用

（1）TSP、噪声综合在线自动监测及视频监控系统技术应用　长期以来，由于缺乏实时监测数据，施工工地扬尘及噪声防治措施的实际效果难以得到量化的体现，并且施工管理人员进入施工现场进行肉眼检查及耳听，存在着劳动强度大、危险性高、耗时耗力、无法公正地反映扬尘及噪声污染情况等诸多问题，针对此情况，本工程安装工地扬尘TSP、噪声综合在线监测及视频监控集成系统，并委托有资质的环境检测机构每月对自然降尘及噪声进行监测。本工程拟在场地南侧围挡内设置监测点，要求重点监测TSP指标及施工噪声声强值。视频监控重点记录出工地车辆冲洗和工地出口道路保洁情况，对施工现场扬尘污染进行全天候监控，不仅可以及时地发现施工过程中扬尘污染产生的位置和强度，还可以及时掌握施工进度，为协调施工进度提供参考。扬尘及噪声在线监控数据采集时间间隔应控制在15min以内，超标报警和督促整改在30min内完成，项目部在1h内升级治理措施并将TSP或施工噪声监测值降至达标水平。

（2）施工过程用水及雨水回收利用技术　现场设置沉淀池、消防蓄水池。雨水、生活用水、施工用水通过现场环形排水沟流入过滤池，经过滤后进入沉淀池，一级沉淀处理后进入二级沉淀池，二级沉淀池中的水可用于冲洗厕所、路面洒水减少灰尘；经三级沉淀后的水可用于浇灌花草、混凝土养护、卫生间的冲洗。

施工过程用水及雨水回收利用技术的使用，解决了现场施工用水问题，大大节约了施工用水量。不但能有效地降低施工成本，而且在一定程度上也降低了施工过程中对周边环境的污染。雨水的回收利用在非传统水资源利用及建立可再生水利用体系方面也能起到积极作用。

（3）施工现场喷雾降尘技术　跟随施工阶段，本工程将从地基与基础工程施工阶段至装饰装修及机电安装工程施工阶段，沿着现场首层环形消防车道一侧标化栏杆、附着式升降脚手架底部及塔式起重机起重臂布置周圈喷淋管道，定时或根据现场扬尘情况手动进行喷雾降尘，水源可用三级沉淀池及蓄水池中收集过滤后的雨水及基坑抽排水，效果明显，且相对一般的雾炮机而言无噪声，同时亦可起到对建筑物外部结构混凝土进行养护和高温天气降温的作用。

8.6.3.6 智慧工地

（1）系统组成　智慧工地信息化系统主要由安质管理、环境与能耗、进度管控、劳务管理等四大组件组成（图8-5）。

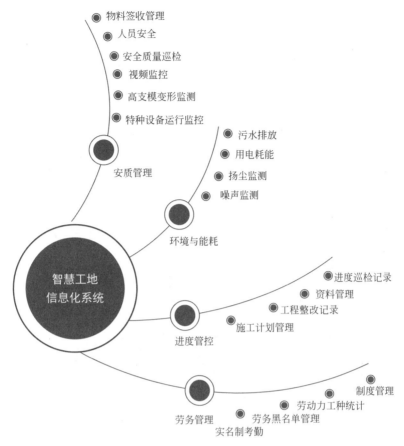

物料签收管理

人员安全

安全质量巡检

视频监控

高支模变形监测

特种设备运行监控

安质管理

污水排放

用电耗能

扬尘监测

噪声监测

环境与能耗

智慧工地
信息化系统

进度巡检记录

资料管理

工程整改记录

施工计划管理

进度管控

制度管理

劳动力工种统计

劳务黑名单管理

劳务管理

实名制考勤

图8-5　智慧工地信息化系统组成

　　智慧工地是智慧城市理念在建筑工程行业的具体体现，是建立在高度信息化基础上的一种支持人事物全面感知、施工技术全面智能、工作互通互联、信息协同共享、决策科学分析、风险智慧预控的新型信息化手段。智慧工地立足于"智慧城市"和"互联网+"，采用云计算、大数据和物联网等技术手段，围绕人、机、料、法、环等关键要素，结合不同需求，构建信息化的施工现场一体化管理解决方案，大大提升工程质量，确保施工安全，节约成本，提高施工现场决策能力和管理效率，实现工地的数字化、精细化、智慧化。智慧工地整体解决方案见图8-6。

　　（2）安全施工　建筑行业是一个安全事故多发的行业。高发事故危险源点多、线长、面广，单靠人力巡检排查，工作效率低，而且难以做到全过程、全方位的监督管理，容易出现监管漏洞。

　　① 解决方案。建筑工地安质管理组建，利用信息化技术优化监控手段，实现实时、全过程、不间断的安全监管，对特种设备等容易发生危险的人、财、物等

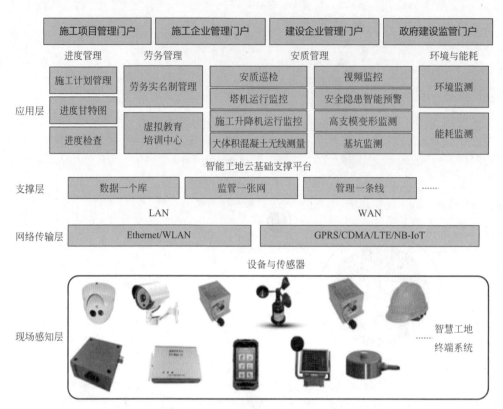

| 施工项目管理门户 | 施工企业管理门户 | 建设企业管理门户 | 政府建设监管门户 |

| | 进度管理 | 劳务管理 | 安质管理 | 环境与能耗 |

应用层

施工计划管理	劳务实名制管理	安质巡检	视频监控	环境监测
进度甘特图		塔机运行监控	安全隐患智能预警	
进度检查	虚拟教育培训中心	施工升降机运行监控	高支模变形监测	能耗监测
		大体积混凝土无线测量	基坑监测	

智能工地云基础支撑平台

支撑层

| 数据一个库 | 监管一张网 | 管理一条线 | …… |

LAN   WAN

网络传输层

| Ethernet/WLAN | GPRS/CDMA/LTE/NB-IoT |

设备与传感器

现场感知层

智慧工地终端系统

图8-6 智慧工地整体解决方案

进行科学监控和信息化管理。

② 实现功能。实时监测记录可溯。对盾构隧道工程、管廊工程、桥梁工程、临边洞口等事故高发区域进行实时监测，节省人力投入，一旦发生事故，可查询历史记录，辅助追查事故原因。

③ 超限报警预防事故。对盾构机、三轴搅拌桩机、龙门吊等大功率用电机械情况等监测参数设置阈值，超过阈值现场声光报警，可提前预防事故，减少损失。

（3）绿色施工　施工现场的扬尘、噪声、污水排放的监测工作存在周期长、数据量大的特点，传统方式依靠人工测量，耗费人力，工作效率低，记录的数据缺乏客观性及说服力。

① 解决方案。可实现工地现场环境和用电能耗的监测，并可按折线图、柱状图、报表等方式对采集到的数据进行展现。

② 实现功能：自动监测无人值守。噪声实时监控系统提供全天候户外传声器单元，对传感器的户外监测安全和数据准确性提供可靠保障；粉尘传感器24h向后方平台传输监测数据，一旦超出PM_{10}标准，系统就会自动报警提示，并通过短信、邮件等多种形式实时发送至企业管理者、政府监管负责人处，而且覆盖在施工现

场的雾化喷淋系统也会自动开启降尘处理模式,从而智能缓解粉尘污染。

③ 积累数据,分析趋势。实时积累现场数据,为改进施工环境提供分析基础。

(4)高效施工 工程占地面积大,施工范围广;各工序交叉作业多,现场可用场地小,不能合理划分施工段,对施工进度难以掌控。

解决方案:实现对现场施工计划管理、工程整改记录管理、资料管理、进度巡检记录等相关管理。可通过可视化界面轻松了解工地施工进度、整改内容。并可通过系统内置网盘对资料进行统一管理,方便审阅及下载。

(5)文明施工 施工队伍流动性大,现场人员随意进出;工人身份难以验证;工人出勤缺乏电子记录,工资核算与支付证据链不清,劳资纠纷频繁发生。

① 解决方案:劳务管理组件主要对工地劳务情况进行统一管理,其包括实名制考勤管理、劳务黑名单管理、劳动力工种统计及工地制度管理。

② 实现功能:通过劳务管理组件轻松掌握工地实际进场人数以及劳动力的状态分配情况等,方便合理地对劳动力进行调配,大大节省管理及协调成本。

8.6.4 施工扬尘污染防治措施

8.6.4.1 扬尘控制措施

① 在施工作业现场按照文明施工要求对施工现场进行分隔。

② 场内易扬尘颗粒建筑材料(如袋装水泥等)密闭存放。散状颗粒物材料(如沙子等)进场后临时用密目网或苫布进行覆盖,控制此类材料一次进场量,边用边进,减少散发面积,用完后清扫干净。

③ 运输车辆进出的主干道应定期洒水清扫,保持车辆进出口路面清洁,以减少由于车辆行驶引起的地面扬尘污染。由于施工产生的扬尘有可能影响周围交通安全,应设置防护网,以减少扬尘及渣土的影响。施工现场的建筑垃圾、工程渣土临时堆场四周设置1m以上的遮挡围栏,并有防尘、灭蝇和防污水外流等防污染措施。坚持文明施工及装卸作业,避免由于野蛮作业而造成的施工扬尘。

④ 门口设置自动洗车池,车辆出入现场保证100%清洗,不污染场外道路。

⑤ 除非施工需要及特殊情况,否则所有施工车辆在工地及工地附近行驶时,车速应限制在8km/h以下,并限速在社会道路上行驶,运输道路要经常洒水和冲洗,保证车辆通过时不产生过量的尘埃。

⑥ 施工时每次模板拆模后设专人及时清理模板上的混凝土和灰土,模板清理过程中的垃圾及时清运到施工现场指定垃圾存放地点,保证模板清洁。

⑦ 钢筋棚内,加工成型的钢筋要码放整齐,钢筋头放在指定地点,钢筋屑当天清理。

⑧ 电焊机焊锡烟的排放应符合国家要求。在地面焊接时，可设围挡，尽量减少高空焊接作业，小面积进行焊接时可采用专用通风设备进行排风。

⑨ 如果环保部门有明确要求，则承包人应按环保部门规定的监测方法进行空气悬浮颗粒的监测（TSP），并达到环保部门的要求。

8.6.4.2　水染控制措施

① 工程废水不排入农田、耕地、供饮用的水源、灌溉渠。施工人员的生活污水、生活垃圾应集中处理，不得直接排入附近的水体以免造成污染。在各施工临设生活区配设沉淀池、废水处理池。生活废水经过处理后，再排到场外。

② 清洗集料的用水或含有沉淀物的水在排放前进行过滤、沉淀或采用其他方法处理，确保沉淀物含量不大于施工前河流中所达到的含量。

③ 施工期间和完工之后，对建筑场地、沙石料场地进行适当处理，以减少对河流和溪流的侵蚀。

④ 施工期间，对施工废料（如水泥、油料、化学品）堆放进行严格管理，防止雨季物料随雨水径流排入地表及相应的水域，造成污染。

⑤ 施工时，机械废液用容器收集，不随意乱倒。防止机械严重漏油，施工机械运转中产生的油污水及维修施工机械时产生的油污水不经处理不得排放。

⑥ 施工中加强对路基的保护，防止填土被雨水或其他地面水冲刷流入河流等。

⑦ 混凝土泵送时，采用环保的泵管泵车清洗技术，冲洗固定泵及泵管的污水废料直接通过管路进入搅拌车内。

⑧ 现场排水系统定期疏通，污水排放做到三级沉淀后再排放，清除淤泥。

⑨ 办公区设置水冲式厕所，在厕所下方设置化粪池，污水经化粪池沉淀后排入市政管道，清洁车每月一次对化粪池进行消毒处理。在特殊施工阶段的个别施工区域设置可移动式环保厕所，每天吊运更换一次，厕所由专业保洁公司进行定期抽运、清洗、消毒。

8.6.4.3　光污染管理措施

① 工作面设挡光彩条布或者密目网遮挡，防止夜间施工灯光溢出施工场地范围以外，对周围居民造成影响。

② 夜间焊接作业设遮光罩，防止强光外射对工地周围区域造成影响。

③ 焊接作业设置挡光棚，防止强光外射对工地周围区域造成影响。遮光棚采用钢管扣件、防火帆布搭设，可拆卸周转使用。

④ 工地周边设置大型罩式镝灯，随施工进度的不同随时调整灯罩反光角度，保证强光线不射出工地外。施工工作面设置的碘钨灯照射方向始终朝向工地内侧。

8.6.4.4 废弃物处理措施

① 各施工现场在施工作业前应设置固体废物堆放场地或容器，对有可能因雨水淋湿造成污染的，要搭设防雨设施。

② 现场应设置废弃物固定存放点，堆放的固体废物应设立醒目的标识名称、有无毒害，并按标识分类堆放废弃物。有毒有害废弃物单独封闭存放，如废电池与其他有毒有害废弃物分开存放。在场内运输废弃物时，应确保不遗撒，不混放。

③ 固体废物的处理应由管理负责人根据废弃物的存放量及存放场所情况安排处理。

④ 对于无毒无害有利用价值的固体废物，如在其他工程项目想再次利用，应向材料部门、生产部门提出回收意见。

⑤ 对于无毒无害无利用价值的固体废物，应委托环卫垃圾清运单位清运处理。

⑥ 对于有毒有害的固体废物，应委托有危害物经营许可证的单位处理。

8.6.4.5 土壤保护控制措施

① 尽量减少施工期临时占地，合理安排施工进度，缩短临时占地使用时间。

② 各种临时占地在工程完成后应尽快进行植被的恢复，做到边使用，边平整，边绿化。

③ 使用荒地或其他闲散地时也应及时清理整治、恢复植被，防止土壤侵蚀。开挖过程中，应采用平台式阶梯状取土施工法，严禁沿坡随意开挖取土。

④ 在填挖过程中，尽量保持周围植被不被破坏，在工程建设的同时抓紧界内的植被恢复。工程施工时，尽量做到随挖、随运、随铺、随压，以减少施工阶段的水土流失。同时工程施工中应做好综合排水设计。

8.7 建设期突发事件应急预案

8.7.1 处置程序

施工现场一旦发生事故，施工现场应急救援小组应根据当时的情况立即采取相应的应急处置措施或进行现场抢救，同时要以最快的速度进行报警，应急指挥领导小组接到报告后，要立即赶赴事故现场，组织、指挥抢救排险，并根据规定向上级有关部门报告，尽量把事故控制在最小范围内，并最大限度地减少人员伤亡和财产损失。

8.7.2　项目周边医疗资源

项目筹划前期，将针对项目周边现有医疗资源进行统计整理，并提前取得联系，做好风险应急准备。事故类别及应急措施见表8-9。

表8-9　事故类别及应急措施

序号	事故类别	应急措施
1	触电事故	一旦发生触电伤害事故，首先应使触电者迅速脱离电源（方法是切断电源开关，用干燥的绝缘木棒、布带等将电线从触电者身上拨离或将触电者拨离电源），其次将触电者移至空气流通好的地方，情况严重者，边就地采用人工呼吸法和心脏按压法抢救，边就近送医院
2	高处坠落及物体打击事故	一旦发生事故，应在确保不会发生二次伤害的情况下，尽快将受伤人员移离危险区域。工地急救员进行紧急抢救，同时就近送医院抢救
3	坍塌事故	一旦发生事故，应尽快解除挤压，在解除压迫的过程中切勿生拉硬拽，以免被进一步伤害，现场处理各种伤情，同时就近送医院抢救。对于可能全身被埋，并可引起土埋窒息而死亡的，在急救中应先清除头部的土物，并迅速清除口、鼻污物，使其保持呼吸畅通
4	机械伤害事故	① 迅速使伤员脱离危险场地，移至安全地带。 ② 视其伤情采取报警并直接送往医院，或简单处理后去医院检查。 ③ 记录伤情，现场救护人员应边抢救边记录伤员的受伤机制、受伤部位、受伤程度等第一手资料。 ④ 立即拨打电话，详细说明事故地点、严重程度、本单位联系电话，并派值班车将伤者送往医院，必要时可拨打"120"急救电话。 ⑤ 项目指挥部接到报告后，应立即在第一时间赶赴现场，了解和掌握事故情况，开展抢救和维护现场秩序，保护事故现场
5	中毒事故	① 施工现场一旦发生中毒事故，应立即向急救中心"120"呼救，讲清中毒人员症状、持续时间、人数、地点，并派人到路口接应。向当地卫生防疫部门报告，保留剩余食品以备检验。 ② 用人工刺激法催吐，即用手指或钝物刺激中毒者的咽弓及咽后壁，用来催吐，如此反复直到吐出物为清亮液体为止。 ③ 对可疑的食物禁止再食用，收集呕吐物、排泄物及血尿送到医院做毒物分析
6	火灾事故	① 扑灭火灾。当施工现场发生火灾时，应急准备与响应指挥部及时报警，并要立即组织基地或施工现场义务消防队员和职工进行扑救火灾，义务消防队员选择相应器材进行扑救。扑救火灾时要按照"先控制，后灭火；救人重于救火；先重点，后一般"的灭火战术原则。派人切断电源，接通消防水泵电源，组织抢救伤亡人员，隔离火灾危险源和重点物资，充分利用项目中的消防设施器材进行灭火。 ② 现场保护。当火灾发生时和扑灭后，保护好现场，维护好现场秩序，等待对事故原因和责任人调查。同时应立即采取善后工作，及时清理，将火灾造成的垃圾分类处理，同时采取其他有效措施，使火灾事故对环境造成的污染降低到最低限度
7	突发传染病	发现疫情后，对疫源地进行封锁，彻底消毒。患者隔离治疗，转运时应戴口罩。早发现，早报告：早向卫生防疫部门报告传染病疫情和病人；早隔离：发现疫情后马上对病人进行隔离。勤洗手，避免用手直接接触自己的眼睛、鼻、口

9

湿地项目的
运行维护

本章结合灵武湿地EPC项目进行编制，供同类湿地建设参考借鉴。

9.1 概述

9.1.1 项目概述

灵武市位于宁夏回族自治区中部东南方向，地处黄河上游，银川平原与鄂尔多斯台地结合部。灵武市东沟是银川市主要入黄排水沟之一，也是灵武市最大的入黄排水沟。按照银川市水污染防治目标责任书的要求，截止到2018年年底，银川市主要入黄河排水沟应达到Ⅳ类水质，而目前灵武市东沟的水质处于劣Ⅴ类，且部分断面存在黑臭现象，未达到目标责任书要求。本工程的主要目标是，通过破四沟表面流湿地、大河子沟表面流湿地及三沟合一湿地的建设和投入运行，改善入黄河水水质，同时为宁夏生态环境的建设提供良好的保障。

9.1.2 运营服务原则

运用统筹学原理和思路，采用统筹运营管理模式，实现项目内部各环节间、各行业间、人员安排上、日常运营与应急管理间、短期效果与长期效应间的协调统一，实现最高运营管理效果和效率。

主要管理原则包括以下四个原则。

时间最优化原则：通过合理安排运营班次、人员配置，并制订运营管理应急预案，实现人员配备合理化、高效化，并在突发事件出现时能够及时有效应对，节约时间成本。

资源最优化原则：通过统筹管理、合理调配运营所需物资资源、人力资源、信息资源，并选择性价比最高的仪器设备、备品备件，实现资源综合高效利用。

成本最优化原则：通过时间最优化、资源最优化，在保证运营效果的前提下实现成本控制，发挥运营体系的最大价值，为政府节约运营资金，同时能够保证运营的长期持续。

决策最优化原则：通过运营期间运管公司的合理构架、运营资源的合理调配，借助智慧管理系统，对运营需求、运营安排、应急处理等做出最优决策。

9.1.3　运营服务范围

运营范围包括三沟合一潜流湿地、三沟合一表面流湿地、大河子沟表面流湿地、破四沟表面流湿地。

9.2　人工湿地运维管理体系

为确保湿地的正常运行，需建立一系列的规范化管理制度，并通过奖励和批评鼓励职工贯彻执行规章制度，使相关的管理及工作人员能够积极、主动、熟练地投入日常运行和维护保养工作之中。

9.2.1　运行管理机构

设置合理的管理机构，可以保证湿地出水水质，同时还可以有效地降低运营成本。因此，健全的管理机构、先进成熟的管理经验在保证本项目稳定、可靠运行方面具有重要作用。拟采用的管理机构设置如图9-1所示。

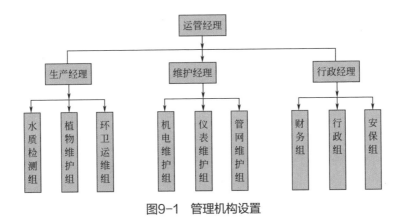

图9-1　管理机构设置

9.2.2　岗位职责

9.2.2.1　运管经理职责

① 全面负责项目公司的各项工作，完成生产经营任务，贯彻执行公司总部的战略、方针及指示，落实具体措施，并付诸实施；

② 监督、推进和报告生产经营执行情况，主要是年度重点任务的推进，以及各项大修、更新计划的实施等；

③ 根据运行、维护中出现的变化，提出相应对策；

④ 协调各职能部门之间的工作关系，促进运行、维护工作的开展；

⑤ 制订本项目公司运行、维护管理规范性工作制度；

⑥ 定期对运行、维护管理人员进行业务知识培训，提高管理人员业务素质；

⑦ 对运行、维护费用的使用进行控制、审批；

⑧ 为项目公司安全生产的第一责任人，确保安全生产目标的实现；

⑨ 负责组织本单位员工的考核、培养、提拔、降职及奖惩。

9.2.2.2　生产经理职责

① 贯彻执行公司下达的运行、维护政策；

② 负责生产计划组织编制工作，主要是月度生产计划、季度生产计划和年度生产计划的组织编制，由项目经理审核后实施，监督各生产部门的工作完成情况；

③ 组织技术人员做好现场的各项运行、维护工作；

④ 解决在项目运行、维护中出现的问题，定期向运管经理汇报；

⑤ 负责运行、维护区的清洁管理工作；

⑥ 配合经理完成其他工作。

9.2.2.3　维护经理职责

① 负责维护部的日常管理和协调工作，解决在设备、管网维护中出现的技术问题，定期向经理汇报；

② 定期对维护管理人员进行业务知识培训，提高管理人员业务素质；

③ 负责审核设备（设施）维护和维修计划，监督和督促设备维保、大修、更新等执行情况，确保维修及时，严禁消极怠工；

④ 配合运管经理完成其他工作。

9.2.2.4　行政经理职责

① 组织研究拟订经营理念和战略，项目运行和维护的近期、中期、远期经营计划，提出组织机构、岗位编配方案，并向运管经理汇报；

② 负责建立和督促执行项目维护、管理的各项管理制度，并根据执行情况定期予以修订完善；

③ 与公司对接，做好年度营销计划、广告、公关策略、品牌战略，并根据市场竞争情况拟订具体实施方案；

④ 负责信息管理和宣传工作；

⑤ 维持部门正常的办公和生产经营秩序。

9.2.2.5 行政组职责

① 负责起草全局性工作计划、工作总结、综合性文件和报告以及会议材料，负责制订、落实、检查内部各项制度；

② 负责各类工作会议和活动的筹备和组织工作；

③ 负责处理好内外各种会议的会务工作；

④ 负责做好各种报告、公文、函件的接收、登记、保密、传递、保管、督办和文书归档工作；

⑤ 负责做好后勤服务保障工作；

⑥ 负责重要来宾的接待工作，建立良好的工作关系；

⑦ 全面负责员工培训、考核、奖惩、调整晋升、离职等人力资源管理工作。

9.2.2.6 财务组职责

① 负责运行、维护部门的财务、会计和相关合同管理工作；

② 负责运行、维护部的日常财务核算，经营管理；

③ 参与运行、维护部的投资决策和融资决策等重要决策；

④ 定期做好运行、维护所需物资采购价格及各项费用市场询价调查工作；

⑤ 搜集运行、维护部经营活动情况（如资金动态、营业收入和费用开支）的资料并进行分析，提出建议，定期向经理汇报；

⑥ 编制财务预算、资金计划，拟订资金措施和使用方案，有效地使用资金；

⑦ 负责运行、维护费用控制及上报。

9.2.2.7 安保组职责

① 负责部门职责范围内各项工作的计划组织、监督、落实；

② 负责职工的安全教育工作，制订安全操作规章制度；

③ 对安全隐患进行排查，并及时整改；

④ 做好日常巡查工作；

⑤ 维护运行管理区的治安及应急预案工作落实。

9.2.3 人员及设备工器具配置

人员及设备工器具配置见表9-1。

表9-1 人员及设备工器具配置

序号	项目	单位	数量	备注
1	潜流湿地			三沟合一潜流湿地
1.1	维护人工			
1.1.1	管理站房操作监控及水电维护人员	人	12	4班2倒制度，每日2班，每班3人，4班轮替，主要负责管理站房的监控，泵房、生物塘进水、各进出水阀门的操作、巡检、机电维护、报修，水质化验的取样送检等工作，水、电维护工各1人
1.1.2	维护工人	人	9	定义：长期维护工。 工作范畴：每天签到，对水域进行日常维护、垃圾清理、微生物培养投放、水生植物养护收割、菌剂投放、物理设备维护、水质监控等。 数量：1人/1万米²水域
1.1.3	临时工	人工日	60	定义：临时维护工。 工作范畴：在上半年的冬季冰盖层稳固后和下半年的9～11月份协助维护工作。 数量：3人/天，以4天/月（一周维护一次的频率）计算，则在水生植物收割季节协助维护工作共3×4×5=60人工日
1.1.4	管理人员	人	5	包括运管经理、维护经理、生产经理、行政经理、办公室及财务人员在内，每月定期去现场指导工人现场维护工作
1.1.5	财务人员	人	2	
1.1.6	安保人员	人	2	
2	三沟合一表面流湿地			
2.1	维护人工			
2.1.1	维护工人	人	13	定义：长期维护工。 工作范畴：每天签到，对水域进行日常维护、垃圾清理、水生植物养护收割、物理设备维护、水质监控等； 数量：1人/1万米²水域
2.1.2	临时工	人工日	80	定义：临时维护工。 工作范畴：在上半年的5～6月份和下半年的9～11月份协助维护工作。 数量：4人/天，以4天/月（一周维护一次的频率）计算，则在水生植物收割季节协助维护工作共4×4×5=80人工日
3	破四沟表面流湿地			
3.1	维护人工			
3.1.1	维护工人	人	10	定义：长期维护工。 工作范畴：每天签到，对水域进行日常维护、垃圾清理、水生植物养护收割、物理设备维护、水质监控等。 数量：1人/1万米²水域

序号	项目	单位	数量	备注
3.1.2	临时工	人工日	60	定义：临时维护工 工作范畴：在上半年的5～6月份和下半年的9～11月份协助维护工作。 数量：3人/天，以4天/月（一周维护一次的频率）计算，则在水生植物收割季节协助维护工作共3×4×5=60人工日
4	大河子沟表面流湿地			
4.1	维护人工			
4.1.1	维护工人	人	22	定义：长期维护工。 工作范畴：每天签到，对水域进行日常维护、垃圾清理、水生植物养护收割、物理设备维护、水质监控等。 数量：1人/1万米^{2}水域
4.1.2	临时工	人工日	140	定义：临时维护工。 工作范畴：在上半年的5～6月份和下半年的9～11月份协助维护工作。 数量：7人/天，以4天/月（一周维护一次的频率）计算，则在水生植物收割季节协助维护工作共7×4×5=140人工日

9.2.4 运行维护组织管理

9.2.4.1 经济管理

制订计划管理目标，并经公司处批准。公司与员工签订劳动合同，明确员工的权利与义务，制订与员工所在岗位和工作成绩挂钩的工资制度，来调动员工的积极性与主动性。

9.2.4.2 规章管理

制订完整的规章制度和工作程序以此来规范员工的言行，提高工作效率和工作质量。

9.2.4.3 行政管理

每月制订详细的工作计划，每天坚持进行早会制，总结前一天的工作情况，分析存在的问题，提出解决办法。管理人员每周召集员工开一次例会，总结工作和布置本周工作，并将工作情况向管理处汇报。

9.2.4.4　宣传教育管理

通过各种宣传教育手段培养员工的敬业精神、职业道德、服务意识，促使员工利益与公司利益相一致，不断提高员工自身素质和工作水平。

9.3　运行维护标准

9.3.1　卫生保洁管理标准

管理范围内一天清扫一次，全方位保洁，确保湿地无卫生死角，清洁明净。具体要求如下。

① 湿地水面及基质表层无明显枯枝、落叶等垃圾。

② 湿地及周围水面漂浮物随时清理，无明显垃圾漂浮；湿地周围无垦种现象，无生活、生产、建筑垃圾及其他杂物堆放。

③ 湿地植物种养规范有序，及时收割、修剪，修剪过后及时清理干净，做到地面无枯枝残叶。

④ 湿地垃圾集中堆放，及时清运，做到日产日清。

⑤ 保证卫生工具、机械、垃圾桶等干净整洁，摆放有序。

9.3.2　养护管理标准

（1）湿地单元养护标准

① 适时进行水位和水量的调节，保证人工湿地处理单元不出现淹没现象。

② 采取人工湿地在低温环境时的保温及运行措施。

③ 采取不同方式进行缓堵治堵，防堵塞，确保水流通畅。

④ 定期对护堤进行检查、维修，防止漏水、渗水现象的发生。

⑤ 湿地内无大面积恶性杂草。

⑥ 湿地环境整洁，无明显的垃圾、残枝败叶等杂物。

⑦ 湿地植物无明显病虫害。在病虫害发生时，原则上不引入新的污染源（农药），多用物理和生物等绿色环保的方式防治病虫害。

⑧ 植物生长正常，无明显死亡缺株。

⑨ 适时（如秋末初冬）收割湿地植物，保证人工湿地的良性循环。

⑩ 严格执行定期和经常的安全检查制度，及时消除事故隐患，特别是秋季人

工湿地收割植物应妥善处置，以免引起火灾；冬季干燥枯败植被应及时清理，防止火灾发生。

⑪ 严格执行进水处理、出水检测制度和标准，确保湿地运行正常，保证进出水水质。

（2）水生植物养护标准

① 植物生长期生长旺盛，开花正常，无明显病虫害。

② 根据季节和植物生长要求，控制好水位，保持其有适宜生长环境。

③ 植物病虫害防治要及时，注意保护益虫，不污染环境。

④ 定期清除杂草和枯死植株，并及时补植，保证净化和景观效果。

⑤ 对生长旺盛植物，要定期进行移植分栽，保证植物有适当生长空间。

⑥ 根据不同的植物类型，在其生长茂盛或成熟后应进行定期收割。

9.3.3 设施运维标准

（1）管道、阀门、闸门运维标准

① 对管道、阀门、闸门进行日常巡视检查，保证管道、阀门、闸门的正常使用。

② 定期对管道、阀门、闸门进行维护，保证不出现堵塞、漏水等现象，保证设备正常运转。

③ 操作人员必须经过培训后方可上岗，应能熟练掌握设备的操作。

④ 管道、阀门、闸门的运行、巡视、维修、保养要有详细的记录。

（2）机电设备运维标准

① 机电设备运行前进行例行检查，确保机电设备的正常运行。

② 机电设备运行中进行检查，水泵定期切换运行，保证其正常工作。

③ 定期对机电设备进行维护保养，延长机电设备的使用寿命。

④ 操作人员必须经过培训后方可上岗，应能熟练掌握设备的操作。

⑤ 机电设备的运行、巡视、维修、保养要有详细的记录。

（3）生物塘运维标准

① 定期检查生物塘内淤泥深度，平均深度大于30cm时需清淤。

② 若发现生物塘表面有大量悬浮物，则应汇报值班员并及时清除。

③ 定期巡查生物塘内闸门的启闭情况，保证在发生紧急突发事情时，设备能够正常启闭。

（4）集水渠运维标准

① 定期检查集水渠，保证水渠的畅通。

② 损坏的集水渠及时修补，防止漏水。

9.3.4　巡护监测管理标准

① 防止湿地管理范围内乱垦滥挖、乱砍滥伐、偷猎滥捕、随意排污及非法放生等破坏湿地行为的发生，有则要及时制止并向有关部门报告，建议湿地外围增设围栏，以防止外来人员偷盗损坏湿地设施。

② 定期汇总观察记录湿地水体情况，包括水质、水位变化。

③ 定期汇总观察记录湿地生境情况，包括植被、物候变化。

④ 确定巡检路线及巡检内容，雨季注意防滑，冬季若发现巡检道路有结冰区域，应及时除冰。

⑤ 建立生产联系群，各班组按时上传生产工艺情况。

9.3.5　安全保卫管理标准

① 工作人员按时上岗，严禁当班期间饮酒或酒后上岗。

② 巡视过程中严格遵守两人巡视制度，按规定佩戴对讲机。

③ 遇突发事件时冷静、妥善处理，及时用对讲机通知当班人员，必要时及时报警。

④ 妥善保管、保养配发用品，不用对讲机聊天。

⑤ 当班期间不睡觉，未经允许不得随意外出、离岗，按时接岗，不间断巡视，夜间服从班组负责人调度。

⑥ 做好交接班工作和巡视记录，做到"十交五不交"。

⑦ 需对备品备件进行定期巡检，做好防水、防火、防盗工作。

9.4　湿地系统运行与维护

9.4.1　运行调度

9.4.1.1　运行调度概述

人工湿地系统的运行调度主要由运行部门根据具体情况，通过控制水泵、阀门等设施来实现。运行控制参数主要包括以下内容。

（1）水量调整　因湿地系统受外部影响较大，来水水量不稳定（冬季水量小，夏季水量多），主要解决办法是运维人员通过变频水泵、阀门开关等措施，对湿地进水量进行调度调整，以保证系统运行稳定。水量调整过程中，应逐步调节水量，避免水量突变造成对人工湿地系统的冲击。

（2）水质调整　湿地的处理能力为50000m³/d，进水水质要求见表9-2。

表9-2　进水水质
单位：mg/L

指标	SS	COD	BOD$_5$	NH$_3$-N	TP
潜流湿地进水水质	10	50	10	5	0.5
潜流湿地出水水质	5	30	6	2.5	0.3
表面流湿地出水水质	5	30	6	1.3	0.25

注：表面流湿地进水为潜流湿地出水。

当冬季进水温度低于12℃时，潜流湿地进水NH$_3$-N不高于2mg/L。

当水质监测设备所显示检测值不在该范围之内时，或目测进水浊度大于日常进水浊度时，说明水质不满足要求，需进行调整，如考虑对生物塘投加药剂。当进水水质超标过大时，需关闭进水闸门。

（3）故障调度　人工湿地系统主要故障包括：停电或断电、管线故障与泵站故障、大火、暴雨洪水及突发污染事故。当发生此类状况时，需运维人员进行相关应急处理（详见操作规程及应急操作），并应及时通知当地政府相关部门，提醒业主做好防范措施。

9.4.1.2　操作规程

调度员在日班时应对厂内巡检，并查看仪表记录以便及时对运行状况进行调整。每班巡检应包括以下内容。

（1）查看仪表数据记录　查看运行控制参数是否正常；各系统是否有故障。

（2）感官巡检　进出水色度、浊度判断；进出水流量判断；渠道淤积程度判断。

9.4.1.3　应急操作

对较长时间的计划性断电、停电，值班人员必须以书面形式向运行管理部门报告此次停电原因、时间、范围，运行管理部门根据此报告确定应对措施。

对于主要设备突发性故障，值班人员在收到此信息后及时调整设备的投运组合，设备故障处理后应由设备动力部门维修人员及时填报故障设备修复通知单，反馈到运行部，以便安排该设备的正常投运。

如遇暴雨、洪水等突发性灾害，出现倒灌现象，应立即停止湿地运行，关闭湿地进水闸门，适当降低湿地水位或者排空。

遇高负荷事故排放，必要时系统停止运行，采取应急措施进行处置。

9.4.2 进水泵站运行维护

9.4.2.1 启动前检查

启动前检查工作包括以下三方面。

① 检查泵池内液位是否符合启泵要求，水质是否符合要求，清除水中杂物等。

② 检查设备是否完好，叶轮是否有堵塞卡阻，格栅是否运行正常，管道是否有漏水，紧固件是否有松动。

③ 检查电源及控制系统是否正常；按下启动按钮，潜污泵开始转动，打开出水闸门，观察潜污泵是否反转和上水量的大小，管路是否有漏水现象，潜污泵声音是否正常。

9.4.2.2 水泵维护保养

① 潜污泵长时间不用时，应定期启动潜污泵或将潜污泵提出并放置在干燥通风的储存室内，避免电机定子绕组受潮影响使用。

② 潜污泵搬运时要注意，不要磨破电缆或损伤机件，以免造成设备事故，影响使用。

③ 定期检查。

a. 更换密封环。在污水介质中长期使用后，叶轮与密封环之间的间隙可能增大，造成潜污泵流量和效率下降。应关掉电闸，将水泵吊起，拆下底盖，取下密封环，按叶轮口环实际尺寸配密封环，间隙一般在 0.5mm 左右。

b. 机械密封是潜水泵的关键件，它的好坏将直接影响电机安全运行，因此要经常检查或更换机械密封。在潜污泵运转至 5000～8000h 后应把油腔内的油放出更换，同时测量油里的水分，如发现有严重漏水时，须更换机械密封。

c. 用 1000V 的兆欧表测量冷态下电机定子绕组对地的绝缘电阻，一般要求绝缘电阻在 100MΩ 以上时，潜污泵方可使用。如果发现绝缘电阻逐步下降或接近 100MΩ 的时候，则反映出机械密封已严重磨损，而导致水进入电机内，这时需要更换新的机械密封，同时必须要更换新的机油。关于电机定子绕组驱除潮气或水分的干燥办法和一般电机相同。

④ 维修时注意事项。

a. 轴承必须选用厂家指定的品牌或从潜污泵厂家购买，安装时应将轴承及其他部件清洗干净，并加黄油以免损坏轴承。

b. 机械密封应轻拿轻放，严禁磕碰，磨损表面以及轴、密封端盖必须清洗干净，橡胶纺管和轴接部位应抹上黄油。

c. 叶轮拆卸时，应均匀受力，避免撬弯。

d. 潜污泵止口部位有O形密封圈，安装时不应扭曲，以免受挤影响密封。

e. 紧固螺栓时，应对称均匀用力。

f. 注油时以淹没上端封为限，以免电机发热时将密封壳涨裂，注油螺栓缠绕密封带并拧紧。

g. 潜污泵的使用和维护要有专人负责，外协维修潜水泵的厂家要有相应的资质和能力并具备检测条件。

9.4.2.3 巡检

查看进水池有无杂物，检查水泵的运转声音、三相电压、电流、水泵出口压力、控制柜，检查切换开关是否在设定的自控或手控位置，检查机泵管道附属设备是否正常，检查出水渠是否淤堵。巡检频率为接班、交班、中间各一次，交班巡检还包括设备、仪表、泵房及泵房周边责任区的卫生与维护工作。

巡检过程中发现问题应立即调整，并记录在记录表中，如吸水池有杂物应立即清理。若必须下池清理，下池前做好H_2S等有害气体的检测，通知运维部调人现场开作业许可票，并进行支援与监护。应检查杂物来源，采取必要的防范措施，防止再发生类似情况。如机泵运转声音不正常，要寻找原因，使其恢复正常；如机泵运行参数不正常，则应调整和维护使其正常。

当天气突变，例如暴雨即将来临，则应增加巡检。设备初次使用，以及设备经过检查、改造或长期停用后投入系统运行要增加巡检次数。

9.4.2.4 维护保养

泵房的维护保养任务分两部分：工艺设备、泵房及泵房周边的卫生责任区由操作人员负责，供电、控制设备及其线网由电工班负责，本节仅指操作人员责任内容。

蝶阀：每月检查一次。检查限位开关、手动与电动的联锁装置；若长期不动的闸阀应每月做启闭试验，并加注润滑油。

多功能控制阀，每月检查一次，调试缓闭机构，加注润滑油。

水泵定期维修是指按有关技术要求进行解体检查、修理或更换不合格零部件，使水泵的技术性能满足正常运行要求；维修结束应进行试车、验收，维护记录归档保存，潜水泵累计运行5000h；不经常运行的水泵每隔3～5年，均应解体维修。

9.4.2.5　集水渠、池的清理和频率

每隔一年对集水渠进行清理一次，并检查池体有无裂缝和腐蚀情况，若湿地系统已经稳定，积泥和腐蚀并不严重可以适当延长清理周期。

宜选择水量较小的时段组织清理，清理前必须做好充分的人力、物力、照明、通风和安全措施的准备，尽量缩短停水时间和确保安全。

可采用高压水枪冲淤和清洗池壁，下池作业时必须严格按照《狭小空间内的安全操作规程》进行，要点是进行强制通风，在通风最不利点检测有毒气体的浓度及亏氧量，达到要求后才可下人，同时必须继续通风，强度可以适当减小，但不能停止，因为池内污物仍将释放有毒气体，须实时监测有毒气体的浓度及亏氧量。池底作业时要随时保证有人监护，下池工作时间不宜超过30min。检查水池裂缝和腐蚀情况，检查管道、接口腐蚀情况，进行必要的修复和防腐处理。

生物塘集水池内的水位标尺和水位计应经常清洗，定期校验。同时，集水池周围的扶梯、栏杆应定期除锈、刷油漆。

9.4.2.6　安全技术

① 上班前不准喝酒，上岗工作前必须按规定穿工服，佩戴劳动防护用具。严禁穿高跟鞋、裙子、留长辫子上岗，要保持泵房清洁、安全通道畅通。

② 外来人员未经同意不得入内，无关人员一律不准进入泵房。

③ 应经常检查多功能控制阀确保其正常，以防止突然停电时水泵倒转损坏水泵机构。

9.4.3　电气设备运行维护

电气设备的运行维护应由机电维护组电工专业人员进行。

9.4.3.1　低压配电装置运行维护

低压配电装置运行前应做相应的检查：

① 检查柜内是否清洁；

② 检查一、二次配线，接线有无脱落，所有紧固螺钉和销钉有无松动；

③ 检查各电气元件的整定值有无变动，并进行相应的调整；

④ 检查所有电气元件安装是否牢固，操作机构是否正确、可靠，各程序性动作是否准确无误；

⑤ 检查各继电器、指示仪表等二次元件的动作和显示是否正确；

⑥ 检查保护接地系统是否符合技术要求，检验绝缘电阻是否符合要求，待所有检验没有异常现象后，才能投入运行。

详细操作规程由设备供应商或总承包商根据各项目单位具体情况进行补充。

9.4.3.2 电机控制柜

电机控制柜是指将接于交流低压回路的电动机全套控制和保护设备（如自动开关、接触器、热继电器、按钮、信号灯等），按一定规格系统装配成的标准化的单元组件。结构一般做成可抽出的抽屉形式，每台组件控制相应规格的一台电动机，将此标准的单元组件装成柜体，组成多回路电动机控制柜，可实现多台电动机的集中控制。

（1）运行前检查　电机控制中心运行前的检查和试验应包括以下内容：

① 检查屏内是否清洁、无垢；

② 用手操作刀开关、组合开关、短路器等，不应有卡住或操作用力过大现象；

③ 刀开关、短路器、熔断器等各部分应接触良好；

④ 电气的辅助触点的通断是否符合要求；

⑤ 短路器等主要电气的通断是否符合要求；

⑥ 二次回路的接线牢固、整齐；

⑦ 仪表与互感器的变比及接线极性是否正确；

⑧ 母线连接是否良好，其支撑绝缘子、夹持件等附件是否安装牢固可靠；

⑨ 保护电气的整定值是否符合要求，熔断器的熔体规格是否正确，辅助电路各元件的接点是否符合要求；

⑩ 保护接地系统是否符合技术要求，有无明显标记，表计和继电器等二次元件的动作是否准确无误；

⑪ 用兆欧表测量绝缘电阻值是否符合要求，并按要求定期做耐压试验；

⑫ 检查抽屉式结构的主开关，检查其机械联锁是否有效，电气联锁是否可靠。

（2）巡检　日常巡检工作应特别注意柜的开断元件及母线等是否有温升过高或过烫、冒烟、异常的音响、异味及不应有的放电等不正常现象。记录运行中的电压、电流、温度、湿度等运行参数。

（3）维护　日常维护应着重于经常发生事故的部位，如绝缘破坏或老化、接触部分的烧损及导线连接处过热和线圈温升过高、控制回路接触不良或动作不准确、保护装置的特性不良、机械运动部分和操作机构的磨损和断裂。

日常维护工作应包括以下内容。

① 保持柜内电气元件的干燥、清洁、防腐和油压。

② 清除尘埃和污物，包括导体、绝缘体。

③ 对断开、闭合次数较多的断路器，应定期检查其主触点表面的烧损情况，并进行维修。断路器每经过一次短路电流，应及时对其触点等部位进行检修。

④ 对于主接触器，特别是动作频繁的系统，应经常检查主触点表面，当发现触点严重烧损时，应及时更换，不能使用。

⑤ 经常检查按钮是否操作灵活，其接点接触是否良好。

⑥ 检查一、二次接插件是否插接可靠，抽屉式功能单元的抽出和插入是否灵活，有无卡住现象。

9.4.3.3 电动机运行使用的监视与维护

电动机运行使用过程中监视与维护应包括以下内容。

① 电压波动不能太大。因为电动机的转矩与电压的平方成正比，所以电压波动对转矩的影响很大。一般情况下，电压波动不得超过 ±5% 的范围。

② 三相电压不能过于不平衡。三相电压不平衡会引起电动机额外的发热。一般要求三相电压中任何一相电压与三相电压平均值之差不超过三相电压平均值的5%。

③ 三相电流不能过于不平衡。当各相电流均未超过额定电流时，三相电流中任何一相与三相电流平均值偏差不得大于三相电流平均值的10%。

④ 对电动机的轴承润滑一般每6个月加一次油（连续运转）。在巡视时，应观察有无油脂外溢，并注意观察其颜色的变化。

⑤ 监视电机绕组及轴承的温度，检查冷却空气是否畅通。

⑥ 电动机温度过高不一定是由于负载过重或周围环境温度过高造成的，三相电动机缺相运行、电动机内部绕组或铁芯短路、装配或安装不合格等因素都可能造成电动机过热。

⑦ 电动机（除潜水电机外）运行允许的振动值（双振幅）不得不大于规定值。

9.4.3.4 变频器的调试

变频器的调试工作包括以下内容。

（1）通电前的检查

① 变频器型号规格是否有误；

② 安装环境是否有问题；

③ 整机连接件有无松动，接插件是否可靠插入，有无脱落和损坏；

④ 电缆是否符合要求；

⑤ 主电路、控制电路的电气连接有无松动，接地是否可靠；

⑥ 各接地端子的外接线路有无接错，屏蔽及接地是否符合要求；

⑦ 主电路电源电压是否符合规定值；

⑧ 箱内有无金属或电缆线头等异物遗留，必要时进行清扫。

（2）不接电动机，变频器单独调试

① 先将所有的操作开关断开；

② 将频率设定（即速度设定），电位器调到最小值；

③ 接通主线路电源开关（一般内部冷却风扇、面板等控制电路、程序电路等都同时通电），稍等一会儿，检查各电路有无发热、异味、冒烟等现象，各指示灯是否正常；

④ 查变频器所设定的参数，可根据实际要求修改或重新设定数据；

⑤ 给出正转或反转指令，由旋转频率给定位器，观察频率指示是否正确；

⑥ 如频率显示不是数字式，必要时还要校正频率表。

（3）变频器带电动机空载运行

① 先将所有操作开关断开；

② 将频率设置电位器调至最小值；

③ 接通主电源开关（风扇、面板等控制电路、程序电路同时通电）；

④ 给正转或反转指令，首先在低频率下运行，观察电动机的旋转方向是否正确，一般正转指令是指电动机旋转为逆时针方向（指轴端）；

⑤ 逐渐加大频率，观察频率升高到最大值时电动机运行情况，测量转速、电流、输出电压；

⑥ 停机后，检查频率设定电位器的位置，再观察加速运行和减速运行是否平滑稳定。

（4）变频器带电动机负载运行

① 接通主电源开关。

② 根据负载实际要求，变更参数设定。

③ 在正转指令下，逐渐顺时针调节频率给定电位器，电动机转速逐渐上升。当电位器右旋到底时，要对应最高频率和转速。在加速期间，要观察机械有无拍频、振动等现象。然后再将电位器左旋（反时针），而电动机转速也随之逐渐降低，直至停止。注意当给定频率在起动频率之下时，电动机应不转动。

④ 保持给定最高频率（对应最高转速）时，接入正转指令，电动机转速从给定加速时间升速，直至最高转速稳定运行。如在加速过程中，有过载现象则可能是因为设定加速时间过短，应进行调整。

⑤ 在电动机满载运行时，关断正转指令信号，则电动机按设定减速时间减速直至停止。

⑥ 在运行中，有些设定参数可以改变，有些则不允许改变，应根据不同型号的变频器操作说明进行。

9.4.3.5　二次设备的操作与维护

在低压配电柜和控制系统中，对主设备进行监视、测量、控制和保护的设备称为二次设备。二次设备对主设备的安全运行是必不可少的，二次设备根据用途可分为测量仪表、继电保护装置、信号装置、自动装置和操作电源。

操作电源的使用与维护：为保证配电系统在出现故障时保护装置能准确可靠地动作，操作电源要求必须非常可靠。目前常见操作电源有3种：由蓄电池供电的直流电源、整流电源及交流电源。

（1）蓄电池电源的维护　蓄电池电源的电压与被保护电路无关联，在主回路出现故障时仍能供电，是一种独立的电源。

① 在初次安装完成后的验收阶段，应进行一次容量测试，并将品质良好的新电池内阻、浮充电压、容量等参数作为该型号电池的基线数据存入智能检测仪中。

② 用电池组参数在线监测仪每月检测一次电池单体浮充电压、内阻；检查电池外壳和联结件。必须保证电池组中每个电池的浮充电压都处于正确的范围，若发现内阻异常、浮充电压偏高/低、外壳变形和联结件腐蚀时，应按说明书处理或向厂家提出处理。较高的浮充电压导致了电池腐蚀加快和失水，引起电池早期容量失效。因此，VRLA电池采用低浮充电压被认为是防止VRLA电池早期失效的途径之一。

③ 经常检查极柱连接螺栓是否松动，清理电池上的灰尘，特别是极柱和连接条上的灰尘，防止电池漏电或接地，同时观察电池外观有无异常，如有异常应及时处理。

④ 每年进行一次容量放电，如容量不足，应及时处理。重要场合的容量核对性放电要半年或3个月进行一次。特别注意的是：很多电池维护人员在进行定期放电时只是做短时间放电，没有进行深度放电，低于60%的放电时，电池容量下降的问题在端电压上很难反映。

⑤ 放电电流不宜过大，更要避免短路放电。放电时蓄电池端电压不要低于终止电压，以防蓄电池过度放电导致蓄电池性能下降和寿命缩短。

⑥ 平时不建议均充，电池放电后或事故停电后，管理人员应及时到电池室检查充电机充电电流，防止充电电流过大或失控。合适的均充电压是保证电池长寿命的基础。通过适当的过充电来保证电池组中落后电池充足电，这一方法由于要对电池组过充而应限制使用，可以采用单个电池补充充电代替均衡充电，如果必须对电池组进行均衡充电，必须严格按照电池生产厂的规定选取均衡充电电压。

⑦ 平时应注意浮充电压的温度补偿，不合理的温度补偿会影响蓄电池的使用寿命。

（2）二次回路的绝缘检查　运行中的二次回路一般每年检查一次绝缘性能。检查前要清除设备导线上的脏物，保证各种设备导线的清洁干燥。

在低压配电和控制系统中都需要电气仪表对各种参数进行测量，用以保证电气设备和工艺设备安全经济地运行。正确地使用仪表及精心维护可以有效地延长仪表的使用寿命，仪表的使用与维护应注意以下几方面。

① 检查被测量值是否在仪表的最大量程内，精度等级是否适宜。

② 检查仪表外观有无损伤，各种标志、极性是否清楚。

③ 检查端钮、刻度盘、调整器有无损伤，指针是否有弯曲变形及被卡住的现象。若指针弯曲变形，应拆开修理，不能通过调零纠正。指针转动不灵时，禁止摇摆敲击仪表，应送交专门人员修理。

④ 仪表出现故障后从装置拆卸下来时，应注意安全，在确保切断电源后再拆卸。

⑤ 装设仪表的地方空气应清洁干燥，无腐蚀性气体。环境温度适宜，无影响仪表精度的振动及干扰磁场。

⑥ 维护中还应注意检查仪表接线是否良好可靠，接线方式是否正确，确保仪表对配电系统的可靠监测。

⑦ 仪表应按规定定期做校核试验和调整，出现故障的仪表应及时修理或更换。

9.4.3.6　电气设备维护保养记录表

编制电气设备巡检记录表和电气设备运行报表。

9.4.3.7　安全技术

应包括防雷和接地系统、防火系统，安全用具，安全标志，漏电保护与持证上岗。

发生火灾时，应立即切断电源，采用干粉灭火器扑救，严禁用水扑救。

9.4.4　湿地床体的运行维护

9.4.4.1　冬季运行维护

（1）运行难点　湿地处理单元的上层管道位于冰冻线（−1.1m）以上，冬季易结冰。潜水泵及水泵间内管道，当流速较低时易结冰。

冬季湿地运行效率下降。冬季温度较低，导致湿地内微生物活性下降，繁殖量减少，处理效果降低。

（2）维护措施

①湿地停运时。打开湿地排空管，将湿地内水位降至冻土层以下（−1.1m）。

对冰盖以上植物进行收割。

② 湿地运行时。在外界温度降至冰点前，通过调整各湿地分区和单元进出水阀门井，提升湿地水位高于填料层表面30～40cm，随着温度的持续降低及冰厚增长（冰盖增厚期及冰厚增长请结合查阅当地气象资料分析），使湿地表面形成一层冰盖保护层（各单元池冰盖各自独立，如不稳定可采取一定加固设施）。待冰盖厚达到10cm以上后，再降低湿地内水位至填料以下，利用冰盖保护层下空气层保温。同时收割冰盖层以上植物进行保温覆盖。本工程在设计上对湿地单元外进出水管道及阀门井等均考虑冬季运行要求，埋深均设置在冻土层以下。因此冬季运行时，仅需要考虑极端天气情况，遇极端天气情况，需要对容易受影响的阀门等巡视，井内塞保温材料（如破棉絮等）或采用聚氨酯发泡保温，厚度60mm，也可采用玻璃钢外壳或镀锌铁皮包裹。如湿地长期停运时，需考虑把潜水排污泵提出水面，防止长时间不用冻坏设备。

9.4.4.2 基质堵塞

（1）堵塞原因　人工湿地的基质管理不善，容易造成湿地的堵塞，过度的堵塞会导致湿地水力传导系数降低，处理效果下降，运行寿命缩短以及其他一些问题。按照堵塞的原因，大体归结为以下3个方面。

① 微生物堵塞。随着时间的推移，湿地中部分营养物质会逐渐积累，湿地中的微生物大量繁殖，再加上植物的腐败，若维护不当，很容易产生淤积、阻塞现象。

② 水生植物堵塞。植物残体及其分泌物是人工湿地有机质的重要来源之一，人工湿地约27%的孔隙堵塞源于湿地植物的根与地下茎，73%的孔隙堵塞是由于进水及植物地上部分残体所造成的有机物积累。

③ 其他原因导致的人工湿地堵塞。分解的气体堵塞了渗滤孔及温度原因。

（2）防治堵塞的措施　人工湿地每六个月综合检查一次，日常的维护主要包括拔除杂草、清除死的植物以及清洗管道等，同时需根据来水水质的变化及时调整湿地进水量，以防止湿地超负荷运行。

① 湿地排泥。当湿地的出水量持续降低，出现湿地轻微雍水时，应当进行湿地内部排泥（脱落的生物膜也会随着排泥管一起排出）。

排泥具体的操作方法为：a.关闭出水阀，抬高湿地水位（一般到表层基质以上30cm）；b.关闭湿地进水阀；c.打开排泥阀即可实现湿地内部的排泥工作。

② 对污水进行曝气。由于厌氧状态是导致基质中胞外聚合物积累的重要原因，因此对污水进行曝气充氧可以起到一定的预防基质堵塞作用。

对污水进行曝气，可以提高基质的DO值，使微生物的分解作用得以更好的发挥，同时也可防止土壤中胞外聚合物的蓄积。

采用微生物抑制剂或溶菌剂可以抑制微生物生长，进而防止基质堵塞。但人工湿地系统主要依靠微生物的新陈代谢活动去除污染物质，因此宜采用不损害基质微生物生存环境的措施来恢复基质的水力传导能力。

③ 更换湿地部分基质。通常湿地单元进水段负荷较高，产生堵塞的概率大，一旦出现堵塞现象，可以更换湿地进水段局部基质，这种方法可以有效地恢复人工湿地的功能。

当湿地出水量持续降低，部分区域出现雍水且停止进水后，出现少量板结情况且板结厚度不超过3cm时，可以对湿地表面10cm基质层进行翻松并将板结层清理替换掉。

当湿地出水量严重偏低，雍水面积占湿地面积30%以上，且停止进水后板结厚度超过3cm时，需对拟处理区域停止进水3天，在技术人员的指导下对沿布水管中心位置向两侧各偏50cm，向下30cm范围内更换基质。

④ 其他。做好人工湿地的保温措施，保证水温不低于4℃。定期做人工湿地的冻土深度测试，掌握人工湿地的系统运行状况。强化预处理，减轻人工湿地系统的污染负荷。

9.4.4.3　水力系统控制

水力系统的管理首先根据设计的水力负荷、水力停留时间及湿地水深建立系统的运行方案和工艺控制要求。

其中包括每一处理单元的投配率、投配时间，并需在实际运行中根据具体情况进行工艺修正，保持水力负荷和出水水质在设计范围之内。除常规运行情况外，还要控制季节性暴雨和冬季等水量过大或过小等极端情况。水量过大会使湿地系统超负荷运转，出水水质达不到要求；同时若长期处于淹水缺氧状态，会影响处理效果，改变植物的生态结构。因此，极端情况下应适当调整运转方案。另外，要对系统水位进行合理控制，因为水位是影响植物和微生物生长并形成所需群落的关键。

9.4.4.4　防汛

湿地防汛及灾后工作主要包括以下内容。

① 在汛期要做好预防工作，加强电机、管道、闸门等设备的维修保养，保证水位能够得到有效控制，防止水位剧烈变化。

② 在暴雨后要立即进行强化保洁，雨后恢复上应强调时效性，及时清理重点段的垃圾和植物残体。洪水退后，立即清理水生植物上的垃圾及淤泥，以保证环境清洁。

③ 及时清理损毁的树木等植物，保证人员安全和道路通畅。受损的植物则要扶正、修剪，加强养护，保证成活。损毁的绿化适时安排补植。

④ 做好雨水排控工作，防止积水。

9.4.5 湿地植物的养护

（1）水位控制 植物系统建立后，污水是连续提供养分和水的主要来源，保持适当的水位是养护中重要的一环。不同的水生植物对水位要求不同，同一种植物在不同的生长期耐水深度也不一样。植物生长初期，最好保障潜流湿地表层有5cm左右水深。按设计流量运行3个月后，将水位降低到距湿地表层下0.15m处运行，以促进芦苇等植物的根系向床体深处发展，待根系深入到床底生长后，开始正常运行。

（2）除杂草 通常一些天然杂草出现在系统中可不必去除，但若其生长过于旺盛以至于影响湿地植物的生长时要将其去除，去除杂草的工作量通常很大。通常有以下几种除草方式。

① 可提高水位至淹没杂草，以清除杂草，待植物生长良好后恢复正常水位。淹没时间及水位根据植物的具体情况而定。

② 可采用人工和施用除草剂的方法除草。在施用除草剂时，不可使用污染水质和伤害本种植物的品种。

（3）补植 对死亡缺株的情况，要及时补植，以保证湿地净化作用和整齐美观。

（4）修剪 除冬季收割外，挺水植物一般在春季、夏季修剪1～2次，去除扩张性植物和死亡植株，挖除过密植株。平时及时修剪枯黄、枯死和倒伏植株；生长期修剪则结合疏除弱枝弱株，使通风透光，维持系统的景观效果。修剪下的植株要及时清除，防止蚊蝇滋生和影响景观。

（5）分栽 种植后经2年的生长，有的植株会比较拥挤，影响通风透光，此时就要及时进行分栽，保证植物有一个良好的生长环境。

（6）收割 在植物生长茂盛或成熟后应对植物进行及时收割，以防枯死植物分解释放污染物质。一般的植物收割时间为上半年冬季冰盖层稳固后或下半年的9～11月份。秋末冬初植物枯萎后收割前，先降低人工湿地内的水位，待表土干燥后再进行收割，避免工人操作时破坏湿地土壤。收割的植物最好交由专业的再生资源回收公司进行处理和利用，不得随意丢弃。

（7）病虫害防治 根据水生植物的生长习性和立地环境特点，加强对有害生物的日常监测和控制。根据不同水生植物种类、生长状况确定有害生物重点防治对象，提倡以生物防治、物理防治为主的无公害防治法，尽量少用农药。

9.4.6　附属设施维护

人工湿地系统附属设施包括道路、管道系统、供水系统供电、通信线网、防雷装置、绿化、宣传栏等设施。应有相关人员负责附属设施的日常运行维护和检修工作。

（1）管道系统　管道系统包括水管及各管道系统上的控制闸门和阀门等。根据不同管路系统对管道、闸门和阀门等按计划和实际情况进行检修或更换等工作。

（2）供水系统　供水系统主要是指生活用水管路系统。应定期检查，防止漏水。

（3）道路　道路主要是厂内的维护道路。相关工作人员应保持厂区内道路畅通，做好保洁工作，若道路有破损应及时进行修复。对于少量道路破损应及时维修，对于需通过施工进行恢复的，应报公司列入维修计划实施。

（4）供电、通信线网及其防雷装置　要巡视全厂供电、通信线网、架空线路是否与树枝摩擦，电杆是否牢固，避雷线路接地是否良好，确保线网安全工作。

（5）格栅日常维护　巡检时应注意格栅所处的水面情况，当出现雍水时停止进水，对格栅进行清污处理。

定期检查格栅，若发现格栅板断裂、变形、开焊等异常现象，应及时报备处理。

9.4.7　运行维护计划

9.4.7.1　春季运行维护计划

见表9-3。

表9-3　春季运行维护计划

季节	事项	工作内容	工作量
春季 （3～5月份）	水位 调控	① 冰层消融后恢复湿地正常运行水位； ② 将湿地单元落干一次	1人（专人负责）
	水生植物维护	① 除草：定期对湿地内的杂草进行清理； ② 补植：对植物明显缺失区域进行合理补植； ③ 分栽：对生长密度明显偏大区域进行分栽或移植	3000～5000m²/每台班
	卫生 清洁	① 及时清理湿地范围内的残枝败叶及垃圾； ② 对管理范围内的设施进行必要的卫生清洁工作； ③ 重点加强水域保洁，保证水面洁净，无垃圾、落叶等	3000～5000m²/每台班

季节	事项	工作内容	工作量
春季 （3～5月份）	日常 巡视	① 每日重点巡视湿地是否有淹水现象； ② 每日巡视湿地内及周围环境卫生，保证无死角，清洁明净； ③ 重点巡视湿地进水水质，查看是否有冲击性污染物	10000m²/每台班
	设施 维护	① 定期检查保养湿地管道、闸门、渠道、阀门等设施，保证设施正常运行，避免漏水； ② 加强预处理设施管理，及时清理悬浮物，定期检查盖板的完整、管道的畅通； ③ 对进出水渠进行定期清淤	1人（专人负责）
	日常 监测	定期检测、记录湿地水质、水量数据	1人（专人负责）

9.4.7.2 夏季运行维护计划

见表9-4。

表9-4 夏季运行维护计划

季节	事项	工作内容	工作量
夏季 （6～8月份）	水位 调控	保持湿地高水位运行	1人（专人负责）
	水生植 物维护	① 除草：定期对湿地内的杂草进行清理； ② 补植：对植物明显缺失区域进行合理补植； ③ 防治病虫害：加强病虫害防治措施，每7d重点巡视一次，及时实施消灭病虫害工作	3000～5000m²/每台班
	卫生 清洁	① 每日清理湿地范围内的残枝败叶及垃圾； ② 每日管理范围内的设施，进行必要的卫生清洁工作	3000～5000m²/每台班
	日常 巡视	① 每日重点巡视湿地进出口，保证湿地水流通畅，避免悬浮物阻塞湿地进出水口； ② 每日巡视湿地内及周围环境卫生，保证无死角，清洁明净	10000m²/每台班
	设施 维护	① 定期检查保养湿地管道、闸门、渠道、阀门等设施，保证设施正常运行，避免漏水； ② 加强预处理设施管理，及时清理悬浮物，定期检查盖板的完整、管道的畅通； ③ 对进出水渠进行定期清淤	1人（专人负责）
	日常 监测	定期检测、记录湿地水质、水量数据	1人（专人负责）

9.4.7.3 秋季运行维护计划

见表9-5。

表9-5 秋季运行维护计划

季节	事项	工作内容	工作量
秋季 （9～11月份）	水位调控	将湿地单元落干一次	1人（专人负责）
	水生植物维护	收割：视植物生长情况，将已枯萎或即将枯萎的部分全部收割，将植物残体运走集中处理	3000～5000m²/每台班
	卫生清洁	① 每日清理湿地范围内的残枝败叶及垃圾； ② 每日管理范围内的设施，进行必要的卫生清洁工作	3000～5000m²/每台班
	日常巡视	① 每日重点巡视湿地进出口，保证湿地水流通畅，避免悬浮物阻塞湿地进出水口； ② 每日巡视湿地内及周围环境卫生，保证无死角，清洁明净； ③ 加强火源的监管工作，消除火灾隐患，确保发生火灾时能及时扑救	10000m²/每台班
	设施维护	① 定期检查保养湿地管道、闸门、渠道、阀门等设施，保证设施正常运行，避免漏水； ② 加强预处理设施管理，及时清理悬浮物，定期检查盖板的完整、管道的畅通； ③ 对进出水渠进行定期清淤； ④ 入冬前重点检查管路系统、泵站的保温设施，保证保温材料好无损，保温设备运转正常	1人（专人负责）
	日常监测	定期检测、记录湿地水质、水量数据	1人（专人负责）

9.4.7.4 冬季运行维护计划

见表9-6。

表9-6 冬季运行维护计划

季节	事项	工作内容	工作量
冬季 （12～2月份）	水位调控	① 日最低温度低于0℃时，提高湿地运行水位至最高，冰面稳定后降低湿地运行水位，保证湿地液面在冰冻层下10～15cm运行； ② 将湿地单元落干一次	1人（专人负责）
	水生植物维护	① 收割：待湿地床体完全结冰后，对冰层以上植物进行收割，并将植物残体就地铺在冰面； ② 气温回升后，冰层消融前将植物残体清出湿地并合理处置	3000～5000m²/每台班

季节	事项	工作内容	工作量
冬季 （12～2月份）	卫生 清洁	① 每日清理湿地范围内的残枝败叶及垃圾； ② 每日管理范围内的设施，进行必要的卫生清洁工作	3000～5000m²/ 每台班
	日常 巡视	① 每日重点巡视湿地进出口，保证湿地水流通畅，避免悬浮物阻塞湿地进出水口； ② 每日巡视湿地内及周围环境卫生，保证无死角，清洁明净； ③ 每日巡视结构主体，避免因冻胀引起结构破坏； ④ 加强火源的监管工作，消除火灾隐患，确保发生火灾时能及时扑救	1000m²/每台班
	设施 维护	① 定期检查保养湿地管道、闸门、渠道、阀门等设施，避免因结冰引起阻塞、冻胀，及时清除进出口浮冰； ② 加强预处理设施管理，及时清理悬浮物及浮冰； ③ 对进出水渠进行定期清淤； ④ 做好管路系统的保温措施，加强管理泵站的保温设施，防止管道结冰及设备低温运行故障	1人（专人负责）
	日常 监测	① 定期检测、记录湿地水质、水量数据； ② 定期检查湿地冰冻深度并调节湿地运行水位	1人（专人负责）

9.5　检修

9.5.1　控制系统

9.5.1.1　PLC系统的计划检修

应定期对PLC机柜内积尘进行清理（每半年一次）；对PLC机箱内积尘进行清除，建议1～2年一次。

9.5.1.2　在线仪表的维护与调校

由于在特殊使用环境，极易造成在线水质成分分析仪表探头部分因污水中油脂、微生物的滋长和无机物的沉积与附着，而影响仪表探头的正常工作，因此探头部分的清洗是十分重要的。对于需要定期清洗的仪表，应制订详细的清洗计划，定期按照要求进行清洗调校。

常用的在线仪表种类见表9-7。

表9-7　人工湿地系统常见使用的在线仪表种类

工艺参数	测量介质	测量部位	常用仪表
COD	尾水/出水	进/出水	COD在线测量仪（消解法或紫外分光光度法）
氨氮	尾水/出水	进/出水	氨氮在线测量仪（消解法或紫外分光光度法）
总磷	尾水/出水	进/出水	总磷在线测量仪或紫外分光光度法

（1）校验与标定　在线热工测量仪表为了确保其在线测量精度，必须要对其进行定期的调整和校验。一般调整、校验步骤为：首先进行零点量程调整，并校验符合规定要求，这样的工作一般均在实验室进行。

在线水质分析仪表的标定、校验，应按照其说明书要求配制相应的溶液或试剂，按照其要求的方法进行校验工作。校准、校验周期随仪表类型的不同而不同，对于热工测量仪表（如温度、压力、液位、流量），至少应半年做一次零点检查，一年做一次量程检查。在每次校验调整后，都应填写校验记录，并归档。

（2）故障维修及部件更换　在线仪表的故障维修工作是一项技术性较强的工作，应由专业人员来进行。

（3）检修记录　检修记录应包括以下内容：

① 校验、标定记录（标定日期、方法、精度校验记录）；

② 维修记录（包括维修日期，故障现象及处理方法，更换部件记录）；

③ 日常维护记录（零点检查，量程调整、检查，外观检查，定期清洗等）。

9.5.2　机械设备检修

（1）机械设备故障维修　设备运行过程中出现故障，操作人员应按程序开启备用设备并报修。报修后即进入故障维修工作流程。维修完成后，均应进行试运转以确认故障得到排除，并填写设备修复单移交运行部门。

（2）检修规程　按设备供应商提供的设备检修手册编制各单体设备的检修规程。检修规程的内容包括设备检修操作步骤以及描述各单体设备可能的故障以及排除方法。

9.5.3　电气设备检修

电气设备的检修一般以计划性检修为主。湿地系统可能会用到的电气设备可简单分为：高低压配电系统、中控系统、二次设备、就地控制柜、电动设备、照明装置等。

9.5.3.1　电机控制中心的检修

电机控制中心检修应包括以下内容。

① 对断开、闭合次数较多的断路器，应定期检查其主触点表面的烧损情况，并进行维修或更换。断路器每经过一次短路电流，应及时对其触点等部位进行维修或更换。

② 对于主接触器，特别是动作频繁的系统，应经常检查主触点表面，当发现触点严重烧损时，应及时更换，不能使用。

③ 定期检查接触器、断路器等电器的辅助触点及继电器的触点，确保接触良好。

④ 定期检查电流继电器、时间继电器、电压继电器等整定值是否符合要求，并做定期整定。

⑤ 定期检查各部位接线是否牢靠及所有紧固件有无松动现象。

⑥ 定期调整断路器、刀开关等电气元件的操作及传动机构，使其保持灵活。

⑦ 定期检查装置的保护接地系统是否安全可靠。

9.5.3.2　电机检修

电机的故障多种多样，它与电机的结构形式、制造质量、使用条件和维护情况等有密切关系。同一种故障可能有不同的外观现象，而同一种外观现象也可能由不同故障原因引起。检查电机故障的一般步骤如下。

（1）调查　在调查电机的故障时，首先要了解电机的型号、规格、使用条件和使用年限，以及电机在发生故障前的运行状况，如电机的负荷大小、温度高低、有无异常声音等。对于不清楚的情况，要认真听取操作人员的反映。

（2）察看故障现象　要察看电机的电压、电流、功率、转速、声响、振动、温度以及有无焦臭气味和发热冒烟等现象。察看的方法要灵活掌握，有时可以让电机短时运转，直接观察故障情况，然后进行分析；有时电机不能接上电源，只能根据所观察到的表面现象进行分析和判定。待故障原因基本判断后可把电机拆开，观察它的内部状况。

（3）分析判断　在调查研究和察看的基础上，根据理论知识和实践经验，进行具体分析判断。在分析过程中，如认为已有的条件不足以最后确定故障所在时，可以在初步分析的基础上再深入调查，察看或做必要的试验和测量工作。故障找出后，还要进一步分析和找出引起故障的各种原因。

9.5.4 人工湿地系统建筑物的检修

（1）建筑物的维护 建筑物的维护包括门窗油漆、内墙粉刷、电气线路、控制柜与灯具维护更新，电信线路的维护，上、下水管及卫生器具的维护与更新等。

（2）建筑物的检修 建筑物出现漏雨、地面与墙面裂缝或门窗腐朽损坏，影响使用，由使用部门提出申请，报公司列入检修计划实施。

（3）构筑物的维护 构筑物的维护包括各类管道的检漏、堵漏和疏通，检查井井盖破损的更换，车行道路面的小修小补，人行道板破损或松动的维护，管道阀门的测试、润滑和防腐，各种地下管线设施标示牌的整理与补缺，各类广告牌宣教栏设施的维护、美化。还包括各生产设施中的土建工程的爬梯、扶梯的除锈、防腐，构筑物的粉刷。

构筑物的维护应定期进行，列入公司运维部门年度工作进行，并按计划执行。

（4）构筑物的检修 构筑物出现沉降、裂缝、漏水或地下管道断裂、爆裂，闸阀失灵，以及路面开裂沉降等要编报检修计划，由公司建设部门审查和执行。

9.6 监测

9.6.1 监测内容和频率

对人工湿地的流量、水位、水质和一些生物学参数进行日常监测，为人工湿地系统运行效果的评估和可持续保障提供基础数据。监测期间所产生的水质化验废液统一收集，并交于有资质的机构进行废液处理。人工湿地的日常监测内容如表9-8所列。

表9-8 人工湿地系统所需监测内容

参数	取样位置	采样频率
生物塘浊度	进水	2h 或根据环保要求调整
COD	进水、出水	2h 或根据环保要求调整
氨氮	进水、出水	2h 或根据环保要求调整
总磷	进水、出水	2h 或根据环保要求调整
生物种类、种数、个体数以及高度、幅度、盖度等	人工湿地系统	每季度
BOD_5	进水、出水	每月一次或根据环保要求调整
总氮	进水、出水	每月一次或根据环保要求调整

（1）监测原则

① 根据监测断面的水质情况，适时调整处理设施的运行条件和运行参数，做好原始记录，分析、保存记录完整的各项资料；

② 及时整理汇总、分析运行记录，建立运行技术档案；

③ 根据监测断面的水质情况，向技术部门建议适时调整处理设施的运行条件和运行参数。

（2）监测频率　水质监测部分主要包括进水、出水和沿程水样的COD、氨氮和总磷等水质指标的监测和分析，以综合评价人工湿地工程的水质净化效果。水质指标：运行初期主要指标1次/2h或按环保要求调整频率，其他每周一次，特殊情况下则随时监测。

（3）水质监测采样点位的设置　设置监测断面后，根据水面的宽度确定断面上的采样垂线，再根据采样垂线处水深确定采样点的数目和位置。其所在位置设固定而明显的岸边标志物。

（4）采样方法及监测技术的选用　要符合《地表水和污水监测技术规范》。

（5）运输过程中的保存措施　采样后放在冰块中，以保持低温条件。在运输过程中，样品用黑色塑料袋或保密性较好的箱子装，从而避免光照。根据《地表水和污水监测技术规范》，水样保存方法如表9-9所列。

表9-9　水样保存方法

序号	项目	采样容器	保存方法	保存期	采样量/mL
1	COD	G	加硫酸，pH < 2	2d	500
2	氨氮	G、P	加硫酸，pH < 2	24h	250
3	总磷	G、P	加盐酸、硫酸，pH < 2	24h	250

注：G为硬质玻璃瓶，P为聚乙烯瓶（桶）。

（6）质量保证、结果表述　见图9-2。

采样时质量控制应掌握以下要点。

a. 采样前测量现场水样的物理化学特征参数，同时测量当天气象参数。

b. 采样时，首先用水样荡洗容器，再用采集的样品反复荡洗样品容器3～5次。

c. 水样采集后，在现场根据所测项目的要求添加保存剂。盖好盖塞，填写标签贴在容器壁上，记好采样记录。将样品妥善装箱准备运到实验室。

d. 取样点安排人员尽可能同时取样，以保证其时间的可比性。

e. 采用相同规格的采样及保存仪器，尽可能排除干扰。

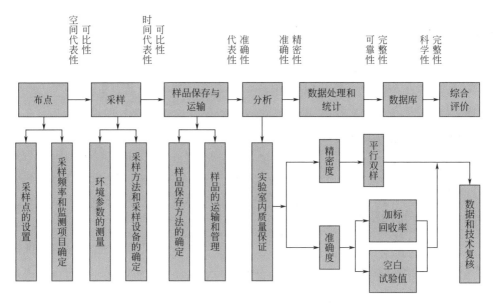

图9-2　质量保证、结果表述

f. 采样时不可搅动水底的沉积物。

g. 采样时尽量保证采样点的位置准确。

h. 保证采样按时、准确、安全。

i. 采样结束前，应核对采样计划、记录与水样，如有错误或遗漏，应立即补采或重采。

j. 如采样现场水体很不均匀，无法采到有代表性的样品，则应详细记录不均匀的情况和实际采样情况，供使用该数据者参考。

k. 测生化需氧量项目时，水样必须注满容器，上部不留空间，并有水封口。

l. 如果水样中含沉降性固体（如泥沙等），则应分离除去。分离方法为：将所采水样摇匀后倒入筒形玻璃容器（如1～2L量筒），静置30min，将不含沉降性固体但含有悬浮性固体的水样移入盛样容器并加入保存剂。

9.6.2　样品检测

（1）外界干扰　检测过程因外界干扰（停电、停水等）而影响检测质量或出现异常数据时，应重新检测；若因环境干扰（温度、湿度、振动和磁场等）而使得检测仪器不稳定，应暂停检测，消除干扰后再测；若因检测失误或样品本身原因，无法得出完整的检测数据，原有数据作废并重新检测，所有这些情况都应记录备查。

（2）记录和计算　计算检测结果，认真填写原始记录，原始记录不得随意涂改增删，确需更改时，作废数据划两道水平线，使原数据仍能辨认，然后将正确数据填写于其上方，并加盖更改人印章；原始记录必须填满，确不能填的划"/"；全部数据均采用法定计量单位。

9.7 应急处理措施

9.7.1 电气和机械设备故障

（1）故障报警　电气设备和机械设备报警包括自动报警装置报警和操作人员在巡检过程中发现设备故障报警，发现故障报警后应立即向项目公司报告，公司负责人在接到故障报警后应立即着手进行处理。设备故障报警后立即停止报警设备的运行并开启备用设备维持正常运行。操作人员到报警设备现场进行调整处理。

（2）应急处理　操作人员到达报警设备现场后，应立即调查和排除故障，并检查设备性能。如果设备损坏，则应报值班负责人在共同确认后通知检修人员对设备进行检修。

（3）事故调查　事故应急处理完毕，应由技术负责人、当班负责人和当班操作人员组成事故调查组，对事故原因进行调查，并填写事故调查表，事故调查表完成后应抄送项目公司总经理。

（4）责任处理　事故原因调查完成后，技术负责人应根据造成事故的原因追究相关人员责任，提出责任处理书面建议，送厂长办公室。由项目公司做出书面事故责任处理决定并公告。

（5）事故预防　事故预防应从工程技术措施、教育措施和管理措施等三个方面进行，事故预防方案应由技术负责人负责总结并最终形成书面报告，由项目公司决定并付诸实施。

（6）事故报告　事故报告包括事故调查、事故责任处理和事故预防等三个方面的书面报告。事故报告由维修部负责整理并归档。

（7）事故信息传达　在一定范围内通报，吸取教训，杜绝事故发生。

9.7.2 火灾突发事故

湿地运维过程中，应定期组织演练，并检查消防用品是否完备。

（1）事故报警

  人工湿地技术及应用——以黄河流域为例

① 现场工作人员发现火情应立即报警。一是打火警电话119；二是及时向领导汇报。

② 向公司抗灾应急领导小组报告。

③ 向有关部门报告。

（2）应急处理

① 在"119"到来前，现场员工根据现场情况，组织有效灭火。

②"119"消防队员到来后，积极配合，共同灭火。

（3）事故调查　事故应急处理完毕，应由当班负责人和当班操作人员组成事故调查组，对事故原因进行调查，并填写事故调查表。

9.7.3 水质污染突发事故

（1）事故报警　人员在巡检过程中发现遇高负荷事故排放后应立即向项目公司报告，公司负责人在接到事故报警后应立即着手进行处理。

（2）应急处理　操作人员到达现场后，应视污染程度确定是否停止系统运行，并采取人工投撒药剂或停止湿地运行等紧急处置措施。

（3）事故调查　事故应急处理完毕，应由当班负责人和当班操作人员组成事故调查组，对事故原因进行调查，并填写事故调查表。

9.7.4 暴雨突发事故

（1）事故预警

① 接到上级预警时，应加强值班，保证通信畅通；

② 及时掌握天气变化情况，并及时通报；

③ 检查、补齐、落实所有应急装备，保证应急需要。

（2）应急处理

① 领导小组全体成员各就各位，各负其责，领导、组织、动员职工全力投入抗灾救灾工作；

② 各应急分队负责各责任区重点部位的疏散、撤离和监控；

③ 迅速按预案要求征召应急车、抢险工具等抢险装备，统一调度使用；

④ 组织应急分队在全厂范围内不间断巡逻、监控灾情，实施救援；

⑤ 组织应急分队关闭湿地水泵，防止湿地被大水长时间淹没。

（3）事故调查　事故应急处理完毕，应由当班负责人和当班操作人员组成事故调查组，对事故原因进行调查，并填写事故调查表。

9.7.5 安全措施

（1）建立安全领导小组 运营公司应建立项目安全生产领导小组，将现场的安全生产工作纳入安全生产、文明管理体系，建立健全运营公司安全生产责任制和各项管理制度或规定，统一协调、管理安全生产，按制度实施和落实，对现场安全生产管理全面负责。所有措施均需满足××××工程技术有限公司内部运管文件。

（2）任命专/兼职安全员 现场应配备具有安全员资格证的专职或兼职安全员实施安全管理。安全员必须持证上岗。

（3）安全生产责任制分解与落实 根据"管生产必须管安全"和"党政同责、一岗双责、齐抓共管、失职追责"的原则，运营公司建立并实施各单位及各级主要负责人和各岗位人员的安全生产责任制，健全和落实安全生产责任制。

（4）安全生产检查和例会制度 运营公司应根据现场情况定期组织召开安全生产例会并形成会议纪要。定期不定期开展安全生产检查，若发现安全隐患，进行整改并消除安全隐患。

（5）安全教育和培训 安全教育和培训是保证安全生产的重要手段。应遵循"安全工作，教育先行"的原则，对各级人员进行安全生产教育和培训，保证运营公司各级人员具备相应的必要的安全生产知识，熟悉有关的安全生产规章制度和安全操作规程，掌握本岗位的安全操作技能，了解事故应急处理措施，知悉自身在安全生产方面的权利和义务，为确保安全生产创造条件。未经安全生产教育和培训合格的从业人员，不得上岗作业。

安全教育和培训包括以下内容。

① 新进人员的三级安全教育。相关责任部门应如实记录和保留各级安全教育的培训记录及考核成绩，存档备查。

② 特种作业人员的教育和管理。各种特种作业人员必须按照国家有关规定经专门的安全作业培训并考核合格，取得相应资格后，方可上岗作业，并按相关规定定期复审。对特种作业人员应建立专门的档案。

（6）应急预案及演练 制订相应应急预案并负责组织开展演练、评价和改进工作。若发生安全事故，必要时按规定启动相关应急预案。

（7）事故报告和调查处理 按《生产安全事故报告和调查处理条例》及有关规定及时如实上报生产安全事故并积极配合事故调查处理。

9.8　备品备件仓库管理制度

备品备件是设备维护、检修不可缺少的物资基础。备品备件管理的主要任务是：编制申请计划，满足维护检修需要；制订管理目标，有效管控维修费用；减少库存积压，加快资金周转；有计划地对备品备件推行通用化、标准化、集约化管理。

9.8.1　备品备件管理分类

① 易损件：使用寿命在三个月以内及消耗品（一般单价2千元以下）。

② 日常备品备件：使用寿命在一年以内的（一般单价1万元以下）。

③ 大中修备件：随生产主要设备检修周期更换的（一般单价1万元以上）。

④ 事故备件：使用寿命长，工作条件重要，一旦发生事故严重影响生产的（一般单价1万元以上）。

9.8.2　备品备件定额管理

为提高备品备件管理水平，减少盲目订货，必须制订合理的备品备件使用定额，作为编制备品备件计划的主要依据。

（1）备品备件定额包括消耗定额、储备定额

① 消耗定额：是指生产线在某个生产周期内的产品量与备品备件消耗量的比值。钢铁企业一般是每吨产多少备品备件消耗金额（元），这是备品备件定额管理的基础。

② 储备定额：是以保证生产需要而必需的储备量，一般以仓储资金周转率计算。

（2）备品备件集中仓储管理　各单位备品备件计划员、设备技术员应对各类备品备件实际消耗情况，定期进行整理，逐步掌握消耗规律，修订定额。

① 易损件储备不超过三个月使用量。

② 日常备品备件、大中修备件（包括公司大库储备）不超过六个月使用量。

③ 为保证生产，单机设备的备品备件年用量不超过5件的，允许按年用量储备。

④ 个别物品确需超定额储备，必须报公司专业主管批准。

⑤ 事故备件不制订储备周期。

⑥ 各单位备品备件储备总金额不能超过储备定额。

⑦ 因种种原因不再使用的备品备件，各单位及时清理上报，不再统计在储备定额内。

公司每月对各单位库存储备情况进行检查，每年依据过去定额完成情况，调整、制订各项新定额。

9.8.3 备品备件计划管理

（1）年度备品备件计划　各单位设备技术员，根据公司生产和设备检修年计划，提出次年设备所需的大中修备件和事故备件计划。经设备主管负责人审核签字后，申报。设备技改专项、安措项目所需的各种备品备件，应单独申报。年度备品备件计划，每年申报一次。未列入年计划项目的，不得使用大中修费用。

（2）月度备品备件计划　月度计划由各单位设备技术人员，落实本单位储备情况后，每月申报一次。总金额不得超过月平均消耗定额，各单位设备主管负责人应在消耗定额范围内删减审批。公司各管理处室按分工，落实库存、代用、借用后，删减审批。

（3）周计划或紧急计划　因生产或检修发生变化或发生事故，急需备品备件采购或加工时，申报周计划。经公司批准的，相关单位应在指定的时间内完成采购、制作。

紧急计划采购或加工批准后，生产单位应补充申报周计划。

周计划或紧急计划每月申报不得超过3次，总项数不得超过30项。

（4）申报备品备件计划的基本要求　申报计划必须填写名称，规格型号（图号），申请数量，用途（使用设备），交货日期，申报人，进场可检验主要质量标准，原生产厂家及现推荐厂家。

各单位提出需要定做加工的备品备件计划时，必须提供设备主管签字审核后技术内容齐全的图纸或资料。

列入备品备件计划后，因图纸或技术资料变更、推迟检修时间等原因，需要改变加工时间或停止加工时，必须书面通知公司相关处室或管理人员，以便通知加工单位改变或停止加工计划。凡是因图纸或技术资料差错，造成的二次采购或加工费用记入申报单位消耗。

计划应按类型（工具、机物料、电气仪表、通用备件、非标备件、工艺备件）集中归类、整理汇总、制单申报。

9.8.4 备品备件合同管理

根据备品备件计划，公司相关处室按图纸要求，依据"先厂内后厂外"的原则，向承制单位签订供货合同，分别审批、签字、盖章生效。

合同签订后，需方要求变动规格，修改图纸或增减数量，消减合同时，要书面通知供应处，由供应处向供方联系解决。在特定情况下，经公司批准，需方申报单位有关人员方可直接向供方联系解决。

承制过程中发生技术问题，来函要求研究解决时，需方申报单位应协同解决。

非标准件及特殊件，因计划不周或设备事故，经公司或供应处同意，使用单位可直接向供方签订订货合同，或先送货后再补签合同。

签订合同时，应按图纸（或技术资料）及申请数量、交货日期等要求进行订货。填写合同条款要认真清楚，对合同有关条款认真检查，避免含糊其词。

货物交货后，要按合同号逐一对照，检查到货品种、型号、质量、数量。确认无异议，可签发收到凭证，办理入库，注销合同。

9.8.5 备品备件质检验收

备品备件入库时，供货方必须携带备品备件相关的技术资料（或图纸）。由公司质量检验员和负责该设备的现场技术员，共同按照合同内容，技术资料（或图纸）逐一验收。

（1）备品备件入库验收 对有包装的备品备件，打开包装后，首先查验装箱单、合格证、说明书及有关图纸资料，齐全后方可验收。

备品备件入库除按照技术资料（或图纸）要求外，也应参照设备实际使用情况进行验收。因现场检修需要，需要直接卸到现场的，要和入库一样验收。

同一品种数量大（或不能准确确定数量）时，可抽样检查质量，称重计算数量。

对一些特殊备品备件，需进行材质成分化验或理化性能试验（如拉伸、弯曲试验，局部或整体探伤等），由使用单位申请，公司指定专业人员处理。

不合格的备品备件一律不得入库。

（2）备品备件质量异议的处理 备品备件入库验收时，如发现名称、规格型号（图纸）、数量与合同不符，应立即通知使用单位，使其了解具体情况，等待处理或（质量不合格）退回供货方。

备品备件经检验某些方面不合格，但经修复或某种技术处理后可以使用的，视为备品备件质量异议。

出现质量异议，质检人员必须如实填写"备品备件质量异议单"。详细描述质量异议问题，并标识"质量异议"标签，单独存放。经复检合格后，使用单位主管技术人员必须签字确认可以使用，再按合格品处理。

对入库的台套备品备件（如减速机、车轮组等装配件），从外观验收不易发现内在的质量问题时，办理入库结账要留有一定比例的质量保证金或推迟结账时间。

验收合格后，质量检验员应填写质量验收合格证，备品备件使用单位验收人签字，由保管员办理入库手续。

9.8.6 备品备件仓储管理

（1）备品备件入库 审核计划与订货合同，检查供货单位、运单、装箱单、托收凭证及产品合格证等资料，证件不符的备品备件不得入库。

按备品备件的品种、规格、型号、数量进行验收。计件备品备件的数量必须拆包、开箱清点件数。如发现多出或缺少，库管员要及时反映信息，交有关人员处理。未处理前，不办理入库。

按国家标准或规定进行检验，备品备件外观必须完好。如有表面损伤、裂纹、弯曲、变形，库管员应及时向有关人员反映。问题未处理前，不办理入库。

经检验合格后的备品备件，由保管员登记到货台账。一般要详细记载入库时间、物品名称、规格型号（图纸编号）、数量、供货单位等基本信息。

备品备件入库，保管员应全程跟随，及时按要求摆放或上架，并贴（挂）标签。

（2）备品备件出库 领取备品备件者，必须持出库单领取。无计划者公司主管单位有权不供件。

紧急事故（夜间或节假日）不能做到手续完备时，经主管单位领导同意，值班人员方可发放出库，在5个工作日内必须补办领用出库手续。

仓库办理出库时，保管员必须全程跟随，及时改变标签的库存数量，并登记台账。

（3）备品备件储备保管 根据备品备件使用情况可分为室内存放、露天存放和机旁备用。室内存放实行"四号定位"和"五·五摆放"。露天存放要分类、分区，有条件的可以上架管理。机旁备用应根据现场情况做好安全防护，尽可能集中区域，有序放置。每种备品备件都要有明显标志，注明名称、规格型号、用途等，便于查找、盘点。

备品备件入库后，仓库保管员要将表面油污、灰尘及各种杂物清理干净。需要立即保养的，使用单位安排专业人员在齿面、轴颈、轴孔等主要精度要求部位涂防锈油脂。备品备件使用单位每年应检查、协助保养一次。

现场专用备品备件，可由使用单位指定专人管理，并按公司要求定期提供本单位备品备件消耗、储备、保养情况报表。

（4）备品备件库容库貌　备品备件库按定置管理要求，合理划分区域，随时保持安全消防通道畅通。不准有任何障碍物堆放占用安全消防通道。备品备件库内不得存放与备品备件无关的物资。不合格品、待检待处理品在入口较近处划分区域存放。库内外清洁、无杂物。备品备件领用或移动后，及时清理保持卫生。

（5）备品备件账表标志要求　原始凭证（入库质量检验单、入库单、出库单、质量异议记录）记录齐全，字迹清楚，数据真实可靠。质检员登记到货台账，验收如有质量异议时要登记质量异议台账。验收合格后的备品备件，由保管员登记入库台账。备品备件领用出库，由保管员登记出库台账。生产使用单位退旧，由保管员登记交旧台账。按公司要求，定期编写、上报备品备件盘点报表。所有账表要按管理要求填写真实内容。账表必须妥善保管，不得丢失。各单位储备的备品备件，"账、物、卡"必须准确一致。室内备品备件台账按"四号定位"[库、区（架）、层、位]方法标注存放地点。现场备品备件台账按"设备区域管理单位名称"标注存放地点和用途。

（6）备品备件安全管理　对起重设备及搬运、装卸工具应做到经常检查，使之处于完好状态，防止吊装失误造成备品备件损坏。装卸备品备件时注意稳起轻放。对贵重件要采取合适的铺垫，并加以固定。在库内吊运和摆放时，应注意清除运行通道上的障碍以免刮伤和碰伤备品备件。吊运铜、铝件时，在钢丝绳与备品备件接触面上加垫木板或纸板，以免划伤。

在装卸、移动细长轴杆或大型（或高精）备品备件时，应由专业技术人员操作。对细长轴杆类要设专用吊架悬挂，以免弯曲变形。贵重金属件要设专门的箱、柜或笼并上锁保管，以免被盗丢失。库房内严禁交叉存放各种易燃品和具有腐蚀性的化学物品。橡胶制品和塑料制品等要远离热源和油污浸蚀，尽量避免阳光暴晒。露天存放物品要摆放平稳、整齐；上盖、下垫，防水、防尘、防暴晒。库房、库区附近备有一定数量的消防器材。

9.8.7　备品备件技术管理

（1）对备品备件技术资料的要求　各单位对所属设备的备品备件技术资料必须建立资料室保存，制订图纸及相关技术资料管理制度，并设专人管理。公司相关部室也要保存相关重要的技术资料。

图纸的绘制必须符合国家标准。同一型号的设备不得同时存在几种不同图号的图纸，只能保留与设备完全相符的图纸，其他应及时销毁。设计、审查、核对、批准、描图等人员签字齐全，并注明设计及修改日期。

设备局部改造后，应及时将改掉图纸清除部分，将更新部分图纸备齐。严禁新老混装，以免在备品备件制作中出现差错。

（2）专业设备备品备件的技术转化　对进口设备所带来的备品备件，应逐项登记上账，并核对图纸，有图的要对国外原图进行转化，转化为国内标准，以便在国内厂家制造。国外原图必须妥善保管，必要时复制，以备进口备品备件使用。对随机来的备品备件如无原图，应在安装使用前，组织有关技术人员进行测绘。根据其在设备中的作用，确定其技术条件、材质和工艺要求。如本单位无力解决的，可聘请专业设计部门测绘并制图。如无原图也无随机备品备件，则应利用检修机会，清洗零件测绘并制图。

国内某些专业厂家，为了技术垄断，在订设备时不供图纸，因而给备品备件制造带来困难，应组织人员或外聘设计部门，利用检修的机会及时测绘并制图，以便备品备件订货时使用。

备品备件所用的材质及制造工艺，对备品备件使用性能影响极大。如果一时找不到设计所要求的材料，或不能完善全部工艺，需用近似材质或工艺代替时，使用申报单位主管人员必须签字。在合同条款中分清、注明，以便发生问题时追查。供方厂家不得擅自变更材质和工艺要求。

价值较高或批量较大的备品备件，如需修复再用的，应由使用单位、修复厂家、有关技术人员一起研究，确定修复工艺方案，并监督厂家严格按规定的方案实施，双方除签订修理合同外，应附有工艺方案技术书，经主管领导批准后有效。

（3）备品备件台账管理　原始凭证（入库质量检验单、入库单、出库单、质量异议单）记录齐全，字迹清楚，数据真实可靠。

备品备件随使用设备编制台账，填写备品备件名称、规格型号（图号）、材质、在线数量、单价、上线时间、检修更换时间、新件生产厂家等具有可追溯性信息。

修旧备品备件应逐台套挂牌或色标，编制台账，明确记录修理时间、次数、上线使用周期、实用检测结果等情况。

9.8.8　备品备件报废回收管理

（1）备品备件在线使用　备品备件在线使用的各单位是报废的主体申请单位，负责代表所辖单位完成报废申请手续。申请报废必须符合以下条件中的至少一项：

① 已到规定的报废年限的；

② 由于各种原因造成备品备件的主体损坏而无法修复的；

③ 由于技术落后已被淘汰的或由于受其他备品备件的更新换代影响而无法与任何一种主体设备配套使用的；

④ 备品备件丢失并已被证实无法找回的；

⑤ 其他经公司认可可以报废的。

（2）公司回收废旧物资的范围　废黑色金属：检修过程中产生的废钢铁、全部钢铁件的废旧设备和备品备件等。

废贵重金属：各种铜、铅、锌（含锌渣）、铝、锡；铜轴、瓦座、阀门、焊（割）枪嘴、铜制水箱等；硅钢片、不锈钢零配件、散热器、冷却器等；各种合金材料备件、轴承等；含金银元件、钼丝、热电偶等。

废电缆、电线、电极、钢丝绳、耐磨衬板等。

化工原料：运输带、胶管、废油脂、废变压器油、化验药品等。

原价值超过1万元的备品备件，按设备报废管理执行。

（3）报废回收程序　大中修或日常维修中更换下来的备品备件，必须进行可利用性和改代性鉴定。

设备检修过程中产生的废钢铁边角料、钢丝绳等由各使用单位负责认定。确认报废的，破碎成可以投入转炉的标准尺寸，送入废钢区。

设备检修过程中产生的（原价值在一万元以下的）备品备件，由使用单位负责确认。可以修复继续使用的，使用单位提报检修计划，修复后由使用单位保管、使用。

设备检修过程中产生的（原价值在一万元以上的）旧机械、电气设备、备品备件，由使用单位提出处理申请，公司设动处负责确认。可以修复继续使用的，由使用单位提报检修计划，修复后由申报单位负责保管、使用。确认无修复价值的，按第2条执行。

设动处不能确认的（必要时组织有关专家和人员对实物进行鉴定），在综合听取各方面人员及专家的意见的基础上，提出自己的意见，报送公司领导审批。

在得到上级批准该备品备件的报废申请之后，设动处应及时拿出对该报废备品备件的善后处理意见，成文后及时通知申报单位和其他相关部门。

设备检修过程中产生的废旧贵重金属，废旧仪电零配件，废化工原料，废电缆、电线、电极、耐磨衬板等，必须实行交旧领新，退交公司，由公司统一处理。各单位无权擅自处理设备检修和生产过程中产生的各种废旧物资，任何单位和个人不得将废旧物资转送他人或任意丢弃。

设备检修过程中产生的废旧设备和备品备件，在没有确认是否有利用价值之前，任何单位和个人不得将其解体或损坏。

（4）修旧利废管理　修旧利废是指在设备修理过程中更换下来的备品备件，采用自行维修、拼装等修复方法，对已经损伤但尚有修复利用价值的备品备件加以修复利用，以达到缩短检修时间、重复使用修复备件、节约备品备件费用目的的一系列工作程序。

（5）各单位设备负责人及设备科职责

① 负责组织本单位修旧利废的组织工作，制订本单位修旧利废工作计划。

② 负责本单位因检修更换零件的交旧领新管理工作。

③ 负责对本单位需要修旧利废的设备、备件、材料进行收集分类，并负责保管、使用和质量跟踪、统计等工作。

④ 负责申报本单位《修旧利废计划》，办理《修旧利废质量鉴定申请表》。

9.8.9　备品备件会议

（1）备品备件系统例会　公司备品备件系统例会应每月召开一次，由供应处组织并通知参加单位或人员。例会要求各单位主管设备的科长以上领导参加，如不能参加（会前应向供应部说明原因）可由本单位的备品备件总计划员代替。

参加会议的人员应签到，并认真做好记录，对涉及全公司性的备品备件工作及与本单位有关的内容，会后要认真组织落实，对传达公司的文件要组织贯彻执行。

备品备件例会的内容：传达公司的有关文件；某一时期备品备件的中心工作安排；对备品备件工作中存在的问题研究解决的办法；听取有关单位的急需情况或意见。

（2）备品备件座谈会　备品备件座谈会的目的：充分听取供、需双方对备品备件工作意见，及时改正工作中存在的问题，吸收合理化意见，提高工作水平。

座谈会每年召开一次，由供应处组织，必要时请公司主管领导参加。

座谈会主要内容是：备品备件管理工作意见，包括规章制度、指标、考核等；对供方产品质量、价格、交货期、售后服务等的意见和要求；对需方单位的希望和要求；协调供、需方关系，搞好工作，达成共识的写成会议纪要。

（3）备品备件事故分析会　备品备件在没有达到正常使用期限之前，在短时间内发生严重磨损、断裂、变形，而影响设备正常运行的情况，视为备品备件事故。

备品备件发生事故后应立即组织有关设计、制造、安装、操作和专业管理各方人员召开事故分析会。根据发生事故的零件部位，听取各方人员意见进行会诊，能判定是某种原因造成的，则在该方面采取措施。

事故分析会由生产单位主持召开，必须通知设动处、供应处等单位参加。分析会要做到"三不放过"：原因不清不放过，措施不落实不放过，合格备品备件生产不出来不放过。

备品备件事故分析会必须写出会议纪要，单位、冶金机组、备品备件名称、事故时间、原设计单位、制造厂家、事故原因、改进措施、会议主持人、参加人要全部记载清楚，并存档待查。重大备品备件事故要向公司领导书面报告。

（4）备品备件供应商评审　为确保合同的执行力，供应处每年组织一次评审，由生产使用单位、设动处的有关人员对供应部提交的市场调研报告进行评审。

与会人员根据供应处提供生产商（供应商）的信息对生产商（供应商）进行客观的评价，按无记名方式对生产商（供应商）按百分之五十的比例入选投票，得票超过与会人数的一半以上者确定为入选生产商（供应商）。

9.9　河道保洁管理制度

9.9.1　总体目标

通过规范河道保洁制度化管理，进一步明确河道保洁管理职责，为打造水清、靓丽景观长廊，为灵武市创造良好的城市水生态环境而努力。

根据项目主要建设内容，明确运营维护范围及运营期：运营期为5年，运营范围为破四沟表面流湿地、大河子沟表面流湿地及三沟合一表面流湿地所包含的河道。

9.9.2　河道保洁目标要求

① 保持河道畅通，河中无障碍物。
② 河面无影响水生态环境的杂草。
③ 水域水面无漂浮废弃物。
④ 河道管理范围内（包括泵房内）无垃圾，干净整洁。

9.9.3 河道保洁安全作业要求

① 保洁人员在登船前必须按规定穿戴救生衣，按使用要求系好救生衣扣带，遇到大雨、浓雾、大风天气或视线不清时禁止登船。

② 使用保洁船只前，应检查船只的行驶性能是否良好，如有漏水现象停止登船作业，及时上报相关部门修理。

③ 登船作业时，至少需要两人同时进行，作业时应相互配合，保持船体平衡。打捞工具被水草或杂物缠绕时，不要用力拖拉，必要时放开工具，以防人员落水。

④ 船只行驶与打捞作业的过程中，应随时注意河道水流状况与船只移动情况，注意通过桥梁等跨河建筑物上空情况，确保船只正常行驶，安全作业。

⑤ 船上的打捞物不得超载、偏载，以避免沉船，造成危险。

⑥ 应在指定的地点停靠船只，船只拴靠牢固后，才可上下人员，卸载垃圾。使用机械动力割草作业人员必须经过岗位培训后才可上岗，严格操作规程和技术规范，同时做好运行记录。

9.9.4 河道保洁防护用品、工具和材料管理

① 保洁完成后，船只要停放在指定地点，船舱要清理干净，确保船只安全稳固，防止船舱的污物二次污染。

② 保洁完成后，保洁防护用品和工具要整齐摆放到指定地点，对各种设施做好看护工作，防止丢失和损坏。

③ 保洁防护用品和工具要定期进行性能检查，确保性能良好，正常使用。

④ 保洁作业需要的各种油类、酸类应放在指定的场所定置管理，并由专人负责，同时做好相关记录。

9.9.5 河道保洁作业时间安排

根据季节变化的影响，河道保洁工作分一般和特殊两个保洁期。

① 一般保洁期为每年4月1日至10月31日，在此期间工作实行"单人巡检双人保洁"，巡检时间为早8时至下午17时。每日进行两次巡检，根据水面悬浮杂物情况进行清理工作。

② 特殊保洁期为每年11月1日至次年3月31日，在此期间不设次岗，但要组织人员按要求对河道亲水平台定期巡检清理（领导另有安排除外）。

　💧　人工湿地技术及应用——以黄河流域为例

9.9.6　河道保洁效果的具体要求

（1）水域水面要求

① 每100m² 水域水面不得露出大于5m² 范围的水草。

② 水域水面不得有动物尸体、大型树枝等漂浮物。

③ 每100m² 水域水面不得有面积大于5m² 的零星漂浮物（雨天除外）。

（2）亲水平台

① 不得有明显的垃圾废弃物，如动物粪便、树枝等。

② 垃圾堆放：垃圾上岸后按指定地点堆放。

③ 保洁船内的垃圾要及时卸载、清理，预防造成二次污染。

④ 每次保洁工作结束，应将收集的全部垃圾送达指定地点存放，做到日产日清，橡胶坝管理站要安排保洁车辆及时清运，不得影响市容市貌和造成空气污染。

9.9.7　特殊情况下河道保洁要求

① 发现河道内有淹死或病死动物时，及时进行打捞，并进行无害化处理，若发现疑似染疫，应立即向市卫生防疫主管部门报告。

② 水草生长旺盛或雨后保洁遇工作量大时，由当地政府牵头，岗位人员协作配合，凝聚力量在规定时间内清理在河道中的垃圾、废弃漂浮物、杂草、障碍物等，确保河道畅通，河岸干净整洁。

③ 发生诸如藻类暴发、油类等污染物污染河道水域等突发性水污染事件时，应立即向有关部门报告，并积极配合有关部门采取相应措施妥善处理。

9.9.8　责任落实

① 公共项目的河道、管网和设施等由城市道路、排水、园林等相关部门按照职责分工负责维护管理；其他性质的（含PPP模式）基础设施，由该设施的所有者或其委托方负责维护管理，若无明确责任体者，遵循"谁建设，谁管理"的原则。

② 加强宣传教育和引导，提高公众对城市建设、低影响开发、绿色建筑、城市节水、水生态修复、内涝防治等工作重要性的认识，鼓励公众积极参与水环境综合治理工程的建设和维护。

9.10 运营成本测算

本工程初步运营费用测算明细见表9-10~表9-14。

表9-10 潜流湿地运营费用明细

费用类别	费用种类	费用明细	单价/万元	数量	总价/万元	备注
固定成本	人工费	管理人员的工资及奖金，潜流操作工的工资及奖金	4	27	108	其中管理人员4人。 倒班人员12人：四班两倒，每班3人（一人内操统计数据填写材料，一人湿地巡检，一人河道巡检及设备维护）。 维护工9人。 财务2人
		临时工时费	0.02	60	1.2	包括河道保洁、湿地补植及收割
		劳保费	0.1	29	2.9	
		培训费	0.1	29	2.9	
		差旅费			10	
	维护费用	仪表检测校验费及维护费			2	仪表的校正费与维护费（小修费用按采购价的10%计算）
		行车日常维护保养费	3	1	3	包括保险费、保养费、油费
		阀门及电气设备维护费			10	维护费按采购价的10%计算
	管理费	办公费			10	桌椅板凳，电子设备
	水质监测费用	日常化验费			2	每周定期检测一次及突发状况的检测
		委外检测费			2	每月出一份监测报告
		在线监测	3.5	9	31.5	外包在线监测，共有监测点9个：COD 3个，氨氮3个，总磷3个
	动力费	电度电费			57.82	
		基本电费	22		20.06	
	水费	自来水费	0.003	30	0.09	1人1天50L
	植物养护费	养护费用	14.5元/m²	97542	143	14.5元/m²除700株旱柳栽植面积共97542m²（包括芦苇、水葱、千屈菜、黄花鸢尾等水生植物及金鸡菊-滨菊护坡组合，水生植物按水生二级养护，护坡按露地花卉二级养护，700株旱柳按落地乔木一级养护），定额套用《宁夏园林绿化工程计价定额2013》
		补植费用			8	按潜流所有栽植费用的5%计取，套用定额为《宁夏园林绿化工程计价定额2013》[1]

人工湿地技术及应用——以黄河流域为例

费用类别	费用种类	费用明细	单价/万元	数量	总价/万元	备注
可变费用	药剂费	生物助凝剂	1		25	PAC 按 5mg/L；PAM 按 0.5mg/L
		生物菌剂	1		35	1 年连续投加 1 个月
	植物	补植费用			8	按总植数的 5% 计取
	卫生	垃圾处理费			10	
	大修	大修费用			300	五年检修一次（一次约 1500 万元，包括整个滤池 300mm 内滤料挖除外运 550 万元、敷设新滤料 808 万元、换料过程造成其他材料破损及运行中出现小型设备更换 80 万元、换泵 22 万元、堵漏 40 万元）
合计	492.47（不含大修费用）					

表 9-11　潜流湿地运营操作工具费用明细

序号	设备工具名称	单位	单价/万元	数量	金额/万元
1	独轮手推车	辆	0.2	5	1
2	皮卡	辆	12	1	12
3	鼓风机（$Q = 50\text{m}^3/\text{min}$；$\Delta P = 30\text{kPa}$）	台	7	2	14
4	高压冲洗装置（3MPa）	套	0.7	7	4.9
5	便携式浊度仪	套	1	3	3
6	加药设备	套	3	2	6
7	红外线测温枪（$-30 \sim 100℃$）	套	1.5	2	3
8	备用格栅	座	0.5	3	1.5
9	潜污泵	台	1	2	2
10	临时配电柜	个	0.1	2	0.2
11	四合一气体检测仪（有害气体）	台	1	4	4
12	便携式风机	台	2	3	6
13	水下拦污浮筒（FT-400*1000 延米）	米	0.03	200	6

序号	设备工具名称	单位	单价/万元	数量	金额/万元
14	河道立式抽泥泵	台	2.5	2	5
15	无线对讲机	台	0.125	4	0.5
16	水尺	把	0.02	10	0.2
17	手电	个	0.01	6	0.06
18	扳手及五金工具	套	0.02	6	0.12
19	清洁工具（雪铲、墩布、锹、扫把等）	套	0.015	20	0.3
20	操作工具（下水裤、镰刀、手套、救生衣、水瓢、防滑靴等）	套	0.14	平均15套/年，半年更换一套	2.1
21	水系安全警示牌	个	0.05	20	1
22	管道、阀门等备品备件	DN200蝶阀及配对法兰	0.2	10个	2
		DN200管线	0.02	10m	0.2
合计					75.08

潜流湿地运营维护为512.55万元/年，运营所需的设备及操作工具一次性采购费用为75.18万元，大修费用为300万元/年。

表9-12　表面流湿地运营费用明细

费用类别	费用种类	费用明细	单价/万元	数量	总价/万元	备注
人工费		表面流操作工的工资及奖金	2.4	45	108	每人一万平方米
		临时工时费	0.02	280	5.6	
		劳保费	0.1	45	4.5	
		培训费	0.1	45	4.5	
维护费		行车维护费	3	2	6	包含保养费、汽油费、保险费

费用类别	费用种类	费用明细	单价/万元	数量	总价/万元	备注
植物维护	养护费用				278	11元/m² 栽植面积，共252645m²（包括三沟合一85563m²，破四沟48323m²，大河子沟118759 m²）。植物包括芦苇、香蒲、千屈菜、黄花鸢尾、扦插红柳等，部分按照水生植物二级养护，扦插红柳及柳枝按照绿篱二级养护。套用定额为《宁夏园林绿化工程计价定额2013》
	补植费用				11	按表面流所有栽植费用的3%计取，套用定额为《宁夏园林绿化工程计价定额2013》
卫生	垃圾处理费				2.5	
合计					420.1	

表9-13 表面流湿地运营操作工具费用明细

序号	设备工具名称	单位	单价/万元	数量	金额/万元
1	独轮手推车	辆	0.2	8	1.6
2	手划船	艘	3	9	27
3	运输卡车	辆	12	2	24
4	电动三轮车	辆	2	3	6
5	操作工具（下水裤、镰刀、手套、救生衣、水瓢、防滑靴等）	套	0.14	平均88套/年，半年更换一套	12.5
6	水系安全警示牌	个	0.05	68	3.4
	合计				74.5

表面流湿地运营维护为420.1万元/年，运营所需的设备及操作工具一次性采购费用为74.5万元。

表9-14 河道保洁清理费用明细

序号	河道位置	单位	单价/万元	数量/km	金额/万元
1	三沟合一表面流湿地	km	3.7	4	14.8
2	破四沟表面流湿地	km	3.7	1.6	5.92
3	大河子沟表面流湿地	km	3.7	1.1	4.07
	合计				24.79

河道保洁费用为24.79万元/年。

参考文献

［1］GB 50858—2013园林绿化工程工程量计算规范.

人工湿地技术及应用——以黄河流域为例

10

项目设施
移交方案

本章主要介绍水环境治理PPP项目中项目特许经营期届满，项目的设施移交方案，供类似项目参考。

项目特许经营期届满，项目资产完好的项目将无偿移交给当地政府或其指定机构。经指定机构评估检测，确保资产满足移交条件，在转移后仍能长期稳定运转，按下述内容及程序进行移交，并办理法律手续。

10.1 移交前的准备工作

10.1.1 成立专门的移交委员会

成立项目移交工作组，运营期满九个月前，项目公司提交移交申请报告。政府指定接收人，审核申请报告，回函项目，确定验收时间和移交内容。运营期满九个月前，双方成立移交委员会；移交委员会由项目公司和政府各委托三人组成。其主要职责是：

① 确定移交委员会双方组成人员，明确移交责任划分；

② 建立移交委员会工作机制，明确沟通方式及要求；

③ 审议、确定移交具体方案和最后恢复性检修计划，明确移交具体时间、移交标准、移交程序、移交方法和移交保障相关措施；

④ 督促检查各对接专业组的工作进度及质量要求；

⑤ 委托具有相关资质的资产评估机构，按照项目合同约定的评估方式对移交资产进行资产评估。

10.1.2 工作组确定具体移交方案

移交委员会应在各方同意的时间举行会谈并商定本项目移交方案、移交范围、移交标准及性能检测、备品备件清单、是否进行移交前恢复性大修计划等内容。移交委员会应在成立之后1个月内确定最后恢复性大修计划、移交程序、移交标准、项目公司聘用雇员的安置计划等事项。

10.1.3 确定移交进度计划

项目公司按照PPP合同要求，制订移交进度计划表，编制移交方案。方案要覆盖全部移交内容及重要节点流程（包括详细具体的移交范围及内容、移交时间节点安排、移交前项目修复、移交资料整理、移交人员组织方案、移交评估和检测、移交程序、移交法律手续、实体移交等）。在移交日六个月之前商讨、决定和准备移交仪式，并报送至当地政府或其指定机构，经审批后实施。

10.1.4　项目设施的恢复性大修

项目公司按照PPP合同要求，由项目公司拟定大修方案，经政府审批后实施。

10.1.5　遗留人员问题的妥善处理

项目公司按照PPP合同要求，向政府或政府指定的其他机构提交一份当时项目公司雇佣的雇员名单，包括每个雇员的资格、职位、收入和福利等的详细资料。同时将说明在移交日之后哪些雇员将可供政府或政府指定的其他机构聘用。

政府或其指定机构有权在移交前派驻人员到项目设施所在地进行培训或学习，政府应在移交日4个月前向项目公司说明情况及拟派驻人员名单，项目公司应免费为上述人员提供培训，使之达到熟练操作和管理要求。

10.2　移交范围

在移交日（特许经营期届满日），项目公司应向政府或其指定机构在无偿、完好、能正常运营、无债务、无设定抵押担保、无其他权利限制的条件下移交项目设施的所有权和所有权益，包括：

（1）使用项目设施所占有土地的权利

（2）乙方对项目设施的所有权益，包括：

① 项目设施；

② 与项目设施相关的所有设备、机器、装置、零部件及备品备件等；

③ 与项目设施相关的所有尚未到期的保证、保险和其他协议的利益（如可以转让）；

④ 管理和运营项目设施所必需的技术文件和技术诀窍，以及所有的运营维护手册、运营记录、移交记录、设计图纸、工程档案、投融资资料、设备、资产清

册、质量保修书等有关资料，以使其能够直接继续运营和维护项目设施；

　　⑤ 为移交项目设施的所有权益所需的文件；

　　⑥ 政府或政府指定的其他机构合理要求的其他物品与资料。

10.3　移交标准

　　① 符合本合同约定及法律法规、规范适用标准。

　　② 符合本合同所规定的安全和环境标准。

　　③ 资产完好及连续生产。保证相关项目设施的完好，并在正常运行的情况下将项目设施移交给当地政府或其指定机构。

　　④ 实际接管前，行使看守人职责标准。在当地政府或其指定机构完成实际接管前，行使看守人职责，继续维持项目的正常运营，保证项目可以按照协议规定的程序和条件正常移交。

　　移交日之前6个月内，由移交委员会委派代表对项目设施进行现场移交验收。验收过程中，如发现项目公司所移交的项目设施存在缺陷、未达到移交标准的，项目公司应及时修复。

　　详细标准，根据项目建设竣工交付详细设施设备清单具体细化。

10.4　时间安排

　　本项目的合作期为××（××）年（其中建设期为××年，运营期××年），自本合同生效日起计算。如子项目建设期延长，子项目运营期不变，子项目合作期相应延长。如子项目建设期缩短，子项目运营期不变，子项目合作期缩短。

　　除非本合同另有规定，各子项目的移交日为相应子项目运营期满的次日。

　　在不早于移交日之前9个月，项目公司保证按照移交委员会商定的最后恢复性大修计划对项目设施进行大修，并保证此大修于移交日3个月之前完成。

  　人工湿地技术及应用——以黄河流域为例

10.5 最后恢复性大修计划

在不早于移交日之前9个月，项目公司保证按照移交委员会商定的最后恢复性大修计划对项目设施进行大修，并保证此大修于移交日3个月之前完成。移交委员会可委托有关机构按照双方确认的标准，进行项目设施性能检测，并就项目设施的瑕疵提出意见。

项目公司应安排政府参加最后恢复性检修验收。其中水污染防治工程的恢复性检修计划应提前报送政府，经政府审核同意后执行，费用经政府审计后向项目公司结算；××项目的恢复性检修情况应报政府备案，费用由项目公司承担。通过最后恢复性检修，项目公司确保项目设施运营正常。

10.5.1 编制依据

① PPP项目合同要求；

② 国家及本行业现行的有关技术标准、规范等；

③ 国家、地方政府有关工程管理、安全质量管理等方面的文件、规定；

④ 现场踏勘调查所获得的有关资料；

⑤ 项目公司的《质量管理手册》《电气安装规范手册》等相关文件规定；

⑥ 项目公司拥有的科技成果，现有的管理水平、劳力、设备、技术能力，以及长期积累的丰富运维经验。

10.5.2 编制原则

① 坚持在实事求是的基础上，力求技术先进、科学合理、经济适用的原则。在确保工程质量标准的前提下，积极采用新技术、新机具、新材料、新测试方法。

② 合理安排工程项目的大修程序，做到布局合理，突出重点，全面展开，采取平行与流水作业相结合的方式；正确选用大修方法，科学组织，均衡生产。各项目工序紧密衔接，避免不必要的重复工作，以保证大修连续均衡有序进行。

③ 协调配合，根据大修具体情况，适当调整大修中各个工序的施工安排并采取相应措施。

④ 结合现场实际情况，因时因地制宜，尽量利用原有设施或就近已有的设施，减少各种临时工程。

⑤ 对大修现场全过程严密监控，以科学的方法实行动态管理，并按动静结合的原则，精心进行大修场地规划布置，节约施工临时占地。严格组织，精心管理，文明大修，创建标准化大修现场。

⑥ 坚决贯彻"百年大计、质量第一"的质量方针，建立健全质量保证体系。

⑦ 建立健全安全保证措施和防护措施，坚持标准化作业，确保安全生产。实现"无重伤以上人身伤亡事故，无一切机械设备重大损失事故，无交通责任运输重大事故，无等级火灾事故"，创建安全生产文明施工的标准化工地。

10.5.3 编制说明

本项目的恢复性大修组织设计严格按工程要求、工程质量组织设计进行编制。在人员、机械、材料调配、质量要求、进度安排、大修计划、平面布置等方面进行统一部署。

根据工程特点、功能要求，以"科学、经济、优质、高效"为编制原则。项目公司将对大修组织设计的编制高度重视，召集参加过类似工程大修、有丰富管理及大修经验的人员，在仔细研究图纸、明确工程特点、充分了解大修环境、准确把握大修要求的前提下，成立编制专题小组，集思广益、博采众长，力求大修方案切合工程实际，思路先进，可操作性强。

10.6 移交验收程序

在移交日，项目公司应保证本项目处于良好的管理和运营维护状况，处于正常使用状态，符合适用法律和本合同所规定的安全、质量和环境等有关标准。

在移交日之前，政府或政府指定的其他机构应在项目公司代表在场时对项目进行移交验收。如发现存在缺陷、未能达到移交标准的，则项目公司应及时修复。如项目公司拒绝修复，则政府有权扣除项目当年全部运维服务费用及全额兑取移交维修保函。如任一方对是否达到移交标准有异议的，则由移交委员会聘请第三方机构进行评定。如果评定结果达到移交标准，聘请费用由政府或政府指定的其他机构承担；如果评定结果未达到移交标准，则聘请费用由项目公司承担。

移交验收工作主要分为成立验收与移交工作小组、做好验收与移交准备、并行验收与移交、各分项目完成验收移交、整体移交签字确认等步骤，移交验收工作流程详见图10-1。

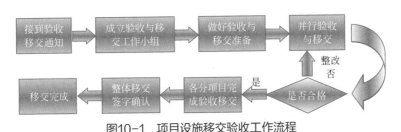

图10-1 项目设施移交验收工作流程

10.7 质量保证

10.7.1 性能测试

在移交日前，移交工作组应对项目设施进行性能测试，测试所得各项技术参数应符合相关技术规范要求。

10.7.2 移交质量保证

移交后项目的设施保证期为其移交日后12个月。保证期内，项目公司须按国家规定履行维修义务（因接受移交单位使用不当造成的损坏除外），修复项目设施的任何部分在合作期和保证期内出现的任何缺陷或损坏，并提供满足正常运营维护需要的技术咨询服务。

政府或政府指定的其他机构发现任何上述缺陷或损坏后应及时通知项目公司。在任何情况下，政府或政府指定的其他机构必须最迟于保证期结束前通知项目公司。收到该通知后，项目公司应尽快自费修正缺陷或损坏（非项目公司原因导致的除外），并提供满足正常运营维护需要的技术咨询服务。

10.7.3　移交维修保函

在最后一个子项目合作期终止前一年的7个工作日内项目公司应向政府提交出具相应格式的移交维修保函或政府同意的其他格式的移交维修保函，以保证项目公司履行PPP合同项下维护和维修项目设施的义务。移交维修保函应由政府可接受的中国境内的商业银行出具。

移交维修保函的金额按PPP项目合同里要求的执行。

10.8　风险转移

10.8.1　债权债务处理

移交完成前，与移交范围内有关的违约、侵权责任，由项目公司全部清偿、赔偿或解除完毕。移交范围不附带留置权、质押权、抵押权和其他担保权益及第三方权益。

10.8.2　保险和承包商保证的转让

在移交开始日，项目公司可将所有保单、暂保单以及承包商、制造商和供应商提供的尚未期满的担保、保证等利益在可转让的范围内转让给当地政府或其指定机构。

10.8.3　合同的取消、转让

按PPP合同执行，如果政府或政府指定的其他机构合理要求，乙方应取消其签订的、于移交时仍有效的运营合同（如有）、设备合同、供货合同和任何其他合同。政府或政府指定的其他机构对于取消合同所发生的任何费用不负责任，同时乙方应尽全部合理义务保护政府或政府指定的其他机构免受任何此类损害。若该等合同对项目的管理和运营是必需的，经政府或政府指定的其他机构要求，乙方应向政府或政府指定的其他机构无偿转让上述合同的权利和义务。

10.8.4　移走乙方的其他无关物品

除非双方另有协议，项目公司应于移交日起30日内，自费从项目场地移走项目公司雇员的个人用品以及与项目设施的运营和维护无关的物品，不包括移交清单所列的项目设备、备品备件、技术资料或者项目设施运营和维护的必需物品。若项目公司在上述时间内未能移走这些物品，政府或政府指定的其他机构在通知项目公司后，有权将该物品予以提存，项目公司应承担搬移、运输和保管的合理费用和风险。

10.8.5　移交费用

项目公司及政府或政府指定的其他机构负责各自的因为移交发生的费用和支出。

政府或政府指定的其他机构应自费获得所有的批准并使之生效，并采取其他可能为移交所必需的措施。

10.8.6　移交效力

自移交日起，项目在PPP合同项下的特许经营权即行终止，协议另有规定及移交双方之间截止移交日发生尚未支付的债务除外。

自移交日起，当地政府或其指定机构应接管项目设施的运营与维护及PPP合同协议明示或默示的、因协议产生的、但于协议终止后仍然有效的任何其他权利和义务。

10.9　人员培训

不迟于移交日前6个月，项目公司将向政府或政府指定的其他机构提交一份当时项目公司雇佣的雇员名单，包括每个雇员的资格、职位、收入和福利等的详细资料。项目公司同时将说明在移交日之后哪些雇员将可供政府或政府指定的其他机构聘用。

政府或政府指定的其他机构需要在移交日之前派驻人员到项目公司所在地进

行培训或学习的，应不迟于移交日前4个月向项目公司说明情况及拟派驻人员名单并提供详细简历。项目公司免费负责为上述人员提供培训，使其可以熟练使用和运行项目设施。移交日之前，政府或政府指定的其他机构和项目公司将组织对上述人员进行考核，以确定项目公司的培训目标是否完成。

培训内容包括：运营操作规程培训，运营管理培训，运营智能化平台培训，安全管理培训，设备保养与维护培训等相关培训。

11

项目保险方案

11.1 建设期保险方案

某PPP项目社会资本采购建设主要包括×××建设项目，属于生态建设和环境保护、市政工程行业。系统比较复杂，项目建设的各个阶段都存在着较大的风险。

保险是最普遍、也是最有效的风险管理手段之一，若项目公司中标，在签订工程合同后，项目公司将在充分评估项目投资、建设风险后，根据适用法律的规定和谨慎运营惯例，并结合项目的实际情况，确定项目建设和运营维护期间需要购买的保险险种，有效地防范难以预料的风险。

在合理的商业条件下，遵照强制保险必须投报、可保风险均应投保的原则进行投保，并且与有实力的保险公司联系及购买本工程的相关保险。

11.1.1 保险公司的选择

（1）选择保险人（保险公司）应考虑的因素

① 核实保险人机构的合法性。只有向保险监管部门允许办理保险业务的保险人投保，才能依法维护自身在保险合同中的合法利益。

② 考察保险人的财务实力。财务实力一般包括资产运营状况、赢利能力及水平、现金转 换能力和分保业务情况等。保险人的财务实力，尤其是现金转换能力或良好的现金流量状态，是选择保险人非常重要的考虑因素。

③ 注重保险人的服务质量。保险人的服务质量水平直接影响工程建设的风险管理水平和防灾防损的效果。服务质量包括配套服务机构、承保能力及水平、理赔能力及水平、风险分析服务、损失控制服务等。

④ 考虑价格和便利性。应首选国内综合实力强、信誉度高的保险企业。

（2）利用保险中介

工程保险中介是介于保险人和投保人之间的，促使工程保险供需双方达成工程保险合同或提供协助履行保险合同等服务，并收取相应报酬的中间人。

工程保险中介狭义上一般包括代理人、经纪人和公估人三类。广义上还包括保险调查机构、信用评估机构、精算事务所和律师行等。

11.1.2　投保方的确定

确定投保方的影响因素如下：

① 行业的习惯做法；

② 谁投保能够获得最好的保险条件；

③ 项目融资的要求和项目合同的规定；

④ 管理的便利性；

⑤ 现存的与保险人的关系等。

11.1.3　保险种类

项目公司将根据适用的法律法规、相关政策、谨慎运营惯例和双方签订的合同规定，购买和持有本行业适用法律要求的强制性保险，并使之持续有效。项目公司投保以下险种：

① 雇主责任险；

② 建筑工程一切险。

11.1.4　保险备案

若项目公司中标，购买保险后，将保险协议复印件交招标人备案。在建设期内，项目公司投保的建筑施工企业雇主责任险、建筑工程一切险，始终使保险单保持有效。未经招标人书面同意，项目公司投保的险种和数额不随意变更。

11.1.5　项目保险方案

建筑施工企业雇主责任险和建筑工程一切险相结合。

11.1.5.1　建筑施工企业雇主责任险

根据建筑施工单位签订的施工合同，计算保险费，此险种属于不记名投保（凡是合同列明的区域内施工人员都在保险人员范围内）。

（1）赔偿范围　施工单位的雇员在保险合同明细表中列明的区域范围内，从事与建筑安装工程业务有关的工作时，因遭受意外事故或者患与业务有关的国家规定的职业性疾病致伤、残疾或死亡，依据中华人民共和国法律应由施工单位承担的医疗费用及经济赔偿责任，保险公司依据保险合同的约定负责赔偿。

（2）保险费计算　以合同造价××亿元（包工包料合同）为保险费计算基础。

按照每人人身伤亡限额××万元，每人医疗费用限额××万元，收取保险费××万元（已折扣，最低价）。

（3）免赔额　医疗费用扣××元绝对免赔额，再按90%赔付。

11.1.5.2　建筑工程一切险

此险种分为物质损失保险部分和第三者保险部分。

物质损失部分是指保险工地在列明工地范围内的与实施工程合同相关的财产或费用，属于保险标的。

（1）赔偿范围　在列明的工地范围内，因本保险合同责任免除以外的任何自然灾害或意外事故造成的物质损坏或灭失保险人按合同的约定负责赔偿。

① 保险事故发生后，被保险人为防止或减少保险标的的损失所支付的必要的、合理的费用，保险人按照本保险合同的约定也负责赔偿。

② 对保险合同列明的因发生上述损失所产生的其他有关费用，保险人按本保险合同约定负责赔偿。

③ 因发生与保险合同所承保工程直接相关的意外事故引起工地内及邻近区域的第三者人身伤亡、疾病或财产损失，依法应由被保险人承担的经济赔偿责任，保险人按照保险合同约定负责赔偿。保险事故发生后，被保险人因保险事故而被提起仲裁或者诉讼的，对应由被保险人支付的仲裁或诉讼费用以及其他必要的、合理的费用，经保险人书面同意，保险人按照本保险合同约定也负责赔偿。

（2）保险费率　物质损失部分费率0.03%，第三者责任保险费率0.03%。

（3）免赔额

① 物质损失部分免赔：免赔5万或损失金额的20%取高者，其他风险免赔1万或损失金额的10%取高者。

② 第三者责任部分免赔，累计限额×××万元，每次事故限额××万元，每次事故每人人身伤亡××万元，三责财产免赔××万元或××%。

（4）保险费计算　物质损失部分，保额××亿元，费率万分之三，保险费××万元；第三者责任部分，累计限额××万元，费率万分之三，保险费××万元，小计保险费××万元。

11.2 运营期保险方案

11.2.1 运营期项目运行风险分析

项目进入运营期后，主要风险分为如下几个部分。

（1）外部环境风险 主要由地理气候、社会环境、政策、法律、经济因素构成。地理气候主要指暴雨、台风、地震、酷暑、严寒、海啸、雪崩、泥石流等不可预见的自然灾害，影响项目的正常运营；社会环境主要指项目所在地发生战争爆发、政局不稳、社会动荡、罢工等现象，影响项目的正常实施；政策因素指政府直接干预项目运营，影响项目公司的自主决策权力（政府依法行使监管职能除外），导致项目进度延误、暂停或终止，因非项目公司原因使公众利益得不到保护或受损，引起政治甚至公众反对项目的运营；法律风险主要指因本级政府不可控的法律变更影响项目的合法性或成本增加收益减少等，因本级政府可控的法律变更影响项目的合法性或成本增加收益减少等，由政府方承担。

（2）经营风险 包括收入、原辅料供给、成本费用控制、生产运营等。收入风险主要指项目涉及使用者最低使用量与达产之间的差异。原辅料供给属于市场供需风险范畴，企业往往面临着主要原辅料数量及价格波动等相关供给风险。

（3）技术风险 包括生产流程的设计、工艺改进、设备有效使用等。生产流程风险主要指生产流程的设计缺陷和潜在工艺淘汰风险。

（4）安全风险 包括危险化学品管理、安保、紧急事件处理等。

（5）运营管理不当风险 项目公司管理不当造成运营亏损、运营不达标等风险。

综上，本项目运营期涉及各类潜在风险，按照风险分配优化、风险收益对等和风险可控等原则，应由最有能力消除、控制或降低风险的一方承担风险。根据财政部《关于印发政府和社会资本合作模式操作指南（试行）的通知》（财金〔2014〕113号）相关规定，结合本项目实际情况，按实施方案，本项目的风险分配方式如下：

① 项目运营维护等商业风险由项目公司承担；

② 项目涉及的法律、政策和最低需求等风险由政府承担；

③ 项目涉及的不可抗力等风险由政府和项目公司合力共担。

11.2.2　运营风险管理及运营期保险方案

（1）风险及保险管理的建议　加强风险管控意识。项目设备多、与外部环境有很大关联性，尤其水资源一块，故须加强风险点的管控，建立有效的风险管理机制，提高风险预判能力。

（2）重视保险的价值及作用　保险公司的风险排查及风险管控理念更能让公司提前认识到风险并完成技改，杜绝事故的发生。

（3）采取有效措施降低项目的运营风险　因发生地震等自然灾害导致的不可抗力事件，致使项目不能或暂时不能正常运转产生的风险由项目公司和保险公司各自承担，项目公司为项目购买相关运营保险。针对每项风险，项目公司制订相应的管理方案。

管理方案的拟订在于能够预防及快速处理运营事故，保证生产正常运行。建立风险管理卡片，定期回顾和讨论风险因素的状态及管理方案的有效性，持续跟进及更新风险因素，将风险因素与项目公司内部控制指标相结合，对内部考核体系进一步量化及完善，构建风险管理与内控指标相结合的管理模式，具体工作模式如下。

① 筛选对公司运营影响较大的风险因素，并按重要性排序。

② 风险因素的描述及量化。将抽象的风险因素尽可能与实际工作相关联，并根据风险因素确定切实可行的管理方案，用具体工作及执行/预定完成时间来量化该方案。

③ 将评定为重要级的风险因素纳入部门考核系统，定期检查和回顾执行状况。并将风险因素纳入年度部门绩效考核内容，定期检查执行状况。

（4）具体业务部分风险方案

① 外部环境风险管理。针对不可抗力部分，采取购买运营期保险方式进行一定化解。针对政策、法律、社会环境风险按照风险分配方案实施。

② 经营风险。需项目公司与政府确定需求水量，并按照政府提供需求水量进行生产。在合法合规满足国家规范标准的前提下，本项目进入运营期需建立长期合作伙伴，对主要供应商给予更多的关注，提前锁定成本变化风险；生产运营则可能涉及设备的操作、维护，水质的保证，生产工艺及流程缺陷的防范等。

③ 技术风险。本项目设计过程中与先进设计理念、工艺结合，在安全稳定的前提下，尽量采用新工艺新技术，以降低后期技术淘汰风险。

④ 安全风险。危化品管理风险主要指水处理过程中需要添加的化学药剂的检验、计量、储存及残留物处理等。针对此类风险，项目采取科学数字化管理模式，严格按照标准化执行。安保风险包括门卫、巡查、监控方面的缺失及厂区人员及

财务的安全风险等。针对此类风险项目应建立健全安保制度，并实施监督考核机制。紧急事件处理包括各项预案的可行性及实操演练的及时性等风险，应建立此类应急预案体系及制度，一旦发生，快速执行到位。

⑤ 因项目公司运营管理不善导致的运营及管理风险由项目公司承担。项目公司应加强学习培训，提高运营维护队伍人员素质，同时建立督察制度，发现问题及时纠正，并引进先进的管理技术手段，提高管理效率。项目公司通过加强管理提高效率，以降低因项目管理不善导致运营维护超支的风险。

11.2.3 运营期保险方案

项目公司在开始运营日或该日之前投保并在整个运营期内保持下列险种的保险。

11.2.3.1 险种——财产一切险

（1）责任范围 运营期内，对构成项目设施组成部分的、正在使用的并位于项目范围内所有建筑物、构筑物、厂房、设备、机器等所有灭失或损坏的所有一般及惯常的自然灾害和意外事故可保风险。

自然灾害：是指雷电、飓风、台风、龙卷风、风暴、暴雨、洪水、水灾、冻灾、冰雹、地崩、山崩、雪崩、火山爆发、地面下陷下沉及其他人力不可抗拒的破坏力强大的自然现象。

意外事故：是指不可预料的以及被保险人无法控制并造成物质损失的突发性事件，包括火灾和爆炸。

（2）保险金额 见表11-1。

标的地址：项目红线范围内所有标的物。

表11-1 保险金额

保险项目	保险金额	保险金额确定依据
附属建筑物	RMB××亿元（暂估）	被保险人自行确认
设施、设备	RMB××亿元（暂估）	被保险人自行确认

总保险金额：人民币RMB×××亿元。

（3）预计保费支出 RMB×××元。

保险期限：项目的保险方案在合作期限内全程覆盖，但是购买的时候为了取得更好的保险效果，采取逐年购买方式，以下的保险方案中保险期限以一年为示例。保险期限12个月，例如：自××××年××月××日上午零时起，至××××年××月××日下午二十四时止。

（4）被保险人　×××项目公司。

（5）投保人　×××项目公司。

（6）特别条款　以下扩展条款适用于保单下所有部分，任何与主条款有出入之处以扩展条款为补充：

① 错误和遗漏条款；

② 清理残骸费用扩展条款；

③ 特别费用扩展条款；

④ 专业费用扩展条款；

⑤ 罢工、暴乱及民众骚乱扩展条款；

⑥ 灭火费用扩展条款A；

⑦ 公共当局扩展条款；

⑧ 自动升值扩展条款A；

⑨ 自动恢复保险金额条款；

⑩ 供应中断扩展条款A；

⑪ 盗窃、抢劫扩展条款；

⑫ 玻璃破碎扩展条款（免赔说明：每次事故绝对免赔额为11000元或15%，两者以高者为准）；

⑬ 恶意破坏扩展条款；

⑭ 自动喷淋系统水损扩展条款，免赔额RMB×××元或5%，二者取高者。

（7）特别约定　保险人负责赔偿货物损失价值扣除免赔额后的增值税金，但被保险人需要提供该部分增值税相应抵扣联正本，并出具财务账册中关于损失部分税金的转出证明。

① 本保单保险金额确定依据为账面余额加增值税部分。

② 动火作业需满足如下条件：动火作业人员具有中华人民共和国特种作业操作证（焊接与热切割作业）；动火作业应取得动火安全工作证且在现场配备足够的消防灭火设备。对于不符合上述要求产生的保险事故保险公司不负责赔偿。

11.2.3.2　险种：公众责任险

（1）责任范围　因运营和维护项目设施造成的对第三者的人身伤害或财产损失或损坏所应承担的法律责任。

（2）赔偿限额

每次事故赔偿限额：RMB×××元。

累计赔偿限额：RMB×××元。

（3）预计保费支出　RMB××元。

保险期间：以年为单位，可续延。

（4）被保险人　×××PPP项目××项目公司。

（5）投保人　×××项目×××项目公司。

（6）免赔额　每次事故免赔额：

第三者财产损失：RMB×××元或核定损失金额的5%，以高者为准；

第三者人身伤害：无免赔；

其他险别：其他通常的、合理的或为中国法律要求所必需的保险。